人力资源和社会保障部职业能力建设司推荐
冶金行业职业教育培训规划教材

苯加氢操作技术

盛军波　主编

北　京
冶金工业出版社
2014

内 容 提 要

　　本书为人力资源和社会保障部职业能力建设司推荐、冶金行业职业教育培训规划教材。全书共分8章，分别从变压吸附制氢、催化加氢、苯加氢蒸馏、苯加氢油库、能源介质、苯加氢设备、苯加氢安全及环保、苯加氢专业化管理等方面对焦化粗苯加氢精制相关知识进行了系统地梳理，重点介绍苯加氢现场安全生产操作。

　　本书可用作苯加氢岗位人员进行岗位技术和操作技能的培训教材，也可供相关专业技术人员、大专院校师生参考。

图书在版编目(CIP)数据

苯加氢操作技术/盛军波主编 . —北京：冶金工业出版社，2014.1
人力资源和社会保障部职业能力建设司推荐　冶金行业职业教育
培训规划教材
　ISBN 978-7-5024-6461-5

　Ⅰ.①苯…　Ⅱ.①盛…　Ⅲ.①苯—加氢—操作—技术—职业
教育—教材　Ⅳ.①TQ511

　中国版本图书馆 CIP 数据核字(2014)第 013044 号

出 版 人　谭学余
地　　　址　北京北河沿大街嵩祝院北巷 39 号，邮编 100009
电　　　话　(010)64027926　电子信箱　yjcbs@cnmip.com.cn
责任编辑　刘小峰　曾　媛　美术编辑　杨　帆　版式设计　孙跃红
责任校对　王永欣　责任印制　李玉山
ISBN 978-7-5024-6461-5
冶金工业出版社出版发行；各地新华书店经销；三河市双峰印刷装订有限公司印刷
2014 年 1 月第 1 版，2014 年 1 月第 1 次印刷
787mm×1092mm　1/16；17.75 印张；469 千字；266 页
49.00 元

冶金工业出版社投稿电话：(010)64027932　投稿信箱：tougao@cnmip.com.cn
冶金工业出版社发行部　电话：(010)64044283　传真：(010)64027893
冶金书店　地址：北京东四西大街 46 号(100010)　电话：(010)65289081(兼传真)
　　　　　　　(本书如有印装质量问题，本社发行部负责退换)

委 员

宝钢集团上海梅山公司	朱胜才　吴文章	天津钢管集团公司	雷希梅
萍乡钢铁公司	邓　玲　董智萍	江西新余钢铁公司	张　钧
武钢集团鄂城钢铁公司	袁立庆　汪中汝	江苏苏钢集团公司	李海宽
太钢集团临汾钢铁公司	雷振西　张继忠	邯郸纵横钢铁集团公司	阚永梅
广州钢铁企业集团公司	张乔木　尹　伊	石家庄钢铁公司	金艳娟
承德钢铁集团公司	魏洪如　高　影	济源钢铁集团公司	李全国
首钢迁安钢铁公司	习　今　王　蕾	华菱衡阳钢管集团公司	王美明
淮阴钢铁集团公司	刘　瑾　王灿秀	港陆钢铁公司	曹立国
中国黄金集团夹皮沟矿业公司	贾元新	衡水薄板公司	魏虎平
河北工业职业技术学院	袁建路　李文兴	吉林昊融有色金属公司	张晓满
昆明冶金高等专科学校	卢宇飞　周晓四	津西钢铁公司	王继宗
山西工程职业技术学院	王明海　史学红	鹿泉钢铁公司	杜会武
吉林电子信息职技学院	张喜春　李长权	河北省冶金研究院	彭万树
安徽工业职业技术学院	李庆峰　秦新桥	中国钢协职业培训中心	包　蕾
山东工业职业学院	王庆义　王庆春	有色金属工业人才中心	宋　凯
安徽冶金科技职技学院	张永涛　陈筱莲	河北科技大学	冯　捷
昆明冶金高等专科学校	谭红翔　余宇楠	内蒙古机电职技学院	石　富
中国中钢集团	刘增田　秦光华	富伦钢铁有限公司	李殿明

秘 书

冶金工业出版社	宋　良	（010-64027900，3bs@ cnmip. com. cn）

本书编委会

主　编　盛军波

委　员　（按姓氏笔画为序）

王兰英　　王凯军　　王建平　　刘向勇　　刘忠然　　刘振中

吴恒喜　　余刚强　　张　涛　　张德文　　陈胜春　　易建刚

钱红辉　　常红兵　　雷兴红　　黎汉琪

序

吴溪淳

　　改革开放以来，我国经济和社会发展取得了辉煌成就，冶金工业实现了持续、快速、健康发展，钢产量已连续数年位居世界首位。这其间凝结着冶金行业广大职工的智慧和心血，包含着千千万万产业工人的汗水和辛劳。实践证明，人才是兴国之本、富民之基和发展之源，是科技创新、经济发展和社会进步的探索者、实践者和推动者。冶金行业中的高技能人才是推动技术创新、实现科技成果转化不可缺少的重要力量，其数量能否迅速增长、素质能否不断提高，关系到冶金行业核心竞争力的强弱。同时，冶金行业作为国家基础产业，拥有数百万从业人员，其综合素质关系到我国产业工人队伍整体素质，关系到工人阶级自身先进性在新的历史条件下的巩固和发展，直接关系到我国综合国力能否不断增强。

　　强化职业技能培训工作，提高企业核心竞争力，是国民经济可持续发展的重要保障，党中央和国务院给予了高度重视，明确提出人才立国的发展战略。结合《职业教育法》的颁布实施，职业教育工作已出现长期稳定发展的新局面。作为行业职业教育的基础，教材建设工作也应认真贯彻落实科学发展观，坚持职业教育面向人人、面向社会的发展方向和以服务为宗旨、以就业为导向的发展方针，适时扩大编者队伍，优化配置教材选题，不断提高编写质量，为冶金行业的现代化建设打下坚实的基础。

　　为了搞好冶金行业的职业技能培训工作，冶金工业出版社在人力资源和社会保障部职业能力建设司和中国钢铁工业协会组织人事部的指导下，同河北工业职业技术学院、昆明冶金高等专科学校、吉林电子信息职业技术学院、山西工程职业技术学院、山东工业职业学院、安徽工业职业技术学院、武汉钢铁集团公司、山钢集团济钢公司、中国职工教育和职业培训协会冶金分会、中国钢协职业培训中心、中国钢协人力资源与劳动保障工作委员会教育培训研究会等单位密切协作，联合有关冶金企业、高职和本科院校，编写了这套冶金行业职业教育培训规划教材，并经人力资源和社会保障部职业培训教材工作委员会组织专家评审通过，由人力资源和社会保障部职业能力建设司给予推荐，有关学校、企业的编写人员在时间紧、任务重的情况下，克服困难，辛勤工作，在相关科研院所的工程技术人员的积极参与和大力支持下，出色地完成了前期工作，为冶金行业的职业技能培训工作的顺利进行，打下了坚实的基础。相信这套教材的出版，将为冶金企业生产一线人员理论水平、操作水平和管理水平的进一步提高，企业核心竞争力的不断增强，起到积极的推进作用。

随着近年来冶金行业的高速发展，职业技能培训工作也取得了令人瞩目的成绩，绝大多数企业建立了完善的职工教育培训体系，职工素质不断提高，为我国冶金行业的发展提供了强大的人力资源支持。今后培训工作的重点，应继续注重职业技能培训工作者队伍的建设，丰富教材品种，加强对高技能人才的培养，进一步强化岗前培训，深化企业间、国际间的合作，开辟冶金行业职业培训工作的新局面。

展望未来，任重而道远。希望各冶金企业与相关院校、出版部门进一步开拓思路，加强合作，全面提升从业人员的素质，要在冶金企业的职工队伍中培养一批刻苦学习、岗位成才的带头人，培养一批推动技术创新、实现科技成果转化的带头人，培养一批提高生产效率、提升产品质量的带头人；不断创新，不断发展，力争使我国冶金行业职业技能培训工作跨上一个新台阶，为冶金行业持续、稳定、健康发展，做出新的贡献！

前　　言

近年来，焦化粗苯加氢精制技术由于具有节能环保、产品纯度高、自动化程度高、安全性能好等优点，在全国得到了广泛应用。目前有关苯加氢技术的专业技术教材较少，因此，在相关单位和同仁的大力支持下，我们编写了《苯加氢操作技术》一书。

本书对焦化粗苯加氢精制相关知识进行了系统地梳理，是一本实用性很强的，专门介绍苯加氢工艺原理、生产操作、设备管理、安全管理的通俗读物。本书将重点放在如何指导现场安全生产实际操作上，对苯加氢生产过程中的诸多问题做了深入的探讨。

本书可用作苯加氢岗位人员进行岗位技术和操作技能的培训教材，也可供相关专业技术人员、大专院校师生参考。

本书在出版的过程中参考了一些资料，并得到了武汉平煤武钢焦化有限责任公司、武汉钢铁（集团）公司人力资源部的大力支持和帮助，在此向他们表示诚挚的感谢。

由于编者水平所限，本书虽几经推敲修改，难免有瑕疵之处，望广大读者见谅。

编　者

2013 年 9 月

目　录

1 变压吸附制氢

学习目的：

初级工需掌握各吸附塔内所装吸附剂的种类，焦炉煤气的性质、组成，各种气体流向。了解吸附的基本概念及变压吸附的基本原理，能正常地开停煤气压缩机。

中级工需掌握各吸附塔的工作原理、各塔内吸附剂的装填次序以及各吸附剂的作用，掌握变压吸附的基本原理及吸附剂更换注意事项，掌握影响氢气质量的主要因素，能正常倒换煤气压缩机，能判断变压吸附塔的基本故障，能根据工艺状况对工艺参数进行调整，能进行制氢单元的正常开停工操作。

高级工需掌握脱氧干燥的工艺流程以及四通阀的特性，掌握制氢单元紧急停工操作，掌握干燥剂、催化剂的更换步骤。能够指导各吸附塔填料装填及煤气压缩机的正常倒换，能判断吸附塔的吸附效果，能分析程控阀的基本故障，能在中控室独立进行制氢装置的操作，能正常地进行变压吸附塔的切换操作，能根据氢气质量变化找出影响因素。

技师能够制定岗位技术操作规程及安全技术规程，能够识别区域内潜在的危险因素，并制定防范措施。

高级技师能够对变压吸附设备的运行状况进行全面分析，并能提出改进方案，能够通过调整工艺状况提高氢气产率。

氢气是苯加氢的重要原料之一，焦炉煤气的主要成分是氢气，而焦化厂焦炉煤气资源丰富，同时，因能耗低、流程简单、装置自动化程度高、产品纯度高，利用变压吸附技术从焦炉煤气提取氢气成为制氢的一种主导方法。本章对变压吸附制氢过程中的原料及产品、吸附剂及催化剂性能进行具体的介绍，同时结合变压吸附工艺原理、工艺流程，对生产操作过程进行规范，并结合生产实际进行故障分析及处置。

1.1 变压吸附制氢原料及产品

变压吸附制氢装置的主要原料是焦炉煤气，主要产品为纯度达到 99.9% 以上的氢气。焦炉煤气经变压吸附提取氢气后的剩余组分即为解吸气，再生气体来源于变压吸附单元产生的解吸气。

1.1.1 焦炉煤气

焦炉煤气是变压吸附制氢装置的原料气，焦炉煤气中氢气含量达到 55% ~ 60%，目前国内大部分焦化企业苯加氢制氢装置均采用焦炉煤气作为原料气。

1.1.1.1 焦炉煤气的组成及性质

焦炉煤气（coke oven gas）是煤在焦炉中隔绝空气高温干馏所产生的煤气，主要成分是氢气、甲烷和一氧化碳，也含有少量的乙烷、乙烯、氮气和二氧化碳等。它的热值约为 17.2 ~ 20.9MJ/m³（4100 ~ 5000kcal/m³，标准状态下）。它是一种高热值燃料，可用于炼焦炉、炼钢炉等的加热，可用作城市煤气，也可再经加工而成为合成氨和有机合成等工业的原料。

1.1.1.2 变压吸附制氢对焦炉煤气的要求

原料气的组分会影响氢气产量，萘、硫化氢、焦油等杂质的含量会影响系统的运行效果及吸附剂的寿命，因此制氢装置对原料气焦炉煤气的组分及杂质含量均有明确的要求。表 1-1 列出了供变压吸附制氢用焦炉煤气常见组分及杂质含量。制氢装置在运转过程中必须保证煤气压缩机一级入口为正压，否则系统将非常危险，因此在变压吸附制氢装置中通常要求焦炉煤气压力大于等于 5kPa（表压）。

表 1-1 供变压吸附制氢用焦炉煤气常见组分及杂质含量（标态）

组分/%	H_2	O_2	N_2	CH_4	CO	CO_2	C_mH_n
	55~66	0.2~1.0	3~7	23~27	5~8	1.5~2	2~4
杂质组成	H_2S	萘	焦油	NH_3	有机硫	苯	灰尘
/mg·m^{-3}	≤500	≤400	≤50	≤100	≤150	≤3000	≤10

低温有助于吸附，温度过高则容易损坏吸附剂，通常情况下变压吸附制氢装置要求在低于40℃的条件下运行，这样更有助于提高氢气产率，因此作为制氢装置的原料气焦炉煤气温度必须小于40℃。

1.1.2 氢气

氢气是变压吸附制氢装置的主要产品，也是催化加氢单元的原料之一。

1.1.2.1 氢气的性质

氢气，相对分子质量为 2.0159，化合价 ±1，无色、无臭、无味，是世界上已知的最轻气体。它的密度非常小，只有空气的 1/14，即在标准大气压和 0℃下，氢气的密度为 0.08987g/L。氢很难液化（临界温度 -240℃，临界压力 1.3MPa（13.0 个大气压））。液态氢无色透明，相对密度为 0.70（-252℃）。在液体中，氢气的溶解甚微，但一些金属却可吸收氢气（钯可吸收千倍自身体积的氢）。氢在钢中被吸附会引起"氢脆"，导致工艺设备的损坏。在常温下，氢气较不活泼，除非有合适的催化剂。在高温下，氢气则变得高度活泼，能燃烧，并能与许多金属和非金属直接化合。

1.1.2.2 氢气质量指标

由于粗苯加氢系统对安全性及原料的要求较高，因此变压吸附单元的氢气必须达到较高的质量指标。氢气温度要求小于 40℃、纯度必须大于 99.9%（体积含量）、CO + CO_2 小于 10ppm[①]、含氧小于 10ppm、含水小于 30ppm、总硫小于 2ppm、甲烷小于 0.1%。

1.1.3 解吸气

解吸气是变压吸附制氢装置的一个副产品，它是将焦炉煤气中的氢气提出后，煤气中的剩余组分，同时它也是正常生产过程中预处理器、预净化器的再生气体。解吸气压力一般控制在 0.03MPa（G），温度一般小于 40℃。

---

① 1ppm 相当于 10^{-6}，本书余同。

1.1.4 气体组分

变压吸附制氢装置中原料气为焦炉煤气，半产品气为纯度达99.5%以上未脱氧干燥的氢气，产品气为纯度大于等于99.9%的氢气，副产品为解吸气。以某10万吨/年苯加氢装置为例，配套的焦炉煤气变压吸附制氢装置原料气及中间产品组分的典型值见表1-2。

表1-2 某10万吨/年苯加氢装置配套焦炉煤气变压吸附制氢装置
原料气及中间产品组分的典型值（标态）

物 料	单位	成 分							合计
		H_2	O_2	N_2	CH_4	CO	CO_2	C_mH_n	
原料气	%	55	1	4.5	25.5	8	2	4	100
	m^3/h	686.84	12.49	56.2	318.44	99.9	24.98	49.95	1248.8
中间产品氢气	%	99.5093	0.3996	0.039	0.051	0.0006	0.0004	0.0001	100
	m^3/h	553.9091	2.2243	0.2171	0.2839	0.0033	0.0022	0.00055	556.64
解吸气	%	19.21	1.48	8.09	45.97	14.43	3.61	7.22	100
	m^3/h	132.93	10.26	55.98	318.16	99.9	24.97	49.95	692.16
产品氢气	%	99.9039	0.001	0.0424	0.0516	0.0006	0.0004	0.0001	100
	m^3/h	549.47	0.0055	0.2332	0.2838	0.0033	0.0022	0.00055	550

1.2 变压吸附制氢吸附剂及催化剂

吸附剂是吸附分离过程得以实现的基础，一般固体的表面都会有一定的吸附作用，但没有实际应用意义。能够在工业上使用的吸附剂最主要的特征为固体内部具有多孔的结构，类似于海绵体状态，具有极大的内表面积，而一般固体的外表面积是微不足道的。吸附剂都是多孔性物质，具有较大的比表面积，从而具有较大的比表面自由能。自由能的产生是由于固体表面原子所受的力处于不平衡状态，总是产生一个向着固体内部方向的合力，这个力会延伸到固体以外的空间，有从外界捕获其他原子以降低这种额外力的趋向，因此表面具有吸附各种分子的能力。当气体或液体分子被吸附在固体表面时，就会使力场达到平衡，固体表面自由能降低，自由能转变为热能，也就是吸附过程中放热的原因。

吸附剂最重要的物理特征包括孔容积、孔径分布、表面积和表面性质等。不同的吸附剂由于有不同的孔隙大小分布、不同的比表面积和不同的表面性质，因而对混合气体中的各组分具有不同的吸附能力和吸附容量。同时，要在工业上实现有效的分离，还必须考虑吸附剂对各组分的分离系数应尽可能大。分离系数是指在达到吸附平衡时，弱吸附组分在吸附床死空间中残余量/弱吸附组分在吸附床中的总量与强吸附组分在吸附床死空间中残余量/强吸附组分在吸附床中的总量之比。分离系数越大，分离越容易。一般而言，变压吸附气体分离装置中的吸附剂分离系数不宜小于3。

焦炉煤气变压吸附制氢常采用的吸附剂有焦炭、活性炭、氧化铝、硅胶、分子筛，每种吸附剂吸附的杂质不同，所起的作用也不一样，每个吸附塔的装填种类及数量也有差别。焦炭和活性炭主要起净化煤气的作用，氧化铝和硅胶则可起干燥作用。分子筛是最重要的吸附剂，它具有极强的吸附能力，可以起到筛分的作用，通过高压吸附、低压解吸的原理脱除煤气中 CO、CO_2 等组分，从而得到纯度达 99.5% 的半产品氢气。经过变压吸附单元后，半产品氢气中仍含有少量的氧气，为脱除这部分氧气，脱氧干燥单元在钯催化剂的作用下，少量的氧气与氢气发生反应生成水，使得氧气予以脱除。

实际工业应用中，由于不同的混合气（液）体系及不同的净化度要求，而采用不同的吸附剂，但作为吸附剂一般都有如下的性能要求：

（1）具有较大的比表面积。在吸附过程中，吸附质在固体颗粒上的吸附多为物理吸附，由于这种吸附通常只发生在固体表面几个分子直径的厚度区域，单位面积固体表面所吸附的吸附质量非常小。作为工业吸附剂，需要有较大的吸附容量，因此必须有足够大的比表面积才能弥补这一不足。表 1-3 列出了变压吸附制氢常用吸附剂的比表面积。吸附剂之所以具有如此大的比表面积，是因为它具有发达的微孔结构。

表 1-3　变压吸附制氢常用吸附剂的比表面积

吸附剂	硅　胶	活性氧化铝	活性炭	分子筛
比表面积/$m^2 \cdot g^{-1}$	300~800	100~400	500~1500	450~750

（2）具有较高的机械强度和耐磨性。由于在吸附分离工艺过程中，吸附剂颗粒要经受气（液）体的反复冲刷，压力变化频繁，有时还会涉及较高的温差变化，工作条件极其苛刻。如果吸附剂没有足够的机械强度和耐磨性，在实际应用中就会产生破碎粉化现象，破坏吸附床层的均匀性，使分离效果下降，而且产生的粉末还会堵塞管道和阀门，导致系统阻力增大，使整个分离装置的生产能力大幅度下降。因此对于工业吸附剂，均要求具有良好的力学性能。

（3）具有一定的吸附分离能力。使用吸附剂的目的是实现混合气（液）体的分离净化，因此吸附剂均应具有在某一特定条件下对气（液）体混合物的分离净化能力，即对要吸附的物质（组分）吸附速度快、吸附容量大，对不需要吸附的组分吸附速度慢、吸附容量小，具有较好的选择性。

（4）颗粒大小均匀，流动阻力系数小。吸附剂的外形通常为球形和短柱形，也有其他如无定形颗粒的。吸附剂的颗粒大小和形状对吸附剂床层的压力影响很大，颗粒大小均匀可以减小流动阻力系数，使流体通过床层时分布均匀，避免产生短路、偏流及返混现象，提高吸附剂的利用率和吸附分离效果。实际应用中应根据工艺要求选择适当的吸附剂。

1.2.1　焦炭

焦炭（coke），固体燃料的一种，它是由不同煤种配成的煤料经高温干馏而得到的固体产物。根据干馏温度、煤种和用途的不同，有高温焦、中温焦、低温焦、冶金焦、煤气焦等。它的主要成分是固定碳，挥发物极少，燃烧时无烟，热值约为 25.12~31.40kJ/kg。焦炭一般呈灰黑色，有金属光泽，坚硬多孔。制氢所用焦炭经过高温处理，能吸附焦炉煤气中所含萘、焦油等杂质，起到对煤气的净化作用。

1.2.1.1　焦炭的物理性质

焦炭的物理性质包括焦炭筛分组成、焦炭散密度、焦炭真相对密度、焦炭视相对密度、焦炭气孔率、焦炭比热容、焦炭热导率、焦炭热应力、焦炭着火温度、焦炭热膨胀系数、焦炭收缩率、焦炭电阻率和焦炭透气性等。

焦炭的物理性质与其常温机械强度、热强度及化学性质密切相关。焦炭的主要物理性质见表1-4。

表1-4 焦炭主要物理性质

序号	项 目	指 标	序号	项 目	指 标
1	真密度/g·cm^{-3}	1.8~1.95	5	散密度/kg·m^{-3}	400~500
2	视密度/g·cm^{-3}	0.88~1.08	6	平均比热容（100℃）/kJ·(kg·K)$^{-1}$	0.808
3	着火温度/℃	450~650（空气中）	7	干燥无灰基低热值/kJ·g^{-1}	30~32
4	气孔率/%	35~55	8	热导率（常温）/W·(m·K)$^{-1}$	0.733

1.2.1.2 焦炭的质量指标

焦炭是高温干馏的固体产物，其主要成分是碳，它是具有裂纹和不规则的孔孢结构体（或孔孢多孔体）。焦炭裂纹的多少直接影响到它的力度和抗碎强度，其指标一般以裂纹度（指单位体积焦炭内的裂纹长度的多少）来衡量。衡量孔孢结构的指标主要用气孔率（指焦炭气孔体积占总体积的百分数）来表示，它影响到焦炭的反应性和强度。不同用途的焦炭，对气孔率指标的要求也不同，一般冶金焦气孔率要求在40%~45%，铸造焦要求在35%~40%，出口焦要求在30%左右。焦炭裂纹度与气孔率的高低，与炼焦所用煤种有直接关系，如以气煤为主炼得的焦炭，裂纹多，气孔率高，强度低；而以焦煤作为基础煤炼得的焦炭裂纹少、气孔率低、强度高。焦炭强度通常用抗碎强度和耐磨强度两个指标来表示。焦炭的抗碎强度是指焦炭能抵抗外来冲击力而不沿结构的裂纹或缺陷处破碎的能力，用M_{40}值表示；焦炭的耐磨强度是指焦炭能抵抗外来摩擦力而不产生表面破裂形成碎屑或粉末的能力，用M_{10}值表示。焦炭的裂纹度影响其抗碎强度M_{40}值，焦炭的孔孢结构影响耐磨强度M_{10}值。M_{40}和M_{10}值的测定方法很多，中国多采用德国米贡转鼓试验的方法。

1.2.2 活性炭

活性炭是黑色圆柱状颗粒，密度约为0.48~0.68g/mL，表面密度约为0.08~0.45g/mL，含碳量10%~98%，每克活性炭的总表面积可达500~1000m^2。活性炭不易燃，自燃温度大于1000℃，熔点为3500℃，沸点为4200℃，比热容为0.84J/(kg·K)。活性炭是有多孔结构和对气体、蒸汽或胶态固体有强大吸附本领的炭，它的表面具有氧化基团，为非极性或弱极性吸附剂。

活性炭具有极大的内表面，其比表面积在所有吸附剂中为最高，所以能比其他吸附剂吸附更多的非极性或弱极性有机分子。活性炭表面为非极性或弱极性，而水是强极性物质，因而活性炭是唯一可以用于湿气处理而不需要预先除去水分的工业吸附剂，一般用来处理湿混合气和水溶液。活性炭吸附热或键的强度通常比其他吸附剂低，因而被吸附的分子解吸较为容易，再生时能耗低。

1.2.2.1 活性炭的主要技术指标

活性炭能够吸附气体中所含的焦油、萘等杂质，因此在制氢装置中活性炭能起到对焦炉煤气的净化作用。变压吸附制氢装置中所采用的活性炭类专用吸附剂为黑色圆柱状颗粒，其主要技术指标见表1-5。

表1-5 变压吸附制氢用活性炭类吸附剂主要技术指标

项 目		指 标
外形规格	直径/mm	1~4
	长度/mm	2~12
装填密度/g·mL⁻¹		0.48~0.68
强度/%		≥90
灰分/%		≤10
水分/%		≤2
氮气吸附量（0.1MPa（A），25℃）	mL/mL	≥3.0
	mL/g	≥5.0
二氧化碳吸附量	mL/mL	≥16.5
	mL/g	≥32.0

1.2.2.2 活性炭的安全技术特性

活性炭的安全技术特性主要包括危险性、急救措施、消防措施、储存运输注意事项、个人防护、理化性质、废弃处置等方面内容。

活性炭属一般性危险物质，难以点燃，会焖燃，燃烧时没有烟或火苗，但会产生二氧化碳或一氧化碳等有毒气体。它对环境无影响，无燃爆危险。

皮肤接触后可用肥皂水洗掉即可，眼睛接触后用大量清水冲洗，如有疼痛，及时就医。若吸入活性炭则应呼吸新鲜空气，有如咳嗽或呼吸不适，及时就医。食入活性炭可喝一至两杯清水，如胃肠不适感加重，及时就医。

活性炭着火时，如没有危险，将活性炭移到安全区域，最好在户外。可用水雾、水枪、二氧化碳或泡沫来灭火，灭火时要远离烟尘。灭火时，消防人员要装备呼吸和眼睛防护器具，遇到大火时，要配备自主呼吸器具。

装吸附剂时要严格按操作规程进行，进入吸附器的人要戴防护用具，防止粉尘过大。在进行活性炭相关作业时，应戴口罩，进入吸附器的人要戴空气呼吸器，戴防尘护目镜，穿工作服，戴布或线手套，尽量避免皮肤直接接触和经呼吸道吸入。

活性炭容易吸水，应储存在室内阴凉、干燥、通风处并注意防潮防水。一般而言，在指定的仓储、海运和使用状态下，活性炭是稳定的，但应避免与强氧化物接触，例如臭氧、液氧、氯、高锰酸等接触会引起激烈燃烧，也不可与强酸接触。活性炭包装时采用内衬有聚乙烯塑料袋的铁桶或编织袋包装。运输时应注意防潮、防水，避免与水、酸、碱接触。废弃活性炭应回收或深埋处理。

1.2.3 硅胶

硅胶又名氧化硅胶和硅酸凝胶。硅胶是φ1~5mm浅黄色半透明球状颗粒，堆密度为0.70~0.85g/mL，熔点为1710℃，沸点为2230℃，不具有燃烧性。硅胶大量用于从混合气中回收、提纯有效气体的变压吸附装置。一般商品硅胶约含水3%~7%，吸湿量能达40%左右，它能耐盐酸、硫酸、硝酸的浸渍。硅胶主要用于气体干燥、气体吸收、液体脱水、色层分析等，也用作催化剂。它是由水玻璃与硫酸或盐酸经胶凝、洗涤、干燥、焙烘而成，储藏需注意密闭。

硅胶有天然的，也有人工合成的，它是一种合成的无定形二氧化硅，是胶态二氧化硅球形粒子的刚性连续网络，一般是由硅酸钠溶液和无机酸混合来制备，它的主要成分为 $SiO_2 \cdot nH_2O$。通常天然的多孔 SiO_2 称为硅藻土，人工合成的称为硅胶，是由硅酸溶液（水玻璃）凝结而成的人造水硅石。由于人工合成的多孔 SiO_2 杂质少，品质纯正，耐热耐磨性好，而且可以根据需要制成特定的形状、粒度和表面结构，工业上作为吸附剂使用的都是人工合成硅胶。硅胶具有极大的内表面积，具有多孔性结构，并且颗粒坚硬，有较好的化学和热稳定性，是一种高活性可再生的吸附剂。硅胶为亲水的极性吸附剂，易于吸附极性物质（如水、甲醇等），吸附气体中的水分可达到其自身重量的50%以上，但难于吸附非极性物质（如正构或异构烷烃等）。硅胶吸附容量大，再生温度低，再生温度为150℃左右，价格便宜。硅胶具有较高的吸附热，它吸附水分时，放出大量的吸附热，可使本身温升达100℃，所以容易造成破碎，故硅胶常用作脱水剂、干燥剂，同时也可用作特殊的吸附剂或催化剂载体。

硅胶分为粗孔和细孔两种。粗孔硅胶孔径为 5～10nm，其吸水能力强，且吸水不易破碎，机械强度好，常用于干燥器中吸附水分。细孔硅胶孔径为 2.5～4nm，其吸附二氧化碳和乙炔的能力较强，吸水易破碎，常用于某些特定的吸附器中吸附无水混合气（液）体中的二氧化碳和乙炔等。表 1-6 给出了常用硅胶的技术性能参数。

表 1-6 常用硅胶的技术性能参数

指标\品种	颗粒度/mm	密度/kg·m⁻³	比热容/kJ·(kg·℃)⁻¹	吸湿率/%	遇水不破碎率/%	含水率/%	耐磨强度/%	抗压强度/N·颗⁻¹	热导率/W·(m·K)⁻¹
粗孔球形硅胶	6～8	≥400～500	1.000	≥70	0～10	<3	>95	≥300	
细孔球形硅胶	4～6	约700	1.000	≥30	0	<3	>95	≥300	
KSG-1 细孔球形硅胶	6～8	≥600～700	1.047	≥35	≥95	≤3	≥98	≥150	0.077
KSG-2 粗孔球形硅胶	6～8	≥400～500	1.047	≥70	≥95	≤3	≥98	≥150	0.077

1.2.3.1 硅胶的主要技术指标

变压吸附制氢用硅胶类吸附剂为浅黄色半透明球状颗粒，其中允许有个别棕色颗粒。变压吸附制氢用硅胶类专用吸附剂主要技术指标，应符合表 1-7 的规定。

表 1-7 变压吸附制氢用硅胶类吸附剂主要技术指标

项　目	指　标
粒径/mm	1～5
堆积密度/g·mL⁻¹	0.7～0.85
球形颗粒合格率/%	≥85
二氧化硅含量/%	≥98
含水量/%	≤2

项　　目		指　　标
氮气吸附量	mL/mL	≥0.70
(0.1MPa（A），25℃)	mL/g	≥1.0
二氧化碳吸附量	mL/mL	≥15
(0.1MPa（A），25℃)	mL/g	≥20

1.2.3.2　硅胶的安全技术特性

硅胶的安全技术特性主要包括危险性、急救措施、消防措施、储存运输注意事项、个人防护、理化性质、废弃处置等方面内容。

硅胶按危险性类别分属于非危险品，吸入二氧化硅粉尘，对机体的主要危害是引起矽肺。目前，对矽肺无特效治疗药物，关键是防尘。皮肤接触后用肥皂水洗掉即可，如有疼痛，及时就医。眼睛接触后用大量清水冲洗，如有疼痛，及时就医。吸入者应呼吸新鲜空气，如有咳嗽或呼吸不适，及时就医。食入者喝一至两杯清水，如胃肠不适感加重，及时就医。

硅胶能和三氟化氯、三氟化锰、三氟化氧发生剧烈反应。着火时尽可能将容器从火场移至空旷处，可采用雾状水、泡沫、干粉、二氧化碳、砂土灭火。

装吸附剂时应严格按操作规程进行，进入吸附器内的人要戴防护用具，防止粉尘过大。由于产品容易吸水，应保证包装容器的密闭性，应储存在室内阴凉干燥处。硅胶性能较稳定，仅溶解于氢氟酸，但应避免与水、高温接触。硅胶常温下不分解，废弃硅胶应回收或深埋。

1.2.4　氧化铝

氧化铝，俗称矾土，是 φ1~4mm 浅米色或浅红色球状颗粒。氧化铝堆密度不小于 0.72g/mL，抗压碎强度不小于 100N/颗，熔点为 2050℃，沸点为 2980℃，主要用于自混合气中回收、提纯有效气体的变压吸附装置。它不具有燃烧性，不溶于水，能渐渐溶于浓硫酸。活性氧化铝一般是人工合成的产物（铝胶），是一种部分水化、多孔性、无定形的氧化铝，由 Al_2O_3 的水合物 $Al(OH)_3$ 或 $AlO(OH)$ 经不同温度的加热脱水处理而得。根据制造工艺的不同，可制得 8种亚稳态的氧化铝，其中以 $γ - Al_2O_3$ 和 $β - Al_2O_3$ 的化学活性最高，故称为活性氧化铝。活性氧化铝具有较大的比表面积和很高的吸附能力，活性氧化铝是一种极性吸附剂，它对水分有较强的亲和力。它与分子筛相比，再生温度低得多，再生能耗低。氧化铝的耐压和耐磨强度都优于分子筛，与工业用硅胶相比，具有遇水不裂的优点。

活性氧化铝对水分的吸附量与硅胶相比，高饱和度时铝胶大于硅胶，低饱和度时正好相反。硅胶吸附容量为 6%~8%（吸附硅胶本身重量的 6%~8% 水分），铝胶吸附容量为 3%~5%，硅胶和铝胶能达到的干燥程度见表 1-8。

表 1-8　硅胶与铝胶能达到的干燥程度

吸附剂	硅　胶	铝　胶
干燥后水分数量/g·m^{-3}	0.03	0.005
干燥后相当的露点温度/℃	-52	-64

在一定的操作条件下，活性氧化铝的干燥精度可以达到露点 -70℃ 以下。因此活性氧化铝是理想的脱水剂、干燥剂。活性氧化铝在工业上经常用作气（液）体的干燥剂，也可用作催

化剂载体。表1-9给出了某种型号活性氧化铝的技术性能参数。

表1-9　某种型号活性氧化铝技术性能参数

外　观	粒径 /mm	堆积密度 /g·cm^{-3}	耐磨（wt） /%	强度 /kg·个球$^{-1}$	孔容 /mL·g^{-1}	比表面积 /m^2·g^{-1}
白色球形颗粒	2~5	0.7~0.75	<2	10~13	约0.4	300

1.2.4.1　氧化铝的主要技术指标

氧化铝类专用吸附剂为白色或浅灰色球状颗粒。变压吸附制氢用氧化铝类吸附剂主要技术指标，应符合表1-10的规定。

表1-10　变压吸附制氢用氧化铝类吸附剂主要技术指标

项　　目		指　　标
粒径/mm		3~5
抗压碎强度/N·颗$^{-1}$		≥100
磨耗率/%		≤0.5
堆积密度/g·mL^{-1}		≥0.72
含水量/%		≤2
水静态吸附量（60%湿度）(wt)/%		≥12
二氧化碳吸附量 （0.1MPa（A），25℃）	mL/mL	≥12.5
	mL/g	≥18

1.2.4.2　氧化铝的安全技术特性

氧化铝的安全技术特性主要包括危险性、急救措施、消防措施、储存运输注意事项、个人防护、理化性质、废弃处置等方面内容。

氧化铝按危险性类别分是非危险品，它对机体一般不易引起毒害，对黏膜和上呼吸道有刺激作用。经呼吸道吸入其粉尘可引起肺部轻度纤维化，肺部和肺淋巴结有大量的铝沉积，急救措施和硅胶相同。装吸附剂时应严格按操作规程进行，进入吸附器内的人要戴防护用具，防止粉尘过大。由于产品容易吸水，应保证包装容器的密闭性，应储存在室内阴凉、干燥、通风处并注意防潮防水，避免与水、酸、碱接触。氧化铝性能非常稳定，但应避免高温和与强氧化剂接触。

1.2.5　分子筛

分子筛也称为泡沸石。分子筛是$\phi1\sim4$mm浅米色或浅红色球状颗粒，堆密度为0.65~0.78g/mL，抗压碎强度不小于30N/颗，熔点为2050℃，沸点为2980℃，比热容为1.003kJ/（kg·K），不具有燃烧性。分子筛主要用于从混合气中回收、提纯有效气体的变压吸附装置。它具有均一微孔结构，是一种具有立方晶格的硅铝酸盐化合物，主要是由硅铝通过氧桥连接而组成空旷的骨架结构，在结构中有很多孔径均匀的孔道和排列整齐、内表面积很大的空穴。它能将不同大小分子选择性吸附而实现不同组分分离，也能作为较大尺寸分子的反应载体。它是一种结晶型的硅铝酸盐，有天然及合成两种，广泛应用于气体和液体的干燥、脱水、净化、分离、回收等。合成沸石也称为沸石分子筛，目前制造方法主要采用的是水热合成法，其次是碱处理法。

沸石分子筛具有吸附选择性好，净化效果高的特点。它的微孔孔径分布单一、均匀，凡被处理的流体中分子直径大于微孔尺寸的都不能进入微孔，吸附发生在孔穴内部，能把直径小于孔穴尺寸的分子吸入孔内，把直径大于微孔尺寸的分子挡在孔外，起到筛分的作用，所以称为分子筛，故能按照气体分子大小进行选择性吸附。它的吸附能力强，是一种强极性吸附剂，它对极性分子、不饱和分子和极化率大的分子有很高的亲和力，对水、二氧化碳和乙炔的吸附能力都很强。同时它的吸附效率高，在低吸附质分压、高温、高气体线速度条件下，仍能保持较高的吸附容量，并且共吸附性能好，在吸附水的同时，还可以吸附其他气体，如烃类、氨、H_2S、SO_2 等。

各种杂质气体分子的吸附能力顺序是，吸附酸碱性气体的顺序：$H_2O > H_2S > NH_3 > SO_2 > CO_2$；吸附碳氢化合物的顺序：$H_2O > C_3H_5 > C_2H_2 > C_2H_4 > CO_2 > C_3H_8 > C_2H_6 > CH_4$。它的 CO_2 动吸附容量对压力变化不敏感，对温度变化敏感。当温度从 278K 升高至 318K 时，分子筛对 CO_2 的动吸附容量减小 70%。

沸石分子筛通常以化学式表示如下：

$$Me_{x/n}\left[(AlO_2)_x(SiO_2)_y\right] \cdot mH_2O$$

式中   Me——阳离子，主要是 Na^+、K^+、Ca^{2+} 等碱金属或碱土金属离子；

           n——阳离子 Me 的价数；

           m——结晶数的分子数；

    x，y——系数，x、y 均为整数，且 $y/x \geqslant 1$。

通过在制造过程中调节硅铝比例，改变配料或用离子交换方法变更阳离子及其位置，调节晶化过程的温度、压力、时间等手段，都可以改变晶形大小、微孔尺寸以及沸石的结构等特征，从而制得不同型号的分子筛。分子筛的种类繁多，目前主要有 A 型、X 型和 Y 型三种类型，每一类型的分子筛按其阳离子的不同，孔径和性质也有所不同。表 1-11 给出了几种常用分子筛的筛孔直径及化学组成。

表 1-11   常用分子筛的化学组成及孔径

型号	SiO_2/Al_2O_3 分子比	孔径/m	典型化学组成
3A（钾 A 型）	2	$3 \times 10^{-10} \sim 3.3 \times 10^{-10}$	$\frac{2}{3}K_2O \cdot \frac{1}{3}Na_2O \cdot Al_2O_3 \cdot 2SiO_2 \cdot 4.5H_2O$
4A（钠 A 型）	2	$4.2 \times 10^{-10} \sim 4.7 \times 10^{-10}$	$Na_2O \cdot Al_2O_3 \cdot 2SiO_2 \cdot 4.5H_2O$
5A（钙 A 型）	2	$4.9 \times 10^{-10} \sim 5.6 \times 10^{-10}$	$0.7CaO \cdot 0.3Na_2O \cdot Al_2O_3 \cdot 2SiO_2 \cdot 4.5H_2O$
10X（钙 X 型）	2.3 ~ 3.3	$8 \times 10^{-10} \sim 9 \times 10^{-10}$	$0.8CaO \cdot 0.2Na_2O \cdot Al_2O_3 \cdot 2.5SiO_2 \cdot 6H_2O$
13X（钠 X 型）	2.3 ~ 3.5	$9 \times 10^{-10} \sim 10 \times 10^{-10}$	$Na_2O \cdot Al_2O_3 \cdot 2.5SiO_2 \cdot 6H_2O$
Y（钠 Y 型）	3.3 ~ 5	$9 \times 10^{-10} \sim 10 \times 10^{-10}$	$Na_2O \cdot Al_2O_3 \cdot 5SiO_2 \cdot 6H_2O$
钠丝光沸石	3.3 ~ 6	约 5×10^{-10}	$Na_2O \cdot Al_2O_3 \cdot 10SiO_2 \cdot (6 \sim 7)H_2O$

1.2.5.1 分子筛的主要技术指标

分子筛类专用吸附剂为浅米色或浅红色球状颗粒。变压吸附制氢用分子筛类吸附剂主要技术指标，应符合表 1-12 的规定。

表 1-12 变压吸附制氢用分子筛类吸附剂主要技术指标

项 目		指 标
粒径/mm		1~4
堆积密度/g·mL⁻¹		0.65~0.78
抗压碎强度/N·颗⁻¹		≥30
磨耗率/%		≤0.5
含水量/%		≤1.5
氮气吸附量（0.1MPa（A），25℃）	mL/mL	≥6.5
	mL/g	≥9.0
一氧化碳吸附量	mL/mL	≥18
	mL/g	≥25

1.2.5.2 分子筛的安全技术特性

分子筛的安全技术特性主要包括危险性、急救措施、消防措施、储存运输注意事项、个人防护、理化性质、废弃处置等方面内容。

分子筛按危险性类别分类属非危险品，主要危害途径为食入和皮肤接触。分子筛对环境无影响，无燃爆危险性。

皮肤接触后用肥皂水洗掉即可，如有疼痛，及时就医。眼睛接触后可用大量清水冲洗，如有疼痛，及时就医。吸入者应呼吸新鲜空气，如有咳嗽或呼吸不适，及时就医。食入者可喝一至两杯清水，如胃肠不适感加重，及时就医。

装吸附剂时应严格按操作规程进行，进入吸附器的人要戴防护用具，防止吸入粉尘。由于它容易吸水，所以应保证包装容器的密封性，储存在室内阴凉、干燥、通风处并注意防潮防水。分子筛性能较稳定，常温下不分解，但应避免与水、高温、酸、碱等接触，废弃时可回收或深埋处理。

1.2.6 吸附剂装填

根据制氢装置的大小，制氢各吸附塔塔径、吸附剂装填方案各不相同。以某10万吨/年苯加氢装置配套设计的变压吸附制氢装置为例，具体装填方案如下。

1.2.6.1 吸附剂装填标准

干燥器：2台，直径0.5m，装填容积0.22m³，吸附剂装填方案见表1-13。

表 1-13 干燥器吸附剂装填方案

名 称	型 号	堆密度/t·m⁻³	装填容积/m³	装填高度/m	单塔用量/t	总用量/t	装填位置
硅 胶	CNA-324	0.78	0.18	0.92	0.14	0.28	上层
氧化铝	CNA-421	0.76	0.04	0.2	0.03	0.06	下层
合 计			0.22	1.12	0.17	0.34	

精脱萘器：2台，直径为1.2m，装填容积为3m³，吸附剂装填方案见表1-14。

表 1-14 精脱萘器吸附剂装填方案

名 称	型 号	堆密度/t·m⁻³	装填容积/m³	装填高度/m	单塔用量/t	总用量/t	装填位置
栅 板					一块		底层
丝 网	5 目/英寸				一层		底层
丝 网	20 目/英寸				一层		底层
耐火球	φ50	1.60	0.06	0.05	0.090	0.180	下层
丝 网	20 目/英寸				一层		上层下部
焦 炭	CNA-110	0.5	1.50	1.33	0.75	1.5	上层中部
活性炭	CNA-228	0.53	1.50	1.33	0.795	1.59	上层中部
丝 网	20 目/英寸				一层		上层上部
耐火球	φ20	1.80	0.04	0.035	0.072	0.144	上层上部
填料压板					一块		顶层
丝 网	20 目/英寸				一层		顶层
合 计			3.10	2.75	1.707	3.414	

注：丝网材料为不锈钢丝网，铺设要求按设备装配图，必须按照设备装配上的补充技术要求进行丝网铺设。

预处理器：2 台，直径为 1.0m，装填容积为 2.5m³，吸附剂装填方案见表 1-15。

表 1-15 预处理器吸附剂装填方案

名 称	型 号	堆密度/t·m⁻³	装填容积/m³	装填高度/m	单塔用量/t	总用量/t	装填位置
硅 胶	CNA-324	0.78	1.69	2.15	1.318	2.636	上层
活性炭	CNA-228	0.53	0.50	0.64	0.265	0.530	中层
氧化铝	CNA-421	0.76	0.31	0.39	0.236	0.472	下层
合 计			2.50	3.18	1.819	3.638	

变压吸附器：5 台，直径为 1.2m，装填容积为 6.1m³，吸附剂装填方案见表 1-16。

表 1-16 变压吸附器吸附剂装填方案

名 称	型 号	堆密度/t·m⁻³	装填容积/m³	装填高度/m	单塔用量/t	总用量/t	装填位置
分子筛	CNA-193	0.75	4.518	4	3.389	16.945	下层
活性炭	CNA-229	0.53	1.130	1	0.599	3.105	中层
氧化铝	CNA-421	0.76	0.452	0.4	0.344	1.720	上层
合 计			6.100	5.4	4.332	21.77	

预净化器：2 台，直径为 2.2m，装填容积为 22m³，分两层装填，吸附剂装填方案见表 1-17。

表 1-17 预净化器吸附剂装填方案

名 称	型 号	堆密度/t·m⁻³	装填容积/m³	装填高度/m	单塔用量/t	总用量/t	装填位置
栅 板					一块		下部底层
丝 网	5 目/英寸				一层		下部底层
	20 目/英寸				二层		下部底层

名　称	型　号	堆密度/t·m⁻³	装填容积/m³	装填高度/m	单塔用量/t	总用量/t	装填位置
耐火球	φ50	1.60	0.38	0.10	0.60	1.22	下部下层
耐火球	φ20	1.80	0.38	0.10	0.68	1.36	下部下层
丝网	20目/英寸				一层		下部中层
焦炭	CNA-110	0.50	11	2.90	5.5	11	下部中层
丝网	20目/英寸				一层		下部上层
耐火球	φ20	1.80	0.38	0.10	0.68	1.36	下部上层
栅板					一块		上部底层
丝网	5目/英寸				一层		上部底层
丝网	20目/英寸				二层		上部底层
耐火球	φ50	1.60	0.38	0.10	0.60	1.22	上部下层
耐火球	φ20	1.80	0.38	0.10	0.68	1.36	上部下层
丝网	20目/英寸				一层		上部中层
活性炭	CNA-228	0.53	11	2.90	5.83	11.66	上部中层
丝网	20目/英寸				一层		上部上层
耐火球	φ20	1.80	0.38	0.10	0.68	1.36	上部上层
填料压板					一块		上部顶层
丝网	20目/英寸				一层		上部顶层
合　计			24.28	6.40	15.25	30.54	

注：丝网材料为0Cr18Ni9不锈钢，并符合GB/T 5330—2003，丝网铺设要求详见设备装配图，必须按照设备装配图上的补充技术要求进行丝网铺设。

脱氧器：1台，直径为0.4m，装填容积为0.15m³，吸附剂装填方案见表1-18。

表1-18　脱氧器吸附剂装填方案

名　称	型　号	堆密度/t·m⁻³	装填容积/m³	装填高度/m	单塔用量/t	总用量/t	装填位置
钯催化剂	CNA-561	0.80	0.12	0.96	0.096	0.096	上层
氧化铝	CNA-421	0.76	0.03	0.24	0.023	0.023	下层
合　计			0.15	1.20	0.119	0.119	

预干燥器：1台，直径为0.4m，装填容积为0.1m³，吸附剂装填方案见表1-19。

表1-19　预干燥器吸附剂装填方案

名　称	型　号	堆密度/t·m⁻³	装填容积/m³	装填高度/m	单塔用量/t	总用量/t	装填位置
硅胶	CNA-324	0.78	0.08	0.64	0.062	0.062	上层
氧化铝	CNA-421	0.76	0.02	0.16	0.015	0.015	下层
合　计			0.10	0.80	0.077	0.077	

1.2.6.2　吸附剂装填注意事项

由于吸附剂均具有较强的吸水性，特别是分子筛吸附剂的吸水性极强，一旦吸水，在常温下无法再生。所以在吸附剂运输过程中，应保证吸附剂的完好密封和干燥状态。在吸附剂装填前，装置应采用干燥的氮气进行彻底置换。装填吸附剂必须选择晴天进行，每当装填作业结束时，必须封闭吸附塔，以免吸附剂受潮，性能下降。一旦吸附剂装填完成，置换氮气和吹扫气就必须采用干燥、无油气源，并且只允许从吸附塔底部进入。吸附剂装填过程中应特别注意，各吸附塔的装填量和装填比例必须完全相同，以保证气流的平均分配。

当产品氢气微量水、微量氧含量长期超出设计值，系统各工艺参数均正常时，则表明脱氧干燥剂、催化剂可能已失效，需要进行更换。更换脱氧干燥剂及催化剂时，要求必须在停工状态下进行更换，同时要对系统进行彻底置换。

制氢系统按照正常停工步骤进行停工，然后用氮气对脱氧干燥单元进行置换，置换时间不低于 48h，置换结束时在脱氧干燥尾端取气体样，分析可燃气体浓度，当可燃气体浓度满足要求时才能进行下一步操作。气体化验合格后，打开脱氧器、干燥器的上下法兰，注意拆卸时必须使用防爆工具。从脱氧器、干燥器下部卸出塔内的填料，钯催化剂卸出后必须用器具将其装入，最好向器具内通入氮气做保护气，严禁将催化剂直接散落在地面。塔内填料全部卸出后，封闭塔下部法兰，从上部法兰开始进行装填。装填催化剂时，速度要迅速，塔内最好通入氮气，避免催化剂过多与空气接触。填料装填完毕后，安装塔上部法兰，然后用氮气对系统进行置换，防止系统内存有少量空气。更换钯催化剂时还应注意将钯催化剂装入垂直反应器时，应轻轻敲击器壁，以便堆积紧密。钯催化剂装入净化装置后开工前或因故停工重新开工前应用惰性气体如纯氮气对管道、反应器等设备进行加温置换吹扫，以保证安全。原料气中水含量大于 0.1% 时，应先脱水。钯催化剂应避免与氯化物、硫化物、磷化物、砷化物等有害物质接触，以免降低脱氧效果和催化剂中毒。

1.3　变压吸附制氢原理及工艺流程

1.3.1　吸附基本理论

吸附是指当两种相态不同的物质接触时，其中密度较低物质的分子在密度较高的物质表面被富集的现象和过程。具有吸附作用的物质（一般为密度相对较大的多孔固体）被称为吸附剂，被吸附的物质（一般为密度相对较小的气体或液体）称为吸附质。通常所说的气体的吸附是指气体在与多孔性固体接触时，气体中一种或几种组分被吸着在固体表面的现象。

由于分子是不停运动的，因此，作为吸附质的任何一个分子，当它在空间漫游时，既可能相互碰撞，也可能碰撞在固体（吸附剂）的表面上。这种碰撞分弹性和非弹性碰撞，前者停留时间极短，且反射角等于入射角；而后者的碰撞分子则贴在表面上一定时间，然后离开，但离去的方向与来时的方向无关。在大多数的情况下，碰撞表面的吸附质分子要在表面停留的时间长短取决于多种因素，如分子碰撞在表面上的位置、表面的性质、分子的性质、表面的温度、分子的动能等。从一个单位面积的表面来看，可以推定在一定条件下，单位时间内碰撞表面的分子数是有一个动态平衡的。当表面上浓聚（停留）一些分子时，就称此种现象为"吸附"。

在单位表面积上浓聚的分子数 B 取决于碰撞表面的分子数 n 及其在表面上停留的时间 Z，于是有 $B = nZ \mathrm{cm}^{-2}$，根据 Maxwell 的统计学说，可以推导出：

$$n = Np / \sqrt{2\pi MRT}$$

式中　　R——气体常数，$R = 8.315 \mathrm{J/(mol \cdot K)}$；

　　　　N——阿伏伽德罗常数，$N = 6.025 \times 10^{23}$；

　　M——气体的分子量；

　　p——气体分子的分压，mmHg（1mmHg = 133.32Pa）；

　　T——温度，K。

将数值代入上式得：

$$n = 8.34 \times 10^{22} \frac{p}{\sqrt{MT}}$$

　　故可以设想，当气体分子落在表面上以后，就与组成表面的原子交换能量，当停留时间足够长时，它们之间还将达到热平衡。与此同时，被吸附的分子也会从表面的热能涨落中，取得足够的能量（因为组成表面的原子或分子是在不断振动的，这在热能涨落中，有部分的能量会重新转给吸附的气体分子）而重新离开表面，这样就组成了吸附的动态平衡。

1.3.1.1　吸附过程分类

　　根据吸附质与吸附剂分子之间的相互作用不同，吸附通常可分为4大类，即化学吸附、活性吸附、毛细管凝缩、物理吸附。

　　化学吸附是指吸附剂与吸附质两者分子之间发生有化学反应，并在吸附剂表面生成化合物的吸附过程。这种吸附过程一般进行得很慢，通常是不可逆的，解吸过程非常困难，吸附热接近于化学反应热，且吸附剂本身的性质对吸附质的选择性起着决定性作用。

　　活性吸附是指吸附剂与吸附质两者分子之间相互作用，生成有表面络合物的吸附过程。这种络合物不是一般的络合物，吸附剂分子仍留在吸附剂的晶格上。这种吸附过程一般进行得也很慢，相间平衡持续时间较长，吸附热较大，接近于化学反应热。这种吸附过程一般是不可逆的，解吸也比较困难，吸附剂本身的性质对吸附质的选择性起着决定性作用。

　　毛细管凝缩是指固体吸附剂在吸附蒸汽时，在吸附剂孔隙内发生的凝结现象，一般需加热才能完全再生。

　　物理吸附是指依靠吸附剂与吸附质分子间的分子力（即范德华力和电磁力）进行的吸附过程。其特点是吸附过程中没有化学反应，吸附热一般不大，接近于冷凝热。同时吸附过程进行得极快，参与吸附的各相物质间的动态平衡在瞬间即可完成。这种吸附是完全可逆的，除了固体表面状况之外，吸附剂本身性质对吸附质无选择作用。

　　PSA制氢装置中的吸附主要为物理吸附。变压吸附气体分离工艺过程之所以得以实现，是由于吸附剂在这种物理吸附中所具有的两个基本性质，一是对不同组分的吸附能力不同；二是吸附质在吸附剂上的吸附容量随吸附质的分压上升而增加，随吸附温度的上升而下降。利用吸附剂的第一个性质，可实现对混合气体中某些组分的优先吸附而使其他组分得以提纯；利用吸附剂的第二个性质，可实现吸附剂在低温、高压下吸附而在高温、低压下解吸再生，从而构成吸附剂的吸附与再生循环，达到连续分离气体的目的。

1.3.1.2　吸附力

　　在物理吸附中，各种吸附剂对气体分子之所以有吸附能力，是由于处于气、固相分界面上的气体分子的特殊形态。一般来说，只处于气相中的气体分子所受的来自各方向的分子吸引力是相同的，气体分子处于自由运动状态；而当气体分子运动到气、固相分界面时（即撞击到吸附剂表面时），气体分子将同时受到固相和气相中分子的引力，其中来自固相分子的引力更大，当气体分子的分子动能不足以克服这种分子引力时，气体分子就会被吸附在固体吸附剂的表面。被吸附在固体吸附剂表面的气体分子又被称为吸附相，其分子密度远大于气相，一般可接近于液态的密度。

固体吸附剂表面分子对吸附相中气体分子的吸引力可由以下公式来描述：

$$分子引力\ F = C_1/r^m - C_2/r^n \quad (m > n)$$

式中　　C_1——引力常数，与分子的大小、结构有关；

　　　　C_2——电磁力常数，主要与分子的极性和瞬时偶极矩有关；

　　　　r——分子间距离。

因而对于不同的气体组分，由于其分子的大小、结构、极性等性质各不相同，吸附剂对其吸附的能力就各不相同。图 1 - 1 所示为不同组分在分子筛上的吸附强弱顺序。

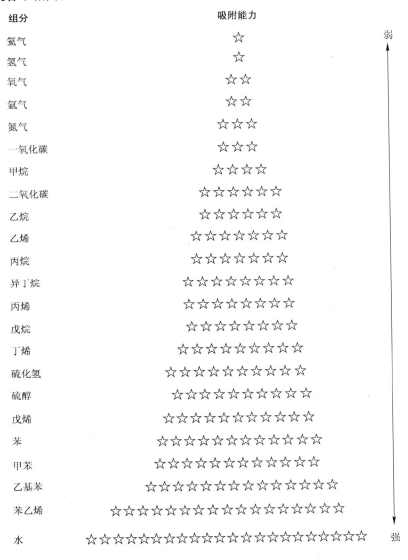

图 1 - 1　不同组分在分子筛上的吸附强弱顺序示意图

在同一个相的内部，每一个分子所经受的被吸往其他分子的吸力在各个方向上是相等的，而在两相边界上，分子所经受的引力则不同。因为吸引它的分子位于不同的相中，而不同的相各自内部的分子引力是不相同的。这种作用在边界分子上力量的不平衡现象，使得这些分子具有与相内部的分子不同的特质。如果吸力的合力是向该相的内部，则该相表面的状态便表现为表面层收缩的能力，如通常所说，能够吸附与它相接触的另一相中的分子。

气体的分子能在吸附剂的表面停留一些时间，如前所述，主要是由于吸附力的存在，即分子间的作用力的存在。这种作用力可以分为极性分子与极性分子之间的定向极化作用，极性分子与非极性分子之间的变形极化作用，非极性分子与非极性分子之间的瞬时偶极矩。

除了吸附力以外，有的吸附剂（如分子筛、沸石灰）还有晶格“筛分”的特性，气体分子的平均直径必须小于其微孔的直径，才能抵达吸附表面。利用这种筛分作用，有时可使气体混合物得到更有效的分离。常用的吸附剂从吸附力来分可以分成4大类，如图1－2所示。

（大）↑分子大小↓（小）	非极性←→极性 饱和结合←→不饱和结合	
	炭质吸附剂	硅铝系吸附剂
	Ⅰ. 活性炭	Ⅱ. 硅胶 铝胶 活性氧化铝 活性白土
	Ⅲ. 炭分子筛	Ⅳ. 沸石系列分子筛

图1－2　吸附剂分类（按吸附力分）

1.3.1.3　吸附平衡

A　吸附平衡定义

吸附平衡是指在一定的温度和压力下，吸附剂与吸附质充分接触，最后吸附质在两相中的分布达到平衡的过程。

在实际的吸附过程中，吸附包括两个过程：吸附质分子会不断地碰撞吸附剂表面并被吸附剂表面的分子引力束缚在吸附相中（吸附）；同时吸附相中的吸附质分子又会不断地从吸附剂分子或其他吸附质分子得到能量，从而克服分子引力离开吸附相（解吸）。随着吸附质在吸附剂表面数量的增加，解吸速度逐渐加快，当吸附和解吸速度相当，一定时间内进入吸附相的吸附质分子数和离开吸附相的吸附质分子数相等，从宏观上看，吸附量不再增加时，吸附过程就达到了平衡。对于物理吸附而言，动态吸附平衡很快就能完成。

在通常的工业变压吸附过程中，由于吸附—解吸循环的周期短（一般只有数分钟），吸附热来不及散失，恰好可供解吸之用，所以吸附热和解吸热引起的吸附床温度变化一般不大，吸附过程可近似看作等温过程，其特性基本符合Langmuir吸附等温方程。

在实际应用中一般依据气源的组成、压力及产品要求的不同来选择PSA（变压吸附）、TSA（变温吸附）或PSA＋TSA工艺。

变温吸附（TSA）法的循环周期长、投资较大，但再生彻底，通常用于微量杂质或难解吸杂质的脱除。变压吸附（PSA）的循环周期短，吸附剂利用率高，吸附剂用量相对较少，不需要外加换热设备，被广泛用于大气量多组分气体的分离与纯化。在变压吸附（PSA）工艺中，通常吸附剂床层压力即使降至常压，被吸附的组分也不能完全解吸，因此根据降压解吸方式的不同又可分为两种工艺：一种是用产品气或其他不易吸附的组分对床层进行“冲洗”，使被吸附组分的分压大大降低，将较难解吸的杂质冲洗出来。其优点是在常压下即可完成，不再增加任何设备，但缺点是会损失产品气体，降低产品气的收率；另一种是利用抽真空的办法降低被吸附组分的分压，使吸附的组分在负压下解吸出来，这就是通常所说的真空变压吸附（Vacuum Pressure Swing Absorption，缩写为 VPSA）。VPSA 工艺的优点是再生效果好，产品收率高，但缺点是需要增加真空泵。

在实际应用过程中，究竟采用以上何种工艺，主要视原料气的组成性质、原料气压力、流量、产品的要求以及工厂的资金和场地等情况而决定。

　　B　平衡吸附量

吸附过程达到吸附平衡时，吸附剂对吸附质的吸附量称为平衡吸附量。平衡吸附量的大小与吸附剂的物化性能——比表面积、孔结构、粒度、化学成分有关，也与吸附质的物化性能、压力（或浓度）、温度等因素有关。在吸附剂和吸附质一定时，平衡吸附量就是吸附质的分压（或浓度）和温度的函数。

　　C　吸附等温线（物理吸附的两个性质）

在实际中，经常用吸附等温线来描述吸附过程中平衡吸附量与吸附质分压（或浓度）的关系，吸附等温线就是在一定的温度下，测定出不同压力下，吸附质组分在吸附剂上的平衡吸附量，将不同压力下得到的平衡吸附量连接而成的曲线。

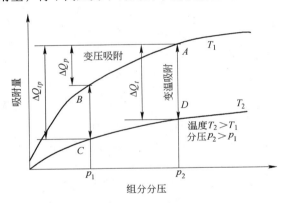

图 1-3　不同温度下的吸附等温线示意图

温度和压力对平衡吸附量有着重要影响。当固定温度（或压力）时，平衡吸附量就是压力（或温度）的单值函数，从而得到吸附等温函数（或吸附等压函数）。对于确定的吸附剂和吸附质（吸附体系），在一定的温度和压力下，平衡吸附量是一个定值。图 1-3 所示为不同温度下的吸附等温线示意图。

从图 1-3 的 $B \rightarrow C$ 和 $A \rightarrow D$ 可以看出，在压力一定时，随着温度的升高，吸附剂的吸附容量逐渐减小。从图 1-3 的 $B \rightarrow A$ 可以看出，在温度一定时，随着吸附质分压的升

高，吸附剂的吸附容量逐渐增大。从微观上解释，出现这种现象的主要原因是由于压力越高单位时间内撞击到吸附剂表面的气体分子数越多，因此压力越高平衡吸附容量也就越大；而温度越高气体分子的动能越大，能被吸附剂表面分子引力束缚的分子就越少，因此温度越高平衡吸附容量就越小。

吸附剂的这一特性也可以用 Langmuir 吸附等温方程来描述：

$$A_i = \frac{K_1 X_i p}{1 + K_2 X_i p}$$

式中　A_i——吸附质 i 的平衡吸附量；

　K_1，K_2——吸附常数；

　　　p——吸附压力；

　　　X_i——吸附质 i 的摩尔组成。

吸附剂对不同组分的吸附能力不同（即具有选择性）。对于同一种吸附剂，不同的吸附质，在相同的温度和压力下，由于吸附质各组分分子的结构、大小、极性各不相同，吸附剂对

吸附质的吸附能力不同，吸附剂的平衡吸附量是不同的，即具有选择性。图1-4所示为某种吸附剂对不同的气体组分在38℃下的吸附等温曲线。

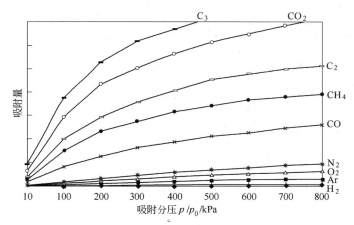

图1-4 不同气体组分38℃下在活性炭类吸附剂上的吸附等温线

D 吸附传质过程

a 吸附的传质过程

吸附剂都是内部具有很多小孔的多孔性物质，吸附质在吸附剂上的吸附过程十分复杂。以气体吸附质在固体吸附剂上的吸附过程为例，吸附质从气体主流至吸附剂内部的传递过程分为两个阶段：第一阶段是从气体主流通过吸附剂颗粒周围的气膜到达吸附剂的表面，称为外部传递过程或外扩散；第二阶段是从吸附剂颗粒表面传向颗粒孔隙内部，称为孔内部传递过程或内扩散。这两个阶段是按先后顺序进行的，在吸附时气体先通过气膜到达颗粒表面，然后才能向颗粒内扩散，脱附则逆向进行。吸附质在吸附剂上的扩散过程示意图如图1-5所示。

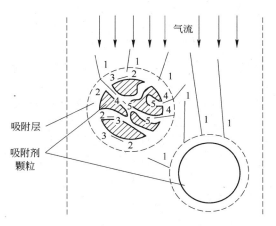

图1-5 吸附质在吸附剂上扩散的示意图
1—外扩散；2—外表面吸附；3—表面扩散；
4—孔扩散；5—内表面吸附

气体分子到达颗粒外表面时，一部分会被外表面所吸附，而被吸附的分子有可能沿着颗粒内的孔壁向深入扩散，称为表面扩散；一部分气体分子还可能在颗粒内的孔中向深入扩散，称为孔扩散，在孔扩散的途中气体分子又可能与孔壁表面碰撞而被吸附，所以内扩散是既有平行又有顺序的吸附过程，可以表示为：

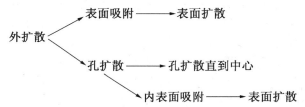

可见吸附传递过程由三部分：外扩散、内扩散和表面吸附三部分组成，吸附过程的总速度

取决于最慢阶段的速度。

    b 吸附的传质区、吸附前沿、流出曲线及穿透点

    将颗粒大小均一的吸附剂装填在固定吸附床中，含有一定浓度（分压）吸附质的混合气体以恒定的流速通过吸附床层，床层内不同位置上的吸附质浓度随时间而变化。理想状况下，假设床层内的吸附剂完全没有传质阻力，即吸附速度无限大，则吸附质一直是以初始浓度向气体流动方向推进，类似于活塞在气缸内推进，如图 1-6 所示。

    实际吸附过程中，由于传质阻力的存在，流体的速度、吸附相平衡以及吸附机理等各方面的影响，吸附质浓度恒定的混合气体通过吸附床层时，首先是在吸附床层的进口处形成 S 形曲线，如图 1-7 所示，此曲线称为吸附前沿（或传质前沿）。

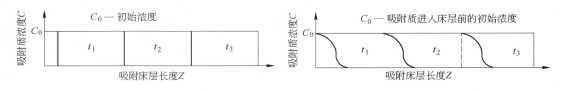

图 1-6 理想状态下吸附剂床层内
吸附质浓度的变化

图 1-7 实际吸附过程中吸附质
浓度随时间的变化

    随着气体混合物的不断流入，吸附前沿将不断向前移动，经过一段时间后，吸附前沿的前端将到达吸附床的出口端。S 形曲线所占的床层长度称为吸附的传质区（MTZ）。传质区形成后，只要气流速度不变，入口气体混合物中吸附质浓度不变，其长度将不改变，随着气流的进入，沿气流方向向前推进。因此在吸附过程中，如图 1-8 所示，吸附床内可以分为三个区域：吸附饱和区，在此区域内的吸附剂不再吸附，达到动态平衡状态；吸附传质区，在此区域内的吸附剂已经吸附了部分吸附质，但未达到动态平衡，还在继续进行吸附；未吸附区，此区域内的吸附剂为"新鲜"吸附剂，吸附剂还未开始吸附。

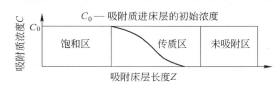

图 1-8 吸附过程中吸附床层内的区域分布

    图 1-8 中，曲线与坐标所形成的面积，称为吸附剂的吸附负荷。在吸附饱和区部分，是吸附剂在吸附质初始浓度 C_0 下的饱和吸附量。如将图中的纵坐标由吸附质浓度改为吸附剂对吸附质的吸附量，即可得到吸附负荷曲线，如图 1-9 所示。

    "吸附前沿"常应用于吸附过程的工程概念中，它表示在吸附床的传质区与未吸附区之间存在着吸附前沿。吸附前沿的高低，决定了吸附分离所能得到的极限纯度，是在工程过程控制中，吸附分离制取纯气体中所允许杂质含量的极限控制的重要参数。

    在吸附床中，随着气体混合物的不断流入，吸附前沿不断向床层出口推进，经过一段时间，吸附质出现在吸附床出口处，并随时间推移，吸附质浓度不断上升，最终达到进入吸附床的吸附质初始浓度。测定吸附床出口处吸附质浓度随时间的变化，便可绘出如图 1-10 所示曲线，此曲线称为流出曲线。

    实际上吸附前沿（吸附负荷曲线）与流出曲线是成镜面对称相似的。如图 1-9 所示，与吸附前沿一样，传质阻力大，传质区越大，流出曲线的波幅就越大，反之，传质阻力越小，流出曲线的波幅也越小。在极端理想的情况下，即吸附速度无限大，吸附前沿曲线和流出曲线成了垂直线，床层内的吸附都可能被有效利用。

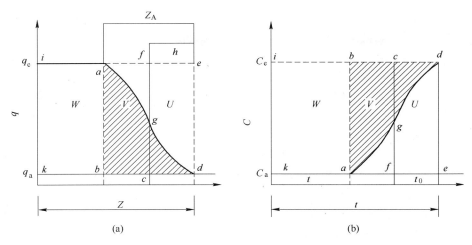

图 1-9 吸附负荷曲线和流出曲线

（a）吸附负荷曲线；（b）流出曲线

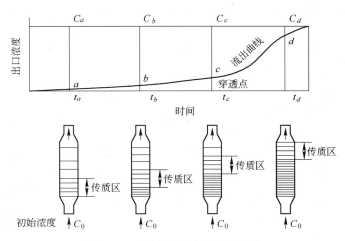

图 1-10 固定吸附床的流出曲线

图 1-9（a）中，横坐标 Z 为吸附床长度，纵坐标 q 为吸附量，曲线为吸附负荷曲线；图 1-9（b）中，横坐标 t 为吸附时间，纵坐标 C 为吸附质浓度，曲线为吸附流出曲线。图中面积 $abcdefa$ 为传质区的总吸附容量（$U+V$），吸附前沿（负荷）曲线上方（或流出曲线下方）的面积 $agdefa$ 是传质区仍具有吸附能力的容量（U），吸附前沿（负荷）曲线的下方（或流出曲线的上方）的面积 $abcdga$ 是传质区中被吸附部分（V），面积 $abki$ 为吸附饱和区。

影响流出曲线形状的因素有吸附剂的性质、颗粒的形状和大小、气体混合物的组成和性质、混合气体的流速、吸附平衡和机理以及吸附床的温度和压力等。通过对流出曲线的研究，可以评价吸附剂的性能，测取传质系数和了解吸附床的操作状况。

从吸附床气体进口端流进吸附质初始浓度恒定的气体混合物，气体中的吸附质就从入口端开始依次被吸附在吸附剂床层上，在床层的气体流动方向上形成一个浓度梯度（即传质区）。吸附过程只是在传质区为一定形状的浓度分布范围内进行，在吸附工况处于稳定状态下，浓度梯度的分布形状和长度基本不变，以一定的速度在吸附床层上移动。随着吸附过程的持续进行，吸附床内的吸附饱和区逐渐扩大，而尚未吸附区逐渐缩小。当传质区到达吸附床出口端时，流出气体中的吸附质浓度开始突然上升的位置，即穿透点（图 1 - 10 中的 c 点），与其相对应的吸附质浓度、吸附时间分别称为穿透浓度和穿透时间。

工程上为了设计固定吸附床，必须进行传质区长度和流出曲线的计算，由于已有的计算方法都是在很多假设的条件下进行的，因此通常用实验手段测定传质区长度和流出曲线，然后在此基础上建立计算机模拟软件来进行吸附系统的技术开发设计。

1.3.2　吸附分离方法

工业上吸附分离过程中使用的吸附剂通常都是循环使用的，为了使吸附分离法经济有效的实现，除了吸附剂要具有良好的吸附性能以外，吸附剂的再生方法也具有关键意义。吸附剂的再生程度决定了产品的纯度，也影响吸附剂的吸附能力；吸附剂的再生时间决定了吸附循环周期的长短，也决定了吸附剂用量的多少。因此，选择合适的再生方法，对吸附分离法工业化起着重要作用。从描述吸附平衡的吸附等温曲线（图 1 - 3）可以看出，在同一温度下，吸附质在吸附剂上的吸附量随吸附质的分压（浓度）的上升而增大；在同一吸附质分压（浓度）下，吸附质在吸附剂上的吸附量随吸附温度的升高而减少。也就是说，加压降温有利于吸附质的吸附，降压加温有利于吸附质的解吸或吸附剂的再生。按照吸附剂的再生方法，通常将吸附分离循环过程分为两类：变温吸附和变压吸附。图 1 - 3 中表示了这两种方法的概念，图中横坐标为吸附质的分压，纵坐标为单位吸附剂的吸附量。

1.3.2.1　变温吸附（TSA）

变温吸附（Temperature Swing Adsorption，缩写为 TSA）就是在较低温度（常温或更低）下进行吸附，在较高温度下使吸附的组分解吸出来，使吸附剂再生，循环使用，即变温吸附是在两条不同的等温吸附线之间上下移动进行着吸附和解吸过程。如图 1 - 3 所示，变温吸附过程正是利用图中吸附剂在 $A - D$ 段的特性来实现吸附与解吸的，吸附剂在低温 T_1（即 A 点）下大量吸附原料气中的某些杂质组分，然后升高温度至 T_2（到 D 点）使杂质得以解吸。

变温吸附是最早实现工业化的循环吸附工艺，具有能耗高、循环周期长、投资大、吸附剂使用寿命相对较短、再生彻底等特点。吸附剂的再生需要加热，在吸附前需要冷却，需要相应的加热和冷却介质，增加了分离过程的能耗，增加了操作费用，降低了该法的经济效益。由于吸附剂的热传导率比较低，加热和冷却时间比较长，过程比较缓慢，因此循环时间较长，从数小时至数天不等。由于变温吸附需要对吸附剂进行加热和冷却，必须配备相应的加热和冷却设备，增加了投资；同时，由于吸附剂有效吸附量的限制，而循环周期较长，因此吸附床比较大，增大了投资。由于变温吸附过程中需要对吸附剂进行反复加热和冷却，温度周期性大幅度变化，吸附剂受到反复热冲击，吸附剂性能下降相对较快，影响了吸附剂的使用寿命。由于使用加热再生，可以使吸附剂再生彻底，使一些难解吸的杂质得以解吸，残留吸附量低。由于以上一些特点，变温吸附通常适用于原料气中杂质组分含量低、产品回收率要求较高或难解吸杂质组分的分离过程。

1.3.2.2　变压吸附（PSA）

变压吸附（Pressure Swing Adsorption，缩写为 PSA）就是在较高压力下进行吸附，在较低压力（甚至真空状态）下使吸附的组分解吸出来，使吸附剂再生，得以循环使用。由于变压吸附循环周期一般较短，吸附热来不及散失可供解吸用，吸附热和解吸热引起的床层温度变化很小，可以近似看作等温过程。如图 1-3 所示，变压吸附过程是利用吸附剂在 A-B 段的特性来实现吸附与解吸的，吸附剂在高压（即 A 点）下大量吸附原料气中需脱除的某些杂质组分，然后降低杂质的分压（到 B 点）使杂质得以解吸，即变压吸附工作状态是在一条吸附等温线上变化。

A 吸附剂再生

变压吸附工艺中常用的再生方法一般有 4 种，它们都是通过降低吸附床内被吸附组分分压，使被吸附组分解吸出来，使吸附剂得到再生的：

一是降压。降压是指降低吸附床层的总压，吸附床在较高压力下完成了吸附操作后，降低至较低的压力，通常接近于大气压，此时一部分被吸附的组分解吸出来。这个方法操作简单，但被吸附组分的解吸不充分，吸附剂的再生程度不高，几乎所有的变压吸附工艺都采用这种再生方法。二是抽真空。吸附床降低至接近大气压后，为了进一步降低吸附床内被吸附组分的分压，采用抽真空的方法降低吸附床的压力，从而使被吸附组分在负压下进一步解吸，吸附剂得到更好的再生效果。三是冲洗。利用弱吸附组分气体或其他适当的气体（产品气）通过需要再生的吸附床，使吸附床内被吸附组分的分压随冲洗气的通过而下降，得到解吸，使吸附剂得到再生。四是置换。用一种适当的吸附能力较原先被吸附的组分强的气体通过吸附床，将原先被吸附的组分从吸附剂上置换出来，使吸附剂得到再生，这种方法通常用于产品组分吸附能力强而杂质组分吸附能力较弱，即从吸附相获得产品的场合。

工业变压吸附分离过程中，采用哪种再生方法是根据被分离气体混合物中各组分的性质、产品纯度和收率要求、吸附剂的特性以及操作条件等来选择的，通常是几种再生方法配合实施。无论采用何种方法再生，再生结束时吸附床内吸附质的残留量不会等于零，即吸附床内吸附剂不可能彻底再生，而只能将吸附床内吸附质的残留量降低至最小。

B 变压吸附的操作

单一的固定吸附床操作，无论是变温吸附还是变压吸附，由于吸附剂需要再生，吸附都是间歇式的。因此工业上都是采用两个或更多的吸附床，使吸附床的吸附和再生交替进行。当一个吸附床处于吸附过程时，其他吸附床就处于再生过程的不同阶段；当该吸附床结束吸附过程开始再生过程时，另一个吸附床就结束再生过程开始吸附过程，每个吸附床依次完成吸附—再生循环，这样就可以保证原料气不断输入，产品气不断输出，整个吸附过程才是连续的。变压吸附循环过程依据吸附剂采用的降压解吸再生方法的不同可以分为常压解吸和真空解吸两种工艺流程，两种流程的基本操作步骤如图 1-11 所示。

a 常压解吸

常压解吸即通常所说的冲洗流程，如图 1-11（a）所示，吸附循环过程由 5 个基本步骤组成：

一是升压过程（A-B）。经过再生后的吸附床处于过程的最低压力 p_1，床层内杂质组分的吸留量为 Q_1（A 点），在此条件下让其他吸附床的出口经过吸附后的产品气进入该吸附床，使吸附床压力上升至吸附压力 p_3，此过程中吸附床内杂质的吸留量 Q_1 不变（B 点）。

二是吸附过程（B-C）。在恒定的吸附压力 p_3 下，原料气不断进入吸附床，同时输出产品组分，吸附床内杂质组分的吸留量逐渐增大，当达到规定的吸留量 Q_3（C 点）时，停止进入原料气，吸附终止，此时吸附床上部仍留有一部分未吸附杂质的吸附剂。

三是顺放过程（C-D）。沿着进入原料气输出产品的方向降低吸附床压力，流出的气体仍然是产品组分，这部分气体用于其他吸附床的升压或冲洗。在此过程中，随着吸附床内压力的不断降低，吸附剂上的杂质不断解吸，解吸的杂质又继续被吸附床上部未充分吸附杂质的吸附

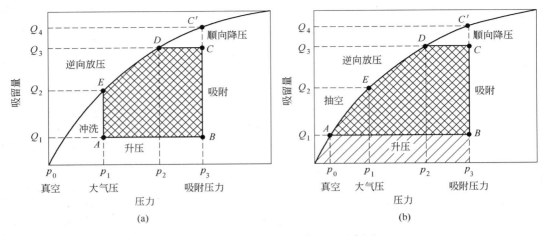

图 1 - 11　变压吸附的基本过程示意图

（a）常压解吸；（b）真空解吸

剂吸附，当吸附床压力降低至 p_2（D 点）时，吸附床内吸附剂全部被杂质占用。此过程中杂质并未离开吸附床，所以吸附床内杂质吸留量 Q_3 不变。

　　四是逆放过程（$D - E$）。逆着进入原料气输出产品的方向降低吸附床的压力，直到变压吸附循环过程中的最低压力 p_1（E 点，通常接近于大气压），吸附床内大部分吸留的杂质组分随气流排出吸附床外，吸附床内杂质吸留量降低至 Q_2。

　　五是冲洗过程（$E - A$）。根据实验测定的吸附等温线，在压力 p_1 下吸附床内仍有一定的杂质组分吸留量 Q_2，为了使这部分杂质组分尽可能解吸，需要将吸附床内杂质组分的分压进一步降低。利用其他吸附床在顺放过程时对吸附床进行逆向冲洗，不断降低吸附床内杂质组分的分压，使杂质组分不断解吸随冲洗气带出吸附床，经过一段时间冲洗后，吸附床内杂质组分的吸留量降低至过程中的最低量 Q_1，吸附床的再生结束。

　　经过以上 5 个基本步骤后，吸附床完成了一个吸附—解吸（再生）过程，准备再次升压进行下一个循环。

　　b　真空解吸

　　真空解吸即通常所说的真空变压吸附（Vacuum Pressure Swing Adsorption）流程，如图 1 - 11（b）所示，吸附循环过程同样由 5 个基本操作步骤组成：

　　一是升压过程（$A - B$）。经过再生后的吸附床处于过程的最低压力 p_0，床层内杂质组分的吸留量为 Q_1（A 点），在此条件下让其他吸附床的出口经过吸附后的产品气进入该吸附床，使吸附床压力上升至吸附压力 p_1，此过程中吸附床内杂质的吸留量 Q_1 不变（B 点）。

　　二是吸附过程（$B - C$）。在恒定的吸附压力 p_1 下，原料气不断进入吸附床，同时输出产品组分，吸附床内杂质组分的吸留量逐渐增大，当达到规定的吸留量 Q_3（C 点）时，停止进入原料气，吸附终止，此时吸附床上部仍留有一部分未吸附杂质的吸附剂。

　　三是顺放过程（$C - D$）。沿着进入原料气输出产品的方向降低吸附床压力，流出的气体仍然是产品组分，这部分气体用于其他吸附床的升压或冲洗。在此过程中，随着吸附床内压力的不断降低，吸附剂上的杂质不断解吸，解吸的杂质又继续被吸附床上部未充分吸附杂质的吸附剂吸附，当吸附床压力降低至 p_2（D 点）时，吸附床内吸附剂全部被杂质占用，此过程中杂质并未离开吸附床，所以吸附床内杂质吸留量 Q_3 不变。

四是逆放过程（$D-E$）。逆着进入原料气输出产品的方向降低吸附床的压力，直至吸附床内压力降低至 p_1（E 点，通常接近于大气压），吸附床内大部分吸留的杂质组分随气流排出吸附床外，杂质吸留量降低至 Q_2。

五是抽真空过程（$E-A$）。根据实验测定的吸附等温线，在压力 p_1 下吸附床内仍有一定的杂质组分吸留量 Q_2，为了使这部分杂质组分尽可能解吸，需要将吸附床内压力进一步降低。利用真空泵抽吸的方法降低吸附床内压力，从而降低杂质组分的分压，使其充分解吸，解吸的杂质组分随抽空气流出吸附床。经过一段时间抽空后，吸附床内压力降低至循环过程的最低点 p_0，杂质组分的吸留量降低至过程中的最低量 Q_1，吸附床的再生结束。

经过以上五个基本步骤后，吸附床完成了一个吸附—解吸（再生）过程，准备再次升压进行下一个循环。

C 变压吸附分离装置的分类

变压吸附气体分离装置的操作方式大致分类如图 1-12 所示。

$$\text{变压吸附}\begin{cases}\text{平衡分离型}\begin{cases}\text{等压型}\begin{cases}\text{减压、冲洗解吸}\\\text{减压、抽空解吸}\end{cases}\\\text{非等压型——快速变压吸附（RPSA）}\end{cases}\\\text{速度分离型}\end{cases}$$

图 1-12 变压吸附分离装置的分类

平衡分离型是按气体在吸附剂上的平衡吸附性能进行选择性吸附的原理来分离气体混合物的。在平衡分离型中，等压型的吸附操作是在等压下进行的，吸附床在操作压力下压力损失小，目前工业应用的变压吸附装置多为此类型，使用的吸附剂直径为 1~4mm。非等压型的快速变压吸附是依靠系统流体阻力的适当分配来实现的，吸附操作要保证吸附床内有一定的压力梯度，吸附剂的粒度小，为 40~60 目（0.246~0.425mm），压力损失较大。其装置特别简单，通常只有一个吸附床，由于快速周期循环，单位吸附剂的生产能力高，但达不到高纯度产品，相同产品纯度下回收率低，只适用于小规模的生产装置，目前工业应用较少。速度分离型是根据吸附剂对各组分的吸附速度差异（即依靠不同气体组分分子在吸附剂微孔内的扩散速度的差异）来实现气体混合物分离的，必须在很短的时间内完成吸附过程。

D 变压吸附工艺的技术关键

a 吸附剂的选择

一般吸附剂的选择要同时考虑吸附剂要具有良好的吸附性能，组分之间的分离系数要尽可能大，吸附剂要有足够的强度。

吸附剂对各种气体组分的吸附性能是通过实验测定静态下的等温吸附线和动态下的流出曲线来评价的，吸附剂的良好吸附性能是吸附分离过程的基本条件。在变压吸附过程中吸附剂的选择还要考虑吸附与解吸之间的矛盾。一般来说，越易吸附的组分就越难以解吸，反之越难吸附的组分越易于解吸。因此对于强吸附质要用对其吸附能力较弱的吸附剂，以使吸附容量适当，又利于解吸，对于弱吸附质就需选用吸附能力较强的吸附剂。

某气体组分在吸附床内的总量有两部分，一部分在死空间内，另一部分被吸附剂吸附，其总和称为某气体组分在吸附床内的吸留量。分离系数是指弱吸附组分和强吸附组分各自在死空间内所含的量占床内吸留量的比例之比，即

$$\text{分离系数}=\frac{\text{弱吸附组分在床层死空间内所含量/弱吸附组分在床层内的吸留量}}{\text{强吸附组分在床层死空间内所含量/强吸附组分在床层内的吸留量}}$$

在变压吸附过程中，被分离的两种组分的分离系数不应低于 2。

变压吸附装置的吸附床在运行过程中床内压力是周期性变化的，而且气体在短时间内进入或排出吸附床，吸附剂要经受气流的频繁冲刷，所以要求吸附剂有足够的强度，以减少破碎和损坏。

对于分离组成复杂、种类较多的气体混合物，常需要选择多种吸附剂，这些吸附剂按吸附性能依次分层装填在同一吸附床内组成复合床，也可根据具体情况分别装填在几个吸附床内。

b　程控阀门

变压吸附工艺实际上是通过装置中数十个（甚至数百个）程控阀门的频繁开和关，不断切换吸附床的吸附和再生状态的各个步骤来实现的，这些程控阀门每年要开关几万次至几十万次。据统计，变压吸附装置故障中 90% 都出在阀门上，因此，高质量的程控阀是装置长期稳定运转的可靠保证。程控阀的操作指标和要求均比一般阀门要高，除了良好的密封性能、快速启闭速度和调节能力外，还必须在频繁动作下能长期可靠运行。因此，程控阀具有许多特点：使用寿命长；启闭速度快，随阀门的通径不同，启闭时间应小于 1～3s；部分阀门要求有双向流通特性；部分阀门除了要求有上述启闭性能外，还要求具有调节性能；阀门内外密封要求在动作 50 万次以上仍能保证密封性能，有些特殊要求的程控阀要求启闭 10 万次以上无泄漏；具有阀位状态现场指示和远程传送信号，其动作寿命与程控阀相当；有调节功能的程控阀门配备电气阀门定位器，使用寿命与阀门同步；根据阀门使用的场合，有些阀门需要符合相关的防爆标准。

目前开发适用于变压吸附工艺的阀门有自补偿冲刷气动平板阀、逻辑导向阀、波纹阀、真空蝶阀、组合阀等 7 大类几十个品种。

c　吸附器

由于变压吸附装置的吸附器在其使用期内要承受数十万次全幅度交变压力的频繁变化，属于疲劳压力容器。

吸附器内的气流分布器结构有特殊的要求，如果结构设计不合理，就会造成气流分布不均匀，容易产生返混现象，吸附剂的利用率不充分，直接影响到吸附效率，甚至导致吸附剂粉化而失效。尤其对于大直径的吸附器，气流分布器的设计尤为重要。随着吸附塔设计和制造技术的发展，目前国外最大的吸附塔直径已达到 5m 以上，国内设计建设的最大吸附塔也已达到 4.8m 直径，并已很好地解决了大塔的气体分布问题，具有了超大直径吸附塔的设计和制造经验。

d　控制系统

变压吸附装置的特点是连续运转、程控阀切换频繁、控制调节阀多、顺序控制量大，因此自动化程度要求高。目前国内开发的变压吸附装置基本上是采用可编程控制器（PLC）或集散控制系统（DCS）控制，可实现完善直观的工艺流程监控与动态显示、PID 回路调节、故障自诊断、历史趋势、事故状态和各种操作记录及打印报表。随着专用软件开发技术的提高，国内已经开发出了"自适应专家诊断及优化系统"，可实现对变压吸附装置的自适应随动条件、故障吸附器的自动切除和恢复以及根据装置的运行工况进行自动优化。

1.3.3　变压吸附制氢工艺流程

焦炉煤气变压吸附制氢技术是从焦炉煤气中提取氢气，焦炉煤气中杂质较多，组成十分复杂，随原料煤不同有较大变化。除有大量的 CH_4 和一定量的 N_2、CO、CO_2、O_2 外，还有少量的高碳烃类、萘、苯、无机硫、焦油等，后者都是些高沸点、大分子量的组分，很难在常温下解吸。对变压吸附采用的吸附剂而言，吸附能力相当强，这些杂质组分会逐渐积累在吸附剂中而导致吸附剂性能下降，因此有的装置采用两种不同的吸附工艺，变温吸附工艺和变压吸附工艺。经过脱萘、脱硫后压缩的焦炉煤气首先通过变温吸附工艺除去 C5 以上的烃类和其他高沸点杂质组分，达到预净化焦炉煤气的目的，然后再经过变压吸附工艺除去氮、甲烷、一氧化碳及二氧化碳等气体组分，获得纯度约为99.5%的氢气，最后再经过脱氧、干燥系统的净化得到99.9%的产品氢气。预净化器和预处理器的再生气来自变压吸附工序中的解吸气，使用后的再生气经冷却后返回解吸气管网。某10万吨/年苯加氢装置配套设计的焦炉煤气变压吸附制氢装置工艺流程如图1-13所示，该套装置由粗脱萘脱硫（100号）、压缩及预处理（200号）、变压吸附提氢（300号）、脱氧干燥（400号）等4个工序组成。

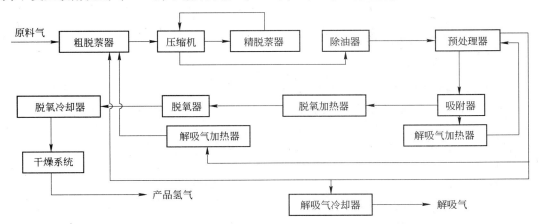

图1-13 某10万吨/年苯加氢装置配套设计的焦炉煤气变压吸附制氢装置工艺流程图

1.3.3.1 粗脱萘脱硫工序（100号）

该工序由2台预净化器、1台解吸气加热器组成。由于原料气中含有大量的萘，它容易结晶，影响压缩机的活门及堵塞工艺管道。来自界外的焦炉煤气首先经过预净化器脱去焦油、萘、苯、H_2S、NH_3等杂质，然后经过压缩机一级增压，再通过精脱萘器净化后经二、三级增压到1.4MPa送入预处理工序。

A 预净化器的工作

焦炉气从预净化器下端进入床层，焦油和萘被吸附，脱去大部分焦油和萘后的焦炉煤气从顶端出来，然后进入压缩机的一级入口。预净化器两个塔交替工作，再生的气体是来自300号的解吸气，通过加热器加热后使温度达到200℃进入粗脱萘塔进行再生，冷吹气仍来自300号变压吸附系统的解吸气。

B 预净化器的再生

预净化器再生时间为一个月左右一次，一个塔使用，另一个塔再生后备用，两个塔循环使用。预净化系统时序表见表1-20。

表1-20 预净化系统时序表

压力/MPa	0.005		0.02	0.02
A塔	A		H	C
B塔	H	C	A	

注：A—吸附，H—加热，C—冷吹。

再生由两个步骤组成：

一是加热。再生的气体是300号变压吸附系统的解吸气，经过阀KV105（顶净化再生气加热器入口阀），通过预净化再生气加热器加热，温度到200℃，再经过阀KV103（精脱萘解吸气入口阀）进入脱萘塔，从上向下对床层进行吹洗。在200℃的温度下使床层中的大量焦油和萘完全解吸出来，吹出的解吸气，经阀 KV104（精脱萘解吸气出口阀）、解吸气外线管线送到净化后焦炉煤气管道。

二是冷吹。冷吹气体来自 300 号工序的解吸气，经过阀 KV106（解吸气加热器旁通阀），对脱萘塔进行冷吹降温，直至达到常温为止，冷吹后的气体经阀 KV104，解吸气外线管线送到净化后焦炉煤气管道。

1.3.3.2　压缩及预处理工序（200号）

该工序由 2 台焦炉煤气压缩机、2 台精脱萘器、2 台除油过滤器、1 台预处理再生气冷却器、2 台预处理器和 1 台再生气加热器组成。

粗脱萘后的焦炉煤气，经一级压缩后进入精脱萘器进行处理，再经压缩机二、三级压缩后增压至 1.4MPa，通过 2 台除油过滤器组成的除油器组进行除油之后，再进入由 2 台吸附器所构成的预处理器系统，利用变温吸附原理脱除原料气在脱萘和脱硫工序中剩余的少量硫化物、苯和其他高烃组分。吸附剂在常温下有选择性地吸附上述杂质，高温下使吸附剂所吸附的杂质解吸，从而使吸附剂得到再生。再生气来自 300 号变压吸附系统的解吸气，经再生气加热器蒸汽升温后用于加热再生解吸吸附剂中的杂质。

A　精脱萘器的工作

经过粗脱油脱萘后的工艺气体由压缩机一级增压至 0.2MPa 后，经入口阀进入精脱萘器下部，由顶部出口阀输入压缩机二级入口，进一步脱除萘及硫化物。两个精脱萘器可串并联操作，吸附饱和后更换吸附剂，一年一换。

B　预处理器系统的工艺过程

预处理器系统由 2 台吸附器和 13 台程控阀，1 台预处理再生气加热器和预处理再生气冷却器等组成，每个吸附塔在一次循环中都经历吸附（A）、逆放（D）、加热（H）、冷吹（C）、升压（R）5 个步骤，其工艺时序见表 1-21。下面以 T0202A 预处理吸附器为例对变温吸附的工艺步骤进行说明。

表 1-21　预处理时序表

塔号	工　艺　步　骤							
A 塔	A				D	H	C	R
B 塔	D	H	C	R	A			

注：A—吸附，D—逆放，H—加热，C—冷吹，R—升压。

C　预处理器的作用

预处理器由吸附塔 T0202A、T0202B 及一系列程控阀构成，作用是进一步除掉原料气中在前工序中未能脱除干净的高烃类物质、硫化物等杂质，防止带入 300 号吸附塔使吸附剂中毒。

D　预处理系统的工作过程

以吸附塔 A 为例，预处理系统的工作过程如下：

第一步是吸附。程控阀 KV201A、KV202A 打开，原料气经过滤器出来后，经管道 PG0215 进入吸附塔，在压力约 1.4MPa 左右杂质被吸附，净化气经流量计 FT201 计量后进入 300 号。

第二步是逆放。吸附完成后程控阀 KV201A、KV202A 关闭，打开程控阀 KV204A，吸附塔内的解吸气体经限流阀限流后，送到 100 号再生预净化器使用。限流阀的作用是缓慢泄压，防止泄压过快对吸附剂造成冲击，逆放步骤后期开阀 KV208。逆放步骤结束时吸附塔的压力降至常压，逆放步骤期间300号的再生气经程控阀KV207，经100号预净化加热或冷吹后进入解吸气管网送出界外。如100号不需加热、冷吹，则直接送出界外。

第三步是加热。逆放步骤结束后程控阀KV204A不关闭，再打开程控阀KV203A、来自300号工序的解吸气作再生气体，经预处理器再生加热器加热至约150℃，通过程控阀KV205、KV203A进入吸附塔T0202A，吸附的杂质被热气体带出吸附塔经程控阀KV204A、KV208排出。再生气体出吸附塔T0202A后，在脱硫、脱萘塔处于加热工序时，可由阀KV105进预净化再生气加热器再次加热后，对100号进行加热，加热后的气体经再生气冷却器（E0202）冷却后送出界外。

第四步是冷吹。加热结束后关闭程控阀KV205、打开程控阀KV206再生气不经过加热器和管道FG0305，直接经过KV206A进入吸附塔T0202A对吸附塔进行冷吹至环境温度。冷吹带走吸附塔内的热量用于吹干100号的脱硫、脱萘器。

第五步是充压。为下一次吸附做准备必须充压。充压用净化的气体经管道FG0209、程控阀KV209、限流阀，对再生好的塔缓慢充压至吸附压力。至此，预处理吸附器的一次循环完成，充压与逆放步骤期间300号的解吸气经程控阀KV207直接送往100号工序。

1.3.3.3 变压吸附提氢工序（300号）

变压吸附工艺的原理是利用所采用的吸附剂对不同组分的吸附量随压力的不同而呈现差异的特性，使氢气和其他杂质实现分离。在一定吸附压力下，200号工序净化焦炉煤气进入300号吸附床，吸附容量较大的强吸附组分N_2、CH_4、CO、CO_2被吸附留在床层，而较小吸附容量的弱吸附组分H_2从床层出口端输出，得到大于99.5%的H_2，吸附饱和的吸附剂减压和冲洗使其解吸。该装置为五塔流程，微机控制程控阀门进行切换，整个过程在低于40℃下进行。某10万吨/年苯加氢装置配套设计的制氢装置变压吸附工艺流程如图1-14所示。

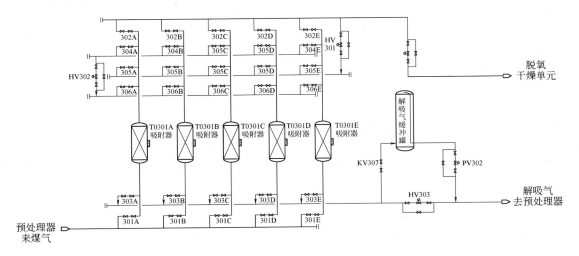

图1-14 某10万吨/年苯加氢装置配套设计的制氢装置变压吸附工艺流程图

每个吸附塔在一次循环中都经历吸附（A）、第一次压力均衡降（E1D）、第二次压力均衡降（E2D）、顺向放压（PP）、第三次压力均衡降（E3D）、逆向放压（D）、冲洗（P）、第三次压力均衡升（E3R）、第二次压力均衡升（E2R）、隔离（IS）、第一次压力均衡升（E1R）、最终升压（FR）等12个步骤，主要采用5-1-3/P程序，程序具体说明见表1-22。

表 1 – 22　5 – 1 – 3/P 程序说明

运行方式	在线吸附床数	吸附步骤的吸附床数	均压次数	吸附床再生步骤
5 – 1 – 3/P	5	1	3	逆放、冲洗

以 5 – 1 – 3/P 方式运行时，其中 1 台吸附器处于进入原料气、产出氢气的吸附步骤，其余 4 台吸附器处于吸附剂再生的不同步骤。每个吸附器经历相同的步骤程序，见表 1 – 23，即可达到原料气不断输入、产品氢连续稳定输出的目的。

表 1 – 23　5 – 1 – 3/P 工艺步骤

分周期	1			2			3			4			5		
步位	1	2	3	1	2	3	1	2	3	1	2	3	1	2	3
时间/min	120			30	30	60	30	30	60	30	30	60	30	90	
压力/MPa	1.30			0.93	0.56	0.36	0.19	0.02	0.02	0.19	0.56	0.56	0.93	1.3	
A 塔	A			E1D	E2D	PP	E3D	D	P	E3R	E2R	IS	E1R	FR	
B 塔	E1R	FR			A		E1D	E2D	PP	E3D	D	P	E3R	E2R	IS
C 塔	E3R	E2R	IS	E1R	FR			A		E1D	E2D	PP	E3D	D	P
D 塔	E3D	D	P	E3R	E2R	IS	E1R	FR			A		E1D	E2D	PP
E 塔	E1D	E2D	PP	E3D	D	P	E3R	E2R	IS	E1R	FR			A	

注：以上时间和压力为参考值，实际值以装置调试后为准。

现以吸附器 T301A 为例说明 5 – 1 – 3/P 方式运行时在一次循环周期内各工艺步骤的工艺过程（所有程序控制阀的开关动作均由微机控制完成）：

第一步是吸附（A）。开启程控阀 KV301A、KV302A，原料气通过 KV301A 进入吸附塔 T0301A 床，原料气除氢以外的杂质在吸附压力下被吸附剂吸附，未被吸附的氢组分（称为半产品气），经 KV302A 输出。当吸附前沿到达吸附塔出口端某一位置时，关闭阀 KV301A、KV302A，原料气停止进入 T0301A 床，床内保持吸附时的压力。该过程压力为 1.3MPa，吸附时间为 120s。

第二步是第一级压力均衡降（简称一均降，E1D）。开启程控阀 KV305A、KV305C，吸附塔 T0301A 吸附步骤停止后，与刚结束二均升隔离等待步骤的吸附塔 T0301C 进行第一级压力均衡，吸附塔 T0301A 死空间气体（指吸附剂颗粒之间的空间及吸附剂颗粒内部孔隙的气体）由吸附塔 T0301A 出口端经 KV305A、KV305C 阀，从吸附塔 T0301A 出口端进入吸附塔 T0301C。该步骤结束时，两塔压力基本上达到平衡，关闭程控阀 KV305A，继续开启 KV305C（T0301C 下一步骤终充用到此阀），而吸附塔 T0301A 内杂质吸附前沿还未到达出口端。该过程压力由 1.3MPa 下降至 0.93MPa，步骤执行时间为 30s。

第三步是第二级压力均衡降（简称二均降，E2D）。开启程控阀 KV304A，继续开启 KV304D（吸附塔 T0301D 前一步骤三均升用到此阀），吸附塔 T0301A 一均降步骤停止后，与刚结束三均升步骤的吸附塔 T0301D 进行第二级压力均衡，吸附塔 T0301A 死空间气体继续由吸附塔 T0301A 出口端经 KV304A、KV304D 阀，从吸附塔 T0301A 出口端进入吸附塔 T0301D。该步骤结束时，两塔压力基本上达到平衡。关闭程控阀 KV304D、继续开启 KV304A（吸附塔 T0301A 下一步顺放用到此阀），而吸附塔 T0301A 内杂质吸附前沿还未到达出口端。该过程压力由 0.93MPa 下降至 0.56MPa，步骤执行时间 30s。

第四步是顺向放压（PP）。继续开启 KV304A，打开 KV306E 和 HV302，T0301A 塔顺向放压对逆放结束的 T0301E 塔进行冲洗再生。冲洗一段时间后，顺放步骤结束，关闭 KV306E 和 HV302，继续开启 KV304A（吸附塔 T0301A 下一步骤三均降用到此阀）。该过程压力由 0.56MPa 下降至 0.36MPa，步骤执行时间 60s。

第五步是第三级压力均衡降（简称三均降，E3D）。开启程控阀 KV304E、继续开启 KV304A，吸附塔 T0301A 塔顺放步骤停止后，与刚结束冲洗步骤的吸附塔 T0301E 进行第三级压力均衡，再次回收吸附塔 T0301A 内死空间气体，该步骤结束时，两塔压力基本上达到平衡，关闭 KV304A、继续开启 KV304E（吸附塔 T0301E 下一步骤二均升用到此阀）。此时吸附塔 T0301A 内杂质吸附前沿到达出口端，吸附剂得到充分利用。该过程压力由 0.36MPa 下降至 0.19MPa，步骤执行时间 30s。

第六步是逆向放压（简称逆放，D）。开启程控阀 KV303A、KV307，吸附塔 T0301A 三均降结束后，塔内气体逆向放压，由吸附塔进口端经 KV303A 逆向放气，先通过 KV307 阀去逆放气缓冲罐，称为逆放一；然后开启 HV303，关闭 KV307 直接去 200 号做再生气，称为逆放二。当吸附塔 T0301A 的压力达到常压，逆放结束，关闭程控阀 KV303A、HV303。该过程压力由 0.19MPa 下降至 0.02MPa，步骤执行时间 30s。

第七步是冲洗（P）。开启 KV304B、KV306A 和 HV302，让 T0301B 塔的顺放气经过 HV302 对 T0301A 塔进行冲洗，使吸附剂得到进一步的再生。冲洗一段时间后，吸附剂得到充分再生，冲洗结束，关闭 KV306A 和 HV302。该过程压力保持在不大于 0.04MPa，压力越低，吸附剂再生越好，步骤执行时间 60s。

第八步是第三级压力均衡升（简称三均升，E3R）。开启程控阀 KV304A，继续开启 KV304B（吸附塔 T0301B 前一步骤顺放用到此阀），吸附塔 T0301A 冲洗步骤完成后，与刚结束顺放步骤的吸附塔 T0301B 出口端连接进行第三级压力均衡，该步骤结束时，两塔压力基本上达到平衡。关闭程控阀 KV304B、继续开启 KV304A（吸附塔 T0301A 下一步骤二均升用到此阀）。该过程压力由 0.02MPa 上升至 0.19MPa，步骤执行时间 30s。

第九步是第二级压力均衡升（简称二均升，E2R）。开启程控阀 KV304C、继续开启 KV304A，吸附塔 T0301A 三均步骤完成后，与刚结束一均降步骤的吸附塔 T0301C 出口端连接进行第二级压力均衡，该步骤结束时，两塔压力基本上达到平衡。关闭程控阀 KV304A、继续开启 KV304C（吸附塔 T0301C 下一步骤顺放用到此阀）。该过程压力由 0.19MPa 上升至 0.56MPa，步骤执行时间 30s。

第十步是隔离（IS）。T0301A 结束二均升后，关闭所有与之相连的阀门，T0301A 处于隔离状态，等待进行下一步骤。该过程压力保持在 0.56MPa，步骤执行时间 60s。

第十一步是第一级压力均衡升（简称一均升，E1R）。开启程控阀 KV305A、KV305D，吸附塔 T0301A 塔隔离步骤完成后，与刚结束吸附步骤的吸附塔 T0301D 进行第一级压力均衡，该步骤结束时，两塔压力基本上达到平衡，关闭 KV305D、继续开启 KV305A（吸附塔 T0301A 下一步骤最终升压用到此阀）。该过程压力由 0.56MPa 上升至 0.93MPa，步骤执行时间 30s。

第十二步是最终升压（FR）。开启调节阀 HV-301、继续开启程控阀 KV305A，吸附塔 T0301A 经历一均升压步骤后，塔内压力还未达到吸附步骤的工作压力。这时通过终充调节阀 HV-301，由产品管道引入产品气体对 T0301A 进行最终升压，直到压力基本上达到吸附压力为止。该过程压力由 0.93MPa 上升至 1.3MPa，步骤执行时间 90s。

至此，吸附塔 T0301A 在一次循环中的各步骤全部结束，紧接着便进行下一次循环。每个塔经历相同的步骤，只是时间上相互错开，使产品气连续稳定的输出。过程叙述中的步骤执行时间及过程压力是说明性的，装置在实际运行中可根据原料气流量、组成和压力的变化，随时对时间和压力进行调整。

1.3.3.4 脱氧干燥处理工序（400 号）

该工序由脱氧、干燥两部分组成。从 300 号出来的半成品氢气中尚含有少量氧，在脱氧器中，这些微量氧在钯催化剂作用下生成水，其反应式如下：

$$H_2 + 1/2O_2 \xrightarrow{\text{催化剂}} H_2O(g) + 242kJ/mol$$

生成的水经干燥部分除去。

脱氧部分由脱氧加热器、脱氧器、脱氧后冷却器和脱氧水分离器组成脱氧工序。半成品氢气中尚含有少量的氧，由于含量较低，当它通过催化剂层与氢反应时，生成的热量较少，不足以维持正常的反应温度，故在脱氧塔前，需在加热器中将氢气预热，反应温度维持在 80 ~ 100℃之间。脱氧后的氢气经冷却分离掉水后，去干燥部分。

干燥部分由干燥器、预干燥器、氢气缓冲罐、干燥加热器、干燥冷却器、气水分离器组成，它是一个等压的变温吸附过程。通过 3 个四通程控切断阀（KV401A、KV401B、KV401C）和流量调节阀 FV401 来实现整个循环过程，干燥与再生均处于约 1.20MPa 压力下。

每个塔都必须经历吸附、加热、冷却三个步骤，并通过四通程控阀来实现。其中 KV401B、KV401C 是同步的，每经历两个分周期动作一次。干燥系统 TSA 运行程序和程控阀开关表见表 1 - 24。

表 1 - 24　干燥系统 TSA 运行程序和程控阀开关表

分周期	1	2	3	4
时间/h	4.0	4.0	4.0	4.0
T0401A	A		H	C
T0401B	H	C	A	
T0402	C	H	C	H
KV401A (a→b, d→c)	▬▬		▬▬	
KV401A (a→d, b→c)		▬▬		▬▬
KV401B (b↔c, d→a)	▬▬			
KV401B (a↔b, d→c)			▬▬	▬▬
KV401C (b↔c, a→d)	▬▬	▬▬		
KV401C (a↔b, c→d)			▬▬	▬▬

注：四通阀方向表示为左 a、右 c、上 b、下 d，四通阀字母标识如下：

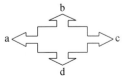

脱氧后的氢气含有水分，必须干燥处理。下面以塔 T0401 为例介绍干燥过程：

由干燥塔、预干燥塔、氢气加热器、氢气冷却器、水分离器及四通程控阀 KV401A、KV401B、KV401C 构成 "等压干燥过程"。每塔的一次循环有吸附、加热、冷吹三个步骤。

首先大部分待干燥气体经调节阀 FV - 401、程控球阀 KV401B 的 d→a 通道进入干燥塔，水分被吸附，吸附压力约 1.2MPa。干燥后的气体作为产品气经程控球阀 KV401C 的 a→d 通道、流量计 FIQ402、调节阀 PV401 送出界区。

接着程控球阀 KV401A、KV401B、KV401C 转动 90°，小部分的含水氢气经流量计 FIC401、程控球阀 KV7401A 的 a→b 通道、预干燥器、氢气加热器、程控球阀 KV401C 的 b→a 通道进入干燥塔对其加热，把水分带出吸附塔。再经程控球阀 KV401B 的 a→b 通道、KV401A 的 d→c 通道、氢气冷却器、水分离器对水分进行分离排出，除水以后的气体返回调节阀 FV - 401 之后至干燥塔入口重新干燥。再生气体的流量大小由调节阀 FV - 401 调节控制，通常流量为总流量的 1/4 ~ 1/3。加热完成时，吸附塔出口气体温度为 60 ~ 100℃。

最后程控球阀 KV401A 转动 90°，冷的再生气体经 KV401A 的 a→d 通道、KV401B 的 b→a 通道进入干燥塔进行降温，出塔气体经 KV401C 的 a→b、氢气加热器对预干燥器进行加热，排出预干燥器里水分。再经 KV401A 的 b→c 通道到氢气冷却器、水分离器排掉水分后返回调节阀 FV - 401 之后至干燥塔入口重新干燥，当干燥塔出口气体的温度接近常温，冷吹结束。至此，吸附塔的一次循环结束，整个干燥过程是在压力约 1.2MPa 下进行，所以称为等压干燥。

1.4　变压吸附制氢一般操作

变压吸附制氢单元主要操作包括开停工操作、正常运行时的调节、煤气压缩机开停机及倒机操作、变压吸附塔的切换操作、参数调整等。

1.4.1　变压吸附制氢开工

变压吸附制氢开工分为初次开工和正常开工。初次开工前应做好一系列的准备工作，而正常开工只需将某些阀及控制点设置好后即可启动。装置安装完毕，需进行严格的吹扫、试漏工作。试漏合格后，吸附塔干燥器装填吸附剂，完成整个气密性试验后，应对所有控制系统进行严格的检查及调试，并对整个设备和管道进行氮气置换，使整个装置的氧含量降至 0.5% 以下。因为本装置的原料气和产品以及解吸气均含有大量氢，尤其是产品气，如果不预先将系统中的氧置换掉，在开工初期特别是在 300 号工序会形成爆炸混合物而引起爆炸。以上工作完成后将阀门处于关闭状态。

1.4.1.1　开工准备

系统开工前应完成动力设备单机试车，自控仪表调校，检查程序运行步序，检查好调节阀的行程，检查流量计量系统，调试好在线分析仪等工作。

1.4.1.2　需关闭的阀门

开工前应对所有阀门进行再次检查确认，关闭所有调节阀的旁路阀，所有缓冲罐的放空阀和排污阀，所有安全阀的旁路阀，所有管道及设备的排污阀，所有工艺管道的放空阀。

1.4.1.3　需开启的阀门

当系统启动运行时，应再次确认阀门处于正确状态，需开启所有调节阀的前后截止阀，所有安全阀的前、后截止阀，所有压力表的前置阀，所有程控阀、调节阀的气源阀，仪表空气阀，所有压力变送器的气源阀，所有需要运行动力设备的工艺气体进出阀及旁路阀，所有需要运行动力设备的冷却水进出阀，需处于工作状态的除萘器、除油器的进出口阀。

1.4.1.4　投料开工

装置的开工分4步进行：首先启动100号工序（脱萘及脱硫工序），将压力升至1.30MPa左右；第二步启动200号工序（压缩及预处理工序），生产出合格原料气；第三步启动300号工序（变压吸附提氢工序），生产出半产品氢气，氢纯度超过99.5%时可以启动400号工序（脱氧干燥工序）。由于200号工序一旦启动即能净化得到合格的原料气，整个装置是连续运行的。每个工序运行正常的时间很短，一旦合格后，即可启动下一道工序。

A　100号工序开工

将PV201系统投入自动工作状态，高限值设定为1.40MPa；设定预净化器A吸附、B再生的工作状态；开启原料气压缩机进口阀，启动原料气压缩机，将脱硫、脱萘后的原料气送入精脱萘器；设定精脱萘器A吸附、B再生的工作状态；精脱萘后的原料气经压缩机二、三级压缩达到不低于1.30MPa后送入200号预处理工序。

B　200号工序开工

首先设定除油器1台吸附，1台待工作状态；200号终充限流阀、逆放总阀限流阀各开1/4圈。启动200号处于自动状态，使预处理器处于A塔吸附、B塔加热的状态；压缩工序送来的COG气，逐渐使预处理系统压力升高，当预处理器出口煤气管道的压力指示为1.3MPa左右时，即可启动300号工序；待300号启动后即有解吸气供200号工序再生预处理B时，即可投运预处理再生加热器，加热再生气去再生预处理器。

C　300号工序开工

控制系统阀门开工前设定见表1-25。

表1-25　300号工序开工前控制系统阀门设定

系统名称	控制方式	阀门名称	阀位设定
终充	手动	终充调节阀	50%
顺放	手动	冲洗调节阀	30%
逆放二	手动	逆放二调节阀	20%
吸附压力	手动	变压吸附压力控制阀	30%
解吸气压力	自动	解吸气压力控制阀	给定值为0.03MPa

按要求设定好阀门后，启动300号程序控制系统，使其处于自动状态。按工艺要求设定好各步位的时间，微机时序处于运行状态。将200号工序缓慢向300号工序投料，其量不超过正常流量的1/2，由于投料量开始比较少，流量计指示不准，故此时流量大小控制在每分钟使塔的压力升高0.1MPa的速度，以防止超流量操作。每当吸附压力升高0.1MPa时，步进一次，这样反复切换数次。此时是对吸附塔进行原料气置换，然后将变压吸附单元压力控制阀设定自动，并将给定值设在1.3MPa。以后每当吸附塔压力升高0.1~0.2MPa时，程控系统步进切换一次，一直升至吸附压力。在升高过程中注意随时调整顺放和最终升压流量，升压速度可由200号工序供给的气量来调节。当吸附压力升至1.3MPa时，已有氢气从塔顶输出，但氢浓度达不到要求。此时不合格氢气和解吸气分别通过安全阀的旁路阀暂短放空，反复置换几次。通过100号工序使原料气流量逐渐增加，直至流量计预处理器出口流量计显示值达到800~1248.8m³/h（标态）左右为止，并随时调整顺放和终充调节阀的开度，使最终充压压力接近吸附压力。当吸附压力升至1.3MPa时，通常氢浓度已达95%，此时可启动产品氢在线分析

仪，当氢浓度大于99.5%时，就可往400号送气了，缓慢将原料气流量逐渐增至满负荷。

D　400号工序开工

首先将FIC401投入自动运行，流量暂设定为150m³/h（标态）；将400号控制系统先手动切换到干燥器A吸附、B加热，然后启动自动运行。待300号工序稳定，氢纯度达到要求后，开启阀将半成品氢气送至400号工序进一步精制，不合格的氢气经旁路阀放空。开启蒸汽阀使加热步骤趋于正常，当氢气中氧含量小于10^{-3}%时，合格产品气经脱氧干燥单元压力调节阀送至后工段。

1.4.2　变压吸附制氢停工

停工一般分3种情况。一种是正常计划停工；另一种是紧急停工，即装置出现较大的事故需立即停工；还有一种是临时停工，即停工时间不超过1h。

1.4.2.1　正常停工

通知前后工段，关闭焦炉煤气进口总阀；停原料气压缩机；将200号工序运行程序置于步进操作。100号预净化器内的气体及200号工序，精脱萘器、预处理器内的气体经解吸气管道至界外，容器内的压力逐渐降至0.2MPa左右（各塔保持正压）。300号工序各塔的气体通过逆放二调节阀、解吸气压力控制阀（改为手动），通过放散管线放到界外直至压力逐渐降至0.2MPa左右（各塔保持正压）。关蒸汽进口总阀，冷却水进口阀，压缩机冷却水进口阀，关闭产品气出口阀；停所有仪表电源。

1.4.2.2　紧急停工

紧急停工时先停原料气压缩机，100号工序停止供气，并关闭所有程控阀。如果需全装置泄压，可参考正常停工程序。

1.4.2.3　临时停工

首先通知前后工段；停原料压缩机，关焦炉煤气进口阀；200号、300号、400号运行程序置于"暂停"和"自检"状态；关闭产品出口阀，全装置处于保压状态。

1.4.3　生产调节

装置启动后，应按照装置的设计参数进行调整，使之尽快达到正常状态，为了保证装置和动力设备的稳定和正常运行、所有吸附塔、缓冲罐的压力应控制在正常的范围内。

1.4.3.1　100号工序调节

精脱萘器的操作参数见表1-26。

表1-26　精脱萘器的操作参数

吸附压力/MPa	0.2
吸附温度/℃	40
吸附剂更换时间	一年更换一次

预净化器的操作参数见表1-27。

表 1 - 27　预净化器的操作参数

吸附压力/kPa	2 ~ 5
吸附温度/℃	40
再生压力/MPa	0.02 ~ 0.04
再生温度/℃：进口	200
出口	≥150
再生时间	一月一次
蒸汽压力/MPa	1.6

1.4.3.2　200 号工序调节

200 号除油器（精过滤器）的操作参数见表 1 - 28。

表 1 - 28　除油器的操作参数

吸附压力/MPa	1.3
吸附温度/℃	40
逆放时间/h	0.1
充压时间/h	0.1

注：1. 由于除油器吸附压缩机油用预处理后的再生气再生不能再生完全，故吸附剂需一年更换一次；
　　2. 时间设定值要根据现场实际情况，做相应调整。

预处理器的操作参数见表 1 - 29。

表 1 - 29　预处理器的操作参数

吸附压力/MPa	1.3
吸附温度/℃	40
再生压力/MPa	0.02 ~ 0.04
再生温度/℃：进口	150
出口	≥100
切换周期/h	8
其中：加热时间/h	3.5
冷吹时间/h	3.5
逆放时间/h	0.5
充压时间/h	0.5
蒸汽压力/MPa	1.6

预处理器切换时间可根据实际处理量的多少和杂质组成含量的变化进行适当调整。当处理量大则切换时间缩短，反之则增长。主要是以净化后原料气中 C_5 组分的浓度而定，一般其浓度控制在 0.02% 以下，否则进行切换。

加热结束的标准是当再生气出口温度达到 80 ~ 100℃，再稳定半小时即可停止加热。

冷吹结束的标准是再生气出口温度接近环境温度。对于加热和冷吹时间的分配应根据实际工况做必要的调整，当总的吸附时间加长了，加热和冷吹时间可重新进行分配。如果总时间没变，而加热控制指标（再生气出口温度）提前或延后达到，那么冷吹时间可相应延长或缩短，但通常提前或延迟不要超过 2h。

加热过程中，预处理再生加热器管间的不凝气体由手动阀排出。

1.4.3.3　300 号工序调节

300 号变压吸附器的主要操作参数见表 1 - 30，变压吸附器的调节主要包括终充阀开度调节、冲洗阀开度调节、逆放步骤调节、冲洗步骤调节、吸附周期时间调节、产品纯度调节等方面。

表 1 - 30　变压吸附器的主要操作参数

项 目 名 称		指 标
流量（标态）/m³·h⁻¹	原料气	1245.80
	产品气	550
浓度/%	原料气中氢	55 ~ 60.0
	产品气中氢	99.9
步骤	压力/MPa	时间/s
A	1.3	120
E1D	1.3→0.93	30
E2D	0.93→0.56	30
PP	0.56→0.36	60
E3D	0.36→0.19	30
D	0.19→0.02	30
P	0.02	60
E3R	0.02→0.19	30
E2R	0.19→0.56	30
E1R	0.56→0.93	30
FR	0.93→1.3	90
循环周期		600

注：以上时间和压力为参考值，实际值以装置调试后的时间为准。

A　终充阀开度给定

终充阀作用是控制终充气流的速度，正常的终充速度应使处于终充步骤的吸附塔压力在完成终充前 5s 左右达到或接近吸附压力，终充太快或太慢都会引起吸附压力较大的波动。

B　冲洗阀开度给定

冲洗作用是控制顺放气流速度，正常的顺放气流速度应在顺放时间内达到规定的值。

C　逆放步骤

逆放过程实际上是很迅速的，如果逆放速度太快，不仅使解吸气缓冲罐压力波动太大，而且造成吸附剂的磨损。逆放过程是分两步泄压，第一步结束时塔压力与解吸气缓冲罐压力相等，第二步通过逆放二调节阀使塔压迅速接近常压。

D　冲洗步骤

应尽可能在 0.02 ~ 0.04MPa 下进行冲洗，冲洗压力越低，冲洗效果就越好。

E　产品氢纯度的控制

一个吸附塔具有固定的负载杂质的能力，因此，如果循环时间过长，由于导入的原料气过多会造成产品浓度下降。循环时间过短，产品氢纯度很高，使床层未充分利用而引起氢的损失增大，氢回收率就相应降低。

产品纯度下降表明整个床层已被污染，杂质组分已突破塔的出口端。造成此后果的原因可能是操作不当，也可能是装置自控系统发生故障，一旦找出原因，经过处理后应尽快恢复至正常状态，恢复的有效方法，一是低负荷（小的处理量）运转一段时间；二是缩短循环时间，如果两者结合起来效果更好，产品纯度就恢复得越快，但注意缩短循环时间要以保证顺放和最终升压步骤所需的起码时间为前提，此时终充阀、冲洗阀必须开大。

F　周期时间的调整

当吸附压力和产品纯度确定以后，影响周期时间改变的因素就是处理能力和组分变化，其中处理能力为主要因素。通常均压（逆放）时间不需要重新设定，而只对顺放时间调整即可。当处理量增大时，顺放时间就应缩短，反之则加长，无论如何调整都必须保证氢的纯度为原则。由于氢纯度的变化要滞后一段时间（约两个周期）方能反映出来，所以任何调整都必须谨慎地进行。

G　相关参数对吸附的影响

吸附塔的处理能力与原料气组成的关系很大。原料气中氢含量越高时，吸附塔的处理能力越大；原料气杂质含量越高，特别是净化要求高的有害杂质含量越高时，吸附塔的处理能力越小。原料气温度越高，吸附剂的吸附量越小，吸附塔的处理能力越低。原料气的压力越高，吸附剂的吸附量越大，吸附塔的处理能力越高。解吸压力越低，吸附剂再生越彻底，吸附剂的动态吸附量越大，吸附塔的处理能力越高。要求的产品纯度越高，吸附剂的有效利用率就越低，吸附塔的处理能力越低。

H　吸附压力曲线及其控制方式

由于变压吸附气体分离工艺的核心就是利用压力的变化来实现吸附剂对混合气体中的杂质组分的吸附与分离，因而压力的控制也是 PSA 部分的关键参数。当吸附压力变化时，此压力曲线将相应变化。

a　原料气压力

原料气压力是由界区外条件决定的，无法改变，但通过合理设定吸附塔出口的压力 PID 调节回路就可影响原料气的压力。原则上，原料气压力越高吸附效果越好。

b　吸附塔出口压力

吸附塔出口压力的设定是通过改变出口吸附压力 PID 调节回路的设定值来实现的，吸附塔出口压力实际上也就是吸附床的出口压力，它的稳定对吸附效果的好坏有直接的关系，为保证其调节能稳定，还必须调节好与之直接相关的产品气升压过程。

c　产品升压过程的压力调节

安装于产品气升压管线上的调节阀，用于调节吸附塔产品气升压的速度，如果速度过快，则将在升压过程中大量使用产品氢气从而导致吸附压力下降，如果升压速度过慢，在其再次转入吸附时不能升到吸附压力，则也将引起吸附压力的波动。其控制方法为：以理想的产品升压曲线为给定值进行 PID 控制，将调节阀逐渐打开，吸附塔的升压过程控制在终升时间内恰好缓慢地匀速完成。

I　关键吸附参数的设定原则及自动调节方式

吸附时间参数是变压吸附的最关键参数，其设定值的大小将直接决定装置产品氢的纯度和氢气回收率。因而，PSA 部分的吸附时间参数应尽量准确，以保证产品纯度合格，且氢气回收率最高。

由于吸附塔的大小和装填的吸附剂量是固定的，因而在原料气组成和吸附压力一定的情况下，吸附塔每一次所能吸附的杂质总量就是一定的。所以随着吸附过程的进行，杂质就会慢慢穿透吸附床，起初是痕量，渐渐就会超过允许值，这时就必须切换至其他塔吸附。因而，当原料气的流量发生变化时，杂质的穿透时间也就会随之变化，吸附时间参数就应随之进行调整。

吸附时间调整对产品的影响：

吸附时间延长→产品纯度下降→氢气回收率提高

吸附时间缩短→产品纯度上升→氢气回收率降低

吸附时间调整的原则是流量越大则吸附时间就应越短；流量越小则吸附时间就应越长；调整的目标应是产品纯度刚好合格，没有质量过剩也没有杂质超标。只有这样才能保证充分地利用吸附剂的吸附能力，在保证产品纯度的情况下获得最高的氢气回收率。

1.4.3.4 400 号工序调节

400 号脱氧干燥工序主要是控制产品氢气中氧含量和水含量两项指标，脱氧和干燥部分主要操作参数见表 1-31。

表 1-31 脱氧和干燥部分的主要操作参数

脱氧部分	催化剂反应温度/℃	50~100
	操作压力/MPa	约 1.2
	产品氢气中氧含量/%	≤10^{-3}
干燥部分	操作压力/MPa	约 1.2
	温度/℃	40
	再生压力/MPa	约 1.2
	再生温度/℃：进口	150
	出口	≥100
	切换时间/h	干燥 8，加热 4，冷吹 4
	蒸汽压力/MPa	1.6
	产品氢水含量/%	≤3×10^{-3}

A 脱氧部分操作

从 300 号工序输出的氢气，通过脱氧加热器，对其进行适当的预热，一般在 80~100℃ 之间，是否要预热，预热至多少温度，可视脱氧效果而定。脱氧后的氢气经冷却器将氢气冷至室温后进入干燥部分，脱氧分离器内的水通过手动排到地沟。

B 干燥部分操作

在干燥部分正常运行中主要设定好再生气的给定值，设定的依据是再生气进出干燥器温度的变化，影响它们的主要因素是再生气流量和蒸汽流量。另外，在加热的最初几个小时内，虽然再生气进干燥器的温度很快升至约 150℃，但再生气出干燥器的温度可能会略有下降，但随着加热时间的增长，出干燥器的温度会逐渐升高，在加热干燥器时也应注意再生气冷却预干燥器后的温度。同样，当加热预干燥器时，要控制好再生气进出干燥器的温度，也要注意到再生气冷却预干燥器后的温度，具体的调节如下：

当加热干燥器，冷却预干燥器时，如果出干燥器的温度上不去，就将再生气的设定值调小一些，直到进干燥器的温度达150℃。在保证进干燥器的温度维持在150℃的情况下，适当增加再生气流量，即将设定值调大，以加快加热干燥器和预干燥器的冷却速度。

当加热预干燥器，冷却干燥器时，如果出干燥器的温度上不去，则先开大干燥加热器蒸汽阀，假如仍上不去就将再生气设定值调小些，减小加热再生气流量。预干燥器进口温度达150℃，在保证预干燥器进口温度维持在150℃的情况下，使再生气流量适当增大，即将设定值调大，以加快加热预干燥器和冷却干燥器的速度，重点在冷却干燥器。

一旦产品氢中水含量超标，应提前切换干燥塔。

1.4.4 煤气压缩机操作

煤气压缩机操作主要包括开机操作和倒机操作。

1.4.4.1 开机操作

开机操作包括开机前的准备及开机运行两个步骤。开机前应保持油缸中润滑油油位在规定范围内，用专用摇把摇动齿轮油泵，待油压达0.15MPa以上即可。在维修或因事故停工后第一次开机前，必须用手转动飞轮一周以上，听各运动部位无撞击及其他声音，并且转动不沉重。确认煤气管路畅通，二级旁通阀门打开，煤气外送阀门关闭，打开循环水阀门。通知电工，对高压电机作开机前检查并接通高压电。

准备工作完成后即可启动煤气压缩机，运行正常后逐渐关闭二级旁通阀，使压缩机进入额定负荷运行，打开煤气外送阀门，关闭二级旁通阀。注意压力、温度变化并随时调整。此时油泵压力在0.2~0.3MPa之间，任何情况下不能低于0.15MPa。机身油池内润滑油温度应不超过60℃，并检查各机排气压力在规定范围内。冷却水回水温度在35~40℃之间，各级排气温度不大于149℃。检查注油器出油情况，一级11~13滴/min，二级、三级12~15滴/min。各机件不应有异响、冲击。检查吸气阀阀盖是否发热，阀声应正常。每2h将冷却器及分离器内的油排污一次。

1.4.4.2 倒机操作

首先用氮气对备用压缩机进行置换，并保压0.5MPa，检漏。打开备用压缩机一级入口阀门，用煤气对压缩机进行置换，置换完成后打开备用压缩机一级出口、二级入口、三级出口阀门，再次对压缩机进行检漏。启动备用压缩机，同时关闭运行压缩机。备用机启动后关闭原运行压缩机一级进排气、二级进气、三级排气阀门，并对已停机用氮气进行置换。

1.4.5 吸附塔切换

在特殊情况，需要将吸附器运行状态进行切塔操作。比如某吸附塔确实存在泄漏、程控阀失灵、仪表失灵、吸附剂损坏等情况而又不允许系统停工的情况下，需要中控室与现场操作人员配合，确定是否需要将该故障塔进行切除操作。

任何情况下，切除某一个塔意味着系统的不稳定以及低负荷运行，在生产负荷要求较高的时候不建议使用切除操作。

对于10万吨/年苯加氢配套的变压吸附制氢装置而言，由5个塔吸附改为4个塔吸附时，对切除的塔要进行彻底隔离，然后再关闭分界的闸阀，彻底隔绝需检修的吸附器，再进行置换、检修操作。

　　具体操作为：在面板上点下允许切塔按键，根据系统提示，选择要切除的塔，程序走到相应的位置时，将自动切除该塔，此时通知现场操作人员关闭现场闸阀，将需检修的吸附器隔离出来。

　　每台吸附器底部均有放空管连接，该放空管连接在排污管上，可以通过排污管进行泄压，还可以通过临时管线引入氮气进行系统置换。

　　待系统问题处理完毕以后，可以将被切除的吸附器通过产品气进行置换、充压合格后，在面板点下4塔改5塔按键，系统恢复5吸附器运行，调整吸附时间和生产负荷以恢复正常。

1.5 变压吸附制氢特殊操作

　　变压吸附制氢单元特殊操作主要为干燥剂、催化剂等吸附填料的更换，异常故障操作主要指能源介质等发生故障时的紧急停工操作，常见故障分析主要指程控阀发生故障时的判断解决方法。

1.5.1 应急操作

1.5.1.1 系统断电

　　煤气压缩机停机，计算机系统不能正常工作，由于无信号输出，所有程控阀自动关闭，装置处于停运状态，按紧急停工处理。

1.5.1.2 系统停仪表空气

　　在停仪表空气的情况下，岗位应全系统紧急停工，报告调度室、分厂领导，协调好前后工序，做好相应准备工作。由于停仪表空气导致PLC不能正常工作，程序控制阀由其制造工艺特点决定，将处于随机位置，使装置处于故障状态，此时非常危险，很有可能造成系统内的高压窜低压。产品气、顺放气、解吸气出口调节阀由于是气开阀，均处于关闭状态，各放空调节阀、程序控制调节阀由于是气关阀，均处于开启状态。需要紧急报告调度室、分厂领导，前后工序，PLC操作人员迅速点下停止时序或者自检按钮，此时将切断程序控制阀的电信号，所有程控阀将关闭，系统处于安全停运状态。与此同时，人员迅速赶往现场关闭原料来气相关阀门，关闭产品气通往后续工序的阀门，此后关闭PLC、在线分析仪器的电源，其余按正常停工处理。进行系统检查，做好来仪表空气恢复生产工作。等待仪表空气恢复供应后做好电器仪表的恢复投运工作，等一切恢复正常后按正常开工恢复生产。

1.5.1.3 仪表空气压力波动（下降）幅度较大

　　该装置要求仪表空气压力不低于0.4MPa，一旦仪表空气压力波动大，程序控制阀由其制造工艺特点决定，将处于随机位置，使装置处于故障状态，此时非常危险，很有可能造成系统内的高压窜低压，同时气动调节阀将无法开关到位，导致调节系统失调。由于系统设置有仪表空气高低限报警指示系统，同时各程序控制阀配备有阀位检测及故障报警系统，由于仪表空气出现问题可以自动检测报警，要求PLC控制人员密切关注仪表空气压力指示以及程序控制阀反馈情况。一旦出现仪表空气压力大幅度下降的情况，仪表空气压力指示将报警，同时大范围的程序控制阀将报故障，系统处于混乱状态。如果出现上述情况，则按停仪表空气紧急停工处理。联系调度，确认仪表空气压力已恢复稳定，再进行开工工作，要求仪表空气压力稳定在0.4 ~ 0.6MPa。

1.5.1.4　系统可燃性气体管道、设备发生泄漏

当现场出现可燃性气体泄漏时，现场可燃性气体分析仪会发出警报。此时应通知现场操作人员进行疏散，并佩戴好相应防护器材。通过分析，可以确认泄漏点时，则根据后续操作步骤说明进行相应操作。若分析表明现场处于轻微泄漏，总可燃性气体含量低于爆炸极限，则工作人员可以穿戴相应防护器材（注意防静电），到现场进行确认。

如果泄漏比较严重，现场可燃性气体处于爆炸极限范围以外，则按照紧急停工处理，通知调度、消防单位、值班领导、前后工序操作人员，在紧急停工的同时，做好隔离保护工作，设置隔离带，阻止变压吸附装置四周各公路、禁止人行道人员车辆通过。待系统内气体全部泄压、放散，现场可燃性气体浓度降至安全范围内时，可以对系统进行置换，待置换合格后，进行试压，查找所有漏点进行处理。

如果泄漏轻微，经过现场确认后，通过程序切换，可以将漏点隔离出工作系统，则可以穿戴防护用品，使用专用防爆工具，进行相应阀门切换，将漏点隔离出工作系统，进行程序切换维持生产正常。然后对隔离出的设备管线单独进行泄压、放散、置换，通过相关取样分析，办理票证后，进行相关检修操作。待检修合格，并重新试漏合格后，再恢复到系统工作中。

如果漏点所处的位置无法从系统彻底隔离，则无论泄漏是否严重，都需要作停工检修处理，直到正常生产无漏点。

1.5.1.5　现场出现泄漏并引起着火或者爆炸

当出现这种情况时，应立即报告调度、分厂领导，并请求消防救护队实施紧急救援。要求现场操作人员紧急疏散，并穿戴好防护用具。同时迅速关闭焦炉煤气进气阀门、解吸气出口阀门，并打开相应放空管线。如果仅仅发现出现微小火源，且火源能够确认泄漏源，需要关闭相应阀门，切断泄漏源头，待其熄灭、自然降温。将系统进行放散的同时，从进气管线上引入 N_2 对系统进行置换、降温。现场操作人员穿戴好相应的防护用品，用岗位配备的消防器材配合专职消防队做好火灾扑救和救护工作。做好安全隔离工作，禁止无关人员、车辆进入事故区域。排除进一步起火爆炸可能性后，对工序进行彻底置换，查找泄漏原因，对设备进行检修或者更换，检修后还要进行查漏，合格后方可恢复安全生产。当事故处理完毕，要向分厂领导、调度汇报事故处理情况。

1.5.1.6　焦炉煤气突然停气

接调度通知，无论出于何种原因的焦炉煤气停气，均要进行停工处理。立即通知前后工序，做好相应准备工作。在停工前吸附时间为设定值，关闭原料气进口阀和产品输出阀门，在操作键盘上设定自检和暂停，装置内各吸附器压力保持在停工时的状态，停分析仪器和其他仪表的电源。若接到通知，停气时间较短，则可维持现状，直到恢复生产，若得知为长时间停气，则需要停止程序运转，用人工的方式，将系统内气体放散，并置换、保持微正压，为下次开工做准备。

1.5.1.7　低温凝冻气候

低温凝冻气候所带来的主要是低温带来的各种用水的凝结，导致设备内的胀裂、公用介质管线的堵塞、地面结冰造成滑倒、高处跌落的危险，以及由于环境低温，人体皮肤与设备接触等造成冻伤。该工序内气液分离器的积水需要排空，保持氢气分析仪水封内有水流动，对易发

生滑倒跌落的地方要树立相应警示牌，现场作业的员工要配备防滑器具，如草鞋等，现场作业时，必须穿戴好防护器材，禁止皮肤与设备表面直接接触。

1.5.1.8　原料气带水

原料气中的机械水进入吸附塔会导致吸附剂逐渐失效，此时应停工，检查带水原因及程度，做出相应处理。

1.5.1.9　吸附系统故障

吸附系统故障是指在运转过程中某一部分失灵，引起产品纯度下降；工作程序混乱，严重的使装置无法运行。可能发生的故障有两种，一是现场各塔的压力指示与程控器显示的工作状态不一致，例如该均压的不均压，均压后两个塔压力同时上升，该逆放的不放空，均压后的气体全部放空，均压塔的压力不降等。造成故障的原因是程控阀该开的未开，该关的未关，它是由于程控阀本身卡死或无输出信号，使程控阀不动作引起的。出现该故障，如属于程控阀自身问题，为不影响生产，可先将其更换，拆下后将其进行修理；如程控阀不动作，可从控制管路开始查，其顺序为：管路（包括气源）→电磁阀→线路→程控机有无输出，并做相应处理。

1.5.1.10　程控机故障

程控机故障表现在无信号输出、程序不切换、停留于某一状态或程序执行紊乱，出现此种情况时及时通知供应商进行维修。

1.5.2　程控阀故障判断及处置

每台程序控制阀均配有阀位检测及故障报警系统，程序控制阀出现问题可以自动检测报警。除了阀检报故障外，对吸附器压力指示趋势图进行观察分析，如果某一两个吸附器在系统相对稳定的情况下出现压力趋势的扭曲，并且出现周期性变化，则参考时序表以及吸附器之间的工艺关联性进行分析，结合现场看、听、摸等手段，可以确定发生内漏的程序控制阀的位置。如果确认出现某程序控制阀内漏的情况，则需要对该阀门进行处理。正确的方法为隔离该阀门所涉及的吸附器，系统改用4吸附器运行状态，关闭相关阀门，然后从放空管放空被隔离的吸附器，放散泄压并进行置换合格后，进行检修操作。待检修合格后，检查系统，做好恢复使用的工作，切换程序，恢复5吸附器程序操作。

装置在运行过程中，可能出现各种故障，导致装置运行不正常，引起产品纯度下降。但在故障原因尚未确定以前，装置继续运行。操作人员应在短时间内，判断故障原因，决定停运或继续运行。如有重大问题，则应紧急停工。

可能发生的故障与处理方法见表1–32～表1–35。

表 1–32　程控阀动作失灵

故　障　原　因	处　理　方　法
1. 程控系统信号无输出	1. 检查程控系统程序及接线
2. 电磁滑阀线圈损坏	2. 更换线圈
3. 电磁滑阀不换向	3. 修理或更换电磁滑阀
4. 程控阀汽缸内有异物	4. 清理异物
5. 仪表空气压力太低	5. 开启仪表空气起源阀

续表 1 - 32

故 障 原 因	处 理 方 法
6. 仪表空气压力太低	6. 提高仪表空气压力至 0.4 ~ 0.6MPa
7. 程控阀气缸窜气	7. 更换汽缸密封圈

表 1 - 33　程控阀内漏

故 障 原 因	处 理 方 法
1. 阀门密封面上有异物	1. 清理异物
2. 阀门密封面被损坏	2. 更换密封材料

表 1 - 34　程控阀外漏

故 障 原 因	处 理 方 法
1. 阀门阀杆处螺帽松动	1. 压紧螺帽
2. 阀门阀杆处密封填料损坏	2. 更换密封填料

表 1 - 35　调节阀动作失灵

故 障 原 因	处 理 方 法
1. 程控系统信号无输出	1. 检查程控系统程序及接线
2. 程控系统设置不正确	2. 设置正确的给定值
3. 仪表空气气源阀未开启	3. 开启仪表空气气源阀
4. 阀门定位器设置不正确	4. 调整阀门定位器设置
5. 阀芯位置过高或过低	5. 调整阀芯位置
6. 调节阀薄膜损坏	6. 更换薄膜

思 考 题

1 - 1　苯加氢装置要求氢气的性质和质量指标有哪些？

1 - 2　变压吸附工艺的基本原理是什么？

1 - 3　焦炉煤气变压吸附常用的吸附剂有哪些，各起什么作用？

1 - 4　影响吸附的参数有哪些？

1 - 5　变压吸附有哪些步骤？

1 - 6　煤气压缩机开机前需要做哪些准备工作？

1 - 7　煤气压缩机入口出现负压有哪些原因？

1 - 8　氢气质量波动的原因有哪些，如何处理？

1 - 9　程控阀出现故障有哪些原因，如何处理？

1 - 10　制氢装置出现泄漏并引起着火爆炸时，应如何处理？

1 - 11　如何提高产品氢气的产率？

2 催化加氢

学习目的：

初级工需掌握轻苯的主要组成、氢气的物化性，加氢反应工艺流程及基本原理，主反、预反两反应器内催化剂的种类及数量，能够操作高速泵向蒸发器进料，能正常开停补充氢气压缩机及循环氢气压缩机。

中级工需掌握阻聚剂性质及作用，管式炉的点火步骤，各主体设备的连锁，加注除盐水的作用；掌握催化剂在两反应器内的装填数量及硫化目的；能在中控室进行加氢单元操作，能进行催化剂的装填和硫化，能进行加氢反应系统和稳定塔正常的开停工操作。

高级工需掌握主反、预反两反应器内所发生的化学反应，掌握加热炉烘炉操作，能指导完成催化剂的装填，能完成加氢单元的紧急停工操作，能根据工艺参数判断催化剂是否失效，能进行催化剂的再生操作，能组织加氢单元的开停工，能指导完成管式炉点火作业及主体设备倒换。

技师需能制定本岗位安全、生产、设备三大技术规程，能够识别区域内潜在的危险因素，并制定防范措施。

高级技师需能系统分析工艺参数及设备运行状况，能全面开展系统诊断分析，并进行优化，能全面指导生产操作，系统检修等。

加氢单元是苯加氢的核心生产单元，粗苯（轻苯）经过加氢，脱除了硫、氮、氧等杂质，变为相对纯净的苯的混合物，为蒸馏分离提取高纯度产品提供优质的原料。本章详细介绍加氢反应的物料及催化剂，对加氢反应流程及原理进行系统讲解，对生产操作中的要点进行归纳总结，并就生产中经常出现的故障进行分析，提出解决措施。

2.1 加氢反应物料及催化剂

加氢反应原料为轻苯（粗苯）及氢气。为降低轻苯（粗苯）原料中不饱和化合物结焦概率，一般在原料高速泵入口中加入阻聚剂。加氢反应的主要目的是脱除原料轻苯（粗苯）中的含氧、含氮、含硫化合物，这些化合物与氢气发生反应后生成水、氨气、硫化氢，反应后的产品称为加氢油。加氢油温度低于100℃时，在预蒸发器壳程容易形成氯化铵、硫氢化铵等盐类，因此在正常生产过程中需要向预蒸发器内注入除盐水，以溶解这些盐分。轻苯及氢气主要是在预反应器、主反应器内，在镍钼、钴钼催化剂的催化作用下发生反应。新催化剂一般均是氧化态，而只有硫化态的催化剂才能起到催化作用，因此，在开工初期需要对氧化态的催化剂进行硫化，常用硫化剂为二甲基二硫（DMDS）。

2.1.1 二甲基二硫

二甲基二硫（DMDS），淡黄色透明液体，带有强烈的秽臭气味。分子式为 CH_3—S—S—CH_3，分子量为94.19，含硫量为68%。DMDS不溶于水，易与有机溶剂相混溶，可用作溶剂、结焦抑制剂、催化剂的钝化剂、农药中间体，它是由硫酸二甲酯与二硫化钠作用而得。在苯加氢首次开工阶段，DMDS 作为催化剂的硫化剂，使催化剂由氧化态变为硫化态，因为催化剂只有在硫化态才有活性。DMDS 的主要技术指标见表 2-1。

表 2-1　DMDS 主要技术指标

指 标 名 称	指 标
外　观	淡黄色透明液体
含量(wt)/%	≥99.5
甲硫醇(wt)/%	≤0.1
水含量(wt)/%	≤0.06
密度(20℃)/kg·m^{-3}	1062~1064

由于 DMDS 具有高毒性，因此在使用前必须详细了解其物化性质，掌握其使用注意事项，确保安全使用，以下详细介绍 DMDS 的物化性质及其储存、使用注意事项。

二甲基二硫约在 300℃时开始分解，600℃时完全分解。在缺氧时热解主要生成硫醇、甲烷和硫化氢；二甲基二硫与氧化剂反应是剧烈的放热反应，并可能生成 CH_3SOSCH_3、$CH_3SO_2SCH_3$、$2CH_3SO_3H$ 等各种不同的化合物；二甲基二硫在一定条件下可能与卤素、硫醇及其他二硫化物起反应，在游离基存在下可与一些双键反应；二甲基二硫完全燃烧生成 CO_2、H_2O 和 SO_2。

DMDS 的主要物理性质见表 2-2。

表 2-2　DMDS 的主要物理性质

项　目	项 目 值
熔点/℃	-84.72
沸点/℃	109.6
密度(20℃)/kg·m^{-3}	1062.5
折射率(20℃)	1.526
闪点(开杯)/℃	16
爆炸下限(在空气中)/%	1.1
爆炸上限(在空气中)/%	16.1
分解温度/℃	390
自燃温度/℃	>300
表面张力(20℃)/N·m^{-1}	3.36×10^{-6}
偶极矩/D	1.95
介电常数	9.6
汽化热/kJ·mol^{-1}	40.13
燃烧热/kJ·mol^{-1}	2783.04

DMDS 采用小开口铁桶或塑料桶包装，净重 200kg/桶，也可采用集装罐散装。DMDS 应储存于阴凉、通风处，应隔绝热源和火源，桶装应竖直向上存放，保质期一般为一年。DMDS 在运输时应避免撞击和阳光直射，注意防火、防爆，应与氧化剂、食用化学品分开运输。

DMDS 属中闪点液体，能与空气形成爆炸性混合物，与强氧化剂反应有着火和爆炸的危险。吸入、与皮肤接触或误食 DMDS 是有害的，它对眼睛有刺激性作用。严禁将 DMDS 排入水中，或将其蒸汽排入大气中，否则将对环境造成有害影响。在进行 DMDS 作业时应尽可能在密封条件下操作，应提供充分的局部排风。操作人员要经过专门的培训，严格遵守操作规程。建议操作者佩戴防化学品手套、安全护目镜和防护服。工作场所禁止进食、饮水和吸烟，工作中断要洗手、沐浴、更衣。

当 DMDS 与皮肤接触时应立即脱去被污染的衣物，用大量流动清水彻底清洗至少 15min。眼睛接触时用流动清水冲洗 15~20min，就医。吸入时迅速脱离现场至空气新鲜处，保持呼吸道畅通，并立即进行医疗护理。误食时给误食者漱口，送医院治疗。

DMDS 一旦燃烧，将产生 CO、CO_2 及 SO_2 等有害物质。着火时可使用干粉、泡沫等灭火剂灭火，切勿使用水灭火，但可用水喷洒冷却受火加热的容器。消防人员应配备全身消防防护服及正压自给式呼吸器等防护措施。

DMDS 一旦发生泄漏，应迅速切断火源和泄漏源，疏散污染区人员至安全地点，周围设警告标志。应急处理人员应佩戴自给式呼吸器、穿防护服、戴防化学品手套，避免直接接触泄漏物。对泄漏物可采用砂土、活性炭等吸附剂覆盖或筑堤回收。吸附剂及回收物应采用焚烧法进行处理，不能随意弃置，现场残留物可喷洒 5% 的漂白粉溶液予以消除。

由于二甲基二硫与氧化剂是剧烈的放热反应，因此切勿用漂白粉溶液来破坏大量的二甲基二硫。同时只允许使用稀释的溶液，不准使用干的漂白粉。

2.1.2 粗苯（轻苯）

粗苯是由焦炉煤气用洗油提取而得的混合苯，它是黄色透明液体，可用作动力油，或用作溶剂油。爆炸危险程度为甲 B，属于高度毒性。将粗苯经两苯塔在 150℃ 以下分馏可以得到轻苯，轻苯是加氢精制单元生产用原料之一，下面详细介绍轻苯的主要性质及组分。

2.1.2.1 轻苯主要性质

轻苯的主要物化性质见表 2-3。

表 2-3 轻苯主要物化性质

密度(20℃)/kg·m⁻³	880
水分	无可见溶解水
外观	黄色透明液体
馏程	180℃前馏出量不小于 93%
闪点/℃	11.11

2.1.2.2 轻苯主要组成

焦化轻苯是很复杂的混合物，用色谱分析，会有几百种物质，但主要以芳烃为主。其中主要含苯、甲苯和二甲苯，含苯约 75% 左右，甲苯约 15% 左右，二甲苯（包括各种异构体、乙苯和苯乙烯）约为 5%，另外还有如三甲苯以上的重芳烃、烷烃类化合物、烯烃类化合物、环烯烃类化合物、环烷烃类化合物、古马隆、茚、萘、含硫类化合物（如噻吩、二硫化碳、硫醇等）、含氮类化合物（如吡啶、甲基吡啶等）和含氧类化合物（如苯酚、甲基苯酚等）等。各种物质含量的多少与焦炉用煤配比、焦炉结焦温度和成焦时间密切相关。即使同一个焦化厂，上述条件也可能会有些变化，因此原料组成会有一些变化。一般轻苯中主要组分含量及其物理性质见表 2-4。

表 2-4　轻苯中主要组分含量及其物理性质

组分名称	分子式	分子量	相对密度 d_4^{20}	沸点/℃	结晶点/℃	折射率 n_0^{20}	含量/%
苯烃化合物							
苯	C_6H_6	78.06	0.8790	80.1	5.53	1.50112	55~80
甲苯	$C_6H_5CH_3$	92.06	0.8669	110.6	-95.0	1.49693	12~22
邻二甲苯	$C_6H_4(CH_3)_2$	106.08	0.8802	144.4	-25.3	1.50545	0.4~0.8
间二甲苯	$C_6H_4(CH_3)_2$	106.08	0.8642	139.1	-47.9	1.49722	2.0~3.0
对二甲苯	$C_6H_4(CH_3)_2$	106.08	0.8611	138.35	13.3	1.49582	0.5~1.0
乙基苯	$C_6H_5C_2H_5$	106.08	0.8670	136.2	-94.9	1.49583	0.5~1.0
1，3，5-三甲苯	$C_6H_3(CH_3)_3$	120.09	0.8652	164.7	-44.8	1.50112	0.2~0.4
1，2，4-三甲苯	$C_6H_3(CH_3)$	120.09	0.8758	169.3	-43.8	1.50484	0.15~0.3
1，2，3-三甲苯	$C_6H_3(CH_3)_3$	120.09	0.8940	176.1	-25.5	1.51340	0.05~0.15
不饱和化合物							
环戊二烯	C_5H_6	66.06	0.804	42.5	-85	1.4432	0.5~1.0
苯乙烯	$C_6H_5CHCH_2$	104.08	0.907	145.2	-30.6	1.5462	0.5~1.0
古马隆	C_8H_6O	118.06	1.051	172.0	-17.8	1.5624	0.6~1.2
茚	C_9H_8	116.09	0.998	181.6	-1.7	1.5784	1.5~2.5
含硫化合物							
二硫化碳	CS_2	76.14	1.263	46.3	-110.8	1.6278	0.3~1.5
噻吩	C_4H_4S	84.1	1.064	84.1	-37.1	1.5288	0.2~1.0
吡啶类化合物							
吡啶	C_5H_5N	79.05	0.986	115.4	-42	1.5092	
2-甲基吡啶	C_6H_7N	93.06	0.950	130	-66.7~-64	1.5029	0.1~0.5
3-甲基吡啶	C_6H_7N	93.06	0.9564	143~143.9	-6.1	1.4971	
4-甲基吡啶	C_6H_7N	93.06	0.9546	145.3	3.8	1.5040	
酚类化合物							
苯酚	C_6H_5OH	94.06	1.072	181.9	40.84	1.5425	
邻-甲酚	C_7H_8OH	108	1.0465	191.5	30	1.5453	0.1~0.6
间-甲酚	C_7H_8OH	108	1.034	201.8~202.6	12.3	1.5398	
对-甲酚	C_7H_8OH	108	1.0347	202.5	34.8	1.5395	
其他化合物							
萘	$C_{10}H_8$	128.08	1.148	217.9	80.2	1.5822	0.5~2.0
饱和烃	C6~C8	—	0.68~0.76	49.7~131.8	65~126.6	—	0.6~1.5

　　粗苯中的苯、甲苯、二甲苯等三种化合物含量约占90%以上，它们是粗苯精制所要获得的主要产品。

　　苯烃化合物在常温下是属于易流动，几乎不溶于水而溶于乙醇、乙醚等多种有机溶剂的无色透明液体。它们极易燃烧，苯的闪点为-11℃、甲苯的闪点为4.4℃、二甲苯的闪点为25℃，其苯烃蒸汽与空气能形成爆炸性气体。它们的蒸汽对人体还有较大的毒害，故在生产、储存、使用时均要注意防火、防爆与防毒。苯族烃化合物的爆炸极限见表2−5。

表2−5 苯族烃化合物的爆炸极限

苯族烃	苯	甲苯	乙苯	邻二甲苯	间二甲苯	对二甲苯	苯乙烯
爆炸下限（vt）/%	1.41	1.27	0.99	1.1	1.1	1.1	1.1
爆炸上限（vt）/%	6.75	6.75	6.7	6.4	6.4	6.6	6.6

粗苯中的不饱和化合物的含量约为5%～10%。该含量主要取决于炼焦的温度，此温度越高，不饱和化合物的含量越低。不饱和化合物在粗苯中的分布很不均匀，主要集中在79℃以前的低沸点馏分中与140℃以上的高沸点馏分中，这一特点对粗苯精制以蒸馏方式将它们分离除去极为有利。在79℃前的初馏分中，主要是CS_2、环戊二烯类的脂肪烃化合物，在140℃以上的精重苯中，主要是古马隆、茚、苯乙烯，还有一些甲基氧茚与二甲茚等。因此可以从"头馏分"中继续提取环戊二烯，以"精重苯"为原料继续制取"古马隆－茚"树脂。

粗苯中所含的不饱和化合物大多是带一个或两个双键的直链烯烃和环烯烃。它们都极易发生聚合和树脂化反应，易在空气中被氧化形成深色树脂状物质，但它们能溶解于苯烃化合物中，使之变成棕色。为此，在进行粗苯加工时，应首先将这些不饱和化合物除去。

粗苯中的含硫化合物含量一般约为0.6%～2.0%，主要是二硫化碳、噻吩及其同系物。在刚生产出来的粗苯中含有约0.2%的硫化氢，它在粗苯储存过程中会被氧化成单质硫，呈微黄色，会逐渐沉降在槽底。另外，在硫化氢存在的条件下，还能促使一些不饱和化合物发生热聚合，故最好应将粗苯中的H_2S除去。在以上的硫化物中，CS_2与噻吩是价值较高的硫化物，可以加以提取，其他的含硫化合物均为杂质，必须将它们除去。

另外，粗苯中还含有少量的吡啶碱类与酚类化合物，因其含量较少，故不单独作为产品提取。

粗苯中还含有少量的非芳烃，总含量一般为0.6%～1.5%左右，并多集中于高沸点馏分中。由于高沸点馏分的产量不多，故其中的非芳烃含量显得颇高，如二甲苯馏分中含非芳烃可达3%～5%，从而使产品的密度下降。纯苯中一般含有0.2%～0.8%的非芳烃，其中主要是环己烷与庚烷，它们能与苯形成共沸化合物，故很难将它们分离除去。纯苯中的非芳烃含量可用"结晶点下降法"测定，每含0.1%的非芳烃，其结晶点则下降约0.06～0.07℃，目前利用气相色谱法可以方便精确的测定纯苯中非芳烃含量。

粗苯中的各组分组成可以通过蒸馏实验得到"蒸馏温度曲线"与各馏分产率，再对各馏分进行组分分析，就可得到各馏分或组分的分布。粗苯的蒸馏温度曲线与各馏分中的不饱和化合物的分布如图2−1所示。

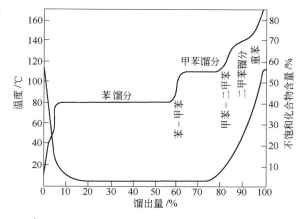

图2−1 粗苯蒸馏温度曲线与各馏分中的不饱和化合物的分布图

2.1.3 阻聚剂

阻聚剂外观一般呈橙红色液体，有芳香气味，不溶于水，易溶于有机溶剂。它主要由耐高温的特效阻聚剂、抗氧防胶剂、清净分散剂及石油溶剂按一定比例复配而成。它是有机混合物，和芳香烃互溶性好，可以燃烧，无腐蚀性。在加氢精制单元，阻聚剂主要起缓解轻苯中高沸点组分聚合的作用，避免高沸点组分在预蒸发器内聚合，影响系统换热效率，其主要技术指标见表2-6，下面将详细介绍阻聚剂的使用方法及使用注意事项。

表 2 - 6　阻聚剂 PI - 70 主要技术指标

指 标 名 称	指 标
外 观	橙红色液体
密度(20℃)/kg·m⁻³	1000 ~ 1130
水含量(wt)/%	≤0.15
苯不溶物(wt)/%	≤0.2

由于阻聚剂已复配成液态，可预先与原料按一定浓度混合好后再进料，也可在连续进料时用计量泵按一定比例与原料一起加入系统中。对粗苯加氢装置而言，可根据装置设计的不同，选择两点或一点加入。对有脱重组分塔的装置，推荐选择两点加入，即在脱重塔预热器前和预加氢加热器前加入阻聚剂；对没有脱重组分塔的装置，可在预加氢加热器前加入阻聚剂。

阻聚剂既可以用计量泵直接按比例与原料一起连续加入系统中，也可以根据需要用溶剂稀释成合适浓度再使用。对粗苯加氢精制装置而言，推荐使用量一般为 0.01% ~ 0.02%。阻聚剂通常采用铁桶或塑料桶包装，净重200kg/桶，产品保质期一般为一年。

阻聚剂存放必须远离火种，储于阴凉通风处；保持容器密封，竖直向上存放，避免猛烈撞击；避免与食品类接触；注意个体防护，尽量避免身体直接接触；用肥皂水和清水冲洗身体接触部位。阻聚剂发生着火时，可采用泡沫、干粉及砂土灭火。

2.1.4　硫化氢

粗苯（轻苯）在与氢气反应过程中，粗苯（轻苯）中含硫化合物与氢气发生反应生成硫化氢，加氢单元通过放散和补充新氢气来降低循环气中的硫化氢含量，保证氢气浓度。

硫化氢，无色气体，有恶臭和毒性，溶于水、乙醇、甘油。它溶于水后成氢硫酸，是一种弱酸。硫化氢化学性质不稳定，在空气中容易燃烧，能使银、铜等制品表面发黑。它与许多金属离子作用，生成不溶于水或酸的硫化物沉淀。它可用于分离和鉴定金属离子、精制盐酸和硫酸（除去重金属离子）以及制元素硫等。下面详细介绍硫化氢的物化性质、毒理学资料及应急处置等。硫化氢是强烈的神经毒素，对黏膜有强烈刺激作用。

硫化氢的主要物化性质见表2-7。

表 2 - 7　硫化氢的主要物化性质

项 目	指 标	项 目	指 标
熔点/℃	-85.5	溶解性	溶于水、乙醇。溶于水（溶解比例1:2.6）称为氢硫酸（硫化氢未跟水反应）
沸点/℃	260	密度	相对空气密度1.19（空气密度设为1）
蒸气压(25.5℃)/kPa	2026.5	稳定性	不稳定，加热条件下发生可逆反应 $H_2S = H_2 + S$
闪点/℃	< -50		

硫化氢是一种神经毒剂，也为窒息性和刺激性气体。其毒作用的主要靶器是中枢神经系统和呼吸系统，也可伴有心脏等多器官损害，对毒作用最敏感的组织是脑和黏膜接触部位。硫化氢在体内大部分经氧化代谢形成硫代硫酸盐和硫酸盐而解毒，在代谢过程中谷胱甘肽可能起激发作用；少部分可经甲基化代谢而形成毒性较低的甲硫醇和甲硫醚，但高浓度甲硫醇对中枢神经系统有麻醉作用。体内代谢产物可在 24h 内随尿排出，部分随粪排出，少部分以原形经肺呼出，在体内无蓄积。硫化氢的急性毒作用靶器官和中毒机制可因其不同的浓度和接触时间而异。浓度越高则中枢神经抑制作用越明显，浓度相对较低时黏膜刺激作用明显。人吸入 70 ~ 150mg/m³ 硫化氢 1 ~ 2h 时，出现呼吸道及眼刺激症状，吸 2 ~ 5min 后嗅觉疲劳，不再闻到臭气。吸入 300mg/m³ 硫化氢 1h 时，6 ~ 8min 出现眼急性刺激症状，稍长时间接触引起肺水肿。吸入 760mg/m³ 硫化氢 15 ~ 60min 时，发生肺水肿、支气管炎及肺炎、头痛、头昏、步态不稳、恶心、呕吐。吸入 1000mg/m³ 硫化氢数秒钟，很快出现急性中毒，呼吸加快后呼吸麻痹而死亡。

当现场可能出现硫化氢中毒风险时，可采取现场应急监测。可以使用的便携式气体检测仪器有硫化氢库仑检测仪、硫化氢气敏电极检测仪。常用的快速化学分析方法有醋酸铅检测管法、醋酸铅指示纸法，或用快速气体检测管（气体速测管）。

当发生硫化氢泄露时，应迅速撤离泄漏污染区人员至上风处，并立即进行隔离，小泄漏时隔离 150m，大泄漏时隔离 300m，严格限制出入并切断火源。建议应急处理人员戴自给正压式呼吸器，穿防毒服，从上风处进入现场并尽可能切断泄漏源。同时合理通风，加速扩散，可喷雾状水稀释、溶解，构筑围堤或挖坑收容产生的大量废水。如有可能，将残余气或漏出气用排风机送至水洗塔或与塔相连的通风橱内，或使其通过三氯化铁水溶液，管路装止回装置以防溶液吸回。漏气容器要妥善处理，修复、检验后再用。

当空气中浓度超标时，佩戴过滤式防毒面具（半面罩）。紧急事态抢救或撤离时，建议佩戴氧气呼吸器或空气呼吸器，戴化学安全防护眼镜，穿防静电工作服，戴防化学品手套。工作现场严禁吸烟、进食和饮水。工作毕，淋浴更衣，及时换洗工作服。作业人员应学会自救互救，进入罐、限制性空间或其他高浓度区作业，须有人监护。

当发生皮肤接触时，可脱去污染的衣物，用流动清水冲洗，就医。当眼睛接触时立即提起眼睑，用大量流动清水或生理盐水彻底冲洗至少 15min，就医。当吸入时迅速脱离现场至空气新鲜处，保持呼吸道通畅。如呼吸困难，给输氧，如呼吸停止，即进行人工呼吸。

灭火作业时，消防人员必须穿戴全身防火防毒服，切断气源，若不能立即切断气源，则不允许熄灭正在燃烧的气体。喷水冷却容器，可能的话将容器从火场移至空旷处。可用雾状水、泡沫、二氧化碳、干粉灭火。

2.1.5　铵盐

加氢油温度低于 100℃ 时，硫化氢、氨气等容易反应形成铵盐（主要是氯化铵、硫氢化铵），聚集在预蒸发器壳程，影响换热效率。

2.1.5.1　氯化铵

氯化铵是无色立方晶体或白色结晶粉末，相对密度为 1.53，在 350℃ 升华，易潮解。它溶于水和甘油，微溶于乙醇，溶于液氨，不溶于丙酮和乙醚。氯化铵味咸凉而微苦，溶于水显酸性，pH 值一般在 5.6 左右。硫化铵加热至 100℃ 时开始显著挥发，337.8℃ 时离解为氨和氯化氢，遇冷后又重新化合生成颗粒极小的氯化铵而呈白色浓烟，不易下沉，也极不易再溶解于水。加热至350℃升华，沸点520℃。它吸湿性小，但在潮湿的阴雨天气也能吸潮结块。粉状氯化铵极易吸潮，湿铵尤甚，吸湿点一般在76%左右，当空气中相对湿度大于吸湿点时，氯化铵即产生吸潮结块现象。它的水溶液呈弱酸性，加热时酸性增强。氯化铵对黑色金属和其他金属有腐蚀性，特别对铜腐蚀更大，对生铁无腐蚀作用。因氯化铵很容易结块，通常用添加防结块剂的方式来防止产品结块。氯化铵不同温度下在水中的溶解度见表2-8。

表 2-8　氯化铵不同温度下在水中的溶解度表

温度/℃	溶解度/g	温度/℃	溶解度/g	温度/℃	溶解度/g
0	29.4	40	45.8	90	71.3
10	33.3	50	50.4	100	77.3
20	37.2	60	55.2		
30	41.4	80	65.6		

氯化铵腐蚀性较大，不要与皮肤接触，空气中氯化铵烟雾的容许浓度为$10g/m^3$。操作人员应穿工作服、戴口罩、乳胶手套等。产品设备要密闭，车间通风应良好。

氯化铵应储存在阴凉、通风、干燥的库房内，注意防潮。应避免与酸类、碱类物质共储混运，运输过程中要防雨淋和烈日暴晒。装卸时要小心轻放，防止包装破损。失火时，可用水、砂土、二氧化碳灭火器扑救。

2.1.5.2　硫氢化铵

硫氢化铵具有两性，可与酸碱及部分酸式盐反应，与酸反应生成H_2S和氨盐，与碱反应生成氨的硫氢化盐，与酸式盐反应生成硫化氢和铵盐。硫氢化铵不稳定，很容易发生可逆反应$NH_4HS(s) \rightleftharpoons NH_3(g) + H_2S(g)$，产生有毒物质。

2.1.6　催化剂

催化剂在加氢精制单元有两种，一种为NiMo催化剂，装填在预反应器，另一种为CoMo催化剂，装填在主反应器内。

预反应器中的NiMo催化剂型号为M8-21，装填密度约为$750kg/m^3$，装填体积为$12m^3$，组成为$NiO \leqslant 5\%(wt)$，$MoO_3 \leqslant 16\%(wt)$；主反应器中的CoMo催化剂型号为M8-12，装填密度约为$700kg/m^3$，装填体积$40m^3$，组成为$CoO < 3\%(wt)$，$MoO_3 < 16\%(wt)$。

催化剂附着在氧化铝载体上，呈3mm柱状压出物。在装填过程中应避免吸水（包括空气中的潮气），避免破碎。一般新的催化剂是氧化态，但加氢催化反应要求的催化剂应是硫化态，因此在新装填催化剂或催化剂再生后，必须进行硫化。

在生产过程中，由于烯烃等物质的聚合物沉积在催化剂表面，会使催化剂逐渐失去活性，当催化剂活性降低到一定程度时，需对催化剂进行再生。再生就是用热空气将催化剂表面的结焦物质烧掉，从而恢复催化剂的活性，但此时，催化剂的状态也由硫化态转化成了氧化态。催化剂从开始使用到再生这一段时间，称作催化剂操作周期。催化剂再生后，操作周期会逐渐缩短，当催化剂周期缩短到一定程度时，就需要更换催化剂。催化剂从开始使用到更换这一段时期，称作催化剂的寿命。催化剂的特性一般包括反应温度、压力、温升、压降、氢分压、空速、氢烃负荷比、寿命等。

2.2   KK法加氢反应原理及工艺流程

粗苯的精制最早是采用酸洗法，该法只能部分脱除粗苯中的含硫化合物（主要是噻吩）和杂质，在加工过程中芳烃化合物损失较大（8%～10%），其副产废物酸焦油和残渣尚无有效的治理方法，造成环境的污染。随着有机化学工业的迅速发展，对苯系芳烃产品的质量要求很高，酸洗法得到的芳烃产品已无法满足需要，在工业发达国家该方法早已被加氢精制取代。

"粗苯加氢精制"实质上是"轻苯加氢精制"，即在一定的温度、压力条件下，在专用催化剂、氢气的存在下，通过与氢气进行反应，使轻苯中的不饱和化合物得以饱和；使轻苯中的含硫化合物得以去除，转化成硫化氢气体；使非芳烃化合物加氢裂解成低分子气体。然后再对"加氢油"进行精馏，最终可以获得高纯度的苯类产品。显然，采用此加氢工艺，没有二次污染物产生，所获得的产品质量好，故加氢精制工艺越来越受到人们的青睐。

粗苯加氢精制工艺早在20世纪50年代就在国外得到了工业应用。20世纪60年代，美国开发出一种高温的粗苯加氢精制法（Litol法）。Litol法除了加氢精制功能，还能将粗苯中的甲苯和二甲苯经催化脱烷基反应转化为苯，苯达到99.9%（wt），苯凝固点大于5.4℃，噻吩小于 0.5×10^{-4}%（wt），苯产品质量很高。后来由于萃取蒸馏法的开发成功，采用较低温度（小于400℃）的粗苯加氢精制法，也能得到高质量的苯、甲苯和二甲苯。至此，焦化粗苯精制已经发展形成了新的工艺路线，不仅提高了产品的品质，且为环保做出了相当大的贡献。

粗苯的加氢精制因加氢系统和蒸馏系统的配置不同，有多种工艺流程，主要有鲁奇法、KK法、Litol法。

鲁奇法——该法采用MnO-CoO和 Fe_2O_3 为加氢反应催化剂，反应温度为350～380℃，以焦炉煤气为氢源（也可用纯氢），操作压力为2.8MPa。该法的苯精制率较高，加氢油采用共沸蒸馏法或选择萃取精馏法进行分离，可以制得结晶点为5.5℃的高纯度苯。

KK法——该法采用Ni-Mo和Co-Mo为加氢反应催化剂，反应温度为290～370℃，操作压力为2.4～3.0MPa，一般采用纯氢为氢源，苯的精制率可达到97%～98%。加氢油采用萃取蒸馏法除去非芳烃，经蒸馏可得到纯苯、甲苯和二甲苯等产品。

Litol法——该法采用Co-Mo和 $Cr_2O_3-Al_2O_3$ 为加氢反应催化剂，反应温度为600～630℃，操作压力为6.0MPa，可用加氢脱除烷基的气源制氢，产品为纯苯。该法的特点是能够使苯的同系物全部脱烷基而转化成苯，故苯的总收率可高达110%以上。

此外，还有以Ni-Mo及Co-Mo为加氢反应催化剂的加氢净化和选择萃取相结合的UOP法、尤迪克斯（UDEX）法等。其中焦化粗苯的加氢精制以KK法应用最多，石油化工中以UOP法应用最广。

我国粗苯加氢精制研究工作早在1959年就开始了。1960年，大连石油研究所在大连油脂厂和首钢焦化厂进行了中间试验。1967～1969年，上海焦化厂也进行了用焦炉煤气进行粗苯加氢的中间试验。1975年，上海焦化厂、山西燃化所和鞍山焦耐院共同为北京焦化厂设计了2.5万吨/年的粗苯"中温加氢"装置。该装置以未洗混合分为原料，采用两段加氢工艺，预加氢段的温度为220～280℃，操作压力为5.0MPa，采用钴钼系催化剂；主反应器内温度为550～590℃，采用铬系催化剂。

20世纪80年代，继宝钢一期从日本引进了国内第一套Litol加氢装置之后，国内其他厂家又引进了第二套"高温Litol"装置。20世纪90年代，又引进了德国的"KK技术"。2006年，在消化吸收国外同类装置基础上开发的国产化粗苯气相加氢装置顺利投产。2007年，拥有我国自主知识产权的2.5万吨/年的低温低压加氢脱硫和萃取蒸馏相结合的粗苯加氢工业示范装置成功投运。

2.2.1　KK 法加氢工艺原理

KK 法低温加氢工艺是目前国内使用最多的技术，加氢反应装置包括粗苯蒸发部分、加氢反应部分、稳定塔部分等 3 个部分。加氢反应所需要的氢气由制氢单元提供。

2.2.1.1　粗苯蒸发系统

从槽区来的原料（COLO），先经粗苯过滤器、再经粗苯缓冲槽、原料泵升压到所要求的操作压力，进入"预蒸发器"（实际上是热交换器），在此与主反应器的高温反应物进行热交换，粗苯的温度提高并部分汽化，然后通过混合喷嘴，在此与氢气压缩机送来的循环氢气相混合。经混合喷嘴后的混合气体进入多段蒸发器的底部。多段蒸发器实际上是个蒸馏塔，器底的压力约为 2960kPa，温度约为 184/190℃，器底有重沸器（实际上为换热器），以提供塔内蒸发所需要的热量。器底的高沸点残油排出去残油闪蒸槽，而残油闪蒸槽顶获得的部分产品又送回到原料缓冲槽作为原料，槽内剩余部分高沸点物质用残渣泵送至油库作为产品。

2.2.1.2　反应部分

从多段蒸发器顶部出来的油气，先经预反应器热交换器与主反应器来的反应物进行热交换，油气的温度升到 190/228℃后进入预反应器的底部，向上通过器内的催化剂床层，在此，油气中的烯烃与苯乙烯等不饱和化合物在高活性 Ni – Mo 系催化剂的作用下加氢饱和。由于烯烃的加成反应是放热反应，故预反应器内的温度升高到 202/240℃，该温度是靠经过预反应器热交换器的主反应器的反应物量来加以控制的。预反应器底部的高沸点液体也排往残油闪蒸槽。从预反应器顶部出来的油气，再经主反应器热交换器、加热炉进一步加热后进入主反应器，其加热炉出口的油气温度要求使主反应器内部的第二层温度在 280/341℃。如果为新催化剂，此时的催化剂活性较高，故应降低进入反应器的油气温度，一般控制在 260℃左右。加热升温了的油气从主反应器的顶部进入，经器内的催化剂床层，在此进行脱硫、脱氮、脱氧与烯烃加成等反应。由于这些反应也是放热反应，故出口处的气体温度升高到 310/370℃。该主反应器内的催化剂在操作过程中，会因结焦等因素而失去活性，这时，可以使用蒸汽为载体和空气一起进行烧焦的方式来再生，使其恢复活性。

预反应器内苯蒸气与循环气体的混合物在预反应加热器内被主反应器排出的反应油换热到 190℃后，在 NiMo 镍 – 钼催化剂作用下进行如下反应：

（1）烯烃等不饱和物的加成反应：

$$C_nH_{2n}（烯烃）+ nH_2 \xrightarrow{NiMo} C_nH_{2n+2}（烷烃）$$

$$C_6H_5C_2H_3（苯乙烯）+ H_2 \xrightarrow{NiMo} C_6H_5C_2H_5（乙基苯）$$

（2）含硫化合物的加氢脱硫反应：

$$CS_2（二硫化碳）+ 4H_2 \xrightarrow{NiMo} CH_4 + 2H_2S$$

预反应器流出物在加热炉中进一步加热到约 280℃进入主反应器，在 CoMo 催化剂作用下进一步进行烯烃加氢、脱硫、脱氮、脱氧等反应。

（3）在主反应器进行如下反应：

烯烃的加成反应：

$$C_nH_{2n}(烯烃) + nH_2 \xrightarrow{CoMo} C_nH_{2n+2}(烷烃)$$

加氢脱硫反应：

$$C_4H_2S(噻吩) + 4H_2 \xrightarrow{CoMo} C_4H_{10}(丁烷) + H_2S$$

加氢脱氮反应：

$$C_6H_7N(苯胺) + H_2 \xrightarrow{CoMo} C_6H_6(苯) + NH_3$$

加氢脱氧反应：

$$C_6H_6O(苯酚) + H_2 \xrightarrow{CoMo} C_6H_6(苯) + H_2O$$

副反应，芳香烃氢化反应：

$$C_6H_6(苯) + 3H_2 \xrightarrow{CoMo} C_6H_{12}(环己烷)$$

主反应器排出的反应油经主反换热器、预反换热器、多段蒸发器重沸器和 5 个预蒸发器换热，并在反应器产品冷却器中冷却后进入高压分离器进行气液分离。气相产物作为循环气体经捕集器捕雾后进入循环氢气压缩机，在此加压至加氢所需压力后返回至加氢反应部分，并通过从循环气体中引出一部分气体的方式达到除去惰性组分的目的。制氢所得的氢气通过补充氢气压缩机经循环气体捕集器补充到系统中。主反应器排出的加氢油经 5 台预蒸发器换热后，由注水泵向预蒸发器壳程注入软水，以溶解其中的盐类。

2.2.1.3　稳定塔部分

从高压分离器分离出的液相烃类，经稳定塔原料预热器预热后进入稳定塔。塔底由蒸汽加热再沸器提供热量。从塔顶馏出的气体在冷凝器冷却后进入稳定塔回流槽进行气液分离，分离出的气体经尾气冷却器冷却后送入吸煤气管道。冷凝液通过稳定塔回流泵送至稳定塔顶回流，少量的工艺废水送至外线。塔底排出的加氢油 BTXS 馏分用稳定塔底泵经过稳定塔原料预热器与原料换热后送入预蒸馏塔。

2.2.1.4　工艺要点

KK法低温加氢工艺要点主要有两部分，一部分为向原料中加入阻聚剂，另一部分为向预蒸发器壳程注入除盐水，两者的目的均是为了减少预蒸发器管程和壳程的堵塞，提高系统的换热效率，减小系统阻力，确保加氢系统安全稳定运行。

A　阻聚剂的加入

粗苯中含有烯烃、苯乙烯等，它们在蒸发过程中加热易发生聚合。所生成的聚合物是污染、堵塞管线与换热器的主要原因，能增加系统的阻力损失，也影响传热效果。还有，聚合物一旦进入反应器，易引起结焦，使催化剂活性降低，故需向系统中加入可以抑制苯乙烯、烯烃等化合物聚合的阻聚剂。

阻聚剂的性能要符合以下条件：能使有机与无机物的聚合渣及时消散，这样才能溶于热交换器中，以维持最大的传热效率；对易产生聚合物的介质，它能阻止聚合物生成，从而减少聚合物渣的堆积与集结；阻聚剂的热稳定性要好，防止操作温度下的物质结渣；可溶性要好，要易溶于芳香烃或脂肪烃，在搅拌的条件下，可以分散于水中；阻聚剂无灰分，含氮小于 3%，不含有卤素和重金属，因此不会影响产品的纯度，对催化剂也不会使之中毒而失效。

阻聚剂的使用量，一般在 0.01% ~0.02% 范围之内。

B　除盐水的注入

在加氢反应中，粗苯中的含硫、含氮杂质与氢气发生反应，生产相应的烃和 H_2S、NH_3，H_2S 和系统中的 Cl^- 与 NH_3 进一步反应生成 NH_4HS 与 NH_4Cl，随着温度的降低析出沉淀。析出的沉淀既降低了换热器的传热效果，对设备和管道也会产生腐蚀，需设法从系统中将其除去。

KK 法低温气相加氢装置在预蒸发器壳程及出口，用除盐水泵将除盐水注入反应产物中，以溶解其中的盐类物质，从而避免反应器产物冷却后可能发生的 NH_4HS 与 NH_4Cl 沉淀在预蒸发器内积聚，影响换热效果。

2.2.2　KK 法加氢工艺流程

KK 法加氢工艺流程如图 2 – 2 所示。

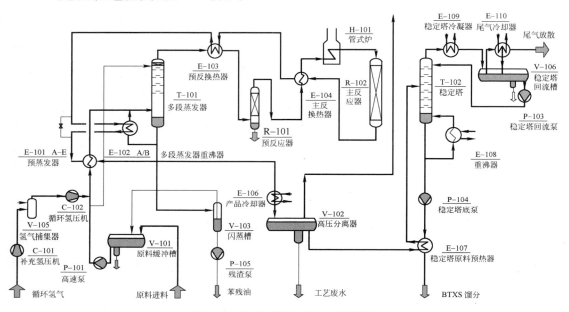

图 2 – 2　KK 法低温加氢工艺流程图

粗苯经高速泵提压后，与循环氢混合进入连续蒸发器，抑制了高沸物在换热器及重沸器表面的聚合结焦。苯蒸气与循环氢混合物进入蒸发塔再次蒸发后，进入预反应器，易聚合的物质如双烯烃、苯乙烯、CS_2 等在 Ni – Mo 催化剂作用下，在 190～240℃进行加氢反应变为单烯烃。预反应器产物经加热炉加热后进入主反应器，在 340～370℃、2.4～3.0MPa、Co – Mo 催化剂作用下发生脱硫、脱氮、脱氧、烯烃饱和等反应，同时抑制芳烃的转化。预反应器和主反应器内物料状态均为气相，从主反应器出来的反应产物经分离后，液相组分经稳定塔脱除 H_2S、NH_3 等气体。稳定塔出来的 BTXS 混合馏分进入预蒸馏塔，在此分离成 BT（苯、甲苯）馏分和 XS（二甲苯）馏分，XS 馏分进入二甲苯塔，塔顶采出少量 C8 和乙烯，侧线采出二甲苯，塔底采出二甲残油即 C9 馏分；BT 馏分经 END（N – 甲酰吗啉）萃取蒸馏，除去烷烃、环烷烃等非芳烃后，经解吸塔分离出 N – 甲酰吗啉溶剂，再进入精馏塔分离出苯和甲苯。

2.2.3　影响 KK 法加氢工艺的主要因素

除了原料和催化剂的特性外，影响粗苯加氢过程的主要因素有反应温度、反应压力、空速和氢油比等。

2.2.3.1　反应温度

反应温度是指合格产品反应所需的最佳温度。一般有三种表示法：催化剂床层热电偶指示温度；催化剂单床层平均温度，即单个床层入口和出口（实际上是热偶点位置）的算术平均值；催化剂加权平均温度，以全部催化剂装填量（体积）为基准，对每个床层温度进行平均，在所有反应器直径相同的情况下，每个床层温度的权重等于该床层高度除以所有床层高度的总和。

反应温度是影响加氢过程的重要因素之一。正常情况下，加氢催化剂随着运转时间的延长，因积炭和金属沉积等原因而逐渐失活，要获得合格产品，就要提高催化剂的活性。补偿催化剂活性损失最简单和最重要的手段之一是提高催化剂床层的反应温度，由于反应温度提高，使加氢反应加快，催化剂活性损失得到补偿。但是，反应温度的提高一般受催化剂强度、热稳定性、选择性和反应器的最高操作条件限制，当反应温度提升到最高使用温度时，装置将被迫停工，需要进行催化剂再生或更新催化剂。

2.2.3.2　气油比

气油比的定义为单位时间内循环气体的体积流率与原料油体积流率的比值。在加氢反应中，循环氢压机的主要作用有：使反应系统保持高的氢分压；作为热传递的载体，可限制催化剂床层的温升；促使进料均匀分布在整个催化剂床层，以抑制过热点形成，从而提高反应性能。

当气油比高时，循环氢的流量也较高，有利于抑制催化剂的结焦。在整个运转周期内，宜保持高的循环氢流量。但气油比不能无限提高，原因是随着气油比的提高，催化剂床层的压降会增加，循环氢压缩机的负荷也会增加。

2.2.3.3　原料变化

当粗苯原料组成和进料量发生变化时，反应系统也将会随着变化。进料中二烯烃、苯乙烯含量升高，预反应器放热量和氢气消耗量增加。为此，需要提高补氢量，否则二烯烃、苯乙烯转换率下降，主反应器的运转周期将缩短。

如果进料质量发生变化，特别是含氮和含硫量较高的进料，宜提高反应器的入口温度来保持氮和硫的转化率。

进料中链烯烃和芳香烃增加，将使主反应器的放热增加，宜降低入口温度来保持催化剂平均床层温度。运行末期因催化剂活性下降，催化剂压降太大，反应器出口温度即使达到最高时也无法满足产品质量，必须停工进行催化剂的再生处理。

2.2.4　KK法加氢工艺中主要设备

2.2.4.1　预蒸发器

粗苯在预蒸发器中进行预热并部分蒸发，为了防止器内加热管壁面被聚合物堵塞，在预热器内还设立了特殊的混合喷嘴，靠这些喷嘴输送大量的循环液体，这样就可保证管束的传热表面不被堵塞物黏附，并提高传热效果。换热器的管束呈垂直安装，在换热器内的气/液流动呈对称分布。如果管子被堵塞，阻力立即上升，传热效果变差，此时，就应停运清扫管束。

2.2.4.2　多段蒸发器

原料在适当的温度下与循环氢气混合，在多段蒸发器内尽量要全部蒸发，但总是有一部分尚未蒸发而残留在器底，该残油排往残油闪蒸槽处理。其实，该残油就是粗苯中的一些"重组分"，也是必须要分离出来的。如果这部分"重组分"带入后工序，那么会对加氢反应工序带来不利的影响。残油在残油闪蒸槽进行闪蒸，塔顶所获得的轻组分又送回原料缓冲槽作为原料，塔顶小回流旨在提高蒸发器分离轻、重组分的效果。蒸发器的操作压力由后续工序，即加氢反应系统的压力所决定。随着运行时间的延长，其压力也会有所增高。蒸发器的热量靠再沸器提供，为了避免杂质与高沸点聚合物堵塞，不直接在再沸器内汽化、蒸发，而是利用预蒸发器来的混合油气的速度，在混合喷嘴内混合后进入蒸发器。这样做的目的是可以使温度与压力均有所下降，可使通过再沸器的循环率得到提高。其实，在再沸器管束内，一部分高沸点产品的蒸发必须避免，否则，管束内壁的聚合物生成量必将增加。显然，蒸发器的功用与结构有些特殊，在进入蒸发器之前，液体油已部分蒸发，在再沸器内的塔底油被加热，与预热了的循环气体在混合喷嘴内混合。实际上这是个很强的动态平衡，大量的液体通过再沸器进行循环，因此，在再沸器内只有很小的温升。在此需特别强调的是，再沸器必须低温操作，要避免在管束内蒸发，只有这样才能使再沸器的管束表面生成聚合物的数量最少。蒸发器设有 10 层浮阀塔盘，器顶设置有捕雾层，目的是捕集蒸发油气所夹带的液滴，以免进入后续装置而引起结焦。

2.2.4.3　预反应器

在预反应器中，主要是要使 CS_2 和易聚合的组分，如烯烃、苯乙烯等，在硫化态的 Ni – Mo 系催化剂上进行加氢反应。该催化剂的活性在 190～240℃ 范围内最高，先在此进行预加氢除去这些组分，是为了避免它们在后续较高温度下会发生聚合与结焦。过热的蒸发油气混合物从底部进入预反应器，在预反应器的催化剂床层下面设有格栅和陶瓷球，旨在除去聚合物液体。在催化剂使用过程中，聚合物、结焦等沉积物会积累在催化剂的表面，致使催化剂的活性下降。因此，为了仍保证满足所要求的转化率，对一些控制参数就需要调整，如氢气的分压与反应温度。催化剂活性的降低，可以靠提高反应器入口的温度来调整，也就是说，催化剂的活性可以根据反应器的进、出口温度差来判定，此温升至少为 5℃。由于长期在高温下运行，催化剂的结焦程度会增加，这时就提高进口的温度，但是，必须控制反应器出口的温度在 240℃ 以内。当反应器的温升低于 5℃ 和反应器的出口温度达到 240℃ 时，催化剂必须进行再生，使催化剂恢复活性。再生的方法是以蒸汽为载体，并通入空气，对催化剂进行烧焦，从而使催化剂恢复活性。需要注意的是，上述已再生的催化剂还必须在热循环气体内加入硫化剂 DMDS，对催化剂进行硫化，像新催化剂那样需要硫化，使催化剂处于硫化态，适当提高其活性，以提高它对烯烃加成反应的选择性。

2.2.4.4　主反应器

主反应器实际上与预反应器一样，也是属于固定床反应器。其充填的催化剂是已硫化了的 Co – Mo 系触媒。其反应温度比预反应器要高，故从预反应器出来的油气需经热交换器、加热炉，加热到指定的温度进入主反应器的顶部。在催化剂的作用下进行一系列的加氢反应，烯烃类组分被彻底加氢饱和，含硫组分、如噻吩，和含氧、含氮组分都可转化成碳氢化合物、硫化氢、水与氨等。芳香烃的加氢必须加以抑制，以减少苯烃的损失。具体的反应式如下：

烯烃的加成反应：$C_n H_{2n} + H_2 \longrightarrow C_n H_{2n+2}$

噻吩的脱硫反应：$C_4H_4S + 4H_2 \longrightarrow C_4H_{10} + H_2S$

加氢脱氧反应：$C_6H_6O + H_2 \longrightarrow C_6H_6 + H_2O$

加氢脱氮反应：$C_6H_7N + H_2 \longrightarrow C_6H_{14} + NH_3$

副反应——芳香烃的氢化反应：$C_6H_6 + 3H_2 \longrightarrow C_6H_{12}$

同样，在加氢运行过程中，催化剂的表面会积累一些沉积物，如聚合物、结焦物，这样催化剂的活性就要下降。为此，需要对主反应的操作参数加以调整，如调整氢气分压、反应温度等。催化剂活性的降低，可以靠提高主反应器进口温度来加以补偿。而对于反应选择性的优化，可以通过改变操作压力，即调整氢气的分压，来使其在一定程度上得到缓和。

催化剂的活性可以从反应产物中的噻吩含量来加以评定。如果该噻吩含量已达到允许值以上，则必须提高进口温度。当然，反应温度应尽量控制得低一些，以减少副反应的发生，即减少芳香烃的氢化反应，也可降低结焦的速率。

当反应器出口温度达到370℃时，催化剂就需要进行再生，以恢复其活性。催化剂的再生方法也是采用以蒸汽为载体、加入空气进行"烧焦"。此再生后的催化剂与新催化剂一样，也需要进行"硫化"处理。主反应器的热量靠加热炉提高，进入主反应器温度靠其出口温度来加以控制与调节。

2.2.4.5 稳定塔

在稳定塔中，通过蒸馏将溶解于液体反应物中的气体，如 H_2S、CH_4、C_2H_6 等除去。塔底的供热靠再沸器提供，以低压蒸汽作为热源。该塔塔顶出来的废气，经冷凝器冷却后入回流槽，该回流槽实际上是个分离槽，分离出来的未冷凝气体再经废气冷却器，以进一步回收碳氢化合物，最后还未冷凝的气体则送往废气处理系统。该回流槽还分离出废水与油液，油液用泵送到稳定塔的塔顶作为回流。稳定塔的进料液需要预热后入塔，靠该塔塔底热油液通过进料预热器与此进料液进行换热。塔底液经与进料液换热后，用泵送至预蒸馏塔。

2.3 催化加氢一般操作

催化加氢单元操作主要包括加氢反应系统开停工操作，稳定塔开停工操作，高速泵、循环氢气压缩机、补充氢气压缩机开机操作，管式炉点火操作等内容。

2.3.1 加氢反应系统开工

在加氢部分预备运转之前，系统应压力试验合格并部分进行联动试车，同时催化剂装填及加热炉烘炉工作已完成，并通过 N_2 循环运转的方法清扫系统，除去系统内的杂物。另外对机械、仪表设备、工艺控制系统进行检查确认。开工操作主要包括开工前确认和准备、气密性试验及置换、加氢循环系统进料三方面内容。

2.3.1.1 开工前确认和准备

（1）接通所有的公用系统，热交换器和泵中已通入循环冷却水。

（2）打开所有仪表检测器的主阀，处于可测定状态。

（3）各放空阀的盲板正常。

（4）氢压机进、出口阀盲板改为通板。

（5）压缩机、泵均已送电。

（6）焦炉煤气已引入管式炉前。

（7）检查高压分离器内无水。

（8）检查加热炉部分设备状况是否符合技术要求。

2.3.1.2　气密试验及置换

（1）按照加氢系统流程图进行阀门设置。

（2）做好补充氢压缩机开机及循环氢压缩机开机的准备。

（3）打开循环氢压缩机入口 N_2 阀，系统进行 N_2 吹扫，测试加氢系统。

（4）先用 500kPa 氮气系统放置 24h 做静态气密试验（24h 泄漏率低于 1% 为合格）。

（5）泄漏率合格后启动补充氢压缩机作 1600kPa 氮气气密试验性试验（24h 泄漏率低于 1% 为合格）。

（6）1600kPa N_2 气密试验性试验合格后，继续做 2500kPa 氮气气密性合格后（需启动制氢单元及煤气压缩机），系统降压至 50kPa，检测 O_2 浓度在 0.5%（vt）以下，则 N_2 置换和气密性合格。否则，继续对系统升压和降压直至合格。

（7）通过补充氢气压缩机旁路给系统注入氢气，置换系统氮气，通过压缩机出口的放散管道排放氮气，控制补充氢压机旁路调节阀的开度，保持氢气的注入压力在 0.2MPa 左右，在循环氢气压缩机出口取样处取样，若排出气中的氮气小于 0.5%（vt），即说明氮气被完全置换掉。

（8）分别在 1.6MPa 和正常操作压力 2.5MPa 下进行附加的冷态氢气气密性试验。试验合格后方可进行下一步加热和正常操作。

2.3.1.3　加氢循环系统的进料操作

（1）通知油库操作工检查打料的轻苯原料槽存量是否达到要求，轻苯原料槽液位在 2m 以上，取样化验合格，原料缓冲槽内轻苯液位在 50% ~75% 之间。

（2）通过设定高压分离器压力，打开压力控制阀放空系统氮气，降低系统压力，把循环部分压力降到 0.02 ~0.05MPa 之间。

（3）原料缓冲槽顶的压力控制系统的设定点为 0.10MPa。

（4）通过补充氢气压缩机旁路给系统注入氢气，置换系统氮气，通过压缩机出口的放散管道排放氮气，控制补充氢压缩机旁路调节阀的开度，保持氢气的注入压力在 0.2MPa 左右，在循环氢气压缩机出口取样处取样，若排出气中的氮气小于 0.5%（vt），即说明氮气被完全置换掉。

（5）通过补充氢压缩机旁路调节阀把氢气压力逐渐升高到 1.2 ~1.3MPa 后，启动一个补充氢气压缩机。

（6）加氢循环部分逐步升压，升压速率不高于 0.2MPa/h。

（7）循环氢气压缩机入口压力到 1.6 ~1.8MPa 时，启动一个循环氢气压缩机。

（8）加氢循环系统压力上升到 2.0MPa 时，启动加热炉，给循环系统加热，调节煤气量，控制催化剂的温升速率不能超过 30℃/h。

（9）调节反应器产品冷却器的冷却水流量，保证循环氢气压缩机的入口温度不得高于 60℃。

（10）当预反应器入口温度到 160℃，主反应器入口温度上升到 220℃，高压分离槽处压力上升到 2.50MPa 时，打开轻苯原料槽向加氢单元的打料泵，打料量不得高于 4m³/h。

（11）监测原料刮渣过滤器的压差，此压差超过 100kPa 时，手动摇动过滤器刮刀清除杂质，每班对过滤器底部进行一次排放。

（12）逐步加大进料量，直到进料量增加到指定量，但不得低于设计进料量的 50%，不得高于设计量的 110%。每次增加进料后须稳定一段时间，循环系统各参数稳定后进行下一步增料操作。增加进料前都要进行确认以下参数值：预反应器入口温度不得低于 180℃，主反应器入口温度不得低于 280℃，主反应器 R-5102 出口压力在 2.77MPa，高压分离槽的气相压力不低于 2.10MPa。

（13）主反应器内催化剂的床层温差不能超过 55℃，如果超过 55℃，停止原料注入。

（14）监测原料缓冲槽水靴界面液位指示器的变化，当水靴界面高度到达 50% 左右时，进行废水排放作业。

（15）监测预蒸发器管程压差，压差超过 150kPa 时，打开预蒸发器底部的排废液阀门，把废液排到残液闪蒸槽。

（16）启动软水泵，向预蒸发器内注水，注水量为 0.3~0.4m³/h，预蒸发器壳程压差超过 150~200kPa，可适当增加注水点，连续注水总量可增大到 2m³/h，压差降到 150kPa 以下，可把注水量降下来。

（17）分段蒸发器底部液位到 50% 时，可进行手动调节维持分段蒸发器底部液位在 30%~70% 之间。

（18）调节预反应器原料加热器的三通阀控制预反应器的入口温度不得低于 180℃，预反应器出入口压差不得高于 0.4MPa，底部液位在 30%~70% 之间。

（19）调节加热炉煤气流量调节阀的开度，控制主反应器的入口温度不得低于 280℃，主反应器出入口压差不得高于 0.2MPa。

（20）调节反应器产品冷却器 E-5106 的冷却水流量，保证加氢后产品的温度不超过 40℃。

（21）调节循环氢气压缩机的旁通，确保循环氢气压缩机的入口温度不得超过 60℃。

（22）监测循环氢气压缩机的出入口压差，此压差值不得超过 0.96MPa，超过此值时通过检查系统下列参数，采取手段降低压差：检查预蒸发器管程压差，压差超过 150kPa，排放管程残液；检查预蒸发器壳程压差，压差超过 200kPa，加大除盐水的注入量到 2m³/h；检查分段蒸发器除雾器的压差，压差超过 0.03MPa，须停工进行清理；检查预反应器内出入口压差，压差超过 0.15MPa 时，依据催化剂再生判断标准判断催化剂是否需要再生；检查主反应器内出入口压差，压差超过 0.25MPa 时，依据催化剂再生判断标准判断催化剂是否需要再生。

（23）当加氢循环部分参数正常、稳定后，所有的控制可投自动。

（24）取样化验分析。按照正常生产操作进行调节，保持加氢循环部分的含硫化氢的 BTXS 馏分质量合格。

2.3.2 加氢反应系统停工

加氢反应系统停工操作主要包括短期停工、最终停车、加氢循环部分吹扫等三方面内容。

2.3.2.1 短期停工

（1）改变所有部分的生产量减少到 50%~60% 且使其稳定。

（2）稳定塔底 BTXS 馏分通过开工管线到原料槽。

（3）关闭多段蒸发器顶部进料阀。

（4）关闭来自油库到原料缓冲槽的粗苯原料。

（5）关闭除盐水注水泵。

（6）逐步减少预蒸发器粗苯原料的注入直至停止进料，关闭原料高速泵。

（7）维持循环气体系统压力不变。

（8）减少反应器入口温度且以正常操作压力使循环气体再循环 6h，从高压分离器中排空系统所有的碳氢化合物。

（9）以不高于 25～30℃/h 慢慢减少反应器入口温度，直到主反应器入口温度接近 200℃ 时关闭主反加热炉。

（10）停止供应补充氢气到循环气体系统，关闭补充氢气压缩机，制氢氢气进行放散。

（11）为使装置在短时间内能重新启动维持循环气体的操作条件。

2.3.2.2　最终停车

对于加氢部分最后停车需要按以下步骤执行：

（1）继续冷却反应器/循环气体系统直到主、预反应器温度降到低于 50℃。

（2）把高压分离器物料全部排到稳定塔。

（3）尽可能多地把多段蒸发器底部残油排到残油闪蒸槽。

（4）调节高压分离器放散调节阀的开度，使氢气循环部分降压。当压力为 0.5MPa 时，停止循环氢压缩机。

（5）在整个系统降压至 0.05MPa 时，引入氮气。

（6）用氮气给循环气体系统加压和降压两次，从循环氢气压缩机管道进氮气，并通过紧急放散阀从高压分离器处放散。

（7）继续冲入氮气加压，启动循环气体压缩机，放散系统的调节阀开度保持约 50%。在高压分离器循环气体取样处取气体样做可燃气体分析。

（8）当取样结果显示安全状态（无 H_2S 和烃）时，停止循环气体压缩机并使系统降压。

（9）为了避免空气的侵入，用氮气维持微正压接近 0.03MPa。

（10）所有放空管线，包括原料缓冲槽和高压分离器内残油排放到油放空槽。

2.3.2.3　加氢循环部分的吹扫

（1）如果要进入加氢循环部分或其他检修，要对系统进行清洗、吹扫，关闭所有的控制阀、泵、压缩机等。

（2）用除盐水对下列设备及其连接管道进行清洗：多段蒸发器、预蒸发器、多段蒸发再沸器，清洗前必须对反应器和压缩机进行隔离，出入口管道上盲板，防止水进入。

（3）对加氢循环部分进行蒸汽吹扫，反应器和压缩机出入口加盲板。

（4）对加氢循环部分氮气吹扫，经化验室检验，当系统完全不含烃蒸汽时，可用空气置换氮气。

（5）加氢循环部分氧气含量不低于 18%（vt），人方可进入单元内部进行检查和维修。

（6）如果要打开反应器，冲入空气前，必须进行催化剂的再生，反应器内催化剂再生后取出，用扫帚清扫反应器。

2.3.3　稳定塔开工

稳定塔开工前提是加氢反应部分运转正常，高压分离器内加氢油合格，可以送往稳定塔。稳定塔开工操作主要包括开工前的准备及进料两部分内容。

2.3.3.1　开工前的准备

（1）系统已氮化，经化验分析氧气在 0.5%（vt）以下；

（2）按照稳定塔开工阀门设置图检查各阀门及盲板的设置情况；

（3）高压分离槽出来的产品取样化验合格，高压分离器液位稳定并做好输出物料准备；

（4）分别检查蒸汽压力、冷却水、仪表风、供电符合技术要求；

（5）各泵电机、计器仪表、调节阀、电磁阀等试运转正常；

（6）塔压力表、温度计、液位计、流量计经检查齐全、合格；

（7）打开稳定塔冷凝器，稳定塔尾气冷却器和不合格产品的冷却器的循环冷却水出入口；

（8）稳定塔重沸器做好准备，并检查蒸汽及疏水阀门设置；

（9）检查稳定塔回流槽确保其内无水；

（10）稳定塔塔顶的压力控制系统处于自动模式，控制压力点为 0.5MPa 左右；

（11）确保到焦炉吸煤气管的尾气管道置换完毕，并处于待开工状态。

2.3.3.2　稳定塔系统的进料操作

（1）逐渐关闭高压分离器到原料缓冲槽开工管道上的调节阀，同时高压分离器向稳定塔的进料调节阀逐渐打开；

（2）开始时进料量控制 $1 \sim 1.5 m^3/h$ 之间，物料经过稳定塔原料预热器预热后进入稳定塔；

（3）在稳定塔塔底处，液位达到 30% 时，给塔底泵上料、排气，当液位达到 40% 时，启动一个稳定塔底泵，泵最小流量控制器可投自动，通过最小流量管线进行物料循环；

（4）启动开工循环管线，使物料经过稳定塔底泵进入开工冷却器，使馏分返回到轻苯原料槽，稳定塔液位控制器与流量控制器的串级控制可投自动，塔底液位的设定值为 50%；

（5）当稳定塔再沸器的管程被 BTXS 浸没时，缓慢给稳定塔再沸器通蒸汽，疏水，乏汽水放净后，关闭排水阀；

（6）小幅增加稳定重沸器的蒸汽输入，增量在 5% 左右把塔底物料加热到约 154℃；

（7）调整稳定塔冷却器的循环水流量，保证回流槽的温度为 67℃，调整尾气冷却器的循环水流量，保证尾气排出温度不低于 40℃；

（8）回流槽内液位达到 30% ~ 40% 时，启动稳定塔回流泵，回流槽内的物料通过最小流量管线返回到回流槽；

（9）在稳定塔回流槽中液位稳定在 50% 时，可启动回流槽液位控制器与流量控制器的串级控制，液位的设定值为 50%，打全回流；

（10）稳定塔顶部温度稳定在 87℃ 左右；

（11）以 $2 \sim 4 m^3/h$ 的增量增加进料量，直到进料量增加到指定量，但不得低于设计进料量的 50%，不得高于设计进料量的 110%；

（12）取样化验分析，按照正常生产操作进行调节，确保塔底 BTXS 馏分质量合格；

（13）BTXS 馏分质量合格后，切断到原料槽的进料，打开 BTXS 馏分到预蒸馏塔的进料阀门，用于预蒸馏单元的开工。

2.3.4　稳定塔停工

稳定塔停工操作主要包括短期停工、最终停车、吹扫三部分内容，三者相互关联，在停工过程中必须按步骤进行。

2.3.4.1　短期停工

（1）稳定塔单元的停车需和加氢部分同时操作；

（2）打开稳定塔底部 BTXS 馏分到开工冷却器的阀门，稳定塔底物料循环到原料槽；

（3）预蒸馏单元做好停工准备；

（4）在减少和切断加氢循环部分粗苯原料的注入后，稳定塔原料的流量相应地降低；

（5）观察塔内温度变化情况，减少直至关闭稳定再沸器的蒸汽供应；

（6）当稳定塔回流槽液位开始下降时，慢慢地减少回流量；

（7）当稳定塔回流槽的指示面降到低于 25% 时，关闭稳定塔回流泵；

（8）当稳定塔压力开始下降时，通入氮气以维持稳定塔部分正压，约 0.2MPa；

（9）保证稳定塔和回流槽的水平面接近 50%，便于稳定塔部分重启。

2.3.4.2　最终停车（续接稳定塔短期停工操作）

（1）启动塔顶回流泵，把回流槽内的物料打回稳定塔，回流槽液位接近于零时停回流泵；

（2）启动塔底泵，把塔内物料经 BTXS 馏分开工管线到轻苯槽；

（3）关闭采出管道阀门，塔顶压力控制器投手动，关闭尾气调节阀；

（4）打开稳定塔回流槽上的氮气手动阀门，通入氮气，保持稳定塔顶压力在 0.05MPa；

（5）打开稳定塔部分的放空管，用氮气把残余物料吹到油放空槽；

（6）关闭所有的放空阀门，保持稳定塔回流槽 50kPa 的微正压。

2.3.4.3　吹扫

（1）各控制器投手动；

（2）确认关闭塔的进料阀、馏分采出阀、放空阀、放散阀；

（3）在塔底连接蒸汽管道用蒸汽吹扫稳定塔；

（4）打开回流槽顶部的放散阀及底部的放空阀，用蒸汽吹扫回流槽；

（5）关闭蒸汽供应，但塔顶的放散口打开，防止水蒸气冷凝时由于系统的降温形成真空；

（6）打开塔底的放空阀，在塔的底部排放乏水；

（7）关闭塔顶的放散阀，通过氮气管路向塔内通氮气，保持系统压力微正压，在 30 ~ 50kPa；

（8）稳定塔部分的泵必须先用氮气吹扫，把吹扫出来的物质排入废液槽，而后用蒸汽吹扫，通过泵头放空阀进行放空，排空残液到废液收集槽；

（9）当稳定塔不含油时，空气置换氮气，做全分析，氧气含量不低于 18% 时，人方可进入塔内部进行检查和维修。

2.3.5　高速泵开机

原料高速泵是催化加氢单元主体设备之一，其主要作用是将粗苯原料送入系统中，它的出口压力可达到 4.0MPa。为保证正常生产过程中高速泵能安全稳定运行，故为高速泵设定了部分连锁报警参数，见表 2 - 9。具体开机步骤为首先检查连锁条件是否满足，若不满足确认后需解除。其次对水路、油路检查，确认油冷却器的冷却水是否畅通（需定时拆下过滤器清洗，打开水放空阀，对冷却水管线进行冲洗）。然后检查变速箱油位是否符合要求，低于 1/3 时，需补油。检查完毕后打开泵顶部排气阀，将泵体内的残余气体排掉；再将泵至缓冲槽回路阀门全开，以保持最小流量（大于 5m³/h）。随后开启辅助油泵并对润滑油排气，油压需大于 2.0kg。油压满足要求后，启动高速泵，主电机运行正常，油压正常后，现场停辅助油泵。慢慢打开出口阀门，开启正常后，对设备运行参数进行全面检查（泵的振动、泵的出口压力、油温、油压、机封冷却液罐的液位和压力是否正常）。

表 2-9　某 10 万吨/年原料高速泵连锁报警参数

连锁参数名称	连锁值	
	LL	HH
润滑油压/kPa	180	
高速泵到多段蒸发器轻苯压差/MPa	0.633	
高速泵到预蒸发器轻苯压差/MPa	0.449	
高压分离器到循环气体捕集槽循环气体流量/m³·h⁻¹	4098	
紧急停车按钮		
循环气体捕集槽冷凝液位高连锁	液位开关	
管式炉对流段出口温度/℃		800
原料缓冲槽轻苯液位低连锁	液位开关	

2.3.6　循环氢气压缩机开机

循环氢气压缩机是催化加氢单元的核心设备，它不仅为系统起到升压作用，还是整个加氢反应系统的动力来源，一旦它出现故障，加氢单元将全线停产。循环氢气压缩机连锁及报警参数见表 2-10。具体开机步骤为首先检查水路、油路是否畅通，检查冷却水供水状况是否正常；确认热水供应是否满足，供电是否正常；打开氮气吹扫阀门，对循环氢填料进行吹扫置换（注：氮气阀要常开，作为保护气）；盘车数转，开热水对压缩机进行预热，温度达到 65℃ 时保持 5min；中控室 ESD 进行复位，打开压缩机进出口的切断阀，现场也进行复位。当现场故障指示灯灭，允许启动灯亮时，启动主电机。按下启动按钮后，辅助油泵自动启动，1min 后系统会自动检测油压是否满足，当自检满足条件后则会自动开启主电机；若油压不满足，程序会停车，此时需重新按步骤来开启。在预热条件满足的条件下，可以从对 ESD 复位步骤开始。主电机启动后，关热水，开冷却水，保证冷却水量在 6m³/h 以上。电机运行过程中，若油温低于 5℃，应在现场开启油加热器。

表 2-10　某 10 万吨/年循环氢气压缩机连锁及报警参数

连锁参数名称	量程	报警值		连锁值	
		L	H	LL	HH
进口氢气温度/℃	0~100		70		75
出口氢气温度/℃	0~160		110		115
主电机线圈温度/℃	0~200		125		135
润滑油油箱温度/℃	0~100	5	60		70
主电机轴承温度/℃	0~200		85		90
出口氢气压力/MPa	0~6		3.6		3.65

连锁参数名称	量程	报警值		连锁值	
		L	H	LL	HH
润滑油压力/MPa	0~6	0.25		0.2	
润滑油过滤器差压/MPa	0~0.25		0.08		0.1
气缸冷却水回水流量/m³·h⁻¹	0~10	6			
进气分液罐液位/mm	0~350	30	180		230

2.3.7 补充氢气压缩机开机

补充氢气压缩机主要作用是将制氢单元来的氢气进行升压然后送入系统，其开机步骤包括开机前检查确认及启动操作两部分。

2.3.7.1 开机前检查（设备、安全）确认

开机前岗位操作人员应首先检查该设备有无停电牌，有停电牌不能操作。接到通知后，应立即对要启动的压缩机进行检查。检查地脚螺丝及各部件齐全、牢固，传动皮带完好。电工检查马达接地，电器部分绝缘情况，达到安全可靠，开关灵活，电流表正常后送电。检查油系统，齿轮箱油量在规定范围内。各仪表正常，管路上各开闭器开闭正确。

2.3.7.2 启动操作

启动辅助油泵，检查供油情况，使润滑油压力上升至规定值。打开冷却水进水总阀，检查供水情况，同时盘车数转。然后打开压缩机进口氮气阀，打开各放空阀对压缩机进行置换，氮气置换完成后打开压缩机进、排气阀门，用氢气对压缩机进行置换，然后关闭压缩机各放空阀。启动主电机，待运转稳定后再打负荷，使压缩机逐渐进入负载运转状态。

2.3.8 主反应器加热炉点火

主发应器加热炉是催化加氢单元唯一的热源，粗苯和氢气混合物通过加热炉加热达到主反应器反应所需要温度。在正常生产过程中，必须加强对加热炉的监控，一旦加热炉出现隐患，那整个加氢反应系统将非常危险，加热炉的具体点火步骤如下。

2.3.8.1 点火前的准备工作

点火前需确认风机是否可正常启动，能完成对炉膛完全置换。确认煤气管线安装是否合格，管线无泄漏。煤气供气压力正常，在 3~10kPa 之间。同时要确认点火装置连接可靠，包括点火电缆与点火电极，点火变压器与点火电缆的连接可靠，否则可能造成外部出现电火花发生危险。然后确认物料是否正常循环，进出口压力，温度不超过允许值，物料流量不低于允许值，煤气管线的手阀均在正确阀位：主煤气，点火煤气手阀开启，置换氮气手阀关闭。主煤气管道上的旁路阀关闭；通知电工及计控给控制柜上电、开机。燃烧系统内的风阀，煤气流量调节阀，煤气切断阀等均能正常工作；确认煤气流量计，煤气压力变送器，炉膛压力变送器，各温度测点等测量仪表工作正常；主火焰火检正常，显示炉膛无火；确认烟囱的翻板阀可灵活动作，能与炉膛压力测点配合调节炉膛负压值。

2.3.8.2 点火操作

初次点火应将空气风机连续运转 2 ~ 3h，正常点火步骤为确认风机运转正常，风压正常。打开煤气进口阀门，火焰监视器清扫干净。煤气进口调节阀阀位给到 30% 左右，加热炉翻板阀开度设为 10%。中控室解除管式炉连锁，输出"允许点火"信号，现场按复位键，按下启动按钮。

2.4 催化加氢特殊操作

加氢反应系统特殊操作主要包括催化剂的装卸、硫化、再生操作，预蒸发器壳程注水操作，阻聚剂添加操作，管式炉烘炉操作。异常故障主要指加氢单元进料故障、一些能源介质故障的情况下的紧急停工操作。

2.4.1 催化剂的填装

2.4.1.1 催化剂技术特点

在初期开工时，预反应器、主反应器触媒充填必须在模拟运转结束后，系统气密性实验之前进行，要绝对确保循环气体系统已经干燥，绝对不能把水带到触媒中。两种催化剂的技术特点见表 2 – 11。在充填时，如果使用的方法不当，就会产生粉末或强度下降或充填不均匀。在开工后的装置安全运转方面带来负面影响，所以必须使用正确的充填方法。两反应器催化剂装填高度和用量见表 2 – 12。

表 2 – 11 催化剂技术特点

种 类	M8 – 21	M8 – 12
用于何种反应器内	预反应器	主反应器
成 分	氧化镍和氧化钼在铝载体上	氧化钴和氧化钼在铝载体上
直径/mm	约 3	约 3
形 态	挤压物	挤压物
堆积密度/kg·m^{-3}	约 660	约 660
损耗/%	10	10
首次充填/m³	12	40
预期寿命/年	3	3

表 2 – 12 反应器充填高度和需要的触媒用量

反应器		预反应器	主反应器	备 注
触媒	体积/m³	12	40	
	重量/kg	7920	26400	
支承材料	φ6 mm 氧化铝球/m³	0.46	0.95	充填在底部
	φ12 mm 氧化铝球/m³	1.37	0.95	充填在顶部、底部
	φ25 mm 氧化铝球/m³	0.69	3.33	充填在顶部、底部

2.4.1.2　催化剂装填

充填前必须做好一系列确认与准备工作：

（1）采取触媒的样品，并将其保管好。

（2）检查触媒的粉化状态，粉化较多时，要进行筛分。

（3）检查反应器内部，如有水滴、灰尘、污浊等异物，必须除去。

（4）确认温度计及支架、格栅等应正确地安装固定好。

（5）确认反应器内部的检查完毕后，用粉笔在反应器内壁上划出表示触媒充填高度的标记线。

（6）必须把每只催化剂桶称量一下，然后立即倒入反应器，并要倒空。记录好每桶触媒的净重及任何异常情况。

（7）为了使充填用的布套筒保持量满的状态，预先把触媒放置在作业台上，使所需要量的触媒能迅速流入。

（8）在充填好触媒后，必须使反应器保持密封，直到投入生产。

催化剂装填时，需注意：

（1）触媒若含有水分，其强度和活性就要下降许多，因此触媒的容器不得沾上水，充填作业应尽可能选择在气候干燥的日期进行，要尽快完成。而且筒式储器保持密封盖紧，只在充填反应器之前才能打开。

（2）触媒容易破损，所以在操作时要小心谨慎，不得使触媒在 0.5m 以上自由落下。

（3）如果操作人员需要进入反应器时，必须先用盲板，与其他系统隔绝，测定反应器内部的可燃性气体浓度及氧气浓度，确认安全后，才可进入。

（4）在反应器内部进行触媒匀平作业时，先在触媒层上敷上踏板，然后站在踏板上，这样可使操作者的体重均匀分布。

（5）要穿好工作服，以防触媒直接与皮肤接触。

（6）在反应器内部和上部进行触媒充填作业时，应戴眼镜，以防粉尘落入眼中，并且要戴好防尘面罩和新鲜空气面罩，以防吸入体内，在工作结束后，必须先淋浴。

（7）当皮肤和鼻子感到刺激时，到新鲜空气中去，用水冲洗刺激部位，如果刺激情况还有的话，就请医生诊断。对于极端过敏体质的人，不让他们接触触媒。

（8）在人孔开放期间，防止在夜间下雨，必须要用雨布等覆盖在人孔上。

具体充填方法为：

（1）使用的装料斗和布套筒在第 2.4.1.5 节的图中表示。

（2）把布套筒安装料斗下面，并把布套筒放到反应器内的底部。

（3）装料斗是用反应器顶部的法兰来支撑。

（4）投入触媒直至布套筒内部的流动停止为止。

（5）随着触媒不断投入，触媒层高度上升，应及时确认布套筒的长度，切断布套筒，再次投入触媒（防止布套筒被埋入）。

（6）反复进行第（4）、（5）项的操作，一直进行到规定的高度为止。

2.4.1.3　预反应器的触媒充填方法

A　确认与准备

在触媒填充前应做好一系列准备工作。准备好防尘面罩、鼓风机、安全带、眼镜、手套等保护用具和梯子、踏板等；准备好隔绝用的盲板；由反应器内的各温度测点确认预反应器内部的温度降至接近常温；由反应器内的各压力点测点确认反应器内部的压力为大气压；准备好触媒充填用的装料斗和布制套筒；准备好用于记录触媒充填量、充填高度和支承材料充填量、充填高度的表格；准备好氧气浓度检测仪和可燃性气体检测仪。

B　隔绝及打开

首先在预反应器进出口法兰处装入盲板，接着在预反应器底部排液阀前侧装入盲板，最后打开上部人孔，取出固定用的网格。

C　触媒充填

在触媒充填之前，应检测预反应器内部，氧含量浓度在 18%(vt) 以上，可燃性气体浓度小于 0.5%(vt)。确认预反应器内部的支撑格栅和金属网已安装完毕。确认触媒排出口柱塞和盲板法兰已安装完毕。把装好 $\phi25mm$ 氧化铝球的布袋放到反应器内的底部，其充填的高度为支撑格栅和金属网的上部以上 200mm 为止，并均匀铺平其表面。

注意氧化铝球从高处落下，易发生破碎。因此在操作时，必须小心谨慎。在内部作业时，要穿戴好防尘面罩及防护服。在触媒排出管内也要充填，把装有 $\phi12mm$ 氧化铝球的布袋放到反应器内的底部，卸出氧化铝球，充填在 $\phi25mm$ 氧化铝球上面，高度为 200mm 为止，并均匀铺平其表面。把装有 $\phi6mm$ 氧化铝球的布袋放到反应器内的底部，充填在 $\phi12mm$ 氧化铝球上面，高度为 200mm 为止，并均匀铺平其表面。使用装料斗和布制套筒，把触媒充填在 $\phi6mm$ 氧化铝球的上面，其高度为 4200mm，并均匀铺平其表面。在触媒上部充填 $\phi12mm$ 氧化铝球，其高度为 300mm 为止，并均匀铺平其表面。在 $\phi12mm$ 氧化铝球上部安装固定用的网格。触媒充填持续 2 天以上时，在作业结束后，必须要用雨布等覆盖在人孔上。

D　触媒装填后处理

首先确认在装填触媒时所使用的器具，不要遗忘在反应器的内部，然后封闭人孔。拆下在预反应器进出口法兰处的盲板和预反底部排液阀前侧的盲板，随时进行系统内的 N_2 置换。根据情况，如对预反应器要单独进行 N_2 置换时，需在反应器的进出口上安装盲板。保存好记录触媒充填量、充填高度和氧化铝球充填量、充填高度的记录表格。

2.4.1.4　主反应器的触媒充填方法

A　装填前确认及准备

准备好防尘面罩、鼓风机、安全带、眼镜、手套等保护用具和梯子、踏板等；准备好隔绝用的盲板；由反应器内各温度测点确认主反应器内部的温度降至常温；由反应器内各压力测点确认反应器内部的压力为大气压；准备好触媒充填用的装料斗和布制套筒；准备好用于记录触媒充填量、充填高度和支承材料充填量、充填高度的表格；准备好氧气浓度检测仪和可燃性气体检测仪。

B　隔绝及打开

在主反应器进出口法兰处装入盲板后打开主反应器上部人孔。

C　触媒充填

在触媒充填之前，应检测主反应器内部，氧含量浓度在 18%(vt) 以上，可燃性气体浓度小于 0.5%(vt)；确认主反应器内部的蒸汽排出筒已安装完毕；确认触媒排出口柱塞和法兰盲板已安装完毕。把装有 $\phi25mm$ 氧化铝球的布袋放到反应器内的底部，其充填高度一直装到蒸汽排除筒的上部为止，并均匀铺平其表面。注意如果氧化铝球从高处跌落下来，就会发生碎裂，破损。因此，在操作时必须小心谨慎。在内部作业时，要穿戴好防尘面罩。在触媒排出管内也要充填，把装有 $\phi12mm$ 氧化铝球的布袋放到反应器的底部，充填在 $\phi25mm$ 氧化铝球上面，其高度为200mm，并均匀铺平其表面。把装有 $\phi6mm$ 氧化铝球的布袋放到反应器的底部，充填在 $\phi12mm$ 氧化铝球上面，其高度为200mm，并均匀铺平其表面。使用装料斗和布制套筒，按照充填方法把触媒充填在 $\phi6mm$ 氧化铝球的上面，其高度为5800mm，并均匀铺平其表面。注意在充填触媒的过程中，依次安装测温器热电偶。在产生大量粉尘的地方，应戴好新鲜空气面罩。在触媒上面安装金属网，在金属网上面充填 $\phi25mm$ 氧化铝球，其高度为200mm，并均匀铺平其表面。注意触媒充填持续2天以上时，在作业结束后，必须要用雨布等覆盖在人孔上。

D　触媒装填后处理

确认在充填触媒时所使用的器具，不要遗忘在反应器的内部，然后封闭人孔。拆下主反应器进出口法兰处的盲板，随时进行系统内的 N_2 置换。注意根据情况，如对主反应器要单独进行 N_2 置换时，需在反应器的进出口上安装盲板。保存好记录触媒充填量、充填高度和氧化铝球充填量、充填高度的记录表格。

2.4.1.5　催化剂特殊装填装置

用于向反应器内装填催化剂和新鲜白土的设备如图2-3～图2-6所示。在现场搭建一个固定的储料斗。此料斗带有一个侧阀，料斗的腿要足够长，能够很容易地进入反应器内部。帆布溜槽，直径为100mm或150mm。在地面，要搭建一个与卡车高度相等的临时平台，用来将催化剂或白土桶从仓库运至黏土处理器的位置。催化剂或白土桶要从卡车上运到平台上，打开并倒入移动料斗，倒空的桶在现场储存或立即送回仓库。在反应器或黏土处理器顶部要安装一个临时平台用于装填时移动料斗并通过分流阀卸料。为了催化剂和白土的防雨，在槽顶部和地面平台上要安装临时棚顶。同时要准备工具，如照明用具、防尘面具、呼吸器、安全带等。

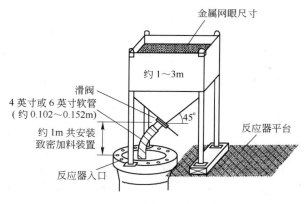

图2-3　反应器上的料斗

2.4.1.6　主反应器、预反应器触媒卸出

主反应器、预反应器触媒因劣化需要更换或者因粉碎需要进行筛选或者因反应器内部需要进行检查时，都需要经再生后把触媒卸出，通常与年修一起进行。

A　触媒排出时的一般注意事项

触媒如含有水分，其强度和活性就要下降许多，因此触媒的容器不得沾上水。装卸作业应

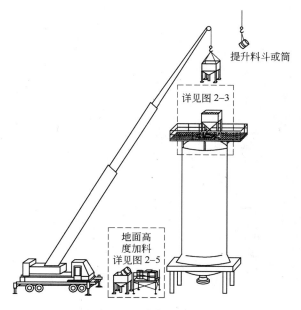

图 2－4　催化剂处理装置

尽可能选择在气候干燥的日期进行，要尽快完成。而且筒式储器保持密封盖紧，只在装卸反应器之前才能打开。反应器进出口必须加装盲板，与其他系统隔绝。触媒排出后，反应器内部必须充分进行空气的置换，检测氧含量浓度在 18%（vt）以上，可燃性气体浓度小于 0.5%（vt）时，操作人员方能进入。要穿好工作服，以防触媒直接与皮肤接触。在人孔打开期间，防止在夜间下雨，必须要用雨布等覆盖在人孔上。

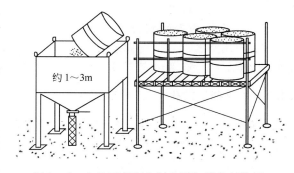

图 2－5　在地面高度向料斗增加催化剂装置

B　触媒排出前的确认与准备

确认主、预反应器再生结束；确认主、预反应器内部的空气置换合格；在主、预反应器进出口装盲板；在预反应器底部排液阀前侧装入盲板；在作业现场，准备好二氧化碳灭火器；准备好防尘面罩、眼镜、安全带、手套及软梯子等；准备好卸触媒工具，如筛网、漏斗、卸放触媒布带及存放触媒的容器；准备好氧气浓度检测仪和可燃性气体检测仪。

C　触媒排出步骤

测定反应器内部的可燃气体浓度小于 0.5%（vt），氧气浓度在 18%（vt）以上。预反应器触媒排出：打开预反应器上部人孔，取出固定用的网格，取出触媒上面的 φ12mm 氧化铝球。主反应器触媒排出：打开主反应器上部人孔，取出金属网上面的 φ25mm 氧化铝球，取出触媒上面的金属网。拆除反应器底部触媒排出口的盲法兰。取出触媒排出口柱塞，装上布带，进行卸放触媒。注意产生大量粉尘的地方，应戴好空气面罩。将排出触媒小心地经过过滤，分离出触媒、瓷球和触媒微粒，并装入密闭的容器中。注意防止触媒自燃。如遇自燃，可用二氧化碳灭

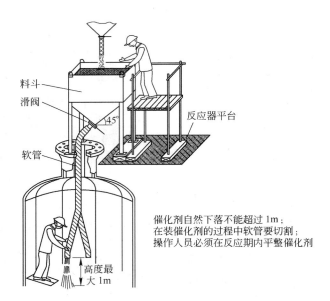

料斗

滑阀

反应器平台

软管

催化剂自然下落不能超过1m；
在装催化剂的过程中软管要切割；
操作人员必须在反应期内平整催化剂

高度最
大1m

图2-6　催化剂装填装置

火器进行灭火。触媒重量要做好记录。

　　D　反应器内部清扫与确认

　　接临时用空气管，打开临时用空气管阀对反应器内用空气进行吹扫。注意测定内部氧气浓度在18%（vt）以上，并由安全部门确认后，方能进入。

2.4.2　催化剂的硫化

　　当催化剂加入反应器后，活性组分是以氧化物形态存在的。只有将活性组分的金属氧化物通过硫化变成硫化态后，催化剂才有更高的加氢活性和稳定性。预硫化就是使其活性组分在一定温度下与H_2S作用，由氧化物转变为硫化物。

2.4.2.1　硫化反应

　　苯加氢一般采用的硫化剂是DMDS（二甲基二硫化物，2，3-二硫代丁烷，分子式为$(CH_3)_2S_2$），硫化过程中的反应式如下：

　　（1）DMDS分解：
$$(CH_3)_2S_2 + 3H_2 \longrightarrow 2CH_4 + 2H_2S \quad \Delta H = -166.6\text{kJ/mol}$$

　　（2）硫化氧化钼：
$$MoO_3 + 2H_2S + H_2 \longrightarrow MoS_2 + 3H_2O \quad \Delta H = -163.3\text{kJ/mol}$$

　　（3）硫化氧化钴：
$$9CoO + 8H_2S + H_2 \longrightarrow Co_9S_8 + 9H_2O$$

　　（4）硫化氧化镍：
$$3NiO + 2H_2S + H_2 \longrightarrow Ni_3S_2 + 3H_2O \quad \Delta H = -129.8\text{kJ/mol}$$

　　这些反应都是放热反应，而且进行速度快，并伴有水的生成，因此在催化剂硫化过程中，应特别注意温度控制，防止超温。在高压分离器处注意排水和计量。

2.4.2.2　预硫化技术

加氢催化剂的预硫化技术有器内预硫化和器外预硫化两种方式。器内预硫化是将氧化态加氢催化剂装入加氢反应器中，然后通入氢气和硫化剂或氢气和含有硫化剂的硫化油进行硫化。器外预硫化是将氧化态加氢催化剂硫化剂结合再装入反应器中，然后通入氢气和原料油进行预硫化。

根据硫化剂的状态不同，器内预硫化方式又可分为湿法硫化和干法硫化。

湿法硫化也称液相硫化，是先将液体硫化剂溶于轻馏分油中形成硫化油，然后输入反应器内与加氢催化剂接触进行硫化反应。由于液相传热传质效果好，硫化过程易于控制。但是液相硫化前必须对催化剂进行干燥处理，以除去水分，否则湿催化剂与进料一起升温时，易使催化剂受到损伤，床层压力增加。而且由于馏分油在反应中易分解而产生较多不饱和烃，故硫化时间长，催化剂积炭多。

干法硫化也叫气相硫化，该法不需制备硫化油，而是将硫化剂与氢气混合后一起进入催化剂床层，这样不但可以减少硫化剂损失，而且硫化过程完成较快，硫化较为均匀。但是没有矿物油作热载体，硫化过程中放出大量的热会使反应器内温度过高，反应较难控制。

苯加氢催化剂在硫化过程中一般采用湿法硫化工艺。硫化剂采用 DMDS，它的分解温度为390℃，沸点为 107～110℃，闪点为 16℃，自燃点为 300℃。

2.4.2.3　硫化度

催化剂中氧原子被硫原子取代的程度，通常以硫化度这一概念描述：

$$\alpha = (W_0 / W_s) \times 100\%$$

式中　α——硫化度；

　　　W_0——催化剂实际吸硫量；

　　　W_s——催化剂理论吸硫量。

催化剂硫化时的吸硫量与催化剂本身的钴、镍、钼等金属含量有关，硫化度高时催化剂活性明显提高，而且积炭倾向大为减少。为了获得催化剂的最高活性，工业上一般应尽可能提高硫化度。

大多数加氢催化剂完成硫化需要用硫 0.07～0.10kg/kg。实际加入硫量按过量 20% 左右考虑，以确保硫化完全。通常硫化结束时，催化剂的吸硫量约为本身质量的 5%～7%。

2.4.2.4　预硫化的影响因素

硫化后催化剂的活性高低可以判断硫化过程的好坏，确定催化剂的硫化效果。影响预硫化的因素较多，主要是硫化温度、压力、空速、氢气浓度、硫化氢浓度和硫化时间等。

A　硫化温度

硫化温度是影响硫化反应的最敏感的操作参数，必须严格控制整个硫化过程各阶段的温度和升温速率，防止催化剂床层温度陡升，造成催化剂活性因结焦而下降。缓慢升温硫化，不但可避免因放热集中而造成催化剂结焦，而且还可使催化剂的硫化度和活性随着硫化温度的升高而增加。

大量研究表明，硫化的反应速率、硫化度、活性，在 300～400℃ 范围内随硫化温度的升高而增加。

B　H_2S 浓度

当增大反应气中 H_2S 浓度时，硫化反应速度加快，但是当 H_2S 浓度增加到一定浓度后，硫化反应速度就不会增加。因为硫化反应是强放热反应，当 H_2S 浓度增加时，硫化反应迅速，在短时间内放出大量的热量，易使催化剂床层升温，使催化剂因局部过热而结焦。另外 H_2S 浓度过高，可形成含硫高的化合物。以 NiO 为例，正常形成 Ni_3S_2，当 H_2S 浓度过高时，可形成 Ni_6S_5 或 NiS，这些物质不稳定。在实际硫化过程中，受反应系统抗 H_2S 腐蚀性能的限制，不可能采用过高的 H_2S 浓度，一般控制在 1%（vt）以下。H_2S 过低时，催化剂硫化不完全，硫化时间长。

　　C　H_2 浓度

在硫化反应中，H_2 浓度是影响催化剂硫化效果和活性的重要因素之一。硫化过程是氧化物还原反应和硫化反应相互竞争的过程，当 H_2 浓度过低时，H_2S 浓度相对较高，硫化反应占主导地位不会发生金属还原反应，但硫化后催化剂表面存在 MoS_2、MoO_3、MoS_3、NiO、Ni_3S_2、Ni_6S_5、NiS 等混合晶体，虽然硫化度很高，但活性差。

随着 H_2 浓度的增加，催化剂表面还原和硫化反应同时进行，生成活性金属硫化物 MoS_2、Co_9S_8、Ni_3S_2 等，催化剂活性好。

随着 H_2 浓度进一步增加，还原反应起主要作用，氧化态金属被还原成低价氧化物后，再与 H_2S 反应时，其速率明显减慢，且催化剂活性下降。

　　D　硫化压力

硫化压力对催化剂的影响体现在催化剂的硫化度增加。在低压下只是催化剂的外表面硫化，对于气—固相反应来说，气膜扩散起到反应的控制作用，催化剂内表面的进一步硫化必须提高硫化压力。

　　E　空速

空速是指单位时间内通过单位催化剂的液体原料油的总量。空速一般有两种表示方法，体积空速和重量空速。除特殊说明外，通常空速均指体积空速，其定义为：单位时间内通过单位催化剂的液体原料油的体积，表达式为：

$$体积空速(h^{-1}) = V_f / V_p$$

式中　V_f——原料油体积流率，m^3/h；

　　　　V_p——反应器内催化剂总体积，m^3。

加氢催化剂预硫化属于内扩散控制。如果空速太大，硫化剂在催化剂床层停留时间短，硫化剂未进入催化剂内表面即已经穿过催化剂床层，使硫化反应不完全，降低了催化剂内表面的利用率。在实际操作中，空速太低会降低设备的生产能力。通常，液相硫化时，硫化油的体积空速在 $1.0 \sim 2.0 h^{-1}$ 之间；气相硫化时，气相空速在 $1000 \sim 3000 h^{-1}$ 之间。

　　F　硫化时间

催化剂硫化时间，一般约需 45h。硫化时间取决于催化剂的硫化温度、升温速率、H_2S 浓度、空速等，应调整好升温速率，防止因升温速率过慢而延长硫化时间。硫化时间过短，可能使催化剂硫化不完全，硫化度低，影响催化剂活性。硫化时间长虽然可以增加硫化度，但是在每个温度下都有一个平衡极限值，即使延长硫化时间，硫化度也不会提高。

2.4.2.5　硫化前的准备工作

DMDS 已装入桶，处于待用状态，纯 BT 馏分已送至原料缓冲槽，记录用表格及 H_2S 检测器及检测管已准备就绪。

2.4.2.6 硫化操作

A 硫化前的确认

确认加氢系统循环升温正常，预反应器进口温度达 180℃、主反应器进口温度达 230℃；确认加氢系统建立纯 BT 循环，BT 循环量为 4.0 ~ 5.0t/h；管式炉入口气体流量（标态）达到 6500 ~ 7000m³/h；高压分离器放散量（标态）为 20 ~ 30m³/h；氢补充量（标态）为 80 ~ 100m³/h。

B 硫化步骤

硫化时主反应器进口温度为 230℃，床层温差 $\Delta T < 5℃$，系统循环氢浓度高于 90%。打开原料高速泵前 DMDS 进口阀（确认 DMDS 进口阀前侧排放阀已关闭）。打开高压分离器出口阀，启动 DMDS 泵向加氢系统注入 DMDS。逐渐提高 DMDS 注入泵的冲程，直至冲程为 100%。预反应器和主反应器出口处每 2h 取样一次，高压分离器气相出口处每 4h 取样一次。当 H_2S 含量高于 0.3%（vt），逐步提高主反应器入口温度，每次提高 5℃。当 CH_4 含量高于 10% ~ 15%（vt），系统进行排放。在预反应器和主反应器硫化期间，床层温差不应超过 20℃。注意若床层温差超过 25℃，停 DMDS 注入泵。如果温度继续上升，停管式炉。如以上两种方法没有作用，温度仍上升，加氢系统必须泄压至 1500kPa。当主反应器床层温度达 280 ~ 300℃，恒温 3h。在预反应器硫化期间，调整预反应器入口温度，保持预反应器进口温度在 180 ~ 220℃。当主反应器进口温度达 280℃，视 H_2S 浓度，逐渐提高预反应器进口温度，升温速度为 10℃/h，直到提至 230℃。硫化作业结束条件为硫化时间达 36 ~ 40h；预反应器、主反应器进口温度分别达 220 ~ 230℃、280 ~ 300℃；催化剂床层温差 $\Delta T < 5℃$，H_2S 浓度 0.3%（vt）。

C 硫化停止

首先将 DMDS 注入泵的冲程降为 0%，停 DMDS 注入泵，关闭出口阀。关闭原料高速泵前侧 DMDS 进口阀；关闭高压分离器出口阀；预反应器、主反应器进口温度分别降到 190℃、280℃；纯 BT 馏分循环停止，原料缓冲槽受入粗苯。

2.4.3 催化剂的再生

加氢精制催化剂在使用过程中，由于许多因素的影响，催化剂的活性逐渐下降，一般可由提高反应温度来弥补。催化剂活性衰退的速度与加工原料的性质、操作条件、产品质量要求以及催化剂本身质量等有密切的关系。当通过提温仍无法满足产品质量要求或导致产品收率降低到影响经济效益时，就必须进行催化剂再生以恢复其活性。

2.4.3.1 催化剂失活原因

催化剂的失活一般可归纳为两种情况：一种是暂时失活，可通过再生的办法恢复其活性；另一种是永久失活，通过再生的办法无法恢复其活性。

催化剂失活的主要原因是焦炭生成。焦炭生成的机理十分复杂，在加氢精制过程中含有的烯烃、二烯烃、稠环芳烃以及硫、氮、氧化合物，随着运转时间的增长，由于副反应而形成的积炭逐渐覆盖了催化剂的活性中心，堵塞了催化剂孔口，占据了催化剂有效孔道，从而使催化剂活性不断衰退。通常，催化剂上的积炭达到 10% ~ 15% 时，就需要进行再生。通过氧化烧焦，可以将积炭除去，从而基本上恢复催化剂的活性。

金属元素沉积在催化剂上，即使通过氧化烧焦再生，也不能除去，从而导致催化剂永久失活。一般认为，油品中的铅、砷、硅能与构成活性中心的组元发生化学作用，使之丧失活性并无法再生。镍和钒沉积在催化剂上，造成催化剂有效孔道堵塞，在催化剂长期使用过程中，催化剂上的金属微晶逐渐长大，内表面积逐渐减小，多孔结构萎缩，催化剂活性下降，通过再生其活性也不能完全恢复。

2.4.3.2　催化剂再生技术

催化剂上的积炭是一种含微量氢、碳氢比很高的固态缩合物。催化剂再生是在一定条件下用含氧气体烧掉催化剂上的积炭。与此同时，加氢精制催化剂都是在硫化状态下进行，在氧化烧炭的同时，硫化物也被燃烧。其基本化学反应式为：

$$MoS_2 + 2.5O_2 \longrightarrow MoO_3 + SO_2 \qquad \Delta H = -1108.8 \text{kJ/mol}$$
$$Co_9S_8 + 12.5O_2 \longrightarrow 9CoO + 8SO_2 \qquad \Delta H = -3780 \text{kJ/mol}$$
$$C + O_2 \longrightarrow CO_2 \qquad \Delta H = -394.8 \text{kJ/mol}$$
$$H_2 + 0.5O_2 \longrightarrow H_2O \qquad \Delta H = -247.8 \text{kJ/mol}$$

再生可以直接在反应器内进行，也可以采用器外（即反应器外）再生的方法。无论哪种方法，都采用在惰性气体中加入适量空气逐步烧焦的办法。用水蒸气或氮气作惰性气体，同时充当热载体作用。

采用蒸汽—空气再生方法，将水蒸气与空气一次通过反应器，产生废气直接放空，不需要进行循环，也不存在再生气中 SO_2、SO_3、CO_2 等酸性气体的处理问题，因此再生过程比较简单，易于操作。但是在一定温度条件下，若用水蒸气处理时间过长会使载体氧化铝的结晶状态发生变化，造成表面损失、催化剂活性下降以及力学性能受损，也存在对环境污染的问题。

采用氮气—空气再生方法，利用循环压缩机循环氮气作为携带热量的介质，加入适量的空气进行烧焦，同时也进行烧硫，达到再生催化剂的目的。该法再生的催化剂的活性恢复较好，催化剂的结构也不会有多大破坏，但此方法的再生速度受到再生压力以及相应循环压缩机能力的限制，为了防止燃烧生成的 SO_2、SO_3、CO_2 等酸性气体遇水后在较低温度下生产亚硫酸（H_2SO_3）、硫酸（H_2SO_4）及碳酸（H_2CO_3）等产生对设备腐蚀，在再生过程中必须在反应器出口注无水液氨、在换热器后注稀碱液和缓蚀剂，以中和再生气中的酸性气体。

2.4.3.3　催化剂再生的条件判断

A　预反应器

预反应器入口升温后，反应器出入口温差小于5℃；反应器出口温度达到最大标准230℃时，出入口压差达到0.15MPa时，必须对预反应器的内的催化剂再生。

B　主反应器

主反应器出口温度已升到370℃，出口物料的萘、噻吩和总硫含量超标，出入口压差达到0.28MPa时，必须对主反应器内的催化剂再生。

2.4.3.4　催化剂再生的目的

催化剂再生的目的是通过烧掉在生产过程中附在催化剂表面以焦状聚合物形式存在的碳，使催化剂尽可能恢复到原先的活性。

2.4.3.5　催化剂再生步骤

（1）执行加氢循环部分的正常停工操作。

（2）用氮气对系统进行吹扫（通过加热炉入口处的氮气接管），一直净化到装置中没有

H_2S、NH_3、H_2 和烃。

（3）反应器温度逐渐降至 50℃ 以下，降温幅度不超过 30℃/h。

（4）系统降压，降到 20~50kPa，并维持压力。

（5）将反应器旋转弯头转到再生位置。

（6）预反应器的再生，主反应加热器的出口弯头必须转到再生的位置（转向预反应器入口），预反应器的出口弯头必须转到再生位置脱焦槽。

（7）为保证主反应器再生，主反应器的出口弯头必须转到再生脱焦槽，在预反应器再生完成后，主反应器入口弯头已恢复到正常操作位置。

（8）旋转弯头时必须尽可能快地用安全工具、防火毯和空气呼吸器。

（9）再生开始前，以下温度报警器和开关需要重新调整到较高温度（按仪器指示表所标进行再生）。在再生完成后，预反应器出口温度、预反应器各催化剂床层温度、主反应器入口温度、主反应器各催化剂床层温度等需调节到正常给定值。

（10）打开到脱焦槽的冷却水。

（11）以大约 5700m³/h（标态）的速率给预反应器和主反应器中的催化剂床层用氮气吹扫，调节主反应器加热炉，且以 40℃/h 最大速率加热反应器入口温度到 150~200℃。

（12）缓慢减低氮气流速的同时，打开低压蒸汽阀门。

（13）当蒸汽流量提高到 5.0t/h 用于加热时，慢慢地降低氮气的流率，蒸汽流量也逐步地增加。

（14）通过管式炉以不超过 30℃/h 的升温速度将主反应器入口温度提高到 400℃。

（15）再生期间，反应器压力限制到 0.2MPa（G）。

（16）添加最小流量的空气到蒸汽中且观察反应器催化剂床层上的热电偶的温度是否上升。蒸汽中的空气浓度相应地调整，慢慢地提高预反应器和主反应器中的空气流量，从 80m³/h 到最大值 800m³/h（标态）。主反应器入口最高温度 430℃，不能超过 450℃。

（17）如果温度上升很快，减少或甚至停止添加空气到蒸汽中用空气燃烧催化剂，二氧化碳的含量降到低于 0.055%，然后停止进空气。

（18）以 5000kg/h 的蒸汽将两反应器冷却到 200℃，逐渐关闭蒸汽并通入氮气，以 5700m³/h 的氮气（标态）将两反应器冷却到 50℃ 时，催化剂再生结束。

（19）在再生后，反应器催化剂打开和卸除时，应通入少量氮气防止硫化亚铁自燃并必须确保不同类的催化剂要分别保存。

（20）筛分的催化剂应被存放在密封的槽内并防止接触水和防止空气湿度。

（21）按照装填方案重新装入，并补充新催化剂。

（22）装填完成，重新连接管道并更换垫片，拧紧螺栓并进行冷态和热态气密性试验。

2.4.3.6 催化剂再生注意事项

（1）再生期间，催化剂仍留在反应器里，燃烧中产生的大部分热量由惰性气体氮气或蒸汽来吸收，由于在该操作中用的是蒸汽，下边叙述与之之有关。

（2）再生过程主要是由热电偶来控制，但再生结果可由分析出口气体来得出。突然的温升将会严重损坏催化剂，尽管如此也只能由热电偶监视控制，为此再生期间在反应器内有足够合适的热电偶是很重要的，第一个热电偶最好放在再生气进口顺流方向 20~30cm 处。

（3）在碳和硫化物烧掉之前，为了避免反应器内产生不必要的热量和缩短再生时间，催化剂尽可能与残存的碳氢化合物分开，为达到这个目的，在芳烃停止供应之后，应用循环气体干燥催化剂几小时，一旦反应器内压力下降，就用蒸汽切换。为避免催化剂表面积有冷凝液，应保证催化剂床层温度高于蒸汽的冷凝温度。

（4）用不含空气的蒸汽吹扫，直到冷凝液中烃含量极少并且反应器内无烃存在时为止。经验表明，用这种方式处理的催化剂，其含焦大约 5% ~ 10% 及硫化物 5% 是可以保证安全操作的，除蒸汽外，可用另外的惰性气体来代替，如用氮气来冲洗反应器，一旦废气中不含烃，蒸汽切换操作就可以完成了。

（5）再生与结焦量及空气速率有关，但催化剂温度增加至第一个近似值，只取决于空气浓度，实验证明，蒸汽量约为 500m³/h 是合适的。

（6）催化剂再生适合在低于 0.3MPa 的压力下进行，否则在较高的蒸汽分压下，催化剂将失去一部分强度。

（7）为保证再生的开工运行，主反应器入口温度应不低于 350℃，实验证明，400℃ 是合适的。当预定温度已达到之后，开始供应空气。

（8）硫化物及焦状物不仅与空气中氧气反应，同时也与蒸汽反应，相应的，再生出口气体不仅含有二氧化碳和二氧化硫，还有氢气及硫化氢，二氧化硫与硫化氢反应，生成存在于冷凝液中的元素硫。

（9）需要特别指出的是，当再生温度大于 550℃ 以上，催化剂活性将明显降低，高于 800℃，载体中的 Al_2O_3 将转化成 Al_3O_4，除催化剂活性完全失去外，力学性能也降低并导致裂解。

（10）一旦所有的热电偶温度值均降到入口温度之后，空气体积应小心的提高到 10%。反应器入口温度约 450℃，以保证完全除去碳。催化剂里所有的热电偶都应当看到明显的温升，如果有可能超过 510℃ 这一危险温度的话，应立即减少或关掉空气流量。

当分析废气显示氧气不再有任何消耗，再生就可以停止了。当再生完成之后，催化剂应从反应器中排出并进行筛分，特别是操作期间压差上升时，将看到在支撑材料上及可能在第一层催化剂床层上有相当的硫化铁和其他固体不纯物。

2.4.4　预蒸发器注水

由于加氢反应生成 NH_3、H_2S 等，随着循环气体温度下降，将有 NH_4Cl、NH_4HS 等盐类物质晶体析出，造成预蒸发器、管道堵塞，影响换热效率。

为了防止 NH_4Cl、NH_4HS 等盐类物质晶体堵塞预蒸发器、管道，所以在 5 个预蒸发器的壳程及反应流出物出口管道注入除盐水进行洗净，以防止铵盐沉积。注水具体操作如下。

2.4.4.1　注水前的确认和准备

（1）除盐水、低压蒸汽、已引至装置内。
（2）确认注水泵的润滑油在规定液位。
（3）确认注水泵的电源已输入。
（4）确认注水泵的冲程为 0%。
（5）确认除盐水槽液位不低于 50%，温度达到要求。

2.4.4.2　注水泵启动操作步骤

（1）打开除盐水槽的出口阀。
（2）打开注水泵的进出口阀，进行充液。

（3）确认注水泵的冲程为0%，按启动开关，启动注水泵。

（4）在加氢部分连续供给轻苯后，打开产品冷却器前侧管线上的注水阀。

（5）调节注水泵的冲程量，把注水流量控制在规定值内。

2.4.4.3 注水泵的切换操作

（1）打开备用注水泵的进出口阀，进行充液。

（2）确认备用注水泵的冲程为0%，按启动开关，启动注水泵。

（3）将备用注水泵冲程量提高到规定值，同时将原运转泵冲程量降到0%。

2.4.4.4 备用注水泵启动、切换后的确认

（1）注水泵的周围配管有无泄漏。

（2）注水泵的出口压力正常。

（3）注水泵的润滑油有无泄漏。

（4）注水泵有无杂音和异常振动。

2.4.4.5 注水泵停止作业操作步骤

（1）把注水泵冲程降至0%，停止注水。

（2）按停止开关，关闭注水泵进出口阀。

（3）关闭预蒸发器或管道上的注水阀。

（4）打开泵排放阀，进行排液。

（5）排液结束，关闭排放阀。

2.4.5 阻聚剂添加

粗苯原料中烯烃、苯乙烯等杂质在高温下会发生聚合，堵塞设备和管道，向系统内注入阻聚剂可以有效控制这些物质聚合。阻聚剂加入操作步骤如下。

2.4.5.1 启动前的确认

（1）确认以下阀门处于"开"状态：

1）阻聚剂注入泵出口安全阀的前阀和后阀；

2）阻聚剂注入泵出口返回阻聚剂槽管线阀门。

（2）确认以下阀门处于"关"状态：

1）阻聚剂注入泵进口阀和出口阀；

2）阻聚剂槽底部排放阀；

3）原料高速泵前阻聚剂注入阀。

（3）泵启动前确认：

1）确认电源已经接入；

2）确认齿轮箱润滑油油位在正常值范围内；

3）泵负荷放置在"0"位。

2.4.5.2 启动作业步骤

（1）泵体充液：

1）打开计量泵的小回流管线阀门；

2）打开计量泵进口阀门，泵体充液；

3）如果泵是吸上安装按照以上第1）、2）步骤可能不能充液，则需要对泵头和吸入管路进行灌注操作。

（2）启动计量泵：

1）按下泵的启动按钮，启动计量泵；

2）调节泵计量泵的行程长度为10%，确认计量泵运转正常。

（3）阻聚剂注入：

1）在反应系统连续供料后，打开原料高速泵前阻聚剂注入阀；

2）调节阻聚剂泵的行程长度，使流量达到规定值；

3）关闭阻聚剂泵小回流阀。

（4）启动后的确认：

1）泵出口压力是否正常；

2）泵的电流是否正常；

3）泵体有无杂音和异常震动；

4）确认泵体及成套设备配管无泄漏。

2.4.5.3　系统停止

（1）停止阻聚剂的注入：

1）打开阻聚剂泵小回流管线阀门；

2）关闭原料高速泵前阻聚剂注入阀，停止注入阻聚剂。

（2）计量泵的停止：

1）逐步降低泵出口流量，至负荷量为"0"；

2）按下泵的停止开关，停止运转泵；

3）关闭泵的进出口阀门；

4）关闭小回流管线阀门。

（3）排液：

1）打开泵体排放阀，打开压力表排放阀，泵体排液；

2）确认泵体排液结束后，关闭泵体排放阀，关闭压力表排放阀。

2.4.6　管式炉烘炉

加热炉在第一次使用时，由于其内部耐火砖均是湿的，若直接使用耐火砖会破碎，因此必须将其烘干，提高耐火砖稳定性，加热炉烘炉操作如下。

2.4.6.1　加热炉烘炉、升温前准备工作

（1）检查加热炉运行系统所有设备及管道的安装、支撑、热膨胀余量是否合理，安装试验、验收结果是否符合要求；

（2）检查管道系统试压盲板是否拆除，各类阀门开启是否灵活可靠，连接螺栓是否拧紧，密封是否严密；

（3）检查电气控制系统、仪器、仪表安装是否符合要求，各报警装置控制系统的显示、点火程序及熄火保护是否正常；

（4）所有机械传动机构是否按需要注入润滑脂（液），用手转动电机主轴，检查有无机械故障，单机试运转，检查旋转方向及噪声是否正常；

（5）检查燃烧器喷头是否畅通，调节风门是否灵活；

（6）操作人员必须经专业技术培训，评操作许可证上岗；

（7）烘炉操作曲线已制成图表，并下发到相关岗位人员手中；

（8）作好烘炉操作记录本，要准确填写，不准涂改；

（9）烘炉前，做好通入蒸汽和放散临时接管，将主反换热器管程出口管拆除，转向连接到进加热炉的蒸汽接口法兰上，加热炉出口进主反应器的管道拆下，转向加临时管线高点排大气，通过管道的换向，使加热炉的工艺管线与加氢装置隔离开，其余与烘炉管线相连的管道法兰处加盲板，防止高温蒸汽从此处跑出。

2.4.6.2 加热炉烘炉作业步骤

（1）在点火升温前，打开所有门孔和烟囱挡板，自然通风3天以上方可进行烘炉，烘炉首先使用蒸汽进入炉管，蒸汽暖炉升到一定温度，如未达到150℃可点煤气继续以5~6℃/h左右升温，或恒温一定时间，但保证炉膛温度从常温到150℃时的时间大约在48h，然后炉子进行恒温48h，脱除耐火材料中的吸附水，同时拉平耐火材料在轴向的温差，对加热炉进行恒温保温，对炉管托架、炉壁、温度各部位，进行全面检查，对出现的问题做相应的修补措施。

（2）将炉膛温度升高到150℃后，恒温2天；150℃恒温结束，利用煤气燃烧热量继续进行烘炉，用燃烧煤气流量调节阀控制燃烧煤气量来控制加热炉的升温速度，控制火嘴燃料气量以及助燃空气风机将炉壁最高温度按约7℃/h升温到320℃，从150℃到320℃升温需24h，为缩小炉壁温差恒温48h，同时脱除耐火材料中的结晶水。

（3）将炉膛温度升高到320℃后，恒温2天；320℃恒温结束，以7~8℃/h将炉膛温度升温到500℃，在500℃恒温24h，使耐火材料充分烧结，增加其强度，同时炉管应继续通入蒸汽，在整个烘炉过程中，炉管出口温度不应高于400℃，如高于400℃应加大蒸汽量。烘炉升温速度、恒温时间及温度控制必须严格按照烘炉曲线执行，烘炉结束，加热炉进行降温，应缓慢进行，以20℃/h的速度进行降温，严防速度过快收缩应力不平衡使保温材料拉裂，当温度降到250℃时熄火焖炉，温度降到100℃时打开风门及烟囱调节阀进行自然通风。

（4）烘炉完成后，打开炉门，对炉内耐火浇注料进行检查，如果耐火材料有脱落、剥离现象，有大裂纹应及时修补，烘炉全部过程结束后，应对炉壁、炉管、支撑架及紧固件进行全面检查，对不允许的缺陷进行修补。

（5）在烘炉过程中必须保证炉管内的介质流量在最低流量以上，防止炉管干烧变形损坏，在烘炉时应及时记录炉膛温度并绘烘炉曲线。

（6）烘炉是将炉膛保温材料、耐火砖等水分赶出，烘炉最高温度可以达到500℃，具体烘炉曲线如图2-7所示。

（7）及时排放燃烧煤气管的冷凝液，防止积液形成水封，以防止煤气量波动影响炉温。

2.4.6.3 停炉操作

当烘炉温度达到500℃时，检查各系统阀门，设备有无异常情况，并及时汇报处理。

2.4.6.4 安全注意事项

（1）各项工作严格按照方案进行，禁止违章指挥、违章操作、违反劳动纪律等"三违"

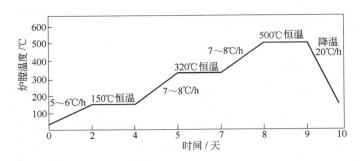

图 2-7　加热炉烘炉升温曲线图

现象发生。

（2）在生产与安全发生矛盾的情况下，严格遵循"安全第一"的原则。

（3）所有试车人员必须按规定穿戴好劳动防护用品。

（4）生产现场必须清扫干净，保证道路畅通，各种消防器材和安全防护用具都已经全部到位并试过处于良好备用状态。

（5）参加开车人员必须 24h 保持通信畅通，保证指令下达通畅明确到位。

（6）所有重要工艺调整必须经开车领导小组下达，并汇报调度。

2.4.7　紧急停工

紧急停工基本原则：尽可能快地检查故障并立即采取灵活处置措施，上下工序联动，保证人员和设备安全，防止反应系统超温超压。

反应器温度可通过降低反应器入口温度及停止加热炉来控制，反应器压力可通过高压分离器放散调节阀旁路或按下紧急停车按钮降压，将高压分离器压力降至 0.9~1.1MPa。因仪表风和电力供应中断后仅有 30min 的缓冲时间，所有处置应迅速。

2.4.7.1　轻苯进料故障

在保证原料缓冲槽中保持安全液位，加氢单元做好减料，做好短期停工准备。同时排查原因，采取相应措施。罐区不能供应轻苯可能为送料泵坏，需倒换备用泵。油槽抽空，倒换油槽。泵头过滤器堵，抽出滤网清洗。原料过滤器被堵塞，转动刮板机或倒换备用过滤器。原料高速泵不能正常运转时启动备用泵，减少 20%~30% 的原料注入量。30min 内不能查明原因并恢复，按正常停车步骤执行。在故障排除后，根据正常开工程序重新进行启动。

2.4.7.2　停电

主装置停电后，UPS 能维持控制系统供电 30min，10min 内装置不能恢复供电，实施停车作业。通过开工产品冷却器，循环稳定塔底 BTXS 馏分到轻苯原料槽。手动关闭以下控制阀：轻苯原料流到预蒸发器和多段蒸发器的进料阀；高压分离器到稳定塔的进料阀；补充氢气压缩机旁路调节阀；循环气体压缩机旁路调节阀；分段蒸发器底部到残油闪蒸槽的排渣调节阀；稳定塔再沸器的中低压蒸汽进汽调节阀；稳定塔到预蒸馏装置的进料调节阀。严格遵照加氢循环部分和稳定塔部分的正常停车程序停工。在电力恢复后，按照正常步骤重启加氢单元，首先启动循环氢气压缩机。

2.4.7.3　仪表空气故障

（1）通过开工管线循环稳定塔底 BTXS 馏分到轻苯原料槽。

（2）关闭稳定塔到预蒸馏单元的进料阀，预蒸馏单元上下产品循环。

（3）减小加热炉的煤气量，确保主反应器的入口温度不超过技术规定。

（4）所有的控制回路投手动状态，所有控制器的输出打开到安全位置，以确保当仪表风恢复供应时，控制阀仍保持在安全位置。

（5）控制阀投手动后，确认泵通过最小流量管线正常运行。

（6）观察循环气体压力，如果压力上升太高，关闭补充氢气压缩机，手动打开高压分离器放散调节阀进行放散。

（7）按照加氢单元正常停工操作进行。

2.4.7.4　冷却水中断

冷却水中断会影响的换热设备有反应器产品冷却器、补充氢压机旁路冷却器、循环气体旁路冷却器、稳定塔冷凝器、稳定塔尾气冷却器、开工产品冷却器等。按如下步骤操作：

（1）打开稳定塔底 BTXS 馏分循环管线，馏分循环到原料槽。

（2）立即停止注入原料轻苯。

（3）关闭稳定塔到预蒸馏单元的进料阀，预蒸馏单元上下产品循环。

（4）通知油库停止原料供应，关闭原料高速泵。

（5）确认加热炉、补充氢气压缩机已停。

（6）观察预蒸发器的温度，确保其在正常范围内。

（7）关闭稳定塔进料，观察高压分离器和稳定塔的液位。

（8）控制稳定塔系统的压力不超过技术规定值。

（9）如果循环气体压缩机入口温度低于连锁值，保持循环氢气压缩机正常工作几分钟后再停车。

（10）如果循环水中断时间过长，按正常停工程序执行。

（11）冷却水恢复正常后，在重新启动时，首先启动循环气体压缩机。

2.4.7.5　蒸汽故障

（1）通过不合格馏分冷却器把 BTXS 馏分送到轻苯原料槽。

（2）减小原料轻苯注入，按正常停车步骤执行，保证循环气体压缩机正常运转。

（3）调整稳定塔操作，当长时间蒸汽不能恢复时，停止稳定塔回流。

2.4.7.6　补充氢气故障

（1）如果补充氢气压缩机操作出现故障时启动备用的压缩机。

（2）如果其他的原因引起的问题，减少原料轻苯注入量到以前负荷的30%。

（3）调节循环氢气压缩机，维持其正常运转。

（4）如果氢气故障超过30min 以上，按正常停车程序停加氢循环部分和稳定塔部分。

2.4.7.7　循环气体故障

（1）循环氢气中断后，确认补充氢气压缩机、主反应加热炉、高速原料泵已连锁停车，否则岗位人员手动停止上述设备。

（2）通知油库停止轻苯打料泵。

（3）启动备用循环氢气压缩机，如果备用压缩机无法启动，按照停电程序进行紧急停工。

2.4.7.8　多段蒸发器故障

在苯加氢装置内，加氢精制的正常运行很大程度上依靠多段蒸发器的正常工作，因此，必须仔细的监控该设备。当发生堵塞后，物料就不能从多段蒸发器进入预反换热器，两反应器就不能正常运行。从下面几方面可分析判断多段蒸发器是否发生故障：加氢油和原料轻苯的比例；多段蒸发器下部液位；塔底残渣的产量和残渣密度；加热炉煤气耗量低于通常情况下的70%；多段蒸发器顶部温度。

A　塔板"堵塞"轻苯在多段蒸发器中积聚

如果送入装置的轻苯80%作为残液流出，流出时间超过30min，观察多段蒸发器、高压分离器、稳定塔液位，如果循环气消耗与轻苯进料的比例降低到低于正常值70%，就可以判定轻苯已经在蒸发器内积聚。

多段蒸发器下部液位升高，产品大大变稠，表明产品密度增大，多段蒸发器顶部温度大大降低，也可以判定为多段蒸发器堵塞。多段蒸发器液位突然升高至"满"，也判定为堵塞。可采取的措施是关闭槽区轻苯原料泵和高速泵。逐渐减小系统循环气量，排出多段蒸发器液体至液位70%，然后重新启动原料泵向系统注入轻苯，慢慢恢复系统循环气量。

B　多段蒸发器内的轻苯，不能充分蒸发，并且塔内充满轻苯

若多段蒸发器塔底液位充满后，降低轻苯原料流量为80%，在30min内，多段蒸发器塔底液位仍高于规定值，应立即关闭轻苯原料高速泵，槽区轻苯供料泵，逐渐降低系统循环气体量，将多段蒸发器液位降至70%，然后重新启动轻苯原料泵，慢慢提高系统循环气体量。造成不充分蒸发的原因，可能是由于循环气流量太小或重沸器供热不足，调整循环气流量和重沸器供热，保证液体充分蒸发。

C　过度蒸发造成蒸发器堵塞

如果多段蒸发器塔底液位低于20%，并且无法找出液位下降的原因，可能发生了堵塞，即液体苯积聚在蒸发器内。

蒸发器液位太低的原因是由于供给重沸器热量过多或循环气流量太大，需调整重沸器的供热和循环气流量，提高多段蒸发器底部液位控制在50%左右。

如调整了循环气流量和重沸器的供热，多段蒸发器塔底液位仍低于20%，表明多段蒸发器上部塔板发生故障，要采取措施，首先要停止供料，打开循环气旁通，排出部分多段蒸发器内残液，然后重新启动轻苯原料泵，慢慢关闭循环气旁通，如再发生故障，就停工检查原因。

2.4.7.9　反应器温升过高

若反应器的温升过高，反应器的温度无法控制时，首先降低反应器的入口温度，调节反应器加热器旁通，手动调节循环气系统压力，使循环气在高压分离器的压力降到1.0～2.0MPa。取样分析循环气中氢气浓度，如果氢气浓度过高，引起反应器温度上升，减少氢气补充量，当氢气浓度达到正常值后，循环气系统升压到正常操作压力，继续正常操作。

如果因轻苯原料中不饱和化合物含量增加引起的反应器温度升高，则可降低轻苯注入量。

2.4.7.10 燃料气（焦炉煤气）系统故障

燃料气（焦炉煤气）损失或故障，会使主反应器加热炉停机。可采取以下操作，首先关闭进管式炉燃料气阀门，隔离燃料气系统。然后逐渐减小轻苯原料注入量，中控室通知现场人员查找故障原因，并及时进行故障排除。同时要保持至两台反应器的氢气速度，以40℃/h的速度开始冷却反应器催化剂床。如果故障排除时，预反应器的进口温度不低于150℃，主反应器入口温度不低于220℃，那么可以直接进料，重新启动装置。重新点炉必须严格按照点炉步骤进行处理。如果故障排除时，反应器温度已经冷却，那么，需要重新对系统进行加热，直到装置达到进料工作温度为止，按照正常开车步骤进行开车。

思 考 题

2－1 加氢精制工艺的基本原理及KK法工艺流程是什么？

2－2 往系统内注入除盐水和加入阻聚剂的目的是什么？

2－3 原料高速泵开机前需要做的准备工作有哪些？

2－4 稳定塔的作用是什么？

2－5 KK法加氢工艺中主、预反应器中的加氢反应有哪些？

2－6 为什么预反应器的入口温度要控制在180℃以上？

2－7 预蒸发器管、壳程压差增大的原因是什么？

2－8 主、预反应器温度过高如何处理？

2－9 硫化作业结束的条件有哪些？

2－10 催化剂失效的原因有哪些？

2－11 如何提高加氢油的产率？

3 苯加氢蒸馏

学习目的：

初级工需掌握蒸馏工艺流程、基本原理及蒸馏分类，屏蔽泵相关知识，各蒸馏塔的工艺作用，萃取剂 N－甲酰吗啉的性能；能够正常停送蒸汽，能向系统补充 N－甲酰吗啉，能独立开停倒换屏蔽泵及真空系统，能按规范进行各产品的取样。

中级工需掌握萃取蒸馏工作原理及操作，掌握白土塔的作用，掌握各产品以及中间产品的质量指标，相对挥发度的含义；能在中控室进行蒸馏系统操作，能指导完成屏蔽泵的倒换，能进行各蒸馏塔的开停工操作，能进行汽提塔回流槽负压排水操作。

高级工需掌握各蒸馏塔工艺参数关键控制指标，掌握萃取蒸馏塔液泛、淹塔等特殊操作；能够组织蒸馏系统的开停工作业，能进行各蒸馏塔的紧急停工操作，能进行溶剂再生操作。

技师需能制定本岗位安全、生产、设备三大技术规程，能够识别区域内潜在的危险因素，并制定防范措施。

高级技师需能全面系统分析工艺状况，能通过调整工艺参数提高产品质量或降低能耗；能全面开展系统诊断分析，并进行优化，能全面指导生产操作，系统检修等。

粗苯（轻苯）经过加氢单元后的物料称为加氢油，经过稳定塔脱除硫化氢后，加氢油的硫、氮、氧、色度等指标和最终产品基本一致，仅纯度未达到要求，通过蒸馏单元将各产品分离，实现提取高纯产品的目标。预蒸馏将二甲苯分离出来，通过溶剂萃取，将芳烃 BT 和非芳烃分离，再通过苯塔和甲苯塔分别获取纯苯和甲苯。通过控制各中间产品指标参数，来保证最终产品质量。蒸馏塔因其特殊结构，因物质沸点不同，在塔内实现高纯度的分离，从而获得高纯产品。

3.1 蒸馏产品

粗苯精制过程中产品全部出自蒸馏系统。首先通过稳定塔脱除加氢油中的硫化氢等不凝性气体，得到含硫低于 0.0001% 的 BTXS 馏分，然后 BTXS 馏分通过预蒸馏塔分离成为含苯、甲苯的 BT 馏分以及含二甲的 XS 馏分。BT 馏分则通过萃取蒸馏过程脱除其中的非芳组分从而在萃取塔顶部获得产品非芳烃，脱除非芳烃的纯 BT 馏分再通过 BT 塔、甲苯塔精馏获得产品苯、甲苯。XS 馏分则直接进入二甲苯塔通过精馏侧线采出产品二甲苯，塔顶部及塔底部则采出产品重芳烃。

3.1.1 中间产品

苯加氢蒸馏单元中间产品主要有 BTXS 馏分、BT 馏分、XS 馏分、纯 BT 馏分等，这些中间产品质量直接影响最终的产品质量，因此必须控制好中间产品的质量指标，实际生产中各中间产品的质量指标见表 3－1。

表 3-1 蒸馏系统各中间产品质量指标 （%）

指 标 名 称	指 标
BTXS 加氢油噻吩含量	≤0.0002
硫含量	≤0.0001
BT 馏分 C_8 含量（wt）	≤10
硫含量	≤0.0002
水含量	≤0.02
XS 馏分甲苯含量（wt）	≤1.5
纯 BT 馏分非芳烃含量	≤0.02
C_8 含量	≤0.001

3.1.2 苯

苯是重要的芳香族烃，无色、易挥发和易燃液体，有芳香气味，有毒，相对密度为 0.879，折射率为 1.5018，闪点为 10~12℃，熔点为 5.5℃，沸点为 80.1℃。它不溶于水，溶于乙醇、乙醚等有机溶剂。苯燃烧时发出光亮而带烟的火焰，苯蒸气与空气形成爆炸性混合物，爆炸极限为 1.5%~8.0%（vt）。在一定条件下，分子中的氢能被卤素、硝基、磺酸基等置换，也能与氯和氢等起加成反应。苯是染料、塑料、合成橡胶、合成树脂、合成纤维、合成药物和农药的重要原料。主要质量指标见表 3-2。

表 3-2 产品苯主要质量指标

指 标 名 称	单 位	指 标
比色		≤20
苯含量（wt）	%	≥99.95
非芳含量	%	≤0.04
甲苯含量	%	≤0.01
总硫	%	≤0.0001
残留溶剂	%	≤0.0001
水分	%	≤0.03
结晶点	℃	≥5.5
总馏程	℃	≤1
Cl 含量	%	≤0.0001
总氮含量	%	≤0.00003
碱性氮		≤0.1
pH 值		中性

3.1.3 甲苯

甲苯是无色易挥发的液体，有芳香气味，相对密度为 0.866，熔点为 -95℃，沸点为 110.8℃。甲苯不溶于水，溶于乙醇、乙醚和丙酮。甲苯蒸汽与空气形成爆炸性混合物，爆炸极限为 1.2%~7.0%（vt）。甲苯主要用于制造糖精、染料、药物和炸药等，并用作溶剂。甲苯的主要质量指标见表 3 – 3。

表 3 – 3 产品甲苯主要质量指标

指 标 名 称	单 位	指 标
甲苯含量（wt）	%	≥99.9
苯含量	%	≤0.03
二甲苯含量	%	≤0.05
乙苯含量	%	≤0.05
非芳含量	%	≤0.1
残留溶剂	%	≤0.0001
总馏程	℃	≤1.0
总硫	%	≤0.0001
不挥发物	g/（100mL）	0.002
铂 – 钴比色		≤20
pH 值		中性

3.1.4 二甲苯

二甲苯有三种同分异构体，分别是：

邻二甲苯：相对密度为 0.8969，熔点为 – 25℃，沸点为 144℃，折射率为 1.5058。

间二甲苯：相对密度为 0.867，熔点为 – 47.4℃，沸点为 139.3℃，折射率为 1.4973。

对二甲苯：相对密度为 0.861，熔点为 13.2℃，沸点为 138.5℃，折射率为 1.49575。

二甲苯一般为三种异构体及乙苯的混合物，成为混合二甲苯，以间二甲苯含量较低。它是无色透明易挥发液体，相对密度为 0.8672，沸点为 136℃，凝固点为 – 94℃。它不溶于水，溶于乙醇、苯、乙醚和四氯化碳，能脱氢而成苯乙烯。二甲苯有芳香气味，有毒。主要质量指标见表 3 – 4。

表 3 – 4 产品二甲苯主要质量指标

指 标 名 称	单 位	指 标
二甲苯含量（wt）	%	≥96.0
比重		0.865 ~ 0.875
铂 – 钴比色		20
苯含量	%	≤0.03
甲苯含量	%	≤0.5
总馏程	℃	5 ~ 10
酸度		4

3.1.5 非芳烃

非芳烃是混合物，主要是 $C_5 \sim C_8$ 的饱和烃或环烷烃，其性质应与汽油相当或相近。非芳烃一般含苯 15% 左右，含甲苯 0.4% 左右。

3.1.6 重芳烃

重芳烃是混合物，主要是 C_9 以上芳烃，是 145～180℃ 馏出的混合物，它的组成一般为甲苯占 25%～40%，乙基甲苯占 20%～25%，脂肪烃和环烷烃占 8%～15%，丙苯和异丙苯占 10%～15%，均三甲苯占 10%～15%，偏三甲苯占 12%～20%。

3.2 萃取剂

在萃取蒸馏单元，常用的萃取剂有 N-甲酰吗啉和环丁砜，二者在萃取工艺上有一定的区别，N-甲酰吗啉采取两苯（苯、甲苯）萃取，而环丁砜则采取三苯（苯、甲苯、二甲苯）萃取，在产品质量上两者没有区别。

3.2.1 N-甲酰吗啉

N-甲酰吗啉（NFM），又名 N-甲酰基吗啉、4-吗啉甲醛、N-甲醛基吗啉。它是一种白色或微黄色透明液体，略有氨味，溶于水、苯等极性溶剂，与水按 1:1 比例混合时，溶液 pH 值为 8.6，与 C_9～C_{10} 的烃不形成共沸物。它的外观为无色透明液体，无特殊气味。N-甲酰吗啉熔点为 23℃，沸点为 240℃，密度为 1.152g/cm³，无毒。N-甲酰吗啉广泛应用于有机合成过程中作溶剂，用于聚酯塑料的发泡催化剂具有特别优良的性能。N-甲酰吗啉是制取芳烃的优良抽提溶剂，采用 NFM 的芳烃抽提工艺可以生产纯度为 99.99% 的纯苯，在合成纤维等领域用途也十分广泛。N-甲酰吗啉主要物化性质见表 3-5，质量指标见表 3-6。

表 3-5 N-甲酰吗啉主要物化性质

项 目	指 标	项 目	指 标
分子式	$C_5H_9NO_2$	密度/g·cm⁻³	1.14
分子量	115.13	熔点/℃	23
沸点/℃	240	折光率	1.4855～1.4975
闪点/℃	113		

表 3-6 N-甲酰吗啉主要质量指标

项 目	指 标	项 目	指 标
外观	无色透明液体	纯度/%	≥99.9
馏程（馏出物大于99%）/℃	240±2	灼烧残迹/%	≤0.01
过氧化物（以 H_2O_2 计）/%	≤0.01	水含量/%	≤0.05
色度（APHA）	≤15		

N-甲酰吗啉通常采用 200kg 镀锌铁桶包装，大小桶盖上均加防盗盖，在运输、储存过程中要注意防火，防潮，通风干燥。

3.2.2 环丁砜

环丁砜是无色液体，相对密度为 1.2606，熔点为 27.4～27.8℃，沸点为 285℃，折射率为 1.481。环丁砜与水、丙酮、甲苯混溶，与辛烷、烯烃及萘部分混溶。它在石油工业上用作萃取芳烃的溶剂，在合成氨工业上用于脱除原料气中硫化氢、有机硫和二氧化碳。环丁砜是由丁二烯和二氧化硫先制成环丁烯砜，再经催化加氢而制得，其主要物性参数见表 3 – 7。

表 3 – 7　环丁砜（$C_4H_8O_2S$）物性参数

项　目	单　位	规　格
外观		无色或淡黄色透明液体
纯度（无水）（wt）	%	≥99.0
异丙基环丁砜基醚（wt）	%	≤0.5
2 – 环丁烯砜（wt）	%	≤0.2
密度（30℃）	kg/m³	1260 ~ 1270
水分（wt）	%	<3.0
热稳定性	$mgSO_2/(min \cdot kg)$	≤20
5% 馏出温度	℃	≥282
95% 馏出温度	℃	≤288
熔点	℃	27.8
闪点	℃	177
分解温度	℃	200

　　环丁砜具有一定的热稳定性，在 220℃ 以下时，环丁砜溶剂的分解速度比较慢，但是超过 220℃ 时，随着温度的升高，其分解速度急剧上升。过高的温度将促使环丁砜分解生成黑色的聚合物和二氧化硫，在空气存在的条件下，由于空气的氧化作用，溶剂系统中二氧化硫的释放量要比没有空气存在的时候多。

　　环丁砜可燃，具有腐蚀性，可致人体灼伤。皮肤接触环丁砜后应立即脱去污染的衣着，用流动清水冲洗。眼睛接触后提起眼睑，用流动清水或生理盐水冲洗，就医。吸入者应立即离开现场至空气新鲜处，就医。食入者要饮足量温水，催吐，就医。

　　环丁砜燃烧后会产生有害燃烧产物一氧化碳、二氧化碳、硫化氢、氧化硫。灭火时，消防人员必须穿全身耐酸碱消防服，并尽可能将容器从火场移至空旷处，喷水保持火场容器冷却，直至灭火结束。处在火场中的容器若已变色或从安全泄压装置中产生声音，必须马上撤离，用水喷射溢出液体，使其稀释成不燃性混合物，并用雾状水保护消防人员。灭火可采用水、雾状水、抗溶性泡沫、干粉、二氧化碳、砂土。

　　环丁砜发生泄露时应迅速撤离泄漏污染区人员至安全区，并进行隔离，严格限制出入，切断火源。建议应急处理人员佩戴自给正压式呼吸器，穿防毒服，尽可能切断泄漏源，防止流入下水道、排洪沟等限制性空间。当发生小量泄漏时，可用大量水冲洗，洗水稀释后放入废水系统。大量泄漏时应构筑围堤或挖坑收容，用泵转移至槽车或专用收集器内，回收或运至废物处理场所处置。

　　进行环丁砜相关作业时应密闭操作，全面排风，操作人员必须经过专门培训，严格遵守操作规程。建议操作人员佩戴自吸过滤式防毒面具（半面罩），戴化学安全防护眼镜，穿防毒物渗透工作服，戴橡胶耐油手套。远离火种、热源，工作场所严禁吸烟，使用防爆型的通风系统和设备，防止蒸汽泄漏到工作场所空气中，避免与氧化剂接触。搬运时要轻装轻卸，防止包装及容器损坏。作业场所应配备相应品种和数量的消防器材及泄漏应急处理设备，倒空的容器可能残留有害物。环丁砜要储存于阴凉、通风的库房，远离火种、热源，应与氧化剂分开存放，切忌混储，并配备相应品种和数量的消防器材，储区应备有泄漏应急处理设备和合适的收容器具。

3.2.3 环己烷

环己烷，别名六氢化苯，是无色有刺激性气味的液体。环己烷不溶于水，溶于多数有机溶剂，极易燃烧。环己烷一般用作溶剂、色谱分析标准物质及用于有机合成，可在树脂、涂料、脂肪、石蜡油类中应用，还可制备环己醇和环己酮等有机物。环己烷主要物理性质见表3-8。

表 3-8 环己烷主要物理性质

项 目	指 标	项 目	指 标
外观与性状	无色液体，有刺激性气味	相对蒸汽密度（空气=1）	2.90
熔点/℃	6.5	引燃温度/℃	245
相对密度（水=1）	0.78	饱和蒸气压/kPa	13.098（25.0℃）
沸点/℃	80.7	燃烧热/kJ·mol^{-1}	3916.1
临界温度/℃	280.4	临界压力/MPa	4.05
折射率	1.42662	闪点/℃	-16.5
爆炸上限(vt)/%	8.4	爆炸下限(vt)/%	1.2

环己烷极易燃，其蒸汽与空气可形成爆炸性混合物，遇明火、高热极易燃烧爆炸。它与氧化剂接触会发生强烈反应，甚至引起燃烧。在火场中，受热的容器有爆炸危险。其蒸汽比空气重，能在较低处扩散到相当远的地方，遇火源会着火回燃。

环己烷对眼和上呼吸道有轻度刺激作用，持续吸入可引起头晕、恶心、倦睡和其他一些麻醉症状，液体污染皮肤可引起痒感。皮肤接触者应立即脱去污染的衣着，用肥皂水和清水彻底冲洗皮肤。眼睛接触后应提起眼睑，用流动清水或生理盐水冲洗，就医。吸入者应迅速脱离现场至空气新鲜处，保持呼吸道通畅，如呼吸困难，给输氧，如呼吸停止，立即进行人工呼吸，就医。食入者要饮足量温水，催吐，就医。

环己烷燃烧会产生有害燃烧物一氧化碳、二氧化碳。灭火时可喷水冷却容器，可能的话将容器从火场移至空旷处。处在火场中的容器若已变色或从安全泄压装置中产生声音，必须马上撤离。可采用泡沫、二氧化碳、干粉、砂土等进行灭火，用水灭火无效。

当发生泄漏时，应迅速撤离泄漏污染区人员至安全区，并进行隔离，严格限制出入，切断火源。建议应急处理人员佩戴自给正压式呼吸器，穿防静电工作服，尽可能切断泄漏源，防止流入下水道、排洪沟等限制性空间。小量泄漏时可用活性炭或其他惰性材料吸收，也可用不燃性分散剂制成的乳液刷洗，洗液稀释后放入废水系统。大量泄漏时应构筑围堤或挖坑收容，用泡沫覆盖，降低蒸汽灾害，用防爆泵转移至槽车或专用收集器内，回收或运至废物处理场所处置。

进行环己烷作业时应密闭操作，全面通风，操作人员必须经过专门培训，严格遵守操作规程。建议操作人员佩戴自吸过滤式防毒面具（半面罩），戴安全防护眼镜，穿防静电工作服，戴橡胶耐油手套。远离火种、热源。工作场所严禁吸烟。使用防爆型的通风系统和设备，防止蒸汽泄漏到工作场所空气中，并避免与氧化剂接触。灌装时应控制流速，且有接地装置，防止静电积聚。搬运时要轻装轻卸，防止包装及容器损坏，工作场所应配备相应品种和数量的消防器材及泄漏应急处理设备，倒空的容器可能残留有害物。

环己烷应储存于阴凉、通风的库房，远离火种、热源，库温不宜超过30℃，保持容器密封。环己烷应与氧化剂分开存放，切忌混储，采用防爆型照明、通风设施，禁止使用易产生火花的机械设备和工具，储区应备有泄漏应急处理设备和合适的收容材料。

3.3　蒸馏系统原理及工艺流程

3.3.1　蒸馏原理

蒸馏是利用液体混合物中各组分挥发度的差别，使液体混合物部分汽化并随之使蒸气部分冷凝，从而实现其所含组分的分离。蒸馏是一种属于传质分离的单元操作，广泛应用于炼油、化工、轻工等领域。以分离双组分混合液为例，将料液加热使它部分汽化，易挥发组分在蒸气中得到增浓，难挥发组分在剩余液中也得到增浓，这在一定程度上实现了两组分的分离。两组分的挥发能力相差越大，则上述的增浓程度也越大。在工业精馏设备中，使部分汽化的液相与部分冷凝的气相直接接触，以进行汽液相际传质，结果是气相中的难挥发组分部分转入液相，液相中的易挥发组分部分转入气相，也即同时实现了液相的部分汽化和汽相的部分冷凝。

液体的分子由于分子运动有从表面扩散出来的倾向，这种倾向随着温度的升高而增大。如果把液体置于密闭的真空体系中，液体分子继续不断地溢出而在液面上部形成蒸气，最后使得分子由液体逸出的速度与分子由蒸气中回到液体的速度相等，蒸气保持一定的压力。此时液面上的蒸气达到饱和，称为饱和蒸汽，它对液面所施的压力称为饱和蒸气压。实验证明，液体的饱和蒸气压只与温度有关，即液体在一定温度下具有一定的蒸气压。这是指液体与它的蒸气平衡时的压力，与体系中液体和蒸气的绝对量无关。

将液体加热至沸腾，使液体变为蒸气，然后使蒸气冷却再凝结为液体，这两个过程的联合操作称为蒸馏。很明显，蒸馏可将易挥发和不易挥发的物质分离开来，也可将沸点不同的液体混合物分离开来。但液体混合物各组分的沸点必须相差很大（至少30℃以上）才能得到较好的分离效果。在常压下进行蒸馏时，由于大气压往往不是恰好为0.1MPa，因而严格说来，应对观察到的沸点加上校正值，但由于偏差一般都很小，即使大气压相差2.7kPa，这项校正值也不过±1℃左右，因此可以忽略不计。

3.3.1.1　基本概念

轻组分即易挥发组分，它是液体混合物中沸点较低的组分，容易汽化，称为轻组分。重组分即难挥发组分，它是沸点较高的组分，不易汽化，称为重组分。馏出液即蒸馏所得到的蒸汽冷凝后生成的液体称为馏出液，馏出液中，轻组分的浓度较高。残液即釜液，蒸馏残留的液体称为残液，残液中，重组分的浓度较高。挥发度是混合液中各组分在平衡气相中的分压与其在液相中的摩尔分数之比称为该组分的挥发度：

$$v_A = \frac{p_A}{x_A}, \quad v_B = \frac{p_A}{x_B}$$

相对挥发度是混合液中两组分的挥发度之比，称为相对挥发度，用 α 表示：

$$\alpha = \frac{v_A}{v_B}$$

由 α 值的大小，可判断溶液分离的难易程度以及是否可以分离，α 值越大，越容易分离；α 值越小，分离越困难；若 $\alpha = 1$ 则表示不能用一般的蒸馏方法分离。

3.3.1.2　蒸馏分类

根据蒸馏操作的不同特点，蒸馏可以有不同的分类方法。按蒸馏操作方式可分为简单蒸馏、精馏和特殊精馏。简单蒸馏适用于易分离物系或对分离要求不高的场合；精馏适用于难分离物系或对分离要求较高的场合；特殊蒸馏包括水蒸气蒸馏、恒沸蒸馏、萃取蒸馏，特殊精馏适用于普通精馏难以分离或无法分离的物系。工业生产中以精馏的应用最为广泛。

按操作流程可分为间歇蒸馏和连续蒸馏。间歇蒸馏多应用于小规模生产或某些有特殊要求的场合。工业生产中多处理大批量物料，通常采用连续蒸馏。按物系中组分的数目，可分为双组分蒸馏和多组分蒸馏，工业生产以多组分蒸馏最为常见。按操作压强可分为常压蒸馏、减压蒸馏和加压蒸馏，工业生产中一般多采用常压蒸馏。对在常压下物系沸点较高或在高温下易发生分解、聚合等易变质的物系，常采用减压蒸馏。对常压下物系的沸点在室温以下的混合物或气态混合物，则采用加压蒸馏。

3.3.1.3 精馏原理

利用从塔底部上升的含轻组分较少的蒸汽，与从顶部回流的含重组分较少的液体逆流接触，同时进行多次部分汽化和多次部分冷凝，使原料得到分离。精馏的过程是在精馏塔中实现的，精馏塔部分塔体如图 3-1 所示。

塔板上有一层液体，气流经塔板被分散于其中成为气泡，气、液两相在塔板上接触，液相吸收了气相带入的热量，使液相中的易挥发组分汽化，由液相转移到气相；同时，气相放出了热量，使气相中的难挥发组分冷凝，由气相转移到液相。部分汽化和部分冷凝同时进行，使汽化、冷凝潜热相互补偿。精馏就是多次而且同时进行部分汽化和部分冷凝，使混合液得到分离的过程。

精馏过程的实质是在提供回流的条件下，使气、液两相多次逆流接触，同时进行多次部分汽化和多次部分冷凝，使具有不同沸点（或不同挥发度）的混合物中各组分有效地分离。

实现精馏必须具有 4 个条件，一是混合物中各组分间存在沸点（挥发度）差，是用精馏方法分离混合物的根本依据；二是接触的气、液两相必须存在着温度差和浓度差；三是必须有塔顶的液相回流和塔底的气相回流来创造温度差和浓度差；四是必须提供气、液两相密切接触的场所——塔板。

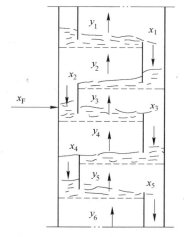

图 3-1　精馏塔部分塔体
结构示意图

A 精馏塔的构成

精馏塔主要由精馏段、提留段、进料段三部分构成。精馏塔进料口以上至塔顶部分称为精馏段，它将进料的气相部分中轻组分提浓，在塔顶得到合格产品。液相回流是精馏段操作的必要条件。精馏塔进料口下方直至塔底部分称为提馏段，它将进料的液相部分中重组分提浓，以保证塔底产品质量，同时提高塔顶产品收率。气相回流是提馏段操作的必要条件。进料入塔的部位称为进料段（或汽化段）。

B 回流的作用及方式

一般而言，回流的作用有两个，一是提供塔板上的汽相、液相回流，创造汽、液两相浓度差、温度差，达到传热、传质的目的；二是回流可以取出塔内多余的热量，维持全塔热平衡，以利于控制产品质量。根据取走回流热的方法不同，回流的方式有下列几种：冷回流、热回流、循环回流。塔顶冷回流是塔顶产品蒸气经冷凝冷却后，成为冷液体，将其中一部分送回塔顶作回流。

　　循环回流是从塔顶、塔侧或塔底将部分液相抽出，经换热或冷却后，再打入其上层塔板的回流称为循环回流。循环回流在塔内外循环流动，一般不发生相变化。具体示意如图 3 – 2 ~ 图 3 – 4 所示。

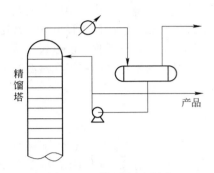

图 3 – 2　塔顶冷回流图

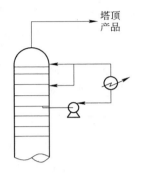

图 3 – 3　塔顶循环回流图

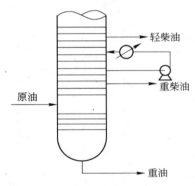

图 3 – 4　精馏段中段循环回流图

C　回流比的影响和选择

　　回流比是保证精馏塔连续稳定操作的基本条件，它是影响精馏设备费用和操作费用的重要因素，对产品质量和产量有重大影响。回流比调节方便，是精馏操作的主要控制因素之一。回流比有两个极限值，上限：全回流，$R = \infty$；下限：最小回流比 R_{min}，操作回流比在两者之间。

　　全回流是精馏塔塔顶上升的蒸汽进入冷凝器冷凝后，冷凝液全部回流至塔内的回流方式称全回流。全回流时，塔顶产品：$D = 0$，进料量：$F = 0$，塔釜产品：$W = 0$，也就是既不向塔内进料，也不采出产品。此时的生产能力为零，对正常生产没有实际意义。全回流一般用于精馏塔开工阶段，为迅速在各塔板上建立逐板增浓的液层暂时采用；实验或科研为测定实验数据方便，也可采用全回流；操作中因意外而使产品浓度低于要求时，进行一定时间的全回流，能够较快地达到操作正常。全塔没有精馏段和提馏段之分，全回流时所需的理论塔板数称为最小理论塔板数 N_{min}。

　　最小回流比时，所需的理论塔板数为无穷多 $N = \infty$，实际生产中也是不能采用的。操作回流比应在全回流和最小回流比之间，一般为 $R = (1.2 \sim 2) R_{min}$。

D　精馏塔的操作

　　完成精馏操作的塔设备，称为精馏塔。其基本功能是为气、液两相提供充分接触的机会，使传热和传质过程迅速而有效地进行；使接触后的气、液两相及时分开，互不夹带。根据塔内气、液两相接触部件的结构形式，精馏塔分为板式塔和填料塔两大类。

　　板式塔塔内沿塔高装有若干层塔板，相邻两板之间有一定距离。气、液两相在塔板上互相接触，进行传质和传热。填料塔塔内装有填料，气、液两相在被润湿的填料表面上进行传热和传质。

　　精馏操作可以采用板式塔，也可采用填料塔。通常板式塔用于生产能力较大或需要较大塔径的场合。板式塔中，蒸汽与液体接触比较充分，传质良好，单位容积的生产强度比填料塔大。

从精馏原理可知，精馏操作是同时进行传质、传热的过程。所以，要保持精馏操作的稳定，必须维持精馏塔的物料平衡和热量平衡。凡是影响物料和热量平衡的因素发生变化，其结果都是塔内气、液两相负荷的改变，进而改变了精馏操作。因此，弄清楚精馏塔内气、液两相负荷变化对精馏操作的影响是非常必要的。

气相负荷的影响主要体现在雾沫夹带现象、漏液和干板现象。

气流通过每层塔板时，必然穿过塔板上的液层才能继续上升。气流离开液层时，往往会带出一部分小液滴，小液滴随气流进入上一层塔板的现象称为雾沫夹带。雾沫夹带与气相负荷的大小有关，气相负荷越大，雾沫夹带越严重。过量雾沫夹带使各层塔板的分离效果变差，塔板效率降低，操作不稳定。为了保持精馏塔的正常操作，一般控制雾沫夹带量在0.1（kg 液体）/（kg 气体）下操作。控制雾沫夹带的主要因素是操作的气速和塔板的间距。

当塔内气速降低时，雾沫夹带减少了。当气相负荷过低时，气速也过低，气流不足以托住塔板上的液流，使塔板上的液体漏到下一层塔板的现象称为漏液。气相负荷越小，漏液越严重，随着漏液的增大，塔板上不能建立起足够的液层高度，最后将液体全部漏光的现象称为干板现象。

显然，气相负荷过小，精馏操作也不会稳定。实际操作中，为了保持精馏塔的正常操作，漏液量应小于液体流量的10%，此时的气速是精馏塔操作气速的下限，称为漏液速度，塔的操作气速应控制在漏液速度以上。引起漏液现象的主要原因是气速太小和由于液面落差太大使气体在塔板上的分布不均匀造成的。

液相负荷过大或过小时，精馏塔也不能正常操作。液相负荷过小，塔板上不能建立足够高的液层，气、液两相接触时间短，传质效果变差；液相负荷过大，降液管的截面积有限，液体流不下去，使塔板上液层增高，气体阻力加大，延长了液体在塔板上的停留时间，使再沸器负荷增加。

当气量或液量增大到使降液管内液面升至顶部时，塔板上液体不能顺利流下，使两板间充满液体，不能进行正常操作，这种现象称为"液泛"，也称为淹塔。

产生"液泛"的原因有两个：一是当蒸汽流量增大时，塔板阻力增大，即塔板上下压力差增大，使降液管内液面上升；二是当液体流量增大时，液体的流动阻力也增大，使降液管内液面上升。影响液泛的主要因素是气、液两相的流量和塔板的间距。

3.3.1.4　精馏操作对塔设备的要求

精馏所进行的是气（汽）、液两相之间的传质，而作为气（汽）、液两相传质所用的塔设备，首先必须要能使气（汽）、液两相得到充分的接触，以达到较高的传质效率。但是，为了满足工业生产和需要，塔设备还得具备一些基本要求：气（汽）、液处理量大，即生产能力大时，仍不致发生大量的雾沫夹带、拦液或液泛等破坏操作的现象；塔操作稳定，弹性大，即当塔设备的气（汽）、液负荷有较大范围的变动时，仍能在较高的传质效率下进行稳定的操作并应保证长期连续操作所必须具有的可靠性；塔内流体流动的阻力小，即流体流经塔设备的压力降小，这将大大节省动力消耗，从而降低操作费用；对于减压精馏操作，过大的压力降还将使整个系统无法维持必要的真空度，最终破坏物系的操作；塔体结构简单，材料耗用量小，制造和安装容易；塔内耐腐蚀和不易堵塞，方便操作、调节和检修，塔内的滞留量要小。

实际上，任何塔设备都难以满足上述所有要求，况且上述要求中有些也是互相矛盾的。不同的塔型各有某些独特的优点，设计时应根据物系性质和具体要求，抓住主要矛盾，进行选型。

3.3.2 萃取蒸馏

3.3.2.1 萃取蒸馏的含义

当双组分溶液中两组分的相对挥发度接近于 1，或形成恒沸物时需要在溶液中加入萃取剂，萃取剂的沸点比原溶液中任一组分的沸点都高，挥发度较小。萃取剂能使原溶液中两组分的相对挥发度增大，使两组分容易精馏分离，萃取剂与原溶液中一个组分从塔底采出，这种精馏操作称为萃取蒸馏。

3.3.2.2 萃取剂应具备的条件

原液中加入少量萃取剂，就能使原液中两组分的相对挥发度有很大的提高。萃取剂的挥发度应比原液中两组分的挥发度足够小，即沸点要足够大，使萃取剂回收容易。萃取剂应与原液中各组分互溶，以保证液相中萃取剂的浓度，充分发挥萃取剂的分离作用。萃取剂不与原液中任一组分起化学反应，对设备不腐蚀，黏度小，来源容易，价格低廉。

3.3.3 蒸馏工艺流程

蒸馏系统包含预蒸馏系统、萃取蒸馏系统、二甲苯蒸馏系统、放空放散系统。其中萃取蒸馏系统包括萃取蒸馏塔、汽提塔、BT 分离塔、甲苯蒸馏塔及溶剂再生部分，工艺流程如图 3-5 所示。下面详细介绍各蒸馏塔的作用。

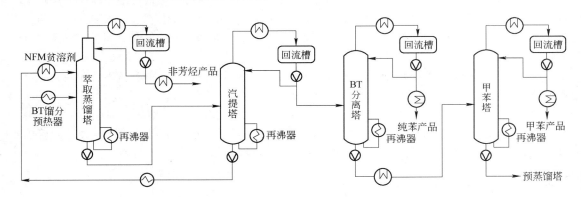

图 3-5　蒸馏工艺流程图

3.3.3.1 预蒸馏系统

从加氢精制单元来的 BTXS 加氢油进入预蒸馏塔，塔顶蒸出的气相 BT 馏分经预蒸馏塔冷却器冷凝后进入预蒸馏回流槽。在此，不凝性气体经调节压力后送至放散系统。冷凝液用预蒸馏回流泵一部分送至塔顶作为回流，另一部分送至萃取蒸馏单元的 ED 馏分预热器。塔底含二甲苯的重组分 XS 组分经预蒸馏塔底泵送至二甲苯蒸馏单元的二甲苯蒸馏塔。预蒸馏塔所需的热量由中压蒸汽提供。

3.3.3.2 萃取蒸馏系统

该单元包括萃取蒸馏塔、汽提塔、BT 分离塔、甲苯蒸馏塔和溶剂再生 5 部分。

　A　萃取蒸馏塔

从预蒸馏单元来的 BT 馏分经过原料预热器被汽提塔底来的热贫溶剂加热后进入萃取蒸馏塔中部。汽提塔底来的贫溶剂经过换热、冷却后从萃取塔上部加入，以吸收气体组分中的芳烃。萃取塔所需热量由蒸汽加热的再沸器和热贫溶剂加热的两个再沸器提供。

塔顶非芳烃蒸汽经冷凝器冷却后进入萃取塔回流槽，冷凝液用回流泵抽出，一部分送回塔顶作为回流，另一部分作为副产品经非芳烃冷却器冷却后送至油库外销。不凝性气体经调节压力后送至放散系统。塔底含 BT 馏分的富溶剂用萃取塔底泵送至汽提塔。

B 汽提塔

从萃取蒸馏塔部分来的含 BT 馏分的富溶剂进入汽提塔减压蒸馏，其真空度由真空机组产生。汽提塔顶的 BT 馏分经塔顶冷凝器冷凝后进入汽提塔回流槽，冷凝液用回流泵抽出，一部分送回汽提塔顶作为回流，另一部分经白土塔脱除残留溶剂后进入 BT 分离塔。

汽提塔底排出的热贫溶剂，用塔底泵抽出，一部分依次送经萃取塔两个再沸器、BT 塔再沸器、萃取蒸馏塔原料预热器和贫溶剂冷却器冷却后送入萃取塔上部，另一部分送至溶剂再生部分。汽提塔所需的热量由中压蒸汽加热汽提塔再沸器提供。

C BT 分离塔

经过白土塔处理的 BT 馏分进入 BT 分离塔中部，把 BT 馏分分离成纯苯和硝化级甲苯。BT 分离塔顶部馏出的苯蒸气经冷凝器冷凝后进入回流槽，冷凝液用回流泵抽出，一部分送回塔顶作为回流，另一部分作为产品经纯苯冷却器冷却后送至油库外销。不凝性气体经调节压力后送至放散系统。塔底的甲苯馏分用塔底泵抽出，送至甲苯蒸馏塔。

BT 分离塔所需的热量一部分由中低压蒸汽加热再沸器提供，另一部分由热贫溶剂加热再沸器供给。

D 甲苯蒸馏塔

由 BT 塔底泵送来的硝化甲苯进入甲苯塔中部，塔顶采出的高纯甲苯蒸汽经塔顶冷凝器冷凝后进入回流槽，冷凝液用回流泵抽出，一部分送回塔顶作为回流，另一部分作为产品经冷却器冷却后送至油库外销。不凝性气体经调节压力后送至放散系统。塔底的重质馏分用塔底泵抽出，送至预蒸馏塔。

E 溶剂再生

部分贫溶剂间歇地由汽提塔底抽出送到溶剂再生槽，在真空条件下除去少量高沸点裂解缩聚物。再生后的溶剂由再生溶剂冷却器冷却后，经真空机组返回到萃取蒸馏系统。

3.3.3.3 二甲苯蒸馏

从预蒸馏塔底来的 XS 馏分进入二甲苯蒸馏塔中部，从侧线采出二甲苯，用二甲苯抽出泵经冷却器冷却后，送至油库外销。塔顶馏出的轻组分（C_8）经塔顶冷凝器冷凝后进入回流槽，冷凝液用回流泵抽出，一部分送至二甲苯塔顶回流，另一部分与塔底的重芳烃组分（C_9）混合后经 C_9 馏分冷却器冷却后送往油库外销。不凝性气体经调节压力后送至放散系统。

二甲苯蒸馏塔所需的热量由蒸汽加热再沸器供给。

3.3.3.4 放空放散系统

从设备、管线等排出的废液进入烃放空槽，用放空油泵送到原料缓冲槽或轻苯槽。

各储槽及安全阀等的放散气集中引至放散槽。在此，分离气体中夹带的液滴后，气体引至吸煤气管道，液体用放散槽泵送往原料缓冲槽或轻苯原料槽。

萃取单元所需溶剂由新溶剂泵从新溶剂槽注入汽提塔或萃取塔。放空的溶剂排至溶剂放空槽，用泵再打回至萃取蒸馏单元。

3.3.4　蒸馏塔工艺参数

　　以某 10 万吨/年苯加氢装置为例，各蒸馏塔主要参数控制值见表 3 - 9 ~ 表 3 - 11。预蒸馏塔主要参数控制指标见表 3 - 9。

表 3 - 9　某 10 万吨/年苯加氢装置预蒸馏塔主要参数控制指标

参　数	单　位	数　值
塔顶压力 PIC - 2001	MPa（G）	0.064
塔顶温度 TI - 2001	℃	103
第 5 块塔板的温度 TIC - 2003（FIC - 2002 上的串级）	℃	159
塔底温度 TI - 2004	℃	170
塔底指示液面 LIC - 2001	%	约 60
回流流率 FIC - 2004（95℃）	m³/h	23.4

　　萃取蒸馏系统主要参数控制指标见表 3 - 10。

表 3 - 10　某 10 万吨/年苯加氢装置萃取蒸馏系统主要参数控制指标

系　统	参　数	单　位	数　值
萃取蒸馏塔系统 （平均进料）	PIC - 3001 顶部压力	MPa（G）	0.099
	TI - 3007 顶部温度	℃	99
	TI - 3026 底部温度	℃	180
	ED 再沸器 I 返回温度 TIC - 3028（伴随 FIC - 3011 串级调节）	℃	187
	LIC - 3001 底部液位（伴随 FIC - 3015 串级调节）	%	60
	FIC - 3014 回流流速（82℃）	m³/h	0.40
	回流/顶部产品比值		0.80
	进入到 E - 301（TIC - 3069）的贫溶剂	℃	150
	进入到 E - 305（TI - 3528）的贫溶剂	℃	178
	进入到 E - 304（TI - 3041）的贫溶剂	℃	210
汽提塔系统 （平均进料）	PIC - 3014 顶部压力	MPa（G）	- 0.065
	TI - 3031 顶部温度	℃	56
	TI - 3041 底部温度	℃	175
	汽提再沸器 TI - 3045（伴随 FIC - 3017 串级调节）返回温度	℃	178 - 213
	LI - 3003 底部液位	%	约 60
	FIC - 3019 回流流速（伴随 TDIC - 3039 串级调节，51℃）	m³/h	15.4
	回流/顶部产品比值		1.1
真空单元 （平均进料）	通往 E - 311（FIC - 3021）的贫溶剂流速（120℃）	m³/h	5
	真空单元溶剂槽 LIC - 3009 液位（伴随 FIC - 3023 串级调节）	%	50

系 统	参 数	单 位	数 值
BT 塔系统 （平均进料）	PIC-3026 顶部压力	MPa（G）	0.064
	TI-3052 顶部温度	℃	97
	温差，塔盘 52 到塔盘 62，TDIC-3056	K	约 2
	温度，塔盘 6，TIC-3059	℃	139
	TI-3060 底部温度	℃	142
	LIC-3010 底部液位	%	约 60
	FIC-3034 回流流量（伴随 TDIC-3056 串级调节，93℃）	m³/h	16.3
	回流/塔顶产品比值		1.30
甲苯塔 （平均进料）	PIC-3042 顶部压力（伴随 PDI-3044 串级调节）	MPa（G）	0.064
	TI-3073 顶部温度	℃	127
	压差，塔盘 38 到塔盘 65，PDI-3044	MPa	0.020
	压差，第 1 块塔盘到 35 块塔盘，PDI-3047	MPa	0.028
	TI-3078 塔底温度	℃	144
	LIC-3014 塔底液位	%	约 60
	FIC-3042 回流流速（125℃）	m³/h	8.0
	回流/塔顶产品比值		4.10

二甲苯塔主要参数控制指标见表 3-11。

表 3-11 某 10 万吨/年苯加氢装置二甲苯蒸馏塔主要参数控制指标

参 数	单 位	数 值
塔顶压力 PIC-4001	MPa（G）	0.064
塔顶温度 TIC-4001	℃	148
41 块塔板的温度 TIC-4003 41	℃	164
塔底温度 TI-4004	℃	184
塔底液位 LIC-4001	%	约 60
回流流率 FIC-4005（串级 TIC-4001，141℃）	m³/h	32.5
回流/塔顶产品比值		303
二甲苯侧料移走的流率（TIC-4001，164℃）	m³/h	0.5
原料/侧料产品（二甲苯）比值		1.7

3.4 苯加氢蒸馏一般操作

蒸馏操作主要包括屏蔽泵开停、倒换操作，萃取蒸馏系统开停工操作，预蒸馏塔开停工操作，白土塔操作，BT 塔开停工操作，甲苯塔开停工操作，二甲苯塔开停工操作。本章将详细介绍各个操作步骤。

3.4.1　屏蔽泵

屏蔽泵操作包括泵的启动、停止及倒换操作。

3.4.1.1　屏蔽泵的启动

A　屏蔽泵启动前的确认

屏蔽泵启动前应确认进出口阀门的状态；确认电源已经接入；如果有冷却水，确认接通冷却水。如有蒸汽加汽，确认泵液循环畅通。

B　泵体充液

首先打开泵体出口压力表根部阀门，微开压力表排放阀。微开泵进口阀门，泵体开始充液。当压力表排放阀有液体流出时，关闭排放阀，将泵进口阀全开。打开最小回流管路阀门，确认 DCS 液位连锁装置处于正常状态。

C　启动屏蔽泵

按下 A/B 泵的电源按钮，启动屏蔽泵。慢慢打开屏蔽泵的出口阀门，最终全部打开出口阀门。

D　启动后的确认

启动泵后，不能立即离开，应观察泵的电流是否正常，泵出口压力是否正常，各仪表指示是否正常，泵运转的声音、振动是否正常。

3.4.1.2　屏蔽泵的停止

当需要进行停泵时，按下运转泵的停止按钮，切断该泵的电源，然后进行泵体排液，关闭泵的进出口阀，关闭最小回流管路阀门，打开泵的排放阀门，微开压力表排放阀门，开始排液，排液结束后关闭阀门。

3.4.1.3　屏蔽泵的倒换（A 切换到 B）

A　屏蔽泵 B 启动前的确认

启动泵前，确认阀门的开关状态，确认电源已经接入，如果有冷却水，确认接通冷却水。

B　泵体充液

打开泵体出口压力表根部阀门，微开压力表排放阀。微开泵进口阀门，泵体开始充液。当压力表排放阀有液体流出时，关闭排放阀，将泵进口阀全开。打开最小回流管路阀门。确认 DCS 液位连锁装置处于正常状态。如果是有暖器的屏蔽泵，通常备机已经进行暖机，所以不进行泵体充液排气操作。

C　B 泵的启动和 A 切换到 B 泵

按下备用泵（A/B）的电源按钮，启动屏蔽泵。慢慢打开 B 泵出口阀门，同时慢慢关闭 A 泵出口阀门。最终 B 泵出口阀门全开，A 泵出口阀门全闭。

D　B 泵的启动后的确认

同样启动泵后，应确认泵的电流是否正常，泵出口压力是否正常，各仪表指示是否正常，运转的声音、振动是否正常。

E　A 泵的停止

按下 A 泵的停止按钮，切断该泵的电源对 A 泵体进行排液。

3.4.2 预蒸馏塔

预蒸馏塔操作包括开工前的准备工作、塔进料操作、短期停工操作、最终停车操作以及塔的吹扫操作，下面将详细介绍各项操作。

3.4.2.1 开工前准备工作

（1）系统已氮化，经化验分析氧气在 0.5%（vt）以下；

（2）按照预蒸馏单元开工阀门设置图检查各阀门及盲板的设置情况；

（3）稳定塔出口 BTXS 馏分槽取样化验合格；

（4）分别检查蒸汽压力、冷却水、仪表风、供电符合技术要求；

（5）各泵电机、计器仪表、调节阀、电磁阀，并试运转正常；

（6）塔压力表、温度计、液位计、流量计经检查一圈，合格；

（7）检查预蒸馏回流槽内无水；

（8）预蒸馏塔上下产品全部处于循环状态，塔顶产品能通过开工管线返回到油库区轻苯槽，塔底产品到二甲苯塔管线或临时循环管线已打通；

（9）确保甲苯塔塔底产品返回管线阀门关闭；

（10）确保塔顶产品到萃取蒸馏塔的进料阀门处于关闭状态；

（11）氮气从预蒸馏塔回流槽进入预蒸馏塔系统，塔顶的压力控制系统处于自动模式，塔压控制在 64kPa；

（12）检查各设备系统处于正常状态。

3.4.2.2 预蒸馏系统的进料操作

启动 BTXS 馏分输送泵，向预蒸馏塔送料，进料量为 2～4m³/h。当塔底液位填充到30%时，给塔底泵充液，排气。当塔底液位填充到40%时，启动塔底泵，通过泵的最小流量管线使 BTXS 馏分返回到塔。缓慢向预蒸馏塔再沸器送蒸汽，当蒸汽压力达 0.05MPa 时，检查加热器是否有漏处，给预蒸馏塔再沸器放乏水，排完乏水时，增加蒸汽量，调节蒸汽流量，使各部分温度符合技术规定。当塔釜液位达50%时，打开 XS 馏分到二甲苯塔的阀门或临时管线阀门。塔底温度达到180℃，且灵敏板的温度稳定在160℃左右，可启动串级控制蒸汽量与灵敏板温度的串级调节，回流槽液位达到30%时，给回流泵充液，排气。当回流槽液位填充到40%时，启动回流泵，通过最小流量管线使馏分返回回流槽，最小流量计可投入自动模式。

回流槽液位升至50%左右时，通过回流调节阀手动调节预蒸馏塔全回流，维持回流槽的液位。根据塔顶温度调整回流量，塔顶温度稳定在98℃，可将预蒸馏塔回流控制器打到自动模式，维持塔顶温度在98℃。

回流槽液位超过60%时，手动打开塔顶 BT 馏分返回到槽区轻苯槽的管道阀门，维持回流槽液位在50%，通过缓慢打开稳定塔到预蒸馏塔的进料阀门并关闭稳定塔到轻苯原料槽的循环管线，以2～4m³/h 的增量增加进料量，直到进料量增加到指定量，但不得低于设计进料量的50%，不得高于设计进料量的110%。

调节塔顶、塔底馏分的质量，取样化验分析，按照正常生产操作进行调节，保持塔上、下馏分质量合格。塔上、下馏分质量合格后，停止塔上、下馏分的循环，塔顶合格的 BT 馏分切换到油库区的 BT 馏分槽，塔底 XS 馏分切换到二甲苯塔。

萃取蒸馏单元操作正常后，切断 BT 馏分到油库区的 BT 馏分槽的进料阀，可启动预蒸馏塔回流槽液位与萃取蒸馏塔进料的串级控制，连料生产，回流槽液位的设定点为 50%。

二甲苯单元操作正常后，打开到二甲苯塔的进料阀，连料生产。

3.4.2.3　短期停工操作

解除预蒸馏塔回流槽液位与萃取蒸馏塔进料的串级控制，切断预蒸馏塔塔顶 BT 馏分向萃取蒸馏塔的进料，萃取蒸馏单元的进料切换到油库区的 BT 馏分槽。

做好加氢单元和二甲苯单元的短期停工准备。预蒸馏塔塔顶馏分循环到轻苯槽。逐渐减小加氢单元稳定塔向预蒸馏塔的进料，逐步打开稳定塔底 BTXS 馏分循环到轻苯原料槽的管道，把预蒸馏塔进料负荷减小到设计值的 50%～60%。关闭预蒸馏塔的进料阀门，稳定塔底 BTXS 馏分循环到轻苯原料槽。维持塔釜液位和塔顶回流槽液位 50% 左右，保持塔的温度、压力符合技术规定。停塔底泵、回流泵，全回流操作。

故障解除后，按照开工程序恢复正常操作条件。

3.4.2.4　最终停车（续接预蒸馏部分的短期停工操作）

通过塔顶回流槽的压力控制系统把预蒸馏塔的压力逐渐降低到 20～30kPa。解除串级控制灵敏板温度与蒸汽流量的串级调节，逐渐关闭蒸汽再沸器的蒸汽供应，停止加热。回流调节阀打手动，停回流。通过回流泵和塔底泵把回流槽和塔釜内的物料送空，尽量使回流槽和塔釜内的物料接近零。停回流泵和塔底泵，同时对二甲苯单元执行最终停车程序。放空塔系统，塔内残余少量物料通过塔底泵的放空管道放空，回流槽内的残余少量物料通过回流泵的放空管道排出系统。

冬季长期停工用蒸汽把预蒸馏塔、换热器、再沸器、冷却器及相关管道内的残油清扫净后加盲板。关闭采出管道阀门，塔顶压力控制器投手动。打开稳定塔回流槽上的氮气手动阀门，通入氮气，保持稳定塔顶压力在 0.05MPa。打开稳定塔部分的放空管，用氮气把残余物料吹到废液收集槽 V-5504。关闭所有的放空阀门，保持稳定塔回流槽 50kPa 的微正压。

3.4.2.5　预蒸馏塔的吹扫

各控制器投手动。确认关闭塔的进料阀、馏分采出阀、放空阀、放散阀（除回流槽上的放散阀）。在塔底连接蒸汽管道用蒸汽吹扫预蒸馏单元。放散物中不含碳氢化合物时，停止蒸汽吹扫，打开塔顶放散阀和回流槽上的放散阀。对塔底泵和回流泵进行氮气吹扫、蒸汽（低压蒸汽）吹扫，通过泵的放空系统放空冷凝液。

用氮气对预蒸馏单元进行吹扫，单元内不含任何碳氢化合物气体。

用空气对氮气进行置换，确保预蒸馏单元内氧气含量不低于 18%（vt），人方可进入单元内部进行检查和维修。

3.4.3　萃取蒸馏系统

萃取蒸馏系统操作包括开工前的准备工作、溶剂装填操作、溶剂循环系统加热操作、真空单元开工操作、溶剂循环系统升温操作、进料操作、短期停工操作、长期停工操作、塔的吹扫操作以及白土塔操作，下面将详细介绍各项操作。

3.4.3.1　开工前的准备

（1）系统已氮化，经化验分析氧气0.5%（vt）以下。

（2）按照萃取蒸馏部分的开工阀门设置图检查各阀门及盲板的设置情况。

（3）检查BT馏分槽存量达到要求，BT槽液位在2m以上，取样化验合格。只要新鲜溶剂槽的液位达到10%处，给新溶剂泵装料，排除空气，启动泵，进行溶剂循环。

（4）检查新溶剂槽存量达到要求，新溶剂的量为100t以上，取样化验合格。

（5）分别检查蒸汽压力、冷却水、仪表风，供电符合技术要求。

（6）检查各泵电机、温度计、液位计、电磁阀并试运转正常。

（7）塔压力表、温度计、液位计、流量计经检查齐全、合格。

（8）给塔冷凝冷却器供水。

（9）检查萃取蒸馏塔回流槽内无水，汽提塔回流槽内无水。

（10）萃取蒸馏塔塔顶产品，汽提塔塔顶产品处于循环状态，两塔塔顶产品能同时返回BT馏分槽中。

（11）氮气从萃取蒸馏塔回流槽进入萃取蒸馏塔系统，塔顶的压力控制系统处于自动模式，压力设定为0.099MPa。

（12）调节真空单元溶剂槽的氮气供应量，使其流量达到正常值。

（13）检查各设备系统处于正常状态。

3.4.3.2　萃取蒸馏溶剂循环系统的溶剂装填操作

（1）打开BT馏分槽到萃取蒸馏塔的打料阀，向萃取蒸馏塔注入 $10 \sim 15 m^3$ BT馏分。打开新溶剂泵到萃取蒸馏塔的溶剂填装管道上的阀门，给萃取蒸馏塔填装溶剂。萃取蒸馏塔塔釜液位到30%处时，给萃取蒸馏塔塔底泵上料、排气，塔釜液位达到40%时，启动塔底泵。

（2）给萃取蒸馏塔再沸器缓慢通入蒸汽，保证他们物料温度不得低于50℃。萃取蒸馏塔塔釜液位达到50%后，可启动塔底液位与汽提塔进料调节阀的串级控制，通过控制汽提塔的进料量，维持萃取蒸馏塔液位在50%左右。

（3）汽提塔塔釜液位达到30%时，给汽提塔塔底部泵上料、排气，塔釜液位到40%时，启动塔底泵。给汽提塔再沸器缓慢通入蒸汽，保证塔内物料温度不得低于50℃。

（4）打开溶剂循环管道上的阀门，建立萃取蒸馏部分的物料循环，当两塔内的物料低于技术规定时，重新打开溶剂注入阀，向塔内注入溶剂，维持塔液位符合技术规定。

（5）物料循环时要经过3个三通阀，三通阀的开度均设为50%，溶剂流经以上换热器，放散掉再沸器内的气体后，关闭放散阀。

3.4.3.3　萃取蒸馏溶剂循环系统的加热操作

逐渐加大萃取蒸馏塔再沸器及汽提塔再沸器的蒸汽量，循环物料以 $25 \sim 30$℃/h 的升温速度进行升温，但循环物料的温度不得超过120℃。调节溶剂冷却器的三通阀，保持溶剂进萃取蒸馏塔的温度在50℃左右。启动贫溶剂进萃取蒸馏塔流量控制器自动控制，10%的物料通过旁路调节阀管道流入萃取蒸馏塔，90%的物料通过由主管道流入萃取蒸馏塔。

手动控制依次把3个三通阀的开度缓慢增加到100%，然后缓慢减小到0%，确认三通阀的这两个开度为止上对流量的限制情况，检测完毕后，把这三个控制阀的开度打回到50%。

3.4.3.4　真空单元开工操作

新溶剂槽中的 N – 甲酰吗啉通过新溶剂泵注入到真空单元的溶剂槽。当真空单元溶剂槽的液位到达 30% 时，给真空单元溶剂泵上料、排气，当溶剂槽的液位到达 40% 时，启动溶剂泵，溶剂循环回溶剂再生冷却器，真空单元建立起溶剂循环。

手动模式打开汽提塔的压力调节阀，使其开度为 100%。打开真空泵的液相吸入侧及排出侧的阀门，给泵上料、排气，然后关闭 A 泵液相吸入侧和排出侧。关闭 B 泵的气体吸入阀，启动 B 泵。逐渐打开 B 泵的气体吸入阀，观察真空泵泵头的压力显示，检测管道的抽真空状况，保持负压系统压力在 – 0.07MPa。当气体吸气阀门完全打开时，每次动作以 5% 的速度缓慢的关闭汽提塔的压力调节阀，把气体系统的压力减少到 – 0.065MPa，形成真空后，把汽提塔压力控制器调到自动状态，压力设定点为 – 0.065MPa。

3.4.3.5　萃取蒸馏溶剂循环系统的升温操作

增加萃取蒸馏塔再沸器蒸汽量，使萃取蒸馏塔底部温度缓慢上升到 175℃ 左右。增加汽提塔再沸器蒸汽量，使汽提塔底部温度上升到 180℃ 左右。萃取蒸馏部分溶剂循环的加热增速不得超过 20℃/h。汽提塔回流槽的液位到达 30% 时，给汽提塔回流泵 P – 5304A/B 上料，排气，回流槽的液位到达 40% 时，手动模式操作下调整全回流，维持回流槽 V – 5302 的液位稳定。在加热过程中检测系统内管道，塔和换热器的自由膨胀情况。手动调节溶剂再生冷却器的冷却水供应，使真空单元溶剂槽的温度约为 45℃。当溶剂冷却器的三通阀全开后，可增加冷却水供应量。溶剂循环建立且温度升上来后，调节 3 个三通阀的开度及再沸器内的蒸汽量，保证进萃取蒸馏塔的溶剂温度在 130℃。打开溶剂冷却器下游贫溶剂到真空单元的进料阀门，进料调节阀可投自动，设定值为 0.8m³/h。真空单元溶剂槽的液位与流量串级控制可投自动，溶剂循环回汽提塔。在溶剂循环加热期间，一些水会积聚于汽提塔回流槽的水靴中，每班到现场对回流槽水靴的液位进行现场确认，排放水靴积水。

3.4.3.6　萃取蒸馏溶剂循环系统的进料操作

打开油库区 BT 馏分泵到萃取原料预热器上的阀门，启动 BT 馏分输送泵，控制阀的开度，保持 BT 馏分进料量为 2 ~ 4m³/h，进料温度控制在 100℃ 左右。萃取蒸馏塔底部温度控制到 180℃，保证非芳烃不进入到汽提塔。萃取蒸馏塔液位保持在 50% 左右。汽提塔顶压力控制在 – 0.065MPa。汽提塔回流槽液位控制在 50% 左右，汽提塔在全回流模式下操作。汽提塔再沸器蒸汽流量控制器与蒸汽出口温度串级，温度的设定点为 185℃。汽提塔底部温度在 180℃。汽提塔液位在 60%。继续增加萃取蒸馏塔的 BT 馏分进料量，增速为 1m³/(10min)，把进料的流量增加到 8m³/h。

检查萃取蒸馏塔底部温度及萃取蒸馏塔内塔温，缓慢调整再沸器的蒸汽量，防止萃取蒸馏塔的底部温度低于 165℃。萃取蒸馏塔顶冷凝器的出口温度保持在 75℃ 左右。当萃取蒸馏塔回流槽液位到 30% 时，给萃取蒸馏塔的回流泵上料、排气。萃取蒸馏塔回流槽的液位到 40% 时，启动回流泵。

手动模式下缓慢打开萃取塔回流调节阀，调整萃取蒸馏塔的回流量。把回流调节打到自动模式，调节回流量保持萃取蒸馏塔顶部温度在 115℃ 左右。萃取蒸馏回流槽中的液位到 60% 时，打开非芳烃冷却器的冷却水供应。手动打开非芳烃流量调节阀，通过非芳烃开工循环管道把非芳烃送回萃取塔进料管道。把萃取蒸馏塔回流槽液位稳定在 50%，把回流槽液位控制器和非芳烃循环管道流量控制器拨到自动模式。

汽提塔回流槽的液位到60%时，手动打开芳烃开工循环管道调节阀把芳烃送回萃取塔原料进料管道。汽提塔回流槽的液位稳定到50%处时，可把回流槽液位控制器和芳烃循环管道流量控制器投到自动模式。调整到汽提塔的回流量，控制汽提塔填料处的温度差不要超过10℃。观察萃取蒸馏塔顶部压力，保持此压力恒定在0.099MPa，尽量保持萃取塔各填料层处的压降尽可能低、稳定。当原料流量速率达到8m³/h时，稳定萃取蒸馏塔，使系统平稳运行，调整萃取塔的回流为0.2m³/h左右。萃取蒸馏塔洗涤部分的温度控制在142℃左右。通过调节流到萃取蒸馏塔顶冷凝器中的冷却水流量，使萃取蒸馏塔回流槽的温度控制在75℃左右。监测汽提塔的底部温度，保持此温度在180℃左右。当汽提塔填料层的温度差稳定到10℃以下时，启动填料层段温差和汽提塔顶回流量的串级控制，填料层的温差设定值为10℃。稳定参数，调节萃取塔原料流量至8m³/h，溶剂流量74t/h，萃取塔溶剂进料的温度130℃，萃取蒸馏塔填料段B、C的温度曲线拐点120℃，汽提塔底部温度180℃。对两塔塔顶、塔底馏分做全分析，依据分析结果调节馏分质量。经分析馏分质量合格后，逐渐增加萃取蒸馏塔的进料量，进料量的增速不得高于4m³/h，每次增加进料前都要对蒸馏塔进行相应调节：先增加萃取塔再沸器的蒸汽量，再增加溶剂的进料量，然后增加进料量。进料稳定后按照上述步骤进行全分析，如此循环，直到进料量满足计划要求。以不高于0.2℃/h的速度，把萃取蒸馏塔塔底温度降到165℃，检测非芳烃中苯、甲苯含量，每小时都要对非芳烃进行取样分析。可启动萃取蒸馏塔蒸汽出口温度控制器与蒸汽微调流量控制器的串级控制。观察萃取蒸馏塔的底部温度，如果此温度跌至165℃以下，手动模式打开蒸汽出口温度控制器与蒸汽微调流量控制器的串级控制，增加萃取蒸馏塔再沸器的蒸汽量。当操作稳定后，若预蒸馏单元操作稳定，采出产品质量合格，打开预蒸馏回流泵到萃取蒸馏塔进料阀门，启动预蒸馏塔回流槽液位控制器与萃取蒸馏塔进料控制器的串级控制，连料生产，同时关闭油库区BT馏分泵到萃取塔原料预热器的阀门，保证BT馏分到萃取蒸馏塔的温度及流量无明显波动。

3.4.3.7 短期停工操作

（1）解除汽提塔回流槽液位控制器和BT塔进料量控制器的串级控制，切断BT塔的进料，切断非芳烃采出，启动非芳烃和纯芳香烃循环管线，若萃取蒸馏部分塔液位过高，切断循环，汽提塔回流槽采出馏分循环回油库区的BT馏分槽，非芳烃也循环回油库区的BT馏分槽，BT塔也相应执行短期停工操作。

（2）解除预蒸馏塔回流槽液位控制器和萃取蒸馏塔进料量控制器的串级调节，手动调节预蒸馏塔塔顶BT馏分向萃取蒸馏塔的进料，打开预蒸馏单元的采出到油库区的BT馏分槽的管道阀门。

（3）把萃取蒸馏部分负荷缓慢减小到设计能力的55%～65%，溶剂的循环量以及塔的回流量相应也减小到负荷的55%～65%。

（4）溶剂进料温度增加到130℃。

（5）维持萃取蒸馏塔和汽提塔的正常操作压力。

（6）当萃取蒸馏塔回流槽液位低于50%时，关闭萃取蒸馏塔回流，关闭产品采出，维持回流槽液位在50%。

（7）调整萃取蒸馏再沸器蒸汽流量，使再沸器底部温度达到170～180℃。

（8）设定汽提塔塔底温度180℃，串级控制汽提塔再沸器出口温度与再沸器的蒸汽流量。

（9）汽提塔全回流操作。

（10）保持溶剂循环，循环量为溶剂总循环量的80%，约为80m³/h。

（11）萃取蒸馏塔部分保持此状态，一直到萃取蒸馏部分重启。

3.4.3.8　萃取蒸馏部分的长期停工（续接短期停工）

（1）如果正在进行溶剂再生，则停止溶剂再生操作。

（2）关闭萃取蒸馏塔的进料，预蒸馏塔BT馏分采出到油库区的BT馏分槽。

（3）维持萃取蒸馏塔和汽提塔继续运行，尽量把两塔回流槽内的采出馏分循环回油库区BT馏分槽。

（4）停止萃取蒸馏塔再沸器蒸汽，把萃取蒸馏塔内压力减小到0.02MPa左右。

（5）关闭汽提塔再沸器的蒸汽。

（6）两回流槽内液位接近零时，停萃取蒸馏塔回流泵，停汽提塔回流泵。

（7）通过回流泵的放空管线放空管道内的碳氢化合物至废液系统。

（8）关闭真空单元，汽提塔内充入氮气，保持微正压0.02～0.05MPa，放空真空单元内的残留溶剂。

（9）萃取蒸馏塔塔底泵把萃取蒸馏塔溶剂导入汽提塔，当萃取蒸馏塔塔液位接近零时，关闭萃取蒸馏塔塔底泵。

（10）通过溶剂冷却器最终冷却溶剂循环，溶剂循环冷却到最低温度80℃之后，通过汽提塔塔底泵把溶剂送到新溶剂槽。

（11）保证整个萃取蒸馏部分处于氮封状态下，（压力约为0.02MPa），避免空气进入。

（12）通过萃取蒸馏塔塔底泵和汽提塔塔底泵放空萃取蒸馏部分的溶剂残液，收集到溶剂放空槽。

（13）关闭所有的控制阀。

3.4.3.9　萃取蒸馏部分吹扫

（1）各控制阀投手动。

（2）关闭萃取蒸馏部分的进料阀、馏分采出阀、放空阀、放散阀（除萃取蒸馏塔回流槽上的放散阀）。

（3）对萃取蒸馏单元进行蒸汽吹扫，冷凝液放空到废液收集槽。

（4）放散物中不含碳氢化合物时，停止蒸汽吹扫，打开塔顶放散阀和回流槽上的放散阀。

（5）对塔顶泵和回流泵进行氮气吹扫、蒸汽（低压蒸汽）吹扫，通过泵的放空系统放空冷凝液。

（6）用氮气对单元进行吹扫，单元内不含任何碳氢化合物气体。

（7）用空气对氮气进行置换，单元内氧气含量不低于18%（vt）时，人方可进入单元内部进行检查和维修。

3.4.3.10　白土塔的操作

通过阀门及盲板操作，可设置为旁路、串联、并联三种状态。白土塔的阀门布置图如图3-6所示。

3.4.4　BT蒸馏塔

BT蒸馏塔操作包括开工前的准备工作、塔进料操作、短期停工操作、长期停工操作以及

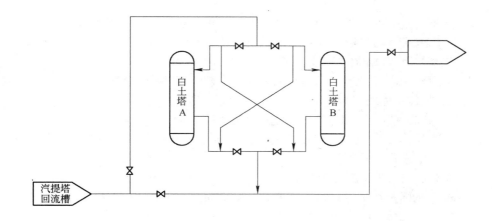

图 3-6 白土塔的阀门布置图

塔的吹扫操作，下面将详细介绍各项操作。

3.4.4.1 开工前的准备工作

系统已氮化，经化验分析氧气在 0.5%（vt）以下。按照 BT 开工阀门设置图检查各阀门及盲板的设置情况。汽提塔顶纯 BT 馏分取样化验合格。分别检查蒸汽压力、冷却水、仪表风、供电符合技术要求。各泵电机、计器仪表、调节阀、电磁阀，并试运转正常。塔压力表、温度计、液位计、流量计经检查齐全，合格。给塔冷凝冷却器、冷却器供水。

检查 BT 塔回流槽内无水。BT 塔上下产品全部处于循环状态，塔顶产品，塔底产品能同时返回到 BT 馏分槽中。氮气从 BT 塔回流槽进入 BT 塔系统，塔顶的压力控制系统处于自动模式，压力控制在 0.064MPa 左右。检查各设备系统处于正常状态。

3.4.4.2 BT 塔的进料操作

手动缓慢打开 BT 蒸馏塔进料阀，关闭汽提塔回流泵返回到萃取蒸馏塔原料预热器及返回到 BT 馏分原料槽的管道阀门，开始给 BT 塔进料，进料量不大于 4m³/h。

BT 塔液位达 30% 时给 BT 塔底泵装料放空气体。通过最小流量管线，启动 BT 塔的底部循环，使物料流返回到塔。

给 BT 蒸馏塔进料，使其液位增加到 50%。

缓慢打开到 BT 塔再沸器的蒸汽阀，放乏水，当 BT 塔再沸器的管程有物料时，开始缓慢加热。

以 5% 的微小增量增加对 BT 塔再沸器的热量输入，同时检测塔底部温度，把 BT 塔底部温度加热到 133℃。

当塔釜液位达到 60% 时，启动塔底液位控制同时调整塔顶冷却器的冷却水流量。

当塔底温度为 133℃ 且在第 58 块塔盘处的温度约为 132℃ 时，可启动灵敏盘温度控制器和再沸器蒸汽流量控制器的串级控制。

BT 塔回流槽的液位达到 30%，通过回流泵的最小流量管线，启动一个回流泵。

手动操作模式下通过调节回流流量调节阀调整到 BT 塔的全回流量，保持回流槽的液位稳定。

BT 塔回流槽的液位到达 60% 处，手动打开液位控制阀，同时手动打开塔底液位控制阀，塔顶、塔底及萃取蒸馏塔的非芳烃产品同时返回到油库区的 BT 馏分槽。

BT 塔回流槽的液位稳定在 50% 处，液位控制器可投自动。

从萃取蒸馏塔出来的纯芳烃中含有部分水分，收集于 BT 塔回流槽的水靴中。通过报警器水靴液位显示，回流槽处现场监测水靴液位，使液位计液位在 20% ~ 70%。

塔顶温度稳定在 97℃ 后，把 BT 塔回流控制器打到自动模式，调整 BT 塔的回流，使 BT 塔顶部的温度差为 1 ~ 2℃ 左右。当顶部的温度稳定时，可启动控制回流量与温差的串级调节。

BT 塔底部处的液位应保持在 50% 左右。

以 2 ~ 4m³/h 的增量增加进料量，直到进料量增加到指定量，但不得低于设计进料量的 50%，不得高于设计进料量的 110%。

稳定操作，对苯和甲苯进行取样，塔顶、塔底产品合格后，关闭塔顶、塔底产品同时返回到油库区的 BT 原料槽的阀门，打开塔顶回流泵到油库区纯苯产品槽的进料阀门，打开塔底泵到甲苯塔的进料阀门。

3.4.4.3　BT 蒸馏塔短期停工操作

切断 BT 塔的产品采出，塔顶、塔底及萃取蒸馏塔非芳烃产品同时返回油库区 BT 馏分槽。

BT 塔部分控制器可保持自动模式，减小并切断汽提塔进料，从汽提塔回流泵出来的纯 BT 馏分及萃取蒸馏塔非芳烃产品循环回油库区 BT 馏分槽。

维持塔釜液位和回流槽液位 50% 左右，保持塔的温度、压力符合技术规定。

BT 塔在全回流下运行，停塔底泵。

故障解除后，按照开工程序恢复正常操作条件。

3.4.4.4　长期停工操作（续接短期停工）

通过 BT 塔塔顶压力控制器把塔顶压力减少到 0.02MPa 左右。

逐渐减少直至停止对 BT 塔再沸器的蒸汽供应。

回流槽液位低于 50% 时，逐渐减少直至停止对 BT 塔的回流。

通过塔底液位控制使 BT 塔中的液位尽可能的减少到最低值，BT 塔液位将接近于零时，停 BT 塔塔底泵。

通过回流槽液位控制使 BT 塔回流槽中的液位尽可能的减少到最低值，BT 塔回流槽液位将接近于零时，停 BT 塔回流泵。

确保 BT 塔系统一直在氮封状态下（大约 0.02MPa），避免空气进入。

塔盘上及再沸器中的剩余溶液从装置的最低点排出到废液收集槽，废液排完后关闭所有的排液阀废液连接管道。

所有的泵必须处于安全状态，关闭电源，关闭所有的控制阀。

3.4.4.5　BT 塔吹扫

（1）各控制器投手动。

（2）关闭 BT 塔部分的进料、馏分采出阀、放空阀、放散阀（除回流槽上的放散阀）。

（3）对 BT 塔进行蒸汽吹扫。

（4）放散物中不含碳氢化合物时，停止蒸汽吹扫，打开塔顶放散阀和回流槽上的放散阀。

（5）对塔底泵和回流泵进行氮气吹扫、蒸汽（低压蒸汽）吹扫，通过泵的放空系统放空冷凝液。

（6）用氮气对单元进行吹扫，单元内不含任何碳氢化合物气体。

（7）用空气对氮气进行置换，单元内氧气含量不低于 18%（vt）时，人方可进入单元内部进行检查和维修。

3.4.5 甲苯塔的开工

甲苯塔操作包括开工前的准备工作、塔进料操作，下面将详细介绍各项操作。

A 甲苯塔开工准备工作

当 BT 塔底部的液位增加并有必须要排的产品时，甲苯塔必须做好准备接受操作。操作前具备的条件：

（1）BT 塔底部泵到甲苯塔进料管线畅通；

（2）甲苯产品能排到油库；

（3）甲苯塔底循环到预蒸馏塔进料线路畅通；

（4）甲苯塔回流槽是空的；

（5）甲苯塔顶的压力控制系统在自动方式下，设定值 0.064MPa（G），并能保证在加热期间系统的氮气外排；

（6）甲苯塔冷凝器和甲苯冷却器的冷却水已打开。

B 进料操作

手动打开 BT 塔底泵到甲苯塔进料的控制器，并开始向甲苯塔进料。当甲苯塔底的液位到 30% 时，启动甲苯塔底泵，并进行塔底内部循环。甲苯塔不断进料直到塔底部液位到 50%。缓慢向甲苯塔再沸器供应蒸汽，当甲苯塔再沸器内被充满液体时，就开始缓慢加热。同时检查甲苯塔底部温度，以约 5% 的增幅向甲苯塔再沸器增加热量，将甲苯塔底部加热到 139℃。

如果甲苯塔底液位达到 60%，手动控制甲苯馏分的进入量，并控制甲苯塔底到预蒸馏塔的排出量。

当甲苯塔底部温度达到 139℃ 时，塔盘 6 的塔温接近在 139℃ 左右时，激活甲苯塔底液位与排到预蒸馏塔流量的串级调节。

塔顶蒸汽将在甲苯塔冷凝器中冷凝，并在甲苯塔回流槽中被收集起来。

当甲苯塔回流槽到压力控制调节阀的线路变热时，表明所有氮气都已被排空。缓慢操作手阀将压力调到 0.064MPa，当达到设定值时将甲苯塔压力调为自动方式。

甲苯塔回流槽达到 30% 的液位时，启动回流泵，经由最小流体线路送回到回流槽。为维持回流槽的液位，在手动方式下调节通向甲苯塔的回流流量。直到塔顶回流返回，回流槽内的液位将开始下降。为了维持回流槽内的液位，可能有必要中断一段时间的回流。甲苯回流槽达到约 60% 的液位时，手动打开甲苯采出控制阀，经由甲苯冷却器送甲苯产品到油库。当甲苯塔回流槽稳定在 50% 的液位，将回流槽液位与甲苯采出流量调为自动方式。

一旦从 BT 塔到甲苯塔的纯芳香烃内含有一些水，这些水将累积在甲苯塔回流槽的水靴。尽管水靴报警器会提示，还是有必要时常检查位于回流槽的底部水靴，累积的水必须排空直到水靴接近 10% 的液位。

塔顶部温度稳定在 129℃ 后，将甲苯塔回流控制器调为自动方式并调节回流流量。甲苯塔底部应维持在近 50% 的液位，逐步增加从 BT 分离部分送过来的甲苯馏分，提高甲苯塔的处理量。

3.4.6　二甲苯蒸馏系统

二甲苯蒸馏塔操作包括开工前的准备工作、塔进料操作、短期停工操作、长期停工操作以及塔的吹扫操作，下面将详细介绍各项操作。

3.4.6.1　开工准备工作

按照二甲苯蒸馏单元开工阀门设置图检查各阀门及盲板的设置情况。检查预蒸馏塔底液位不低于 60%，取样化验合格。分别检查蒸汽压力、冷却水、仪表风、供电符合技术要求。各泵电机、计器仪表、调节阀、电磁阀，并试运转正常。塔压力表、温度计、液位计、流量计经检查齐全，合格。给塔冷凝冷却器、冷却器供水。检查二甲苯蒸馏回流槽内无水。二甲苯蒸馏塔上下产品全部处于循环状态，塔顶、侧线及塔底产品能同时返回到轻苯原料槽中。氮气从二甲苯塔回流槽进入二甲苯塔系统，塔顶的压力控制系统处于手动模式，设定压力点为 0.04MPa。检查各设备系统处于正常状态。

3.4.6.2　二甲苯蒸馏系统的进料操作

启动预蒸馏塔底泵，向二甲苯塔送料，进料量为 0.3～0.5m³/h。当塔下液位计见液位时，慢慢向二甲苯塔再沸器送蒸汽，放乏水，同时检查加热器是否有漏处。塔底液位填充到 30% 时，给塔底泵充液、排气。塔底液位填充到 40% 时，启动塔底泵，通过泵的最小流量线使 XS 馏分返回到塔。继续缓慢往二甲苯塔再沸器送蒸汽，当蒸汽压力达 0.05MPa 时，再次检查加热器是否有漏处。继续增加蒸汽量，调节蒸汽流量，使各部分温度符合技术规定。塔釜液位到 50% 时，打开 XS 馏分循环回油库区轻苯原料槽的管道阀门，塔底 XS 馏分返回到轻苯原料槽。塔底温度达到 190℃，可启动灵敏板温度与蒸汽流量的串级调节。第 37 块塔盘的温度达到 158℃ 时，启动二甲苯抽出泵，二甲苯馏分返回到油库区轻苯原料槽中。二甲苯回流槽液位达到 30% 时，给二甲苯回流泵充液、排气。回流槽液位填充到 40% 时，启动回流泵，通过最小流量管线使馏分返回回流槽，回流槽液位升至 50% 左右时，手动控制回流调节阀的开度，全回流操作。

当塔顶温度上升到 145℃ 时，可启动塔顶温度与回流量的串级调节，维持塔顶温度恒定。稳定回流槽液位在 50%，液位控制器可投自动，根据塔顶温度调整回流量。

通过缓慢控制预蒸馏塔 XS 馏分向二甲苯塔的进料阀门，以 0.2～0.5m³/h 的增量增加进料量，直到进料量增加到 2m³/h，但不得低于 0.8m³/h，不得高于 3m³/h。

调节侧线、塔底产品的质量，取样化验分析，按照正常生产操作进行调节，保持侧线二甲苯产品和塔底 C₉ 馏分产品质量合格。侧线二甲苯产品和塔底 C₉ 馏分产品质量合格后，停止塔产品循环，侧线合格的二甲苯产品切换到油库区的二甲苯产品槽，塔底 C₉ 馏分产品切换到油库区的重芳烃馏分产品槽。

3.4.6.3　短期停工操作

切断侧线二甲苯产品向二甲苯槽的进料，二甲苯产品循环回轻苯原料槽。切断二甲苯塔塔底 C₉ 馏分向油库区的重芳烃馏分产品槽的进料，C₉ 馏分循环回轻苯原料槽。逐渐减小预蒸馏塔向二甲苯塔的进料，逐渐打开预蒸馏塔底 XS 馏分向油库区轻苯原料槽的管道阀门，把二甲苯塔的负荷逐渐减小到设计值的 50%。

关闭向二甲苯塔的进料阀门，预蒸馏塔底 XS 馏分全部送往油库区轻苯原料槽。维持二甲苯塔釜液位和塔顶回流槽液位 50% 左右，保持塔的温度、压力符合技术规定。停二甲苯塔底泵，二甲苯塔全回流操作。故障解除后，按照开工程序恢复正常操作条件。

3.4.6.4　长期停工操作（续接短期停工）

（1）通过塔顶回流槽的压力控制系统把二甲苯塔的压力逐渐降低到 0.02～0.03MPa 之间。

（2）解除二甲苯塔再沸器蒸汽流量与灵敏板的串级控制，逐渐关闭再沸器的蒸汽供应，二甲苯塔停止加热。

（3）解除二甲苯塔顶温度与回流量的串级控制，停二甲苯塔回流。

（4）通过回流泵和塔底泵把回流槽和塔釜内的物料同时循环回轻苯原料槽，尽量使回流槽和塔釜内的物料接近零。

（5）停回流泵和塔底泵。

（6）放空二甲苯塔系统。塔釜内的残余少量物料通过塔底泵的放空管道排出系统。回流槽内的残余少量物料通过回流泵的放空管道排出系统。

（7）冬季长期停工用蒸汽把二甲苯塔蒸馏单元内塔、换热器、再沸器、冷却器及相关管道内的残油清扫干净后加盲板。

3.4.6.5　二甲蒸馏塔吹扫（续接长期停工）

（1）各控制器投手动。

（2）关闭二甲苯蒸馏单元的进料阀、采出阀、放空阀、放散阀（除回流槽上的压力放散阀）。

（3）对二甲苯蒸馏单元进行蒸汽吹扫。

（4）放散物中不含碳氢化合物时，停止蒸汽吹扫，打开塔顶放散阀和回流槽上的放散阀。

（5）对塔底泵和回流泵进行氮气吹扫、蒸汽（低压蒸汽）吹扫，通过泵的放空系统放空冷凝液。

（6）用氮气对二甲苯蒸馏单元进行吹扫，单元内不含任何碳氢化合物气体。

（7）用空气对氮气进行置换，单元内氧气含量不低于 18%（vt）时，人方可进入单元内部进行检查和维修。

3.5　苯加氢蒸馏特殊操作

蒸馏单元特殊操作主要包括溶剂再生操作、汽提塔回流槽负压排水操作等。异常故障主要指由于仪表风、蒸汽、电等能源介质故障而导致的萃取蒸馏部分、BT 塔、甲苯塔、二甲苯塔紧急停工操作。

3.5.1　预蒸馏塔紧急停工

3.5.1.1　紧急停工的一般步骤

（1）停止通往预蒸馏单元的进料。

（2）将 BT 馏分通过开工管线循环到原料槽。

（3）停止供应中压蒸汽到预蒸馏塔再沸器。

（4）如果回流槽的液位降到 40% 以下，减少外排量。

（5）停止预蒸馏塔的回流。

（6）关掉所有泵。

（7）降压并将塔顶压力维持在 0.02MPa（G）左右。

3.5.1.2　进料故障

当无法进料时，预蒸馏单元可以依照正常停工步骤停工。

3.5.1.3　停电操作

（1）停止预蒸馏单元的进料。

（2）停止供应中压蒸汽到预蒸馏塔再沸器。

（3）停止预蒸馏塔的回流。

（4）关掉所有泵。

（5）减压并将系统压力维持在 0.02MPa（G）。

（6）关闭预蒸馏塔的进料阀、关闭预蒸馏塔的回流阀、关闭预蒸馏塔顶 BT 馏分到萃取蒸馏单元的进料阀。

3.5.1.4　停仪表风

（1）以下主要阀设置到安全位置"故障关闭"：

1）预蒸馏塔进料阀；

2）预蒸馏塔回流槽放散调节阀；

3）预蒸馏塔回流槽补氮气阀；

4）BT 馏分到萃取蒸馏单元的进料阀；

5）预蒸馏再沸器蒸汽加入阀。

（2）以下主要阀设置到安全位置"故障打开"：预蒸馏塔回流调节阀。

（3）万一控制阀在流出线路自动关闭，应通过小流体线路来保护泵。

（4）控制阀故障必须尽快解决，在此期间，用旁边的手动阀控制流体。

（5）恢复供气后按照正常启动的程序重启设备。

3.5.1.5　冷却水故障

（1）停止预蒸馏单元的进料，稳定塔底 BTXS 馏分循环。

（2）解除预蒸馏塔蒸汽加入量与灵敏板温度的串级控制，关闭预蒸馏塔重沸器的蒸汽供应，停止加热。

（3）按照紧急停工程序进行停工。

3.5.1.6　DCS 故障

（1）若 DCS 系统出现故障，已储存的程序将会把所有的控制阀设置到安全位置，在再次供应电之前，将一直为手动运转方式。

（2）按照紧急停工程序进行停工，对设备进行现场检查和操作，防止工艺参数超出规定范围的紧急停机步骤。此外，必须监控所有的设备，并保持设备在局部运转。

3.5.1.7 蒸汽故障

按照一般紧急停工的步骤紧急停工。

3.5.1.8 停氮气操作

按照紧急停工程序进行停工，注意停工期间调整蒸汽流量维持系统压力不低于 0.03MPa。

3.5.2 萃取蒸馏部分的紧急停工

3.5.2.1 进料中断

（1）解除汽提塔回流槽液位控制器和 BT 塔进料量控制器的串级控制，切断 BT 塔的进料，切断非芳烃采出，启动非芳烃和纯芳烃循环管线，若萃取蒸馏部分塔液位过高，切断循环，汽提塔回流槽采出馏分循环回油库区的 BT 馏分槽，非芳烃也循环回油库区的 BT 馏分槽，BT 塔也相应执行短期停工操作。

（2）解除预蒸馏塔回流槽液位控制器和萃取蒸馏塔进料控制器的串级控制，手动切断预蒸馏塔塔顶 BT 馏分向萃取蒸馏塔的进料阀，打开预蒸馏单元的采出到油库区的 BT 馏分槽的管道阀门。

（3）萃取蒸馏塔溶剂进料的温度增加到 130℃。

（4）保持萃取蒸馏塔回流槽和汽提塔回流槽的液位在 50%。

（5）萃取蒸馏塔塔顶压力控制器的设定值为 0.02MPa。

（6）维持汽提塔的塔顶压力在 −0.065MPa。

（7）当萃取蒸馏塔回流槽液位降低时，关闭萃取蒸馏塔的回流。

（8）调整萃取蒸馏塔再沸器的蒸汽量，控制底部温度 165℃。

（9）维持汽提塔塔底温度 180℃，可保持汽提塔蒸汽量与灵敏板温度的串级控制的运行状态。

（10）汽提塔在全回流状态下运行。

（11）保持溶剂循环，溶剂总流量为 40m³/h（大约为正常操作流量的 40%）。

（12）保持萃取蒸馏塔部分的状态，恢复供料后，重新建立循环启动装置。

3.5.2.2 主装置区停电

（1）解除汽提塔回流槽液位控制器和 BT 塔进料量控制器的串级控制，切断 BT 塔的进料，切断非芳烃采出，启动非芳烃和纯芳香烃循环管线，若萃取蒸馏部分塔液位过高，切断循环，汽提塔回流槽采出馏分循环回油库区的 BT 馏分槽，非芳烃也循环回油库区的 BT 馏分槽，BT 塔也相应执行停电紧急停工操作。

（2）解除预蒸馏塔回流槽液位控制器和萃取蒸馏塔进料量控制器的串级控制，手动关闭预蒸馏塔塔顶 BT 馏分向萃取蒸馏塔的进料，打开预蒸馏单元的采出到油库区的 BT 馏分槽的管道阀门。

（3）关闭萃取蒸馏塔再沸器的蒸汽，长时间停电，给此再沸器通入少量蒸汽维持萃取蒸馏塔内物料温度在 50℃。

（4）关闭汽提塔再沸器的蒸汽，长时间停电，给此再沸器通入少量蒸汽维持汽提塔内物料温度在 50℃。

（5）解除溶剂冷却器到溶剂再生冷却器的流量控制器的自动控制，关闭进料阀门。

（6）通过萃取蒸馏塔回流槽压力控制器把萃取蒸馏塔的压力减少到 0.02MPa。

（7）通过汽提塔压力调节器维持塔压 0.02MPa 以上。

（8）如果正在进行溶剂再生，立即停止再生操作。

（9）将所有的控制器打到手动位置。

（10）各阀门的设置恢复到开工前模式。

（11）恢复供电后，按照正常开工操作恢复生产。

3.5.2.3　公辅区域停电

（1）按照萃取蒸馏塔主装置区停电操作第（1）～（10）步进行操作。

（2）控制萃取蒸馏塔回流槽和汽提塔回流槽的液位在技术规定的范围内。

（3）停萃取蒸馏塔塔底泵和汽提塔塔底泵。

（4）公辅区域恢复供电后，按照开工程序开工。

3.5.2.4　仪表空气中断

（1）仪表空气出现供应失败时，迅速切换到氮气供应，保障启动装置继续运行，如果切换到氮气时仍无法实现调节，继续执行如下操作。

（2）切断 BT 塔的进料，切断非芳烃采出，启动非芳烃和纯芳香烃循环管线，若萃取蒸馏部分塔液位过高，切断循环，汽提塔回流槽采出馏分循环回油库区的 BT 馏分槽，非芳烃也循环回油库区的 BT 馏分槽，BT 塔也相应执行仪表空气中断紧急停工操作。

（3）手动关闭预蒸馏塔塔顶 BT 馏分向萃取蒸馏塔的进料，打开预蒸馏单元的采出到油库区的 BT 馏分槽的管道阀门。

（4）所有的控制回路打开到手动状态，所有控制器的输出打开到安全位置，以确保当仪表空气供应恢复时，控制阀仍保持在安全位置。

（5）各塔冷却器（除溶剂冷却器外）内冷却水流量开到最大值，关闭冷却器的旁通，工艺介质全部走冷却器。

（6）关闭萃取蒸馏塔再沸器的蒸汽供应。

（7）关闭汽提塔再沸器的蒸汽供应。

（8）萃取塔回流槽和汽提塔回流槽的液位低于40%时，停止产品的外排，全回流操作。

（9）停萃取蒸馏塔塔底泵和汽提塔塔底泵。

（10）停萃取蒸馏和汽提塔的回流，停回流泵。

（11）关闭真空溶剂罐的溶剂补给，同时也关闭真空泵液环密封液补给。

（12）如果正在运行溶剂再生，停止溶剂再生。

（13）通过现场手动控制萃取蒸馏塔回流槽压力阀把萃取蒸馏塔的压力减少到 0.02MPa。

（14）通过现场手动控制汽提塔压力调节器维持塔压 0.02MPa 以上。

3.5.2.5　冷却水中断

如果冷却水供应出现故障，必须按照公辅区域停电处理措施进行处理。

3.5.2.6　停蒸汽

（1）解除汽提塔回流槽液位控制器和 BT 塔进料量控制器的串级控制，切断 BT 塔的进料，切断非芳烃采出，启动非芳烃和纯芳香烃循环管线，若萃取蒸馏部分塔液位过高，切断循环，汽提塔回流槽采出馏分循环回油库区的 BT 馏分槽，非芳烃也循环回油库区的 BT 馏分槽，BT 塔也相应执行停电紧急停工操作。

（2）解除预蒸馏塔回流槽液位控制器和萃取蒸馏塔进料量控制器的串级控制，手动关闭预蒸馏塔塔顶 BT 馏分向萃取蒸馏塔的进料，打开预蒸馏单元的采出到油库区的 BT 馏分槽的管道阀门。

（3）解除溶剂冷却器到溶剂再生冷却器的流量控制器的自动控制，关闭再生冷却器的进料阀门。

（4）萃取塔回流槽和汽提塔回流槽的液位低于 40% 时，停止产品的外排，全回流操作。

（5）停萃取蒸馏塔塔底泵和汽提塔塔底泵。

（6）停 T－5301 和 T－5302 的回流，停回流泵。

（7）如果正在运行溶剂再生，停止溶剂再生。

（8）通过现场手动控制萃取蒸馏塔回流槽压力阀把萃取蒸馏塔的压力减少到 0.02MPa。

（9）通过现场手动控制汽提塔压力调节器维持塔压 0.02MPa 以上。

（10）停蒸汽时间过长，须对装置进行放空，蒸汽恢复后按照正常开工程序开工。

3.5.2.7 停氮气

按照进料故障处理措施进行处理，注意停工期间调整蒸汽流量维持系统压力不低于 0.03MPa。

3.5.2.8 DCS 故障

（1）DCS 系统出现故障，所有的控制阀在存储的程序逻辑控制下进入故障安全位置，所有的控制进入手动操作模式。

（2）按照紧急停工程序进行停工，对设备进行现场操作和检测，防止工艺参数超出技术规定的范围。

3.5.3 白土塔的紧急停工

3.5.3.1 紧急停工的主要步骤如下

停止往白土塔送液体。停止向 BT 分离塔送 BT 馏分。维持此段压力以避免汽化。通过容器底部的关闭阀来隔离 BT 分离段。维持白土塔中的液体。

在设备的冷却期间，保证一个安全的氮气流量以防止白土塔内形成真空。

3.5.3.2 进料故障

当难以进料时，依照正常停机步骤关闭白土塔进料。

3.5.3.3 停电

如果停电，必须关闭白土塔。按上述的紧急停机步骤执行停机。将汽提回流泵调到关闭位置。

3.5.3.4 仪表空气故障

如果全部出现仪表空气故障，所有的阀都自动转到安全位置，必须执行上文所述的紧急停机步骤。将所有控制回路调为手动。当仪表空气恢复时还是有必要将控制阀保留在安全位置。

3.5.3.5　DCS 故障

若 DCS 系统出现故障,已存储的程序逻辑将会把所有的控制阀设置到故障安全位和在再次供应电时手动操作方式。

必须立即进行上述的一般紧急停机步骤。此外,必须在现场监控和操作所有的设备。

3.5.4　BT 塔紧急停工操作

3.5.4.1　进料故障

(1) 手动关闭 BT 塔进料阀停止 BT 塔进料,塔顶、塔底及萃取蒸馏塔非芳烃产品同时返回油库区 BT 馏分槽。

(2) 汽提塔采出的纯 BT 馏分循环回油库区的 BT 馏分槽,萃取蒸馏塔顶采出非芳烃同时循环回油库区的 BT 馏分槽。

(3) 停止 BT 塔再沸器的蒸汽供应。

(4) BT 塔回流槽液位低于 40% 时,逐渐减少并停止回流槽中苯的采出。

(5) BT 塔液位低于 40% 时,逐渐减少并停止塔底产品从 BT 塔的采出循环。

(6) 停止 BT 塔回流,停回流泵。

(7) 停塔底泵。

(8) 通过 BT 塔压力控制器,维持 BT 塔系统压力在 0.02MPa。

3.5.4.2　主装置区停电

一旦发生停电事故,主装置区 UPS 系统维持 DCS 的供电,控制系统的检测、控制和调节作用仅能维持 30min,在此时间段内须完成以下操作:

(1) 萃取蒸馏部分执行主装置区停电操作,关闭 BT 塔的进料阀,打开 BT 塔塔顶、塔底馏分循环回 BT 馏分槽的管道阀门。

(2) 关闭 BT 塔再沸器的蒸汽供应。

(3) 把塔顶冷凝器内的冷却水流量开到最大。

(4) 若塔液位上升过快,超过液位值的 70%,通过塔底泵的放空管线放空物料,保证塔内液位在 30% ~ 70% 之间。

(5) 若回流槽液位上升过快,超过液位值的 70%,通过回流泵放空管放空物料,保证槽内液位在 30% ~ 70% 之间。

(6) 通过塔顶压力控制器把 BT 塔的压力逐渐降低到 0.02 ~ 0.03MPa。

(7) 将所有的控制器打到手动位置。

(8) 各阀门的设置恢复到开工前模式。

(9) 电力供应恢复后按照正常开工程序开工。

3.5.4.3　公辅区停电

(1) 萃取蒸馏部分执行公辅区停电操作,关闭 BT 塔的进料阀,打开 BT 塔塔顶、塔底馏分及萃取塔非芳烃产品同时循环回 BT 馏分槽的管道阀门。

(2) 关闭 BT 塔再沸器的蒸汽供应。

（3）若塔液位上升过快，超过液位值的70%，通过塔底泵的放空管线放空物料，保证塔内液位在30%~70%之间。

（4）若回流槽液位上升过快，超过液位值的70%，通过回流泵放空管放空物料，保证槽内液位在30%~70%之间。

（5）通过塔顶压力控制器把 BT 塔的压力逐渐降低到 0.02~0.03MPa。

（6）将所有的控制器打到手动位置。

（7）各阀门的设置恢复到开工前模式。

（8）电力供应恢复后按照正常开工程序开工。

3.5.4.4 仪表空气故障

（1）用氮气取代仪表空气继续进行操作，如果使用氮气无法驱动的调节阀，现场确认调节阀是否自动到安全状态，使用调节阀的旁通进行现场操作。

（2）BT 塔系统所有的控制器达到开工模式：手动、关闭。

（3）关闭 BT 塔的进料阀，打开 BT 塔塔顶、塔底馏分循环回 BT 馏分槽的管道阀门。

（4）关闭 BT 塔再沸器的蒸汽供应。

（5）把塔顶冷凝器内的冷却水流量开到最大。

（6）中控室监测，现场操作维持 BT 塔及其回流槽的液位不要低于30%，不要高于75%。

（7）通过回流槽压力调节阀，把 BT 塔的压力逐渐降低到 0.02~0.03MPa。

（8）各阀门的设置恢复到开工前模式。

3.5.4.5 停蒸汽

按照进料故障处理措施进行处理。

3.5.4.6 停冷却水

按照进料故障处理措施进行处理。

3.5.4.7 停氮气

按照进料故障处理措施进行处理，注意停工期间调整蒸汽流量维持系统压力不低于 0.03MPa。

3.5.4.8 DCS 故障

（1）DCS 系统出现故障，所有的控制阀在存储的程序逻辑控制下进入故障安全位置，所有的控制进入手动操作模式。

（2）按照紧急停工程序进行停工，对设备进行现场操作和检测，防止工艺参数超出技术规定的范围。

3.5.5 甲苯塔的停工及紧急停工

甲苯分离塔的正常停工原则同样适用于紧急停工，也就是说甲苯分离塔的紧急停工与上游 BT 分离塔的停工是一起进行的。

3.5.5.1 紧急停机的一般步骤

停止通往甲苯塔的进料，关闭甲苯塔进料阀。停止给甲苯塔再沸器供应蒸汽。如果甲苯塔回流槽液位降到 40% 以下，减少或停止将甲苯产品从回流槽排出。如果甲苯塔内液位降到 40% 以下，减少并停止将底部产品从甲苯塔排出。停止通往甲苯塔的回流，关掉所有泵，降压并将甲苯塔系统压力维持在 0.02MPa。

3.5.5.2　进料故障

万一不能进料到甲苯塔，需依照正常停工步骤执行停工。

3.5.5.3　停电

停工步骤如下：

（1）停止甲苯塔的进料，手动关闭甲苯塔的进料阀。

（2）停止供应蒸汽到甲苯塔再沸器。

（3）停止通往甲苯塔的回流。

（4）关掉所有泵。

（5）将甲苯塔系统压力降到 0.02MPa。

（6）稳定甲苯塔系统压力处于 0.02MPa。

（7）将所有泵置于关闭位置。

3.5.5.4　仪表空气故障

如果在排放管道上控制阀关闭，由最小流量管道来保护泵。需尽快校正控制阀故障。在此期间，用手动旁路阀来控制流体。设备操作人员一定要掌握控制阀的功能，万一出现仪表空气故障，应了解控制阀的性能。必须按照正常启动的程序重启设备。

3.5.5.5　DCS 故障

若 DCS 系统出现故障，已存储的程序逻辑将会把所有的控制阀设置到故障安全位和在再次供应电时手动操作方式。必须立即进行上述的一般紧急停工步骤。此外，必须在现场监控和操作所有的设备。

3.5.5.6　蒸汽故障

蒸汽供给故障将导致到甲苯塔再沸器的供应热量减少。这种情况下，必须依照一般紧急停工的步骤紧急停工。

3.5.6　二甲苯蒸馏单元的紧急停工

3.5.6.1　紧急停工一般操作

（1）解除预蒸馏液位与二甲苯塔进料流量的串级控制，切断预蒸馏塔塔底 XS 馏分向二甲苯蒸馏塔的进料，把预蒸馏塔底的 XS 馏分切换到油库区的轻苯原料槽。

（2）二甲苯塔侧线及塔釜馏分同时循环回油库区轻苯原料槽。

（3）解除二甲苯塔蒸汽流量与灵敏板温度的串级控制，关闭二甲苯塔再沸器的蒸汽供应，停止二甲苯塔加热。

（4）解除回流量与塔顶温度的串级控制，停止二甲苯塔的回流。

（5）关闭回流泵和塔底泵。

（6）通过塔顶回流槽的压力控制系统把二甲苯塔的压力逐渐降低到 0.02 ~ 0.03MPa。

3.5.6.2　停料操作

进料出现问题后按照正常停工程序进行停工。

3.5.6.3　主装置区停电操作

一旦发生停电事故，主装置区 UPS 系统维持 DCS 的供电，控制系统的监测、控制和调节作用能维持 30min，在此时间段内须完成以下操作。

关闭二甲苯塔进料阀，预蒸馏单元 XS 馏分送到油库区的轻苯原料槽。解除二甲苯塔蒸汽流量与灵敏板温度的串级控制，关闭二甲苯塔再沸器的蒸汽供应，停止二甲苯塔加热。各冷却器内的冷却水流量开到最大。若塔液位上升过快，超过液位值的 70%，通过塔底泵的放空管线放空物料，保证槽内液位在 30% ~ 70% 之间。若回流槽液位上升过快，超过液位值的 70%，通过回流泵放空管放空物料，保证槽内液位在 30% ~ 70% 之间。

通过塔顶回流槽的压力控制系统把二甲蒸馏单元的压力逐渐降低到 0.02 ~ 0.03MPa。将所有的控制器打到手动位置。各阀门的设置恢复开工前模式。

电力供应恢复后按照正常开工程序开工。

3.5.6.4　公辅区域停电操作

关闭二甲苯的进料阀。解除二甲苯塔蒸汽流量与灵敏板温度的串级控制，关闭二甲苯塔再沸器的蒸汽供应，停止二甲苯塔加热。切断侧线二甲苯产品向二甲苯槽的采出，二甲苯产品循环回轻苯原料槽。切断二甲苯塔塔底 C_9 馏分向油库区的 C_9 馏分产品槽的采出，C_9 馏分循环回轻苯原料槽。停塔底泵 P – 5401。二甲苯塔保持全回流操作。

恢复供电后，按照开工程序开工。

3.5.6.5　停蒸汽操作

按照紧急停工一般步骤操作。

3.5.6.6　停冷却水操作

关闭二甲苯塔的进料阀门，预蒸馏塔底的 XS 馏分全部送往油库区轻苯原料槽。解除二甲苯塔蒸汽流量与灵敏板温度的串级控制，关闭二甲苯塔再沸器的蒸汽供应，停止二甲苯塔加热。按照紧急停工程序进行停工。

3.5.6.7　停仪表空气操作

用氮气取代仪表空气继续进行操作，使用氮气无法驱动的调节阀，使用调节阀的旁通进行现场操作。二甲苯蒸馏单元所有的控制器达到开工模式：手动、关闭。

恢复供气后按照正常开工程序开工。

3.5.6.8　停氮气操作

按照紧急停工程序停工，注意停工期间调整蒸汽流量维持系统压力不低于 0.03MPa。

3.5.7　汽提塔回流槽水靴负压放水

当汽提塔回流槽的水靴的液位指示器指示偏高，超过 70% 时，现场操作者须把水排出来。

需对水靴处的现场液位计进行周期性的巡检，每班两次。

由于汽提塔是负压塔，因此必须从水靴中分批排出水，放空到较粗的排放管（扩展管）中，再排到废水收集槽中。

操作步骤如下：

（1）氮气平衡管道（连到汽提塔回流槽及连到槽水靴的扩展管）的所有阀门关闭。

（2）汽提塔回流槽水靴排放管线中的阀门（扩展管上下的管道）关闭。

（3）打开压力平衡管，平衡回流槽和扩展管的压力，保持氮气进气阀关闭。

（4）压力平衡后再次关闭压力平衡阀门。

（5）打开水靴与扩展管之间的阀门，水靴液位下降，水将从水靴流向扩展管。

（6）扩展管液位稳定后关闭水靴与扩展管之间的阀门。

（7）确保连到回流槽的氮气管道上的手阀关闭。

（8）打开的氮气供应阀给平衡管加压。

（9）缓慢打开排水管线内扩展管下的阀门，迫使水流进废水接管。

（10）在液位计处，如果看不到废水，停止氮气的供应，关闭扩展管下的排放阀。

（11）重复以上步骤，直到水靴内的液位在10%左右。

3.5.8　溶剂再生

3.5.8.1　再生操作步骤

（1）打开溶剂再生槽真空管道上的手动阀，打开再生用真空泵吸入侧管道上的手动阀。

（2）关真空泵气体吸入管线上的调节阀。

（3）启动真空泵，观察真空泵泵头压力表。缓慢打开气体吸入手动阀，注意真空泵吸入侧的吸入压力在 $-0.06MPa$ 到 $-0.03MPa$ 之间。

（4）在手动模式下用再生压力控制器把压力缓慢降低到 $-0.06MPa$。

（5）把再生压力控制器可投自动操作模式，压力设定点为 $-0.06MPa$，手动模式下使用流量控制阀缓慢向溶剂再生槽供应溶剂。当溶剂再生槽液位到达30%左右时，缓慢打开溶剂再生蒸发器的蒸汽供应。

（6）再生槽液位到达70%时，关闭再生槽的溶剂进料阀，增加蒸汽供应直到溶剂蒸发，溶剂再生槽液位下降且真空单元溶剂泵排量（进塔 T-5302 溶剂流量）增加表示蒸发开始。

（7）如果溶剂再生槽的液位下降到50%，再次打开溶剂进料阀，给溶剂再生槽装料。把液位调整到60%，可把流量控制器调到自动模式。

（8）调整蒸汽供应量，使液位稳定。当溶剂蒸发速率减少时，增加蒸汽的供应。

（9）在 $-0.064 \sim -0.05MPa$ 下对溶剂进行连续再生，直到循环的溶剂（在溶剂萃取蒸馏原料的取样点及真空泵窥镜处观察）的颜色返回到鲜黄色或深黄色。

（10）结束再生时，缓慢把压力降低到 $-0.095MPa$。增加残液厚度，减少废溶剂的量即减少溶剂损失。

（11）再生期间及时对残液进行外排。

3.5.8.2　溶剂残液的排放步骤

（1）倾倒残液前，确保干燥、贴有标签的桶放于溶剂再生槽残液排放管的下面。

（2）残液排放管道要进行伴热及保温。

（3）排放出的残油温度约 140～160℃，注意防止烫伤。

（4）手动关闭流到溶剂再生槽的溶剂进料阀。

（5）通过溶剂再生的持续蒸发过程把再生槽的液位减少到最小值。

（6）关闭溶剂再生蒸发器的蒸汽供应，当溶剂再生槽的液位降到最低值时冷凝排放管道。

（7）关闭溶剂再生槽真空管道上的手阀，通过氮气向溶剂槽内充氮气。

（8）关闭真空泵，关闭泵的气体吸入阀。

（9）打开溶剂残液排放管上的手阀，当溶剂再生槽仍然处于真空状态时迅速打开此阀维持 1s。开阀过程可使空气进入槽内，沉积在阀上的残渣被吹进槽内。

（10）向溶剂再生槽内缓慢加入氮气，使槽内氮气的压力保持在 0.05MPa 的微正压。

（11）在残液排放管下放置一个残液接收桶，打开管道的底部球阀，排放再生残液。

3.5.9 萃取蒸馏塔的挂料和淹塔

3.5.9.1 概述

萃取蒸馏中最严重的故障是挂料和随后的淹塔，由于在清洗段（溶剂和进料入口之间的填料段）萃取蒸馏塔处于低温和低芳香烃含量，因此很容易造成淹塔。

在萃取蒸馏塔的连续运转期间不会发生液体的累积，引入的总流量与流出的总流量相等，可以允许一定程度的液体累积而不会造成塔内部积压。当液体累积量超过了塔的容量时，压降增大，液体"堵塞"在塔内部，这种状况最可能发生在清洗部分（溶剂和进料入口间的填料段）。升高底部温度将使蒸汽流量变大，从而使问题恶化，导致萃取蒸馏塔运转失控。必须减小进料和溶剂流量，严重情况下甚至要完全停止进料和溶剂流量，待稳定后重建塔的温度平衡并重新开始进料生产。

另一个可能出现的现象就是液相分层。在低温下，溶剂甲酰吗啉和高浓度非芳烃过饱和，以致形成两个液相。这部分内容可参考热力学相关资料。

在运转期间必须仔细监控苯和甲苯含量，万一发生挂料，可将萃取塔和汽提塔两个上部产品（非芳烃和纯芳香烃）送回到进料线路以消除不纯产品（苯和甲苯）。

3.5.9.2 挂料原因

挂料的原因有多种，一般来说过度降低溶剂进料温度，过度或突然增大产品或溶剂进料流量，高进料流量下突然启动，回流流量过高都会造成挂料。

3.5.9.3 挂料现象

挂料现象可通过一些现象判断，如物料平衡显示了塔内有液体积累；当顶部压力维持不变时萃取塔底压力上升；塔顶压力不稳定；填料床内压差较高；由于萃取塔的清洗部分内的溶剂累积，使汽提塔底部液位下降；萃取塔清洗部分内的温度降低且不稳定；顶部压力减小；非芳烃产品减少。

汽提塔内液位下降可能是汽提塔填料层温差上显示的，较高温差表明了在汽提再沸器内蒸发作用增强了，这意味着有更多的溶剂累积在塔盘上和填料中。溶剂进料流量（由于通往萃取塔的进料增多）增大或溶剂/烃比值增大，导致在萃取塔内或汽提塔内发生更严重的溶剂堵料故障。

3.5.9.4　淹塔现象

可以通过一些现象判断萃取塔已发生淹塔。注意，不是所有的状况都同时发生。如萃取塔顶部压力剧烈波动；通往汽提塔的富溶剂减少；塔底压力和填料床内的压差进一步增大；汽提塔底部液位进一步下降；由于塔内烃的富集，导致萃取塔底部温度下降。

通常，淹塔是由萃取塔的过度加热而造成过度的蒸汽负载造成的。低 NFM 进料温度也会造成淹塔。即使不是在分层附近的温度下运转，也可能发生淹塔。对于这种情况，应始终将升高溶剂进料温度作为一种补救方法。

3.5.9.5　挂料故障时采取的对策

若已采取了一定措施，但状况仍然没有好转，可综合采取系列措施，将溶剂进料温度升高 3℃左右，使丰富的非芳烃从填料中蒸发出去；将通往萃取塔的回流减少 20%。这将减少塔的负载；将溶剂进料温度再增大 3℃；将溶剂流量减少 10% 以减少塔的负载；将进料流量减少 25% 左右。当塔再次稳定下来，应小幅（0.2℃/h）降低溶剂进料温度，将回流流量增大至标准流量。

3.5.9.6　发生淹塔后的对策

发生淹塔后，可根据具体情况采取措施，将通往萃取塔的进料减至标准操作下的 65%，如果有必要，完全停止进料；在手动控制下将溶剂流量减少至正常操作下的 70% 并保持下去；将溶剂进料温度升高 4℃左右；将通往萃取塔的回流减少 20%；将溶剂进料温度再增大 3℃；将回流流量再减少 20%；将通往萃取塔再沸器的蒸汽流量调为手动方式下，但不减少；将溶剂流量减少至标准操作下的 50%。当塔再次稳定后，按正常进料和操作步骤重启。

思 考 题

3 - 1　苯、甲苯、二甲苯的质量指标分别有哪些？

3 - 2　N - 甲酰吗啉与环丁砜相比有哪些优、缺点？

3 - 3　萃取蒸馏的原理是什么？

3 - 4　产生液泛的原因有哪些？

3 - 5　什么叫雾沫夹带？

3 - 6　蒸馏系统各蒸馏塔的作用都是什么？

3 - 7　萃取蒸馏塔的挂料和淹塔的原因有哪些？

3 - 8　汽提塔为什么要使用负压蒸馏？

3 - 9　汽提塔的真空受哪些因素的影响？

3 - 10　二甲苯塔如何选择采出位置？

3 - 11　萃取蒸馏系统出现仪表空气中断的情况应如何处理？

3 - 12　溶剂消耗和损失的原因有哪些？

3 - 13　蒸馏系统三苯含量损失的原因有哪些？

4 苯加氢油库

学习目的：

初级工需掌握油库系统中油槽的数量及容量、屏蔽泵、卸车螺杆泵等的相关知识，能完成各产品槽的取样工作，能对各产品槽放水，能根据液位及时联系倒槽、装车、收油，能计算各油槽库存量。

中级工需掌握内浮顶槽罐的基本原理及各产品槽的基本结构，了解各油品的性质，能够完成槽罐之间的倒油工作，能进行正常的汽车及火车装卸作业，能根据槽罐液位的变化判断产品流向是否正常。

高级工需能够指导完成汽车及火车装卸工作，能够在紧急情况下指导完成汽车之间的倒油工作，能够制定合理的油库设施检修方案、能查找油库系统的安全隐患。

4.1 油库的一般操作

本节主要介绍汽（火）车装卸车技术规定、汽（火）车装车操作、汽（火）车卸车操作、螺杆泵（卸车泵）操作、尾气洗净装置的操作、汽车卸车放空槽的操作、汽（火）装卸运输安全管理规定。

4.1.1 汽（火）车装卸车技术规定

（1）成品取样或取残车样时，取样瓶要冲刷干净，要用专用瓶取样，要有代表性。

（2）装卸火车罐和汽车罐时，装卸鹤管和罐车本体，应安装防静电接地装置。

（3）装卸油品时，应采取液下装卸的方式（即装卸鹤管垂直插入液体内）。

（4）卸槽车剩余液液面高度不高于50mm。

（5）进车前应保证装卸车臂和活动梯处于复位并锁定状态，防止设备被槽车撞击。

（6）拉动装卸臂时应尽量保持外臂处于上仰角度，防止阀门关不严时臂内残液伤人。

（7）火车槽车打残油量不低于500kg。

（8）苯类产品装车时应控制流速在安全规定范围内。

（9）汽车罐车或火车罐车未经清洗不得换装油品。

（10）对装有流量计的管道扫蒸汽时，应将附管开闭器打开，同时关闭流量计前后阀门，以免扫蒸汽时损坏流量计。

4.1.2 汽（火）车装卸车

4.1.2.1 装车

（1）装车前应首先通知苯加氢中控和运输组，确认产品规格、储槽容量、泵及润滑情况、管线、阀门和化验记录并取样观察产品中是否含水，主要分辨油水方法为：

扩散法——油在干燥的金属表面迅速扩散，水在油润湿的金属表面聚成珠状。

手感法——沾有油的手指，研撮有润滑感；沾水的手指，研撮有粗涩感。

色彩法——自然光在油层与水层之间所衍射成五颜六色的光。

密度法——水比油重（油品比重大于 1 的除外），脱水时有冲击声且四处飞溅。

（2）槽车（或汽车）配好后，放下装车梯，首先检查车内是否有水和杂油，如有水、油，必须抽出。

（3）装车对接：打开内臂锁定机构，手提垂直手柄，将臂从挂钩上摘下，移动臂至槽车罐口，用气控系统操作外臂下落，使垂直管进入槽车罐口，垂直管离车底距离在 200mm 以内。

（4）调整好探头位置，将导电夹夹持在槽车上，打开电源开关，使报警系统处于工作状态。

（5）检查产品槽含水情况，检查装车管线保温伴热情况，必要时用蒸汽吹扫并放水。

（6）打开产品槽抽出口开闭器及泵出入口管开闭器，打开产品流量计前后阀门并关闭旁通阀门，从泵头排气确认充满液体后启动装车泵，往车内打残油到规定的油量为止，停止泵。

（7）取样化验，合格后开动泵装车，记录装车车号（副产品装汽车可省分析步骤，目测）。

（8）在装车时，注意检查产品槽、泵、管道、槽车等情况，以防跑油。

（9）当槽车装到规定的油量或报警铃报警灯报警时，应立即关闭流量计后阀门，停泵切断物料输送，关闭电源，消除报警，关好泵出入口管及槽出口开闭器。

（10）打开内臂上的真空断路阀，静置半分钟，使臂管内液体介质排空，拆下导电夹；操作气控系统拔出垂管，松开外臂锁紧；将臂与槽车脱离；内臂锁定装置复位，将外臂操作手柄移入挂钩处固定。

（11）静置不少于 10min 后，通知检查站取样化验和测水，合格后卸掉接地线，封好车，拉回梯子，通知运输调车。

（12）苯、苯残渣、重苯等装车完毕后，应将泵头及管道及时扫通，防止堵管。

（13）做好装车记录。

4.1.2.2　卸车

（1）当槽车（或汽车）配好后，放下装车梯，检查槽车油量情况，上好槽车罐体的防静电接地装置，然后放下装车装卸臂。

（2）打开槽车—泵—接受槽管道上所有开闭器，并测量接受槽的实际油量，查看账本是否相符。

（3）起动泵卸车，在卸车操作中，注意检查所有连接管道和槽油量，以防跑油。

（4）卸车完后，用蒸汽扫通管道，关闭所属管道开闭器，卸掉卸车管和接地线，封好车盖，拉回梯子通知运输调车。

（5）准确量槽，及时下好账，并把槽车号记在记录本和账本上，以备查。

4.1.2.3　卸车泵操作

（1）首次启动前，需从泵的注油孔注入少量油料，以起密封和润滑作用。检查泵的转动方向及各部位连接状况是否良好。

（2）打开排出管及排出管系阀门，如有回流阀，应打开回流阀门以减少电机负荷。

（3）启动电机，慢慢从小到大打开进油阀，运转正常后，关闭回油阀。运转中应注意观察压力表和电流表的读数变化，同时听声测温，如有异常，应立即停泵查明原因。运转中绝不允许关闭排出口管系阀门。

（4）需要调节流量时，可采用回流管的回油阀门调节。如采用改变泵的转速调节流量，只能低于额定转速，不允许超速运转。

（5）泵的工作压力，可通过调节安全阀的调整螺杆或改变电机功率来改变。

（6）停泵应先停机，后关进出口阀，禁止先关出口阀后再停电机。

4.1.3　汽（火）车装卸运输安全管理规定

（1）客户及装车作业人员都必须严格遵守易燃易爆化学物品外发承运的法律准则，兼负法律责任。

（2）槽车和汽车严禁同时进行装（卸）运。槽车装车时，汽车严禁进入槽车附近。

（3）装车人员必须查验提货单、驾驶员驾驶证、行车证和《易燃易爆化学物品准运证》、《易燃易爆化学物品培训证》或《易燃易爆化学物品押运证》（以下简称"三证"），并负责讲明装车部位防火防爆管理的基本要求和进车规定。

（4）客户装车时必须要求持有《易燃易爆化学物品准运证》的车辆，并将车牌号和《易燃易爆化学物品准运证》编号，写在《危险工作许可证》即"进车证"上，装车人员检查是否齐备、提货单签字是否完备，并落实各项安全措施到位后，并在"进车证"上签字后方可进行装（卸）车，不得擅自违章进车。装车后作业人员要将车牌号和编号《外发产品登记台账》进行登记，备车间检查。

（5）车间发货人员在发货时，必须核实"进车证"。根据"进车证"的要求检查落实"车牌号"、"危险品标志牌"、"准载量"和防火安全措施，并检查运输车辆是否配置相应的消防器材、运输苯类产品的罐车是否配有接地线。

（6）装车人员必须坚守岗位，保持高度的安全防火警惕性。

（7）易燃易爆化学物品运输车辆不得搭载无关人员。易燃易爆化学物品不得超载超装（卸）；向容器内灌装易燃液体时，都不应装满，只装90%～95%即可，以保障安全。

（8）运输易燃易爆化学物品的车辆进入化工生产区域，排气管必须安装阻火器。

（9）装（卸）车作业时，车辆附近禁止站（行）人，防止原油泄漏灼伤，易燃易爆装（卸）车区域严禁吸烟。

（10）易燃易爆化学物品运输车辆在装（卸）车时，必须熄火停车。

（11）装（卸）载甲、乙类易燃易爆化学物品的车辆必须设有导除静电接地装置，汽车本体要进行接地。

（12）在装（卸）运苯类化工产品时，必须关闭手机等无线通信工具，使用防爆通讯工具。

（13）外来人员必须遵守防火安全管理制度等规定，严格落实安全交底签名。

（14）根据国家标准，运输车辆必须同时配置相应的化学危险品标志：

1）磁吸式三角形顶灯——安装在驾驶室顶部外表面前端中间位置，内有"危险品"黑体字样。

2）矩形标牌——安装在车辆尾部的右方，中间印有"危险品"黑体字样。

（15）临时装（卸）车时，作业人员必须在装车线现场配备8kg干粉灭火机两台。固定装（卸）车时，装车线现场必须配备8kg干粉灭火机8台。

（16）违反以上规定按照《易燃易爆化学物品外发运输安全管理规定》和经济责任制严格考核。

4.1.4　浮顶油罐操作

（1）浮顶油罐新罐投入运行或清罐后，第一次进油前，应先用水将浮盘浮起，然后才能进油，进油量在超过起浮高度容量后方可缓慢将水脱尽。油罐付油时，不允许抽空，浮顶油罐付油时，在正常情况下液位不得低于油罐的起浮高度。

（2）外浮顶油罐和内浮顶油罐的实际储油高度严禁超过油罐的安全储油高度。

（3）空罐进油时，管线内的油品流速应不大于1.0m/s，当油罐的进油口被油浸没200mm后可加大流速，但流速不得大于4m/s。

（4）馏出口油气分离不符合要求的油品不允许进入油罐，储存油品的蒸气压在38℃时应不大于0.088MPa。

（5）当油罐进出油后，至少30min内不允许人工检尺和采样，以免发生静电火灾。进出油超过至少30min后，按正常检尺制度执行。

（6）外浮顶油罐和内浮顶油罐在使用过程中必须定期进行检查，并做好记录，检查内容如下：

1）打开浮顶每个船仓的人孔盖，检查船仓内有无渗漏，每月检查一次；

2）检查浮顶集水箱有无渗漏，每月检查一次，雨水季节，特别是暴雨期间，要经常检查浮盘积水和排水情况，避免积水过多而造成沉盘事故；

3）检查密封装置有无破损、静电导出装置的接头有无松动和脱落、静电导出线有无断开，每月检查一次（进入内浮顶罐浮盘检查时，应开作业票，并有防范措施，方准入罐）；

4）中央排水管单向阀每月检查一次，防止失灵；

5）进出油管阀门、脱水阀门、外浮顶中央排水阀门应每半年检查一次，操作过程中若发现阀门损坏或渗漏应及时检修；

6）消防配件应每月检查一次；

7）在内浮顶罐固定顶上打开透光孔检查内浮顶有无渗漏，每月检查一次；

8）检查内浮顶罐顶和罐壁通气孔有无堵塞，每月检查一次；

9）对外浮顶油罐的浮盘上的人梯的导轨及导轮的润滑情况每月检查一次。

（7）操作人员平时操作时应随时注意浮顶或内浮顶有无异常现象，发现问题及时向有关部门报告并进行处理。

（8）调节浮顶或内浮顶支撑高度时，必须将浮顶上的自动通气阀阀杆连同所有浮顶支柱一起调节，不得有遗漏。

（9）由于低温可能使浮顶油罐的中央排水管出口处结冰，应在出口处采取保温或伴热措施，并应在降温前将排水管中的积水放净。

（10）浮顶油罐的中央排水管出口阀门平常应处在关闭状态。当浮盘中心积水高达100mm时应及时打开阀门排除积水。雨、雪天要加强对浮盘积水的检查，随时排除积水。当排水管不畅通排不出水时，要及时联系处理；当排水管内漏时，排水不能走明沟，而要进下水道。

（11）严禁采用压缩气体或蒸汽向油罐扫线，需用蒸汽吹扫时，必须倒空油罐。

（12）对落入浮顶油罐浮顶上的脏物及时清扫。

（13）装有加热器的浮顶油罐在清罐时，油面至加热管上表面的高度降到500mm时应停止加热。

（14）储存轻质油品的浮顶油罐，在夏季无风的情况下，当液面距罐壁上沿距离超过2m时，应尽可能对浮船顶上有害气体和氧气含量进行检测，以保证安全操作。

（15）在收付油过程中，操作员要注意计量仪表上显示的数据，当数据在短时间内显著变化时，应及时查找原因。

（16）在人员进罐之前，严格进行有害气体和氧气含量检测，合格后方可进罐作业。

（17）在新罐使用的最初三年内，每年均应测定罐基础沉降情况，出现异常应对基础进行返修。油罐使用三年后，其基础是否需要定期检查，再根据具体情况确定。

4.1.5　尾气洗净装置

（1）首次投用前，对清洗油槽、清洗油泵、尾气洗净塔及管线进行吹扫和检查，检查无误后暂时关闭到回收新鲜洗油阀，打开到苯加氢新鲜洗油阀，联系焦油车间送新鲜洗油 30t 左右，送油完后，对管线吹扫后恢复阀门到原状。

（2）每月联系回收，往其焦油槽送废洗油一次，每次送油约 10t。

（3）每月联系焦油，往清洗油槽送新洗油约 8t。

（4）每次汽火车装卸车作业时，应启动清洗油泵，打开与作业相对应的阀门，保持管道末端入口为微负压。作业完毕后，停止清洗油泵，对相关管线吹扫。

（5）清洗油槽正常温度控制在 30～40℃，在进行废洗油作业时温度加热到 60～80℃。

（6）清洗油槽液位应保持在 0.5～1.5m 之间。

4.1.6　卸车放空槽

（1）每次卸车完毕后，依次放空装卸臂及管线中油到卸车放空槽，避免同时放空作业串油。

（2）打开火车装车台卸车螺杆泵入口阀门，检查无误后开泵，地下槽液位低于 300mm 时停泵。

（3）停泵后吹扫并放空管线。

（4）卸车放空槽液位尽量保持在 500mm 以内。

（5）汽车卸车槽地坑每天应检查底部液位，液位高于 50mm 时开启蒸汽喷射器抽水，抽水完毕应及时停蒸汽喷射器。雨季地坑抽不及时或地坑蒸汽喷射器坏时应接临时潜水泵抽水。

4.1.7　倒油作业

（1）核对倒油油品、数量、时间。

（2）明确支出罐、接收罐和该罐的容量。

（3）打开支出罐和接收罐的阀门和测量孔。

（4）打开主管阀门并开泵。

（5）倒油期间，随时检查管线、阀门是否漏油，密切注意油罐油料变化情况。

（6）倒油结束后根据安排需打循环的开泵打循环，完成后关上相关阀门并停泵。

（7）做好作业记录（倒油数量、倒油时间、开、停泵时间、值班人员）。

4.1.8　清罐作业

（1）油罐与外界相连的管线、阀门应加盲板进行隔断。

（2）不允许用喷射蒸汽或从顶部插入胶管淋水来清洗油罐，以免产生静电，发生着火或爆炸。

（3）进入油罐作业前，罐内气体分析合格，检查、落实现场安全措施，办理进入设备作业许可证。

（4）作业时应遵守有关防火防爆的安全规章制度，应使用防爆的工具、设备，使用的防爆型照明灯电压应为12V。一般不允许使用电动机具；必要时作业人员应佩戴好长管呼吸器或空气呼吸器。

（5）不允许单独一人进罐作业，应在罐外设专人监护，随时与罐内作业人员保持联系。作业人员可实行分组轮换作业，轮换时间根据实际情况决定。

（6）清理出的渣滓，特别是有硫化物，要不断用水润湿并趁湿运走填埋，防止硫化铁氧化自燃。

（7）清罐完后应详细检查罐体及各个附件状况，特别是下部人孔和脱水阀门，并经质量部门检查合格，确认无误后方可投用进油。

4.2　油库的特殊操作

油库系统特殊操作主要包括油槽下部漏油处置、油罐着火处置、事故水池操作、消防泵操作、检修作业等。

4.2.1　油槽漏油处置

（1）停止往油槽内送油。
（2）将漏处用木棒钉死，将油抽出。
（3）漏油严重时，往槽内通水或用泥砂把沟堵死，以便回收漏出的油。
（4）通知车间和调度室。
（5）打开收集口到事故池的阀门，关闭通往雨水排水的阀门。
（6）停止漏油罐50m以内的所有动火作业。

4.2.2　油罐着火处置

（1）停止装卸收油，关闭所有与槽相连阀门。
（2）通知调度室将周围油罐车调出。
（3）开启泡沫向罐内喷射。
（4）向着火罐及旁边罐外壁喷水降温。

4.2.3　事故水池操作

（1）正常情况应将各收集口的阀门切换至雨水排口，含油高及事故状态时切换至事故池排口。
（2）正常情况下池底液位不超过0.3m，离池底最深处不超过0.8m。
（3）送事故水前，应联系回收打开与焦油氨水分离槽相连的阀门。
（4）水泵启动前应现场检查确认阀门、管道，确认无误后方可机旁手动启动。
（5）进入事故池底检查应两人配合，携带安全带、含氧探测仪、苯检测仪等安全装备，确认含氧及可燃气体合格无误后方可进入。

4.2.4　消防泵

（1）消防泵要指定专人操作。
（2）做好消防泵的日常维护保养，每天试运转一次，发现异常及时处理，使之始终处于良好状态。

（3）遇有火警，立即启动消防水泵，打开排出阀门供水，并按指挥员命令调整压力。

（4）需泡沫灭火时，先供水，后打开泡沫液罐阀门，将比例混合器调到所需指数。

（5）消防泵运转中，要随时观察机泵运转情况和仪表指数，发现异常立即采取有效措施进行处理。

（6）消防泵运转过程中，操作人员必须随时与灭火指挥员保持联络。

（7）灭火结束，先关闭泡沫液罐阀门，清洗管线中的泡沫残液，然后停泵，关闭水阀门，检查保养机泵设备，清整泵房卫生，认真填写作业记录。

4.2.5　油库维修作业

（1）作业前按规定着工作服，并检查工具、用具是否良好，佩戴安全防护用品。

（2）检修设备前，先停止运转、切断电源，悬挂警示标识，设专人监护。

（3）在火灾危险场所维修作业，要采取有效防范措施，按规定用电、动火，使用防爆工具和防爆照明灯具。

（4）高空作业要系好安全带，检查脚手架是否稳定、牢固，所用工具应进行传递，不准乱扔。

（5）修理机械设备应按程序进行，按顺序放好拆卸的零部件，防止装错，对拆卸的静电接地线要进行恢复。

（6）维修输油管道时，应事先关好阀门，排净管内余油，必要时进行清洗。

（7）作业完毕，及时清理现场，做好记录。

```
思  考  题
```

4－1　装完槽车后为什么要静置 10min 以上？

4－2　卸车泵启动前需要做哪些准备工作？

4－3　油库有哪些特殊操作？

4－4　油罐着火应如何处理？

5 能源介质

学习目的:

初级工掌握区域内能源介质基本参数;能按中控室要求对能源介质参数进行现场调节。

中级工掌握能源介质管理办法,区域内主要能源介质管网图;能在中控室对能源介质参数(包括流量、压力、温度)进行调节或指导现场调节。

高级工掌握区域内各种能源介质管网图,能源介质在系统中的作用;能发现能源介质的异常变化并做出调整,能分析能源介质中断引发的连锁反应,能查找能源介质中断的原因。

5.1 能源介质

苯加氢区域内主要能源介质有蒸汽、压缩空气、氮气、高压循环水、除盐水、焦炉煤气等介质。其中,蒸汽根据压力不同分为中压蒸汽、中低压蒸汽、低压蒸汽。

5.1.1 蒸汽

苯加氢作业区所用的蒸汽分为三种:中压蒸汽、中低压蒸汽以及低压蒸汽。蒸汽系统流程图如图5-1所示。中压蒸汽来自于外线,通过减温减压后变为中低压蒸汽。中压蒸汽及中低压蒸汽作为蒸馏塔的加热介质,二者的乏汽通过蒸汽闪蒸槽降温降压后变为低压蒸汽。低压蒸汽在区域内做扫汽及管道伴热使用。

5.1.1.1 中压蒸汽

苯加氢作业区所用的中压蒸汽由两路组成,一路来源于干熄焦电站,另一路来源于能源总厂热力厂,二者在苯加氢作业区蒸汽减温减压站前汇合。根据蒸馏系统加热要求,中压蒸汽一般压力为$2.4 \sim 3.0MPa$,温度一般控制在250℃左右。中压蒸汽主要供给预蒸馏塔、汽提塔及二甲苯塔加热使用,加热后的乏汽送到中压蒸汽闪蒸槽进行气液分离,其中气相部分并入中低压蒸汽管道,液相部分进到中低压闪蒸槽。中压蒸汽的压力、温度是影响蒸馏塔操作的重要指标,它直接影响蒸馏过程组分的分离效果,进而影响产品质量。由于中压蒸汽压力、温度均较高,因此为了减少生产中中压蒸汽变化对设备造成的机械应变及热应变,调节时一般使用微调,只有在系统出现异常需紧急停工的情况下才能大幅调节,故在日常生产中我们需要密切关注其温度、压力等参数。

5.1.1.2 中低压蒸汽

苯加氢作业区所用的中低压蒸汽是由中压蒸汽在减温减压站进行减温减压后所得,压力一般控制在$1.5MPa$左右,温度一般控制在220℃。中低压蒸汽主要供给制氢单元吸附塔再生预热、稳定塔、萃取蒸馏塔、BT蒸馏塔及甲苯蒸馏塔加热使用,加热后的乏汽送到中低压蒸汽

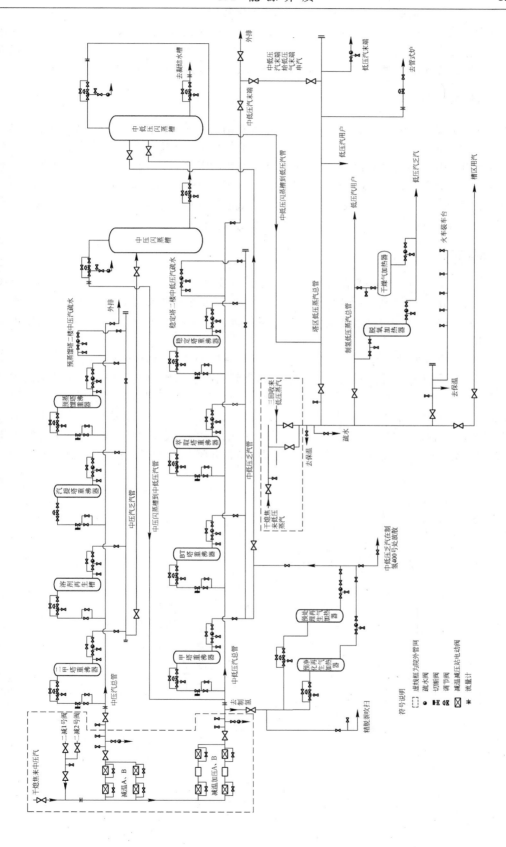

图 5 - 1 某厂蒸汽系统流程图

闪蒸槽进行气液分离，其中气相部分作为低压蒸汽并入低压蒸汽管道，液相部分作为凝结水送至凝结水槽。使用中低压蒸汽的几个蒸馏塔基本上都是苯加氢产品塔，因此在实际生产过程中必须严格控制，确保中低压蒸汽压力、温度符合要求，不出现大的波动。

5.1.1.3　低压蒸汽

低压蒸汽主要是由中低压蒸汽乏汽在中低压闪蒸槽内闪蒸而产生，压力一般控制为 0.4 ~ 0.6MPa，温度一般在 150℃左右。低压蒸汽主要供给制氢脱氧干燥单元、日常外加汽扫汽以及管道伴热使用。由于是通过中低压蒸汽降温降压后获得，因此一旦中低压蒸汽出现故障时，系统低压蒸汽也会随之受影响。夏天气温较高时，由于系统伴热管道基本关闭，低压蒸汽使用量明显降低，因此低压蒸汽压力会较高，容易导致中低压闪蒸槽安全阀起跳，通常在夏季高温季节将低压蒸汽与回收低压蒸汽串联，从而降低系统低压蒸汽压力。

5.1.2　压缩空气

压缩空气（也叫仪表气或仪表风）在一般化工企业里用于气动执行机构（气动阀门的执行器、气缸等）的驱动气源。压缩空气的压力根据设备的技术要求而定，一般要求压缩空气的压力为 0.4 ~ 0.7MPa（G）。苯加氢装置压缩空气来自于回收区域空压站，一般情况压力为 0.4 ~ 0.6MPa。

通常情况下调节阀阀杆动作，即定位器动作时需要的压力远低于仪表空气主管的压力（一般不高于 0.35MPa），并且用在不同工况下的调节阀要求的压力不尽相同。为了保证阀门所需要的压力，调节阀一般需自带仪表空气减压阀，将仪表空气调整到需要的压力。苯加氢调节阀和制氢的程控阀大多数是通过压缩空气来实现阀门的开关，一般要求仪表空气压力为 0.4 ~ 0.6MPa。为保证压缩空气能正常工作，在日常生产中需要定期对压缩空气管道进行排水操作，以免有异物堵塞仪表空气管道，影响阀门的正常开闭，造成安全隐患。压缩空气流程图如图 5 - 1、图 5 - 2 所示。

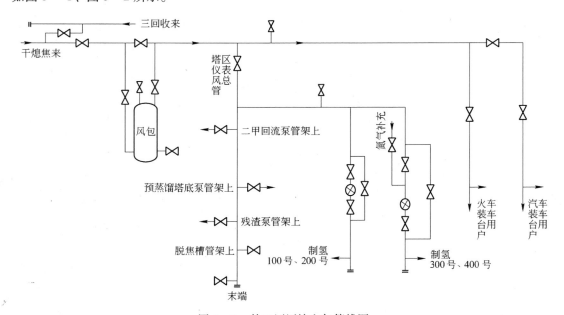

图 5 - 2　某工厂压缩空气管线图

5.1.3　氮气

　　氮气，化学式 N_2，标况下是一种无色无味无嗅的气体，且通常无毒。氮气占大气总量的78.12%（vt），是空气的主要成分。常温下为气体，氮气的化学性质很稳定，常温下很难跟其他物质发生反应。苯加氢装置系统要求 N_2 的压力一般保证在0.5MPa左右，且要求氮气纯度在99.99%以上。因为系统的置换都是用氮气来实现，一旦所用氮气中含氧量超标，那么系统就会处于一个非常危险的状态，极易出现燃爆。

　　系统用氮气主要用于各个蒸馏塔、回流槽、地下槽以及放空槽等容器来调节容器内部压力；加氢单元管式炉停炉吹扫；各个单元系统内置换以及保压。氮气管线如图5－3所示。具体来说，氮气主要作用包括：蒸馏系统各蒸馏塔用氮气来平衡各塔压力，保证生产过程中各塔压力稳定；系统停产时，用氮气对整个系统进行置换，实现装置内惰性化，方便检修；各压缩机检修时用氮气来对气缸及连接管道进行置换，稀释工艺介质气体浓度，降低检修安全风险；氮气用以对压缩机气室、活塞杆填料进行密封隔离，防止压缩机缸体易燃易爆气体串至气室；对加氢单元，氮气可起保护作用，一旦加氢单元发生泄漏着火，可迅速将氮气充入系统内，既能起到稀释可燃气体浓度的作用，也能避免系统在紧急放散时形成负压，从而降低了系统安全风险。

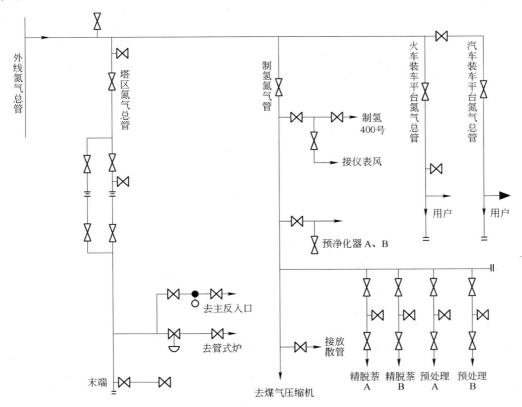

图5－3　某工厂氮气管线图

　　氮气由于具有无色无味的特点，因此在使用过程中一定要注意，特别是用氮气置换过的容器内部一旦需要进人时，必须用氧气报警器检测系统内氧气含量，确认合格（不低于18%），避免造成人员窒息。

5.1.4　循环水

循环水即工业水，工业上主要用来冷却动设备、冷却器，避免在生产过程中温度超标。

循环水来自于回收环水工段，由高压水循环泵输送至作业区内。循环水通过管道送往系统中各换热器，以水冷却带走设备内机械运转散发的热量或换热设备内热介质的热量，然后循环水回水进入回收凉水塔顶，自流而下，热水和空气直接接触从而将水温降到要求值，冷却后的水再次通过水泵输出循环使用。循环水上水的压力一般控制在 0.5MPa 左右，换热之后回水压力一般降低至 0.3MPa。

循环水流程如图 5 - 4 所示，基本上所有的换热设备都是利用循环水进行换热，因此在控制冷却温度时，循环水的调节是很重要的。调节换热温度主要从以下两方面进行调整：

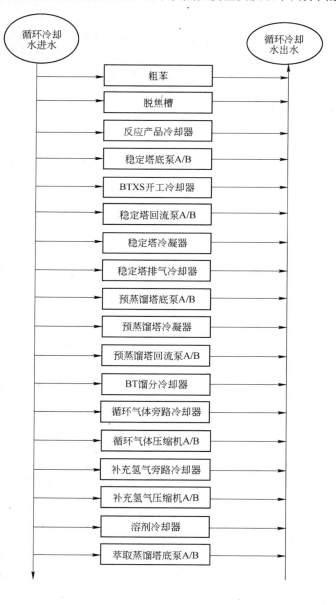

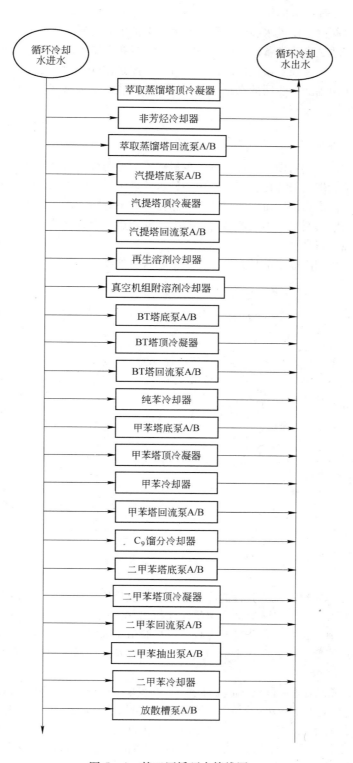

图 5-4 某工厂循环水管线图

第一，调节进水和回水的压力、流量。即可增大进水压力或减小回水压力，还可以提高进水流量即开大进水阀门，使进水和回水压差变大，保证水流顺畅。

第二，检查、冲洗换热设备，保证水路畅通、无阻塞。高压循环水水质存在一定缺陷，因此在正常生产过程中要加强对换热器的检查，可以关闭进水阀门并在进水管路上找一点断开，用回水进行反冲从而判断换热器的水路是否通畅。若换热设备水路堵塞严重，则需要采用其他方式处理（本书 6.3 节介绍）。

5.1.5　除盐水

除盐水又称软水，相对硬水而言，仅含少量或不含可溶性钙盐、镁盐的水，容易与肥皂产生泡沫，煮沸时不发生显著变化。它是利用各种水处理工艺，除去悬浮物、胶体和无机的阳离子、阴离子等水中杂质后，所得到的成品水。除盐水并不意味着水中盐类被全部去除干净，由于技术方面的原因以及制水成本上的考虑，根据不同用途，允许除盐水含有微量杂质，除盐水中杂质越少，水纯度越高。

苯加氢装置中用到除盐水的地方有 4 处，工艺管线如图 5 - 5 所示。

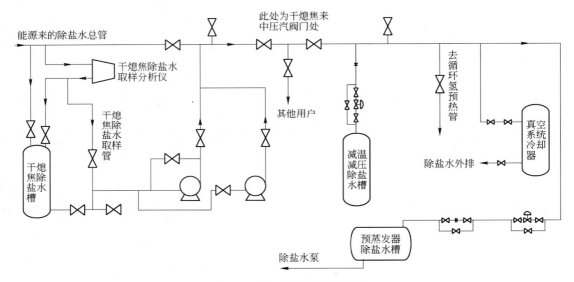

图 5 - 5　某工厂除盐水管线图

一是作为加氢单元预蒸发器壳程的注水。由于加氢反应生成 NH_3、H_2S 等，随着循环气体温度下降，将有 NH_4Cl、NH_4HS 等盐类物质晶体析出并沉积下来，时间久了会结垢附着在预蒸发器壳体或连接管道上，造成预蒸发器壳程、连接管道不通畅甚至堵塞，影响换热效率。为了防止这种不通畅或堵塞，工艺上在 5 个预蒸发器的壳程及反应后物料出口管道注入除盐水进行洗净，以防止铵盐沉积。

二是在减温减压站外来中压蒸汽降温时使用。外线来的中压蒸汽温度一般在 300℃ 以上，超过了生产需求，因此在生产过程中无论是中压蒸汽还是中低压蒸汽均需要注水，吸收热量以达到蒸汽降温的目的。又因为蒸汽压力较大，对用以冷却的水质要求比较高，因此工艺上使用除盐水。

三是作为循环氢气压缩机开机前预热的热源。循环氢气压缩机在开机前，为避免温度骤降对设备的影响，需要先用除盐水将压缩机预热至 65℃，以达到循环氢气压缩机的启动条件。

四是作为真空泵液环液体冷却器的冷却介质。液环工作液对真空泵的运行影响很大，若温度过高则达不到液环效果，因此真空系统的液环工作液必须用冷却器进行冷却，但由于该冷却器很小且为结构紧凑的板式换热器，故采用除盐水进行冷却。

5.1.6 焦炉煤气

苯加氢装置所用的焦炉煤气两条管线，一条来自于回收脱硫塔后煤气总管；一条来自于回收向燃气厂输送煤气的总管。

焦炉煤气在苯加氢主要有两处使用：一是送到制氢单元作为制氢的原料，从焦炉煤气中提取氢气，用量约 $1500m^3/h$；二是作为加氢单元的管式炉加热燃料，为进入主反应器前的汽化原料升温，确保主反应器内的催化加氢反应在适宜的温度下正常进行，用量约 $250m^3/h$。

5.2 能源介质管理

为提高苯加氢作业区现场管理水平，有效整治"跑冒滴漏"现象，根据车间人员结构特点，特制定苯加氢作业区能源介质管理办法。

5.2.1 能源介质管理区域划分

按"谁主管、谁负责"的原则来划分，甲、乙、丙、丁四个班按四个区对自己职责范围内的能源介质泄漏问题进行负责，处理问题由值班工长进行统一安排；炼焦马路上的所有能源介质的漏点由机修班负责处理。

5.2.2 能源介质管理职责划分

（1）一般工艺介质管道上 DN50 及以下阀门大小压盖处、法兰巴金泄漏由三班操作人员处理，DN50 以上阀门由机修人员处理。

（2）涉及到丝扣连接的管道 DN25 及以下的法兰泄漏由三班操作人员负责处理，DN25 以上法兰由机修人员负责处理。

（3）3m 以上高空且无检修平台的阀门、巴金等处的泄漏由机修人员处理。

（4）蒸汽管道的乏汽上必须要有疏水阀且疏水正常，不允许敞排，如没有疏水阀则由机修班负责安装，如疏水不正常，则由三班操作人员按包干区进行更换。

（5）凡是涉及到设备本体上的泄漏（如机封漏、轴承箱油封漏等）由机修人员负责处理，而附属设备上的管道泄漏则按管道大小进行划分。

（6）管道堵塞或管道吹扫需要疏通拆卸原则上由三班操作人员进行疏通处理，如遇到 DN50 以上或 3m 高空无平台处阀门及法兰的拆卸则由机修人员协助处理。

（7）区域内各分区的压力表由包干区三班操作人员负责检查维护。

（8）要求各岗位人员对所属区域内的能源介质情况进行点巡检，并在相关记录本上做好记录，及时反映；检修人员在做好设备点检的同时也应做好日常能源介质泄漏情况的台账，并认真查看三班账本上反映的问题，及时处理、销账。

5.3 能源介质操作

5.3.1 能源介质输送

5.3.1.1 蒸汽输送操作

引送蒸汽之前，必须首先排净管道内的积水，以防汽水相击，造成"水锤"效应，引起不必要的安全事故。因此，必须小心谨慎，不能操之过急，须按照以下程序进行。

（1）引入少量蒸汽暖管。

首先打开送蒸汽管线上的所有疏水阀门，排净管道内的积水。接着进行暖管操作，微开蒸汽输送阀"暖管"，从疏水阀处排出冷凝水；当疏水处积水排尽，有蒸汽冒出时，方可关小疏水阀门，从前往后逐段进行，直到管线内积水完全排尽；在暖管过程中，应注意检查管道支架与膨胀节的情况，如发现异常情况，应停止暖管，查明原因，消除故障后再继续暖管；暖管过程结束后通知调度室，逐步打开蒸汽输送阀，使管道升压直至完全开启，阀门开启后应加关半圈，以防热胀而卡死。操作时应缓慢起压，防止管道震动，造成破坏，升压速率应不超过每分钟 0.2MPa 为宜。

（2）引进蒸汽装置。

通知中控室，开启蒸汽管道和减温减压装置的所有疏水阀、放净阀，排出管道内积存水和凝结水；缓慢打开蒸汽总阀的跨线阀门，手动打开减温减压装置中压蒸汽、中低压蒸汽管线自调阀门进行主管线暖管操作，从疏水处排水；引蒸汽操作；暖管过程结束后，即可逐步打开蒸汽输送阀，使管道升压直至完全开启，开启后应加关半圈，以防热胀而卡死。操作时应缓慢起压，防止管道震动，造成破坏。升压速率应不超过每分钟 0.2MPa 为宜。此时应手动控制减温减压装置中压蒸汽、中低压蒸汽管线自调阀门，需监控引入蒸汽的压力参数，勿使管线超压，当压力稳定后投用自动。

5.3.1.2　焦炉煤气输送操作

（1）送煤气前准备确认工作。

送煤气前，需认真进行检查确认工作。首先检查煤气管沿线所有水封，确认水封水全部满流；确认煤气管进系统的阀门处于全关闭状态；检查煤气管道，确认管道与水封连接正常；用蒸汽对管道进行试漏，确认管道无泄漏；准备好爆破桶及 CO 报警器。

（2）送煤气操作。

第一步用氮气置换空气。按照输送煤气方案安排，通知中控室准备氮气置换。煤气管道沿线水封注水直至溢流。与前后工序联系好后打开氮气阀门，手动打开现场煤气管放散阀，在煤气管末端放散。注意控制管道压力不能过高。取样分析，气体含氧量不超过 1% 时，关闭上述放散阀门，关闭氮气吹扫阀门，置换工作结束。确认各放散点全关，具备煤气接收条件。

第二步用煤气置换 N_2。通知中控室准备接收煤气。打开煤气主管阀门，煤气管开始接收煤气。打开煤气管末端放散阀门，用煤气置换 N_2。在煤气管末端取样做爆破试验，合格后关闭煤气放散阀，系统可引入煤气。

5.3.2　能源介质异常处置

在第 1~4 章详细介绍了压缩空气、高压循环水、电力、DCS、蒸汽等故障时各单元的紧急停车操作，本书重点介绍氮气、除盐水等故障应急操作。

5.3.2.1　氮气故障操作

按照进料故障处理措施进行处理，注意停工期间调整流量维持系统压力不低于 0.03MPa。

　A　系统停氮气的危害辨识

系统停 N_2，压缩机气室密封、活塞杆填料密封将无 N_2 进行密封隔离，压缩机缸体易燃易爆气体将会串至气室，甚至会串至轴承运动部件，当运动部件异常情况下发生剧烈摩擦发热时，会发生着火爆炸；蒸馏系统各塔回流槽将无 N_2 气源平衡系统压力，N_2 管网压力低于精馏系统压力时，在补 N_2 阀内漏的情况下，易燃易爆的烃类介质会串至 N_2 管网，引起其他单元发生着火、爆炸的危险；加氢单元管式加热炉连锁停炉吹扫或手动停炉吹扫用 N_2 情况下，N_2 管网因漏入的易燃易爆介质进入炉膛，会直接引起着火爆炸；N_2 管网因漏入的易燃易爆介质进入置换、保压的设备管道，存在严重的安全隐患。

B 安全处置措施

当加氢单元出现故障时，及时关闭 H - 5101 氮气吹扫手阀，防止 H - 5101（管式炉）连锁停炉充氮吹扫，易燃易爆介质进入炉膛发生危险；原料缓冲槽 V - 5101 关闭补氮调节阀、现场手阀，防止串气；系统如处于充 N_2 保压状态，关闭相关阀门，禁止充 N_2，防止发生危险。

当蒸馏单元出现故障时，及时关闭各塔回流槽、真空机组溶剂罐、溶剂槽、地下槽平衡压力补氮调节阀、现场手阀，防止串气；系统如处于充 N_2 保压状态，关闭相关阀门，禁止充 N_2，防止发生危险。

当压缩机系统出现故障时，及时关闭压缩机密封 N_2 手阀；如果压缩机运行状态良好，短时间停 N_2，维持压缩机运行，加强压缩机运行状态参数监控，发现异常立即停机；如果压缩机工作有缺陷，或停 N_2 时间较长，应立即停压缩机，加氢系统按补充氢故障进行紧急停车；机组如处于充 N_2 保压置换状态，关闭补 N_2 阀、放散阀，防止发生危险。

5.3.2.2 除盐水故障操作

苯加氢装置中有四个需要用到除盐水的地方，最重要的就是减温减压站和真空系统液环工作液。若长时间停水，则中压蒸汽和中低压蒸汽温度会上升得非常快，引起的连锁反应就是蒸馏系统和制氢单元必须做出最快的调整，避免温度异常，损坏设备。真空系统的除盐水换热器无水供应，会导致真空泵液环液温度不断上升，影响真空泵的正常运行，甚至对泵造成损伤。循环氢气压缩机的除盐水只是开机时才会启用，故对循环氢压机影响不大。加氢单元预蒸发器的注水也只是在压差较大的时候才需要，因此停除盐水对加氢系统影响也不大。

A 减温减压

除盐水停后，中压蒸汽、中低压蒸汽温度会迅速上涨，蒸馏系统要及时调整加汽量，若很短暂的停水，在各塔温度可以控制的情况下可维持生产；若长时间除盐水不能恢复，各蒸馏塔温度出现异常时，需按紧急停车操作。

B 真空系统

真空泵工作液的冷却水停止，工作液的温度将会上升，必然影响真空泵的抽气效果，进而影响汽提塔的压力，可根据真空系统运行状况确认是否停产，也可临时将冷却水改为高压循环水，保证冷却效果。

5.3.2.3 焦炉煤气故障操作

焦炉煤气是制氢单元的原料和管式炉的热燃料，若焦炉煤气出现故障时，系统将没有氢气，加氢单元也将没有热源，因此整个系统均需按紧急停车处理。

思 考 题

5 - 1　苯加氢区域内主要能源介质有哪些?

5 - 2　系统中哪些地方使用氮气?

5 - 3　为什么要进行暖管作业?

5 - 4　能源介质管理职责是如何划分的?

5 - 5　除盐水出现故障应如何处理?

6 苯加氢设备

学习目的：

初级工了解仪表基础知识，常用阀门的种类、结构、适用范围，化工常用换热设备种类、结构，槽罐基础知识；能检查管路系统阀门工作情况，能检查各类调节阀调节是否正常，能正确开关切断阀，能检查系统温度、压力、液位、流量等测量仪表工作是否正常，能正确使用红外线测温仪，能检查加热、冷却系统，能检查槽罐等静止容器。

中级工掌握各仪表的报警连锁知识，浮阀塔、填料塔的结构特点、性能及安装要求，常用离心泵、屏蔽泵、往复泵等结构特点及性能参数；能判断仪表常见故障，能判断阀门常见故障，能检查塔器设备的总体状况，能正确开停泵及检查泵的运行情况，能简单地判断泵类设备的运行状况。

高级工掌握测量仪表的选择与应用方法，阀门的选择与应用范围，在线阀门的基本保养知识，煤气压缩机、补充氢压缩机、循环氢压缩机的工作原理、结构特点及性能、设备连锁，压缩机设备常见故障判断方法及维护保养知识，泵的性能参数知识；能根据误差、灵敏度要求选用适合的测量仪表，能确定仪表量程，能通过阀门编号识别各类阀门，能检查煤气压缩机、补充氢压缩机、循环氢压缩机的运行情况，能检查和分析泵流量、压力不稳定等故障原因并提出解决方法。

技师了解加氢精制氢单元所用分析仪工作原理及使用注意事项，掌握加氢进料泵（高速泵）、真空液环泵的结构特点、性能及保养知识，加氢固定床反应器的结构；能参与作业区各处阀门的选型，能对塔设备进行维护及检查，能检查加氢进料泵（高速泵）的运行状态、分析故障原因并提出解决办法，能检查液环泵的运行状况、分析故障原因并提出解决办法。

高级技师掌握制氢单元分析仪表的工作原理，管式炉工作原理及结构性能特点；能判断制氢单元分析仪表工作是否正常，能判断管式炉故障并提出应对措施，能参与作业区换热设备及塔器设备的选型，能参与作业区的塔设备大修方案制定。

6.1 静设备

化工静设备是指化工生产中静止的或配有少量传动机构组成的装置，主要用于完成传热、传质和化学反应等过程，或用于储存物料。

化工静设备按结构特征和用途分为容器、塔器、换热器、反应器（包括各种反应釜、固定床或液态化床）和管式炉等。按结构材料分为金属设备（碳钢、合金钢、铸铁、铝、铜等）、非金属设备（陶瓷、玻璃、塑料、木材等）和非金属材料衬里设备（衬橡胶、塑料、耐火材料及搪瓷等）其中碳钢设备最为常用。按受力情况分为外压设备（包括真空设备）和内压设备，内压设备又分为常压设备（操作压力小于 $1kgf/cm^2$）、低压设备（操作压力在 $1 \sim 16kgf/cm^2$ 之间）、中压设备（操作压力在 $16 \sim 100kgf/cm^2$ 之间）、高压设备（操作压力在 $100 \sim 1000kgf/cm^2$ 之间）和超高压设备（操作压力大于 $1000kgf/cm^2$）。

6.1.1 换热器

通过热交换（一般是对流或辐射），使热量从热流体传递到冷流体的设备称为换热设备。

根据不同的使用目的，换热器可以分为四类：加热器、冷却器、蒸发器、冷凝器。按照传热原理和实现热交换的形式不同可以分为间壁式换热器（又称间接式换热器或表面式换热器）、混合式换热器（又称直接接触式换热器）、蓄热式换热器（又称蓄热器，内装有固体填充物料）三种。按换热器传热面形状和结构分类：管式换热器、板式换热器、特殊形式换热器。下面重点介绍化工生产中最为常见的几种换热器：管式换热器里面的固定管板式换热器、浮头式换热器、U 形管式换热器以及普通板式换热器。

6.1.1.1　固定管板式换热器

管壳式换热器由一个壳体和包含许多管子的管束所构成，冷、热流体之间通过管壁进行换热的换热器。管壳式换热器作为一种传统的标准换热设备，在化工、炼油、石油化工、动力、核能和其他工业装置中得到普遍采用，特别是在高温高压和大型换热器中的应用占据绝对优势。通常的工作压力可达 4MPa，工作温度在 200℃ 以下，在个别情况下还可达到更高的压力和温度。一般壳体直径在 1800mm 以下，管子长度在 9m 以下，在个别情况下也有更大或更长的。

管壳式换热器是换热器的基本类型之一，19 世纪 80 年代开始就已应用在工业上。这种换热器结构坚固，处理能力大、选材范围广，适应性强，易于制造，生产成本较低，清洗较方便，在高温高压下也能适用。但在传热效能、紧凑性和金属消耗量方面不及板式换热器、板翅式换热器和板壳式换热器等高效能换热器先进。

最常见的管壳式换热器有固定管板式换热器、浮头式换热器和 U 形管式换热器。它们的工作原理基本相同，不同的是结构特点。

固定管板式换热器是最常用的管板式换热器，其结构特点是在壳体中设置有管束，管束两端用焊接或胀接的方法将管子固定在管板上，两端管板直接和壳体焊接在一起，壳程的进出口管直接焊在壳体上，管板外圆周和封头法兰用螺栓紧固，管程的进出口管直接和封头焊在一起，管束内根据换热管的长度设置了若干块折流板。

图 6-1 所示为固定管板式换热器的构造。A 流体从接管 1 流入壳体内，通过管间从接管 2 流出，B 流体从接管 3 流入，通过管内从接管 4 流出。如果 A 流体的温度高于 B 流体，热量便通过管壁由 A 流体传递给 B 流体；反之，则通过管壁由 B 流体传递给 A 流体。壳体以内、管子和管箱以外的区域称为壳程，通过壳程的流体称为壳程流体（A 流体）。管子和管箱以内的区域称为管程，通过管程的流体称为管程流体（B 流体）。管壳式换热器主要由管箱、管板、管子、壳体和折流板等构成。通常壳体为圆筒形；管子为直管或 U 形管。为提高换热器的传热效能，也可采用螺纹管、翅片管等。管子的布置有等边三角形、正方形、正方形斜转 45° 和

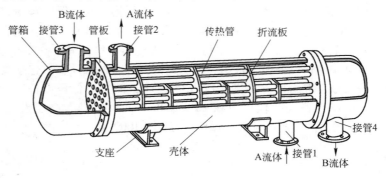

图 6-1　固定管板式换热器

同心圆形等多种形式，前三种最为常见。按三角形布置时，在相同直径的壳体内可排列较多的管子，以增加传热面积，但管间难以用机械方法清洗，流体阻力也较大。管板和管子的总体称为管束。管子端部与管板的连接有焊接和胀接两种。在管束中横向设置一些折流板，引导壳程流体多次改变流动方向，有效地冲刷管子，以提高传热效能，同时对管子起支承作用。折流板的形状有弓形、圆形和矩形等。为减小壳程和管程流体的流通截面、加快流速，以提高传热效能，可在管箱和壳体内纵向设置分程隔板，将壳程分为 2 程和将管程分为 2 程、4 程、6 程和 8 程等。

固定管板式换热器结构简单，制造成本低，管程清洗方便，管程可以分成多程，壳程也可以分成双程，规格范围广，故在工程上广泛应用。但壳程清洗困难，对于较脏或有腐蚀性的介质不宜采用。当膨胀之差较大时，可在壳体上设置膨胀节，以减少因管、壳程温差而产生的热应力。

固定管板式换热器的优点是旁路渗流较小；锻件使用较少，造价低；无内漏；传热面积比浮头式换热器大 20% ~30%。固定管板式换热器的缺点是壳体和管壁的温差较大，当壳体和管子壁温差 $t \geqslant 50℃$ 时必须在壳体上设置膨胀节；易产生温差力，管板与管头之间易产生温差应力而损坏；壳程无法机械清洗；管子腐蚀后连同壳体报废，设备寿命较低。

6.1.1.2 浮头式换热器

浮头式换热器两端的管板，一端不与壳体相连，该端称浮头。管子受热时，管束连同浮头可以沿轴向自由伸缩，完全消除了温差应力。

图 6 - 2 所示为浮头式换热器的结构。管子一端固定在一块固定管板上，管板夹持在壳体法兰与管箱法兰之间，用螺栓连接；管子另一端固定在浮头管板上，浮头管板与浮头盖用螺栓连接，形成可在壳体内自由移动的浮头。由于壳体和管束间没有相互约束，即使两流体温差再大，也不会在管子、壳体和管板中产生温差应力。对于图 6 - 2（a）中的结构，拆下管箱可将整个管束直接从壳体内抽出。为减小壳体与管束之间的间隙，以便在相同直径的壳体内排列较多的管子，常采用图 6 - 2（b）的结构；即把浮头管板夹持在用螺栓连接的浮头盖与钩圈之间。

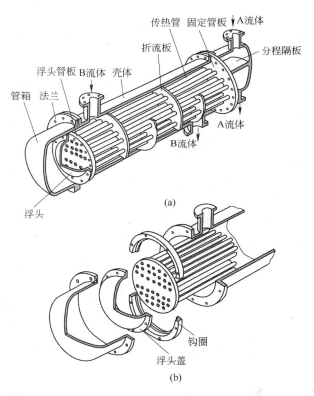

图 6 - 2 浮头式换热器

浮头式换热器的一端管板固定在壳体与管箱之间，另一端管板可以在壳体内自由移动，这个特点在现场能看出来。这种换热器壳体和管束的热膨胀是自由的，管束可以抽出，便于清洗管间和管内。其缺点是结构复杂，造价高（比固定管板高 20%），在运行中浮头处发生泄漏，不易检查处理。浮头式换热器适用于壳体和管束温差较大或壳程介质易结垢的条件。

6.1.1.3　U 形管式换热器

U 形管式换热器因其换热管成 U 形而得名。U 形管式换热器仅有一个管板，管子两端均固定于同一管板上。

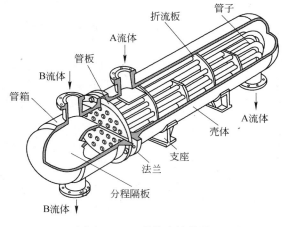

图 6-3　U 形管式换热器

U 形管式换热器结构如图 6-3 所示。一束管子被弯制成不同曲率半径的 U 形管，其两端固定在同一块管板上，组成管束。管板夹持在管箱法兰与壳体法兰之间，用螺栓连接。拆下管箱即可直接将管束抽出，便于清洗管间。管束的 U 形端不加固定，可自由伸缩，故它适用于两流体温差较大的场合；又因其构造较浮头式换热器简单，只有一块管板，单位传热面积的金属消耗量少，造价较低，也适用于高压流体的换热。但管子有 U 形部分，管内清洗较直管困难，管内清洗不便，管束中间部分的管子难以更换，又因最内层管子弯曲半径不能太小，在管板中心部分布管不紧凑，所以管子数不能太多，且管束中心部分存在间隙，使壳程流体易于短路而影响壳程换热。此外，为了弥补弯管后管壁的减薄，直管部分需用壁较厚的管子。这就影响了它的使用场合，仅宜用于管壳壁温相差较大，或壳程介质易结垢而管程介质清洁不易结垢，高温、高压、腐蚀性强的情形。管束中心的管子被外层管子遮盖，损坏时难以更换。相同直径的壳体内，U 形管的排列数目较直管少，相应的传热面积也较小。

6.1.1.4　普通板式换热器

板式换热器是由一系列具有一定波纹形状的金属片叠装而成的一种新型高效换热器。各种板片之间形成薄矩形通道，通过半片进行热量交换。板式换热器是液—液、液—气进行热交换的理想设备。它具有换热效率高、热损失小、结构紧凑轻巧、占地面积小、安装清洗方便、应用广泛、使用寿命长等特点。在相同压力损失情况下，其传热系数比管式换热器高 3～5 倍，占地面积为管式换热器的 1/3，热回收率可高达 90% 以上。

板式换热器基本结构如图 6-4 所示。

板式换热器的流程是一定数量的板片按一定方法组成的，其结构如图 6-5 所示。从图中可以看出，组装时 A 板和 B 板交替颠倒排列，A、B 板间形成网状通道，冷、热介质由于密封垫片的作用分别流入各自的通道内形成间隔流动，从而使冷热介质通过传热板片进行热交换。

与管壳式换热器的比较，板式换热器具有一些显著特点。

一是传热系数高。由于不同的波纹板相互倒置，构成复杂的流道，使流体在波纹板间流道内呈旋转三维流动，所以传热系数高，一般认为是管壳式的 3～5 倍。

二是占地面积小。板式换热器结构紧凑，单位体积内的换热面积为管壳式的 2～5 倍，也不像管壳式那样要预留抽出管束的检修场所，因此实现同样的换热量，板式换热器占地面积约为管壳式换热器的 1/8～1/5。

三是容易改变换热面积或流程组合。只要增加或减少几张板，即可达到增加或减少换热面积的目的；改变板片排列或更换几张板片，即可达到所要求的流程组合，适应新的换热工况，

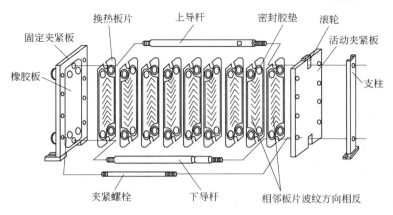

图 6-4 板式换热器结构图

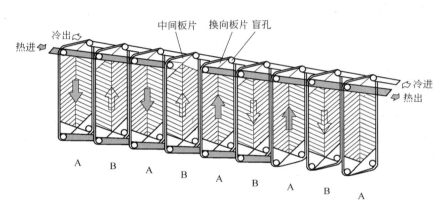

图 6-5 板式换热器换热介质走向图

而管壳式换热器的传热面积几乎不可能增加。

四是重量轻。板式换热器的板片厚度仅为 0.4~0.8mm，而管壳式换热器的换热管的厚度为 2.0~2.5mm，管壳式的壳体比板式换热器的框架重得多，板式换热器一般只有管壳式重量的 1/5 左右。

五是价格低。采用相同材料，在相同换热面积下，板式换热器价格比管壳式约低 40%~60%。

六是制作方便。板式换热器的传热板是采用冲压加工，标准化程度高，并可大批生产，管壳式换热器一般采用手工制作。

七是容易清洗。框架式板式换热器只要松动压紧螺栓，即可松开板束，卸下板片进行机械清洗，这对需要经常清洗设备的换热过程十分方便。

八是热损失小。板式换热器只有传热板的外壳板暴露在大气中，因此散热损失可以忽略不计，也不需要保温措施。而管壳式换热器热损失大，需要隔热层。

九是容量较小。是管壳式换热器的 10%~20%。单位长度的压力损失大。由于传热面之间的间隙较小，传热面上有凹凸，因此比传统的光滑管的压力损失大。

十是不易结垢。由于内部充分湍动，所以不易结垢，其结垢系数仅为管壳式换热器的 1/3~1/10。但板式换热器工作压力不宜过大，介质温度不宜过高，有可能泄漏。板式换热器采用密封垫密封，工作压力一般不宜超过 2.5MPa，介质温度应低于 250℃以下，否则有可能泄漏。板式换热器还易堵塞。由于板片间通道很窄，一般只有 2～5mm，当换热介质含有较大颗粒或纤维物质时，容易堵塞板间通道。

6.1.1.5　管板式换热器常见操作

管板式换热器常见操作是清洗。具体是首先隔离设备系统，并将管板式换热器里面的水排放干净，接着采用高压水清洗管道内存留的淤泥、藻类等杂质后，封闭系统。进水和回水口都应安装上球阀（不小于 1in（2.54cm））。接上输送泵和连接导管，使清洗剂（通常为稀释的盐酸溶液）从换热器的底部泵入，从顶部流出，反复循环清洗到推荐的清洗时间。随着循环的进展和沉积物的溶解，反应时产生的气体也会增多，应随时通过放气阀将多余的空气排出。随着空气的排出，容器内的空间会增大，可加入适当的水，不要一开始就注入大量的水，可能会造成水的溢出。循环中要定时检查清洗剂的有效性，可以使用 pH 试纸测定。如果溶液保持在 pH 值 2～3 时，那么清洗剂仍然有效。如果清洗剂的 pH 值达到 5～6 时，需要再添加适量清洗剂。最终溶液的 pH 值在 2～3 时保持 30min 没有明显变化，证明达到了清洗效果。达到清洗时间后，根据加入的酸洗溶剂配比 NaOH 溶剂，中和容器内溶剂直至用 pH 试纸测定 pH 值 6～7。并用清水反复冲洗交换器，直到冲洗干净。

6.1.2　塔器

塔设备又称塔器，根据其结构可分为板式塔和填料塔两类。常用的有泡罩塔、填料塔、筛板塔、淋降板塔、浮阀塔、凯特尔塔（Kittel tower）、槽形塔（S 型塔）、舌型塔、穿流栅板塔、转盘塔以及导向筛板塔等。塔器设备广泛应用于蒸馏、吸收、萃取、吸附等操作。

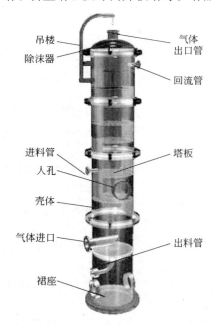

图 6-6　板式塔结构示意图

6.1.2.1　板式塔

板式塔是一类用于气液或液液系统的分级接触传质设备，由圆筒形塔体和按一定间距水平装置在塔内的若干塔板组成。广泛应用于精馏和吸收，有些类型（如筛板塔）也用于萃取，还可作为反应器用于气液相反应过程。操作时（以气液系统为例），液体在重力作用下，自上而下依次流过各层塔板，至塔底排出。气体在压力差推动下，自下而上依次穿过各层塔板，至塔顶排出。每块塔板上保持着一定深度的液层，气体通过塔板分散到液层中去，进行相际接触传质。板式塔结构示意图如图 6-6 所示。

塔板又称塔盘，是板式塔中气液两相接触传质的部位，决定塔的操作性能，通常主要由以下三部分组成：

（1）气体通道。为保证气液两相充分接触，塔板上均匀地开有一定数量的通道供气体自下而上穿过板上的液层。气体通道的形式很多，它对塔板性能有决定性影响，也是区别塔板类型的主要标志。筛板塔塔板的气体通道最简单，只是在塔板上均匀地开设许多小孔（通称筛孔），气体穿过筛孔上升并分散到液层中。泡罩塔塔板的气体通道最复杂，它是在塔板上开有若干较大的圆孔，孔上接有升气管，升气管上覆盖分散气体的泡罩。浮阀塔塔板则直接在圆孔上盖以可浮动的阀片，根据气体的流量，阀片自行调节开度。

（2）溢流堰。为保证气液两相在塔板上形成足够的相际传质表面，塔板上须保持一定深度的液层，为此，在塔板的出口端设置溢流堰。塔板上液层高度在很大程度上由堰高决定。对于大型塔板，为保证液流均布，还在塔板的进口端设置进口堰。

（3）降液管。液体自上层塔板流至下层塔板的通道，也是气（汽）体与液体分离的部位。为此，降液管中必须有足够的空间，让液体有所需的停留时间。此外，还有一类无溢流塔板，塔板上不设降液管，仅是均匀开设筛孔或缝隙的圆形筛板。操作时，板上液体随机地经某些筛孔流下，而气体则穿过另一些筛孔上升。无溢流塔板虽然结构简单，造价低廉，板面利用率高，但操作弹性太小，板效率较低，故应用不广。塔板各部分示意图如图 6-7 所示。

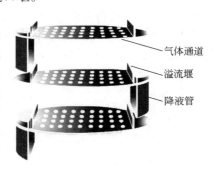

气体通道
溢流堰
降液管

图 6-7 塔板结构示意图

工业生产要求塔板通过能力要大，即单位塔截面能处理的气液流量大；塔板效率要高；塔板压力降要低；操作弹性要大；结构简单，易于制造。在这些要求中，对于要求产品纯度高的分离操作，首先应考虑高效率；对于处理量大的一般性分离（如原油蒸馏等），主要是考虑通过能力大。

板式塔里最具普遍性，最常见的是：泡罩塔、筛板塔及浮阀塔。

A 泡罩塔

泡罩塔，又称泡帽塔和泡盖塔。塔内装有多层水平塔板，板上有若干个供蒸汽（或气体）通过的短管，其上各覆盖底缘有齿缝或小槽的泡罩，并装有溢流管。操作时，液体由塔的上部连续进入，经溢流管逐板下降，并在各板上积存液层，形成液封；蒸汽（或气体）则由塔底进入，经由泡罩底缘上的齿缝或小槽分散成为小气泡，与液体充分接触，并穿过液层而达液面，然后升入上一层塔板。泡罩塔的塔板结构如图 6-8 所示。

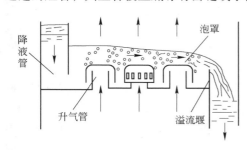

降液管
泡罩
升气管
溢流堰

图 6-8 泡罩塔结构示意图

泡罩：有圆形泡罩和条形泡罩两种，泡罩下沿有许多小缝，称为齿缝，气体从升气管上升后通过齿缝穿过液体层，进行传质和传热。

升气管：是上升气体的通道，它的高度比溢流堰低。

降液管：是上层塔板的液体流入下层塔板的通道，又称溢流管，一般根据塔径的大小，分为单溢流和多溢流，其主要作用是保证液体在塔板上的停留时间，并使液体分布均匀。

溢流堰：作用是保证塔板上有一定的液层高度。

圆形泡罩的直径有：$\phi80mm$、$\phi100mm$、$\phi150mm$，其中前两种为矩形齿缝，并带有帽缘，$\phi150mm$ 的为敞开式齿缝。

泡罩在塔盘上呈等边三角形排列，中心距为泡罩直径的 1.25 ~ 1.5 倍。两泡罩外缘的距离保持在 25 ~ 75mm，以保持良好的鼓泡效果。

B 筛板塔

筛板塔，内装若干层水平塔板，板上有许多小孔，形状如筛；并装有溢流管或没有溢流管。筛板塔的塔板分为筛孔区、无孔区、溢流堰及降液管四部分。操作时，液体由塔顶进入，经溢流管（一部分经筛孔）逐板下降，并在板上积存液层。气体（或蒸汽）由塔底进入，经筛孔上升穿过液层，鼓泡而出，因而两相可以充分接触，并相互作用。泡沫式接触气液传质过程的一种形式，性能优于泡罩塔。为克服筛板安装水平要求过高的困难，发展了环流筛板；克服筛板在低负荷下出现漏液现象，设计了板下带盘的筛板；减轻筛板上雾沫夹带缩短板间距，制造出板上带挡的筛板和突孔式筛板和用斜的增泡台代替进口堰，塔板上开设气体导向缝的林德筛板。在工业实际应用的筛板塔中，两相接触不是泡沫状态就是喷射状态，很少采用鼓泡接触状态的。图 6 - 9 所示为塔板上的几种气液接触状态。

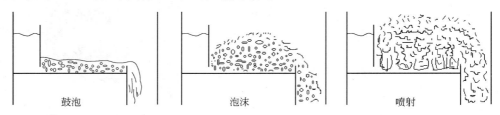

鼓泡　　　　　　　　泡沫　　　　　　　　喷射

图 6 - 9　塔板上的气液接触状态

C　浮阀塔

浮阀塔是 20 世纪 50 年代开发的一种新塔型，其特点是在筛板塔基础上，在每个筛孔除安装一个可上下移动的阀片。当筛孔气速高时，阀片被顶起上升，空速低时，阀片因自身重而下降。阀片升降位置随气流量大小自动调节，从而使进入液层的气速基本稳定。又因气体在阀片下侧水平方向进入液层，既减少液沫夹带量，又延长气液接触时间，故收到很好的传质效果。浮阀的阀片可以浮动，随着气体负荷的变化而调节其开启度，因此，浮阀塔的操作弹性大，特别是在低负荷时，仍能保持正常操作。浮阀塔由于气液接触状态良好，雾沫夹带量小（因气体水平吹出之故），塔板效率较高，生产能力较大。塔结构简单，制造费用便宜，并能适应常用的物料状况，是化工、炼油行业中使用最广泛的塔型之一。

浮阀塔有活动泡罩、圆盘浮阀、重盘浮阀和条形浮阀四种形式。

浮阀是浮阀塔里的气液传质元件，其结构特点是周边冲有下弯的小定距片；在浮阀关闭阀孔时，它能使浮阀与塔板间保留一定的间隙，一般为 2.5mm，同时，小定距片还能保证阀片停在塔板上与其成点接触，避免阀片粘在塔板上无法上浮；阀片四周向下倾斜，且有锐边，增加气体进入液层的湍动作用，有利于气液传质；浮阀的最大开度由阀腿的高度限制，一般为 12.5mm。

浮阀最常用的浮阀有 T 型浮阀、V 型浮阀及 F1 型浮阀，其结构如图 6 - 10 所示。

D　三种塔的比较

三种常用的板式塔各有特点，对比见表 6 - 1。

表 6 - 1　三种板式塔的比较

塔板类型	泡 罩 塔	筛 板 塔	浮 阀 塔
结构	板上有若干个供蒸汽（或气体）通过的短管，其上各覆盖底缘有齿缝或小槽的泡罩	板上有许多小孔，形状如筛	在筛板塔基础上，在每个筛孔除安装一个可上下移动的阀片

续表 6-1

塔板类型	泡 罩 塔	筛 板 塔	浮 阀 塔
优点	应用最早的板式塔，但目前几乎被浮阀塔和筛板塔所代替。操作弹性大，气液比范围大，不易堵塞	结构简单，加工容易、安装维修方便，投资少；节省了降液管所占的塔截面（约为15%～30%），生产能力比泡罩塔大20%～100%；开孔效率大，压降小，比泡罩塔低40%～80%，可用于负压蒸馏	生产能力大，比泡罩塔提高20%～40%；操作弹性大；塔板效率高，气液接触状态较好，雾沫夹带较少；结构及安装较简单，重量轻，造价费用低，仅为泡罩的60%～80%左右
缺点	结构复杂、造价高、气相压降大、安装检修麻烦	效率低，比一般板式塔低30%～60%，但开孔率大，气速低，形成泡沫层高度较低，雾沫夹带小，可以降低塔板的间距；操作弹性较小	气速较低时，塔板有漏液，效率降低；阀片有卡死和吹脱的可能，导致操作运转及检修的困难；塔板压力降较大
应用	只在某些情况，如生产能力变化大，操作稳定性要求高，要求有相当稳定的分离能力时才用	普遍用作 H_2S-H_2O 双温交换过程的冷、热塔；应用于蒸馏、吸收和除尘等；可用于真空蒸馏	因其生产能力大、操作弹性大的特点，应用最为广泛

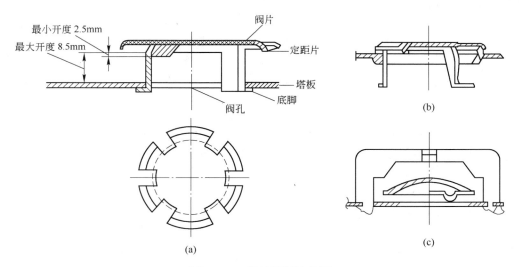

图 6-10　常见浮阀结构图
（a）F1 型浮阀；（b）V-4 型浮阀；（c）T 型浮阀

6.1.2.2　填料塔

填料塔塔内填充适当高度的填料，以增加两种流体间的接触表面。例如应用于气体吸收时，液体由塔的上部通过分布器进入，沿填料表面下降。气体则由塔的下部通过填料孔隙逆流而上，与液体密切接触而相互作用。由于它的结构较简单，检修较方便，被广泛应用于气体吸收、蒸馏、萃取等操作。

填料塔是以塔内的填料作为气液两相间接触构件的传质设备。填料塔的塔身是一直立式圆

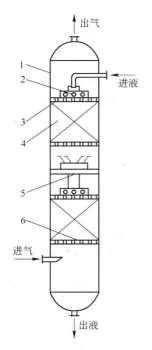

图 6－11　填料塔结构示意图
1—塔壳体；2—液体分布器；3—填料
压板；4—填料；5—液体再分布
装置；6—填料支承板

筒，底部装有填料支承板，填料以乱堆或整砌的方式放置在支承板上。填料的上方安装填料压板，以防被上升气流吹动。液体从塔顶经液体分布器喷淋到填料上，并沿填料表面流下。气体从塔底送入，经气体分布装置（小直径塔一般不设气体分布装置）分布后，与液体呈逆流连续通过填料层的空隙，在填料表面上，气液两相密切接触进行传质。填料塔属于连续接触式气液传质设备，两相组成沿塔高连续变化，在正常操作状态下，气相为连续相，液相为分散相。

当液体沿填料层向下流动时，有逐渐向塔壁集中的趋势，使得塔壁附近的液流量逐渐增大，这种现象称为壁流。壁流效应造成气液两相在填料层中分布不均，从而使传质效率下降。因此，当填料层较高时，需要进行分段，中间设置再分布装置。液体再分布装置包括液体收集器和液体再分布器两部分，上层填料流下的液体经液体收集器收集后，送到液体再分布器，经重新分布后喷淋到下层填料上。图 6－11 所示为一般填料塔结构示意图。

填料层：提供气液接触的场所。

液体分布器：均匀分布液体，以避免发生沟流现象。

液体再分布器：避免壁流现象发生。

支承板：支承填料层，使气体均匀分布。

除沫器：防止塔顶气体出口处夹带液体。

A　填料塔的特点

与板式塔相比，填料塔生产能力大，填料塔内件开孔率大，空隙率大，液泛点高；分离效率高，填料塔每米理论级远大于板式塔，尤其在减压及常压条件下，压降小，空隙率高，阻力小；持液量小；操作弹性大。但填料造价高，当液体负荷较小时不能有效地润湿填料表面，使传质效率降低；不能直接用于有悬浮物或容易聚合的物料；对侧线进料和出料等复杂精馏不太适合等。

B　填料的分类及常见填料

填料的作用是提供气液接触面积，强化气体湍动，降低气相传质阻力，同时更新液膜表面，降低液相传质阻力。填料按填料形状可分为网体填料、实体填料；按填料的装填方式可分为散装填料、规整填料；按材质可分为金属填料、塑料填料、陶瓷填料、石墨填料。

常用填料有拉西环、鲍尔环、阶梯环、弧鞍环、格栅填料和波纹填料。

拉西环（Rasching ring）（图 6－12）是工业上最早使用的一种填料，为外径与高度相等的圆环，通常由陶瓷或金属材料制成。拉西环结构简单，制造容易，但堆积时相邻环间易形成线接触，填料层的均匀性差，因而存在严重的向壁偏流和沟流现象，致使传质效率低，而且流动阻力大，操作范围小。其改善方面有 θ 形、十字格形的拉西环。

鲍尔环（Pall ring）（图 6－13）是在拉西环的壁上开一层或两层长方形窗口，窗孔的母材两层交错地弯向环中心对接。这种结构使填料层内气、液分布性能大为改善，尤其是环的内表面得到充分利用。与同样尺寸的拉西环相比，鲍尔环的气液通量可提高 50%，而压降仅为其一半，分离效果也得到提高。其改进为阶梯形鲍尔环，圆筒部分的一端制成喇叭口形状。这样填料间呈现点接触，床层均匀且空隙率大，与鲍尔环相比气体阻力减少 25%，生产能力提

图 6 - 12 陶瓷拉西环和金属 θ 形拉西环

高 10%。

阶梯环（图 6 - 14）是在鲍尔环基础上改造得出的。环壁上开有窗孔，其高度为直径的一半。由于高径比的减少，使得气体绕填料外壁的平均路径大为缩短，减少了阻力。喇叭口一边，不仅增加机械强度，而且使填料之间为点接触，有利于液膜的汇集与更新，提高了传质效率。目前所使用的环形填料中最为优良的一种。

弧鞍环（berl saddle）的表面全部敞口，不分内外，液体在表面两侧均匀流动，表面利用率高，流动呈弧形，气体阻力小。但两面对称有重叠现象，容易产生沟流。强度差，易破碎，应用较少。其外观如图 6 - 15 所示。

图 6 - 13 鲍尔环

塑料阶梯环　　　　　金属阶梯环填料

图 6 - 14 阶梯环

图 6 - 15 弧鞍环

环矩鞍填料（Intalox）兼具环形、鞍形填料的优点。敞开的侧壁有利于气体和液体通过，减少了填料层内滞液死区。填料层内流体孔道增多，使气液分布更加均匀，传质效率得以提高。一般采用金属材质，机械强度高，其结构如图 6 - 16 所示。

格栅填料（图 6 - 17）是新型规整填料，有塑料格栅填料和金属格栅填料。塑料格栅填料是由塑料板经过一定的加工工艺，根据塔径和人孔的大小用金属构件连接组装而成。每盘填料高度由塔径决定。金属格栅填料呈蜂窝状，由金属薄板冲压连接根据人孔大小制成块片和塔内装组而成。格栅填料主要是以板片作为主要传质构件。板片垂直于塔截面，与气流和液流方向平行，上下两层呈 45°旋转。气体和液体有固定的通道，流体在板片之间不断冲刷接触，使得含有固体颗粒或含尘气体和液体不会在填料表面停滞、沉积、淤积和堵塞。因此格栅填料是一种高效、大通量、低压降、不堵塔的新型规整填料，对于煤气的冷却除尘、脱硫等具有较大的优越性。

图 6-16 金属环矩鞍填料

图 6-17 格栅填料

金属丝网波纹填料

金属孔板波纹填料

图 6-18 波纹填料

波纹填料（图 6-18）是由许多层波纹薄片组成，各片高度相同但长短不等，搭配组合成圆盘状，填料波纹与水平方向成 45°倾角，相邻两片反向重叠使其波纹互相垂直。圆盘填料块水平放入塔内，相邻两圆盘的波纹薄片方向互成 90°角。波纹填料因波纹薄片的材料与形状不同分成板波纹填料和网波纹填料。板波纹填料可由陶瓷、塑料、金属、玻璃钢等材料制成。填料的空隙率大，阻力小，流体通量大、效率高，而且制造方便、价格低，正向通用化、大型化方向发展。

C 填料塔内件

塔内件是填料塔的重要组成部分，它与填料及塔体共同构成一个完整的填料塔，所有的塔内件的作用都是为了使气液两相在塔内更好地接触，以便发挥填料的最大效率和最大生产能力，塔内件设计的好坏将直接影响填料性能的发挥和整个填料塔的性能。填料塔内件包括填料支承装置、填料压紧装置、液体分布器、液体再分布器、除沫器等。

填料支承装置的主要用途是支承塔内的填料，同时又能保证气液两相顺利通过。若设计不当，填料塔的液泛可能首先在填料支承装置上发生。对于普通填料，支承装置的自由截面积应不低于全塔面积的 50%，并且要大于填料层的自由截面积；具有足够的机械强度、刚度；结构要合理，以利于气液两相均匀分布，阻力小，便于拆装。其结构如图 6-19 所示。

填料压紧装置安装在填料层上端。作用是保持填料层为一高度固定的床层，从而保持均匀一致的空隙结构，使操作正常、稳定，防止在高压降、瞬时负荷波动等情况下，填料层发生松

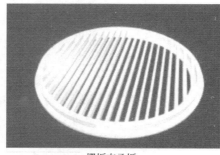

栅板支承板

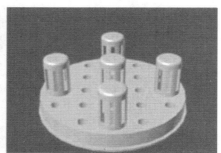

升气管支承板

图 6-19 支承装置

动或跳动。图 6 - 20 所示为几种填料压紧装置。填料压板，自由放置于填料上端，靠自身重量将填料压紧。适用于陶瓷、石墨材质的散装填料。床层限制板，固定在填料上端。

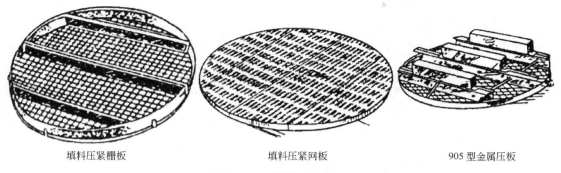

填料压紧栅板　　　　　填料压紧网板　　　　　905 型金属压板

图 6 - 20　填料压紧装置

液体分布器是将液体均匀地分布在填料表面上，形成液体初始分布。在填料塔操作过程中，液体的初始分布对填料塔的性能影响最大，它是最重要的塔内件。一般来说对于难分离物系、高效填料、大直径、低层填料塔，要求液体的均布性比较高。因此，在设计、制造、安装时，都要得到足够的重视。经验表明，对塔径为 0.75m 以上的塔，每平方米塔横截面上应有40 ~ 50 个喷淋点；对塔径在 0.75m 以下的塔，喷淋点密度集至少应为 160 个/m² 塔截面。常用的液体分布器如图 6 - 21 所示。常见的几种液体分布器结构如图 6 - 22 所示。

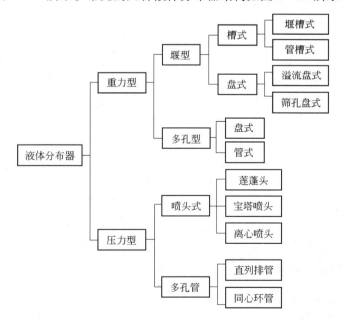

图 6 - 21　常用的液体分布器

由于填料塔不可避免的壁流效应，造成塔截面气液流率的偏差，即在塔截面上出现径向浓度差，使得填料塔的性能能下降，因此在填料层达到一定高度后（一般在 10 ~ 20 理论板数），应设置液体再分布器，使气液两相重新得到均匀分布，液体再分布器包括液体收集装置和液体再分布装置，如图 6 - 23 所示。常见液体再分器如图 6 - 24 所示。

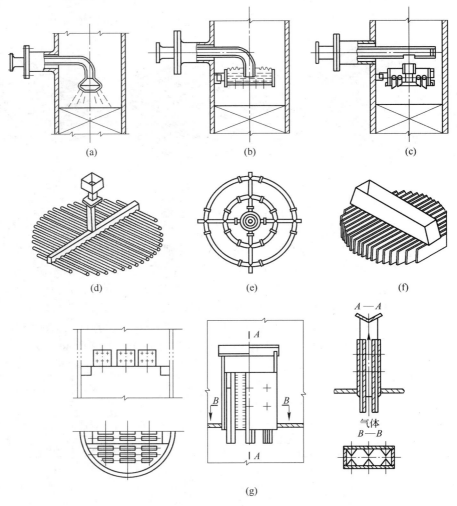

图 6 – 22　液体分布器型式

（a）喷头式；（b）盘式筛孔型；（c）盘式溢流管式；（d）排管式；

（e）环管式；（f）槽式；（g）槽盘式

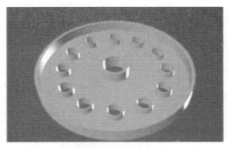

液体再分布器

液体收集器

图 6 – 23　液体收集及再分布装置

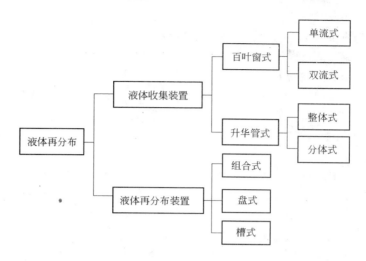

图 6 - 24　常见液体再分器

当塔内操作气速较大或液沫夹带现象严重时，可在液体分布器的上方设置除沫装置，如图 6 - 25 所示，主要用途是除去出口气流中的液滴。最常用的除沫装置如图 6 - 26 所示。

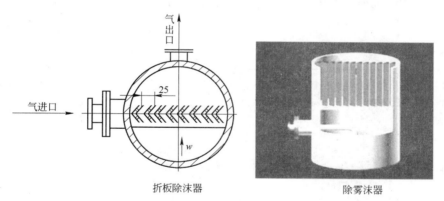

折板除沫器　　　　　　　　　　除雾沫器

图 6 - 25　除沫装置结构形式

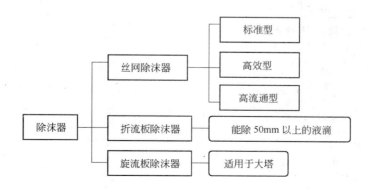

图 6 - 26　常用的除沫装置

D　板式塔与填料塔的比较

板式塔和填料塔都是常用的精馏塔型，各有特点，对于具体的分离任务，正确选择合适的塔型是首要的。了解分离任务的具体条件和要求，充分理解和掌握各塔型的特点，是作出合理选择的基础。板式塔和填料塔的主要特点比较，见表 6-2。

表 6-2　板式塔和填料塔的比较

项　目	板式塔	填料塔	备　注
各块理论板压降	约 1kPa	散装填料约 0.3kPa；规整填料约 0.15kPa	每块塔板的开孔率为 5%~10%，又有 25~50mm 清液层，故压降大。压降小是填料塔主要优点
分离效率	分离效率比较稳定，大塔效率会更高些	规整填料的分离效率比板式塔小，新型散装填料与板式塔相当	填料塔效率受液体分布影响大，预测比较难，可靠性不如板式塔
处理能力与操作弹性	操作弹性大	规整填料处理能力比板式塔大，在真空和常压塔中为 30%~50%，新型散装填料也可比板式塔高些	由于填料塔塔压降低，在高真空塔时还可以使相对挥发度有所上升，填料塔易在处理量和效率间调整。填料塔的液体分布器弹性常较小
对高真空操作的适用性（热敏、高沸、物料）	因压降大较难适应，尤其在高真空板数又多的场合	压降小的优点使其特别适用，高真空下应用规整填料会更佳	高真空填料塔的液体分布器往往要特殊设计才能达到高的分部质量
对操作压力高的适用性	很适合，因有较高效率，并液量大也易处理	不少场合发现效率明显下降，尤其是规整填料，压降小，优点几乎无意义，处理能力下降较大，一般认为 2MPa 以上宜用板式塔	
对腐蚀性物料的适用性	必须用腐蚀材料制作，往往比较困难且价格高	易用耐腐蚀材料制作，较合适	
对易结垢、堵塞物系的适用性	比较容易解决，清理也较容易	不适用	
易起泡沫物系	较难，塔径、塔高均需较大值	比较合适	填料塔的液体分布器需特别留意
大直径塔	很合适，造价低	填料费用上升很大，尤其是丝网规整填料，而且气液分布均较难	若要选用填料塔，可提高效率、处理能力使体积减小
小直径塔	0.6m 以下较难制作	很合适	液体均布较易达到，因有较大的径向混合
间歇精馏	可以用	因持液量少而更合适	

项 目	板式塔	填料塔	备 注
多进料、抽测线的方便性	比较容易实现	不大合适	因每增一项均要增加一个再分布器，结构复杂而价高，不大合适
中间换热	易实现	较难实施	
塔的检查	容易	较困难，规整填料几乎不可能	

6.1.2.3 塔设备的维护与检修

A 塔设备的维护

在日常维护中，操作人员必须精心操作，认真执行工艺规程，严格控制各项工艺指标，使设备处于正常运转。确保运行状态，严禁超温、超压、超负荷运行。设备开、停车及调节塔负荷，必须按照操作规程的步骤进行操作。操作过程中升、降温及升、降压速率应严格按规定执行。操作人员、维修人员每天应定时定点检查设备各连接处法兰及阀门、管道等有无泄漏现象；检查液面计有无异常现象；设备有无异常响声、振动、碰撞、变形、摩擦等现象；保持设备的清洁；螺栓和紧固件应定期涂防腐油脂。定期按原化工部《化学工业设备动力管理制度》"设备检查评级管理制度"中的设备完好标准四条内容的要求进行评级检查。按原劳动部《压力容器安全技术监察规程》、《在用压力容器检验规程》的要求对设备进行定期检查。按工艺要求测定工艺参数，根据工艺参数的变化来判定设备内部部件有无损坏。当压力超出允许压力，不停塔压力降不下来；塔壁超温，采取措施后仍不能下降；容器主要部件产生裂纹，或出现泄漏情况；系统安全阀失灵；压力表失灵而又没有其他方法测定塔内压力；发生其他安全规则中不允许继续运行的情况时必须停产检查。无论短期停产还是长期停产，除了要检查在运行中发现异常现象产生的原因并妥善处理外，根据需要还应按照国家及有关部门颁发的安全检验规程检查和核验压力表、液位计、温度计和切断阀等安全附件是否齐全、灵活、可靠、准确。对筒体、封头等受压元件应选点测厚，对易引起壁厚减薄的部位应增加测厚点，发现壁厚已小于名义壁厚时，应进行强度效验，以确定是否继续使用，限制使用或采取其他处理办法。与容器相连接管道、管件也应用超声波测厚仪测量其壁厚。检查塔体法兰及接管焊缝等有无裂纹、泄漏；各紧固件有无松动现象。检查塔外表面，防腐层、保温层是否完好；可见塔体外壁有无裂纹、局部鼓包变形等缺陷。检查裙座、爬梯、平台、人孔吊杆的连接是否牢固、是否有开裂或松动的现象。地脚螺栓是否完好、基础有无下沉、倾斜等异常现象。短期停塔时，必须保持正压，防止空气进入。

B 塔设备的检修

检修前，需进行细致的准备工作。塔设备停产检修前，首先要根据生产情况制定检修方案，然后安装盲板隔离系统或装置，卸掉塔内压力，置换塔内所有存留物料，然后向塔内吹入蒸汽清洗，降温后自上而下打开塔设备人孔。检修前，要做好防火、防爆和防腐的安全措施，达到安全检修的要求。

大修前更应做足准备工作。首先是塔体检查。每次检修都要检查各附件（压力表、安全阀与放空阀、温度计、单向阀、消防蒸汽阀等）是否灵活、准确；检查塔体腐蚀、变形、壁厚减薄、裂纹及各部位焊接情况，进行超声波测厚和理化鉴定，并作详细记录，以备研究改进及作为下次检修的依据。经检查鉴定，如果认为对强度有影响，可进行水压试验；检查塔内污垢和内部绝缘材料。其次是内件的检查。检查塔板各部件的结焦、污垢、堵塞的情况，检查塔板、鼓泡构件和支承结构的腐蚀及变形情况；检查塔板上各部件（出口堰、受液盘、降液管）的尺寸是否符合图纸及标准；对于浮阀塔板应检查其浮阀的灵活性，是否有卡死、变形、冲蚀等现象，浮阀孔是否有堵塞；检查各种塔板、鼓泡构件等部件的紧固情况，是否有松动现象。检查各部连接管线的变形、连接处的密封是否可靠。最后要根据检查所得的资料修订塔设备的检修方案。

　　主要的检修作业包括清除积垢、局部变形的处理、塔体裂缝的修补、内部构件的检修。

　　积垢最容易在设备截面急剧改变或转角处产生，因为这些地方（死角）的介质不怎么流动，所以固体颗粒很容易沉积起来，而在其他地方虽然也会沉积起积垢，但速度较慢，目前，最常用的清除积垢的方法有机械法和化学法两种。机械除垢法即手工机械除垢法。此法是用刷、铲等简单工具来清除设备壳体内部的积垢。这种方法的优点是，对于清除化学非溶性积垢（如砂、焦化物及某些硅酸盐等）的效果较好；其缺点是劳动强度大，生产率低。水力机械除垢法即使用高压水代替人工来除垢。风动和电动机械除垢法。当管径大于 60mm 时，可将风动涡轮机和清除工具一起放入管内，接上软管并不断地送入压缩空气，使风动涡轮机能带动清除工具旋转，将管壁上的积垢刮下来，而刮下来的积垢正好被风动涡轮机所排出的废空气从管内吹出来。喷砂除垢法可以清除设备或瓷环内部的积垢。在清除瓷环内部的积垢时，需要把10～20 个瓷环重叠成圆筒状，两端夹上法兰，用螺栓拉紧，然后进行喷砂，除垢。用喷砂法清净瓷环，效率低，成本也比较高，所以应用较少。化学除垢法是利用化学溶液与积垢起化学作用，使器壁上的积垢除去。化学溶液的性质可以是酸性或碱性，视积垢的性质而定。如清除铁锈时，用浓度8%～15%的硫酸比较适合，硫酸能使各种形式的铁锈转变为硫酸铁。在清除锅炉水垢时，用浓度5%～10%的盐酸，也可以用浓度为2%的氢氧化钠溶液，但以盐酸为最常用，因为它便宜易得。

　　在设备的工作压力不大、局部变形不严重及未产生裂缝的情况下，可以用压模将变形处压回原状。在进行操作时，先将局部变形处加热到850～900℃（Q235 钢），然后用压模矫正，矫正次数根据变形情况而定。在任何情况下，当温度降到600℃的时候，矫正便应停止。在矫正过的壁面上，应堆焊一层低碳钢，这样可以防止再次发生局部变形。若设备局部变形很严重，则可采用外加焊接补板的方法来进行维修。即在塔体外壁上加焊一块经预弯的钢板进行加强，防止再次发生局部变形。

　　设备壳体的裂缝一般可以采用煤油法或磁力探伤法来检查。裂缝检查出后，应在其两端钻出直径为15～20mm 的检查孔，检查两端裂缝的深度，同时防止裂缝的继续发展。为了弄清裂缝的深度，也可用钻孔的方法来检查，但这时不仅要在两端钻孔，同时还要在中间钻几个孔，其数量应足够表明裂缝在整个长度上的深度。对承压壳体的内、外表面的腐蚀或裂缝，如果损坏深度小于壁厚的6%，而且不大于2.5mm 时，可采用砂轮机打磨修复消除，修复部位与非修复表面相接触区应圆滑过渡；按照检修质量标准的要求进行检查；并查清造成这种损坏的原因，制定出相应的措施，避免或减少这种现象的发生。对承压壳体上深度大于壁厚6%的裂纹及穿透型窄裂纹，应用砂轮机彻底清除裂纹，加工出焊接坡口，厚度大于15mm 时采用双面坡口，坡口表面经渗透检查合格后，用手工电弧焊进行补焊，施焊时，应从裂缝两端向中间施焊、并采用多层焊；然后进行焊接表面修整磨平，再经表面渗透检查合格，视焊接情况决定是否需要进行消除应力处理；对宽度大于15mm 的穿透宽裂缝，应将带有整个裂缝的钢板切除，在切口边缘加工出坡口，再补焊上一块和被切除钢板尺寸和材料完全一样的钢板，被切除钢板的宽度应不小于250mm、长度比裂缝长度大50～100mm，以避免焊接补板的两条平行焊缝间彼此影响。焊接补板时应从板中心向两端对称分段焊接，以使补板四周间隙均匀，保证焊接质量。最后按照检修质量标准的要求进行检查。对承压壳体内、外部检查，发现有深度大于壁厚6%的局部腐蚀，必须进行挖补修理或清理补焊，应制定检修方案。检修方案应包括检修前准备、检修方案、质量标准和安全措施等内容，经批准后，按方案执行。角焊缝表面裂纹经清除后，当焊脚高度不能满足要求时，应补焊修复至规定的形状和尺寸，并进行表面渗透检查。对焊缝的裂纹、未熔合、超标条状夹渣和未焊透等缺陷的处理，应按《在用压力容器检验规程》要求执行。

对泡罩塔盘和泡罩的松动螺栓进行紧固，视结垢情况定是否清洗，拆卸时由中间到两边逐块取出，清洗塔盘和泡罩时用50℃的10%的硝酸、2%的聚偏磷酸、5%乙二胺三乙酸混合液来清洗，然后同脱盐水冲洗干净。对液体分布器变形部位用机械方法平整、校正，不得采取强烈锤击；对开裂焊缝及断裂钢板用手工电弧焊补焊时，要间断时间补焊，防止钢板变形。对液体再分布器、填料支承板变形部位进行平整、校正，开裂焊缝及断裂的钢板补焊，施焊均匀，时间间断，防止补焊处钢板变形，将松动的夹紧板紧固。对塔内支承口开裂的焊缝或轻微腐蚀的焊接热影响区，用手工电弧焊补焊。对塔内腐蚀严重的内件，可以考虑整体更换。

6.1.3　反应器

化学反应器是用于化学反应的设备，是化工企业的关键装置。

反应器有多种类别，按反应相可分为均相反应器和非均相反应器。

均相反应器：气相（石油气裂解）、互溶液相（醋酸和乙醇的酯化反应）。

非均相反应器：气液相（乙烯和苯反应生成乙苯）、气固相、液固相、液液相、固固相、气液固三相。

按操作方式有间歇操作反应器和连续操作反应器。

按反应器的结构可分为釜式反应器、管式反应器、塔式反应器、固定床反应器和流化床反应器。

根据结构分类方式，加氢精制工艺用反应器一般是固定床反应器，因此下文重点介绍这种反应器。

凡是流体通过不动的固体物料所形成的床层而进行反应的装置都称作固定床反应器。其中尤以用气态的反应物料通过由固体催化剂所构成的床层进行反应的气－固相催化反应器占最主要的地位。K.K法苯加氢精制工艺所用的预反应器及主反应器都属于此类。

固定床反应器主要特点是在生产操作中，除床层极薄和气体流速很低的特殊情况外，床层内气体的流动皆可看成是理想置换流动，因此在化学反应速度较快，在完成同样生产能力时，所需要的催化剂用量和反应器体积较小；气体停留时间可以严格控制，温度分布可以调节，因而有利于提高化学反应的转化率和选择性；催化剂不易磨损，可以较长时间连续使用；适宜于高温高压条件下操作。

由于固体催化剂在床层中静止不动，相应地产生一些缺点。催化剂载体往往导热性不良，气体流速受压降限制又不能太大，则造成床层中传热性能较差，也给温度控制带来困难。对于放热反应，在换热式反应器的入口处，因为反应物浓度较高，反应速度较快，放出的热量往往来不及移走，而使物料温度升高，这又促使反应以更快的速度进行，放出更多的热量，物料温度继续升高，直到反应物浓度降低，反应速度减慢，传热速度超过了反应速度时，温度才逐渐下降。所以在放热反应时，通常在换热式反应器的轴向存在一个最高的温度点，称为"热点"。如设计或操作不当，则在强放热反应时，床内热点温度会超过工艺允许的最高温度，甚至失去控制而出现"飞温"。此时，对反应的选择性、催化剂的活性和寿命、设备的强度等均极不利。不能使用细粒催化剂，否则流体阻力增大，破坏了正常操作，所以催化剂的活性内表面得不到充分利用。催化剂的再生、更换均不方便。固定床反应器虽有缺点，但可在结构和操作方面做出改进，且其优点是主要的。因此，仍不失为气固相催化反应器中的主要形式，在化学工业中得到了广泛的应用。

6.1.4　管式炉

6.1.4.1　管式加热炉简介

　　管式加热炉是一种直接受热式加热设备，主要用于加热液体或气体化工原料，所用燃料通常有燃料油和燃料气。管式加热炉的传热方式以辐射传热为主，管式加热炉通常由以下几部分构成。辐射室是通过火焰或高温烟气进行辐射传热的部分。这部分直接受火焰冲刷，温度很高（600~1600℃），是热交换的主要场所（约占热负荷的70%~80%）。对流室是靠辐射室出来的烟气进行以对流传热为主的换热部分。燃烧器是使燃料雾化并混合空气，使之燃烧的产热设备，燃烧器可分为燃料油燃烧器，燃料气燃烧器和油—气联合燃烧器。通风系统是将燃烧用空气引入燃烧器，并将烟气引出炉子，可分为自然通风方式和强制通风方式。一般管式加热炉结构简图如图6-27所示。

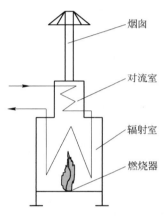

图6-27　管式加热炉示意图

　　管式加热炉按炉型结构可分为立式炉、圆筒炉、大型方炉。按用途可分为化学反应炉、加热液体的炉子、气体加热炉、加热混相流体的炉子。

　　管式加热炉的被加热物质在管内流动，故仅限于加热气体和液体。而且，这些气体或液体通常都是易燃易爆的烃类物质，同锅炉加热水和蒸汽相比，危险性大，操作条件要苛刻得多。加热方式为直接受火式，加热温度高，传热能力大，只烧气体或液体燃料。它可长周期连续运转，不间断操作，便于管理。

　　选择炉型时从结构、制造、投资费用方面考虑，应优先选择辐射室用立管的加热炉。对一般用途的中小负荷炉子，宜优先考虑立式圆筒炉。单排管双面辐射加热炉一般只用于烃类蒸汽转化和乙烯裂解等高温过程。

6.1.4.2　加氢精制用管式炉

　　某焦化厂加氢精制作业区所用管式加热炉为辐射-对流立式圆筒炉。这种炉型是目前管式炉成熟的炉型，广泛用于石油和煤化工行业。其工作原理简图如图6-28所示。

　　A　加氢精制加热炉的特点

　　主反应器加热炉具有流量大、压力和温度较高、炉管介质为氢混合气体、易燃易爆、有一定腐蚀性的特点。

　　辐射段圆筒壁附近布置物料加热管组，立管排列。辐射室采用立管具有以下优点：炉管的支承结构简单，管子不承受由自重而引起的弯曲压力，管系的热膨胀易于处理，这些有利于提高炉管使用的安全性。对流段下部为物料预热管组，上部为空气预热管组，采用翅片管，多排横管排列，物料预热管组为双管程，满足大流量的需求，空气预热管组为多管程。对流段采用翅片管可增加换热量，虽然会增加烟气流动阻力，但考虑环保因素，烟囱本身所需要的高度足以克服其流动阻力。

由于加热炉进料温度较高，采用了空气管式换热器后，可将排烟温度由350℃降低到200℃左右，可提高炉子热效率10%，达到87%左右。为了克服换热器阻力和提高燃烧效率，采用炉膛强制鼓风扩散燃烧方式。由于管内介质（主要为硫化氢）对金属有较大腐蚀性，温度压力也较高，因此，选用炉管壁厚为8mm，炉管设计工作温度为520℃。

燃烧器采用扩散燃烧方式，可避免回火，加大燃烧调节范围，使其在焦炉煤气压力仅2kPa时也能稳定燃烧。设置前置燃烧室，保证燃料稳定和充分燃烧。设置煤气稳焰锥和空气旋流器，在燃烧室内形成高温低速回流区。小部分煤气和助燃空气通过稳焰锥上的小孔直接进入高温低速回流区内，增加可燃物浓度，形成稳定着火源。燃烧室筒壁使用耐火浇注料内衬，可起很好的蓄

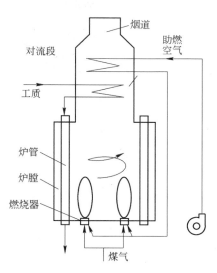

图6-28 加氢精制加热炉工作原理

热作用，增加燃烧器稳焰能力。燃烧器的中心管内装高能电点火器和点火烧嘴，可以保证在启动时自动点火和燃烧不稳定时助燃的需要。

B 加氢精制加热炉燃烧器的控制

开启加热炉时，在启动按钮之后，首先检测外部连锁条件。正常情况下，炉子自动进行启动程序，否则停炉，直至满足条件。启动过程，先检测炉膛内是否有火焰信号，如有则报警，如没有则自动检测燃气总阀、主燃气阀和点火燃气阀是否泄漏；若干秒之后，打开风路，开始炉膛预吹扫（调节阀开度由小到大，再到小）若干秒；开始关小风门准备点火，在风门达到点火位置之后，点火电极开始放电，若干秒之后打开点火阀；若干秒之后关闭点火电极，开始检测炉膛火焰信号，如果没有，则关闭点火阀，吹扫炉膛，重新进行点火；如果检测到火焰信号，则打开主燃气阀，若干秒之后关闭点火阀，加热炉开始自动升温。

在出现连锁故障或停炉时，程序首先关闭燃气主阀，并同时打开风门，对炉内进行吹扫，吹扫时间可人工设定，吹扫完毕后，停风机，实现停炉。

燃烧器的燃气与助燃风量的配比采用机械连杆联动调节阀保证，在调试过程中，可调节连杆的长度保证工作过程中燃气和助燃空气量的配比合适。在负荷调节中，根据设定的物料出炉温度进行自动跟踪调节：检测物料出炉温度，自动调节燃气供给量，确保出炉温度与设定值之差控制在±1℃之内。

6.1.4.3 加热炉部分常见故障及处理

A 加热炉炉管漏油（漏气）着火的处理

当加热炉炉管漏油着火时，关闭事故炉燃料油（气）阀门；改流程，打开旁通阀；关闭事故炉进油（气）出油（气）阀门。用干粉灭火机或蒸汽灭火；待火熄后通风、吹扫。查清穿孔位置；分析故障原因。炉管受损程度轻一般采用焊接修补，焊接应在炉膛降温后进行，焊接用焊条应与炉管材质强度相匹配；炉管大面积穿孔或管壁腐蚀严重必须更换配件，安装新配件时应注意保持喷嘴与炉管距离，防止管线受热不均匀而导致爆裂。修复完毕，按规程投运，注意炉温在设计范围内运行，防止炉温太低、燃烧不充分而使炉管受酸基腐蚀；防止炉温过高而加速炉管氧化。对燃料为油的加热炉，还应防止出油阀门太小而使油偏流、汽化造成爆炸。

　　B　加热炉回火的处理

　　回火较轻时，一般采用调整燃料油（气）阀门，控制炉火；回火严重时应立即熄灭炉火。根据具体回火情况，查清回火原因。通常的回火原因包括油（气）风比不合理、烟道挡板开启位置不合理、燃油（气）压力不合理、火嘴堵塞或损坏、炉膛结焦等。调节油（气）风比。以调节至不脱火、不回火，且火焰呈红中带蓝为佳。调节烟道挡板。调节燃料油（气）压力。不仅要保证压力平稳，而且要使压力满足加热炉工作压力需要。因压力过大易产生不完全燃烧而回火，压力过小影响雾化效果而回火。检查火嘴：如火嘴堵塞则清理畅通；如火嘴损坏则更换新火嘴。检查炉膛。如结焦较轻时则清理干净；如结焦严重则更换新炉膛。

　　C　加热炉离心式鼓风机的常见故障及处理

　　风压及风量不足可能原因是进出口管路有堵塞物，需清除堵塞物；风道管路有漏，破裂漏风，需修补漏风点；转子部分、机壳部分或密封磨损严重，需更换或修补损坏部位；旋转方向不对，调换旋转方向；转数不够，查找电气方面原因，提高转数。

　　转子和外壳相碰可能原因是转子与轴松动或叶轮变形，需紧固转子更换叶轮；风机轴窜动，使转子与外壳接触，需重新校正轴窜量；机壳变形或不牢固，需校正变形机壳，重新固定机壳。

　　电流过大，电动机发热可能原因是电源电压过低或单相断路，需检修电路，提高电压；联轴器连接不正，引起振动，需重新找正联轴器；轴承缺油，需停运加润滑油。

　　D　炉管烧穿的原因、现象及处理

　　炉管烧穿的原因可能是输量过低引起炉管内原油偏流或停流；燃料油直接喷在炉管上燃烧；部分火焰很长，直接烧到炉管；炉管材质不好又长期受高温氧化、低温腐蚀或气流冲刷的影响；花格墙修砌不合理，使局部炉管长期过热。

　　炉管烧穿时先出现炉膛着火，炉膛和烟气温度升高，烟囱冒蓝烟或黑烟等现象。轻微烧穿时（指降低油压后现象消除），应及时停炉，切换。严重烧穿时，须紧急停炉，吹入消防蒸汽或化学药剂灭火（不可用水灭火），关进出炉阀门并同时打开紧急放空阀。关闭炉体上所有孔门。共用一个烟道挡板。邻近未发生事故的炉子要熄火，继续通油。若火势蔓延已无法切断事故炉油源时，立即倒全越站流程，同时打开所有运行炉的紧急放空阀。

　　E　炉管结焦的原因及处理方法

　　一般当炉管内原油温度升至 350～400℃ 时，原油的轻质馏分气化，重馏分产生焦化，造成炉管结焦堵塞。其原因：炉膛温度过高，炉管内油流过小；炉管内原油停止流动后，炉火仍在燃烧或停炉熄火后未及时采取循环措施。

　　防止炉管结焦的方法是在计划停炉后，一定要严格遵守操作规程。在紧急停炉后，必须改通循环流程，对加热炉循环降温，直至炉温降到常温为止。当通过加热炉的流量减小时，炉火也应减小，保证温度平稳。在点火升温前，一定要使油通过炉管。

6.1.5　储罐

　　用于储存液体或气体的钢制密封容器即为钢制储罐，防腐储罐设备是石油、化工、粮油、食品、消防、交通、冶金、国防等行业必不可少的、重要的基础设施，我们的经济生活中总是离不开大大小小的金属储罐、非金属储罐，储罐设备在国民经济发展中所起的重要作用是无可替代的。钢制储罐是储存各种液体（或气体）原料及成品的专用设备，对许多企业来讲没有储罐就无法正常生产，特别是国家战略物资储备均离不开各种容量和类型的防腐储罐等储罐。我国的储油设施多以地上储罐为主，且以金属结构居多。

6.1.5.1 储罐的分类

由于储存介质的不同，储罐的形式也是多种多样的。

按位置分类：可分为地上储罐、地下储罐、半地下储罐、海上储罐、海底储罐等。

按油品分类：可分为原油储罐、燃油储罐、润滑油罐、食用油罐、消防水罐等。

按用途分类：可分为生产油罐、存储油罐等。

按形式分类：可分为立式储罐、卧式储罐等。

按结构分类：可分为固定顶储罐、浮顶储罐、球形储罐等。

按大小分类：$100m^3$ 以上为大型储罐，多为立式储罐；$100m^3$ 以下的为小型储罐，多为卧式储罐。

按储罐的材料：储罐工程所需材料分为罐体材料和附属设施材料。罐体材料可按抗拉屈服强度或抗拉标准强度分为低强钢和高强钢，高强钢多用于 $5000m^3$ 以上储罐；附属设施（包括抗风圈梁、锁口、盘梯、护栏等）均采用强度较低的普通碳素结构钢，其余配件、附件则根据不同的用途采用其他材质，制造罐体常用的国产钢材有 20、20R、16Mn、16MnR 以及 Q235 系列等。

6.1.5.2 储罐结构

目前我国使用范围最广泛、制作安装技术最成熟的是拱顶储罐、浮顶储罐和卧式储罐。

A 拱顶储罐构造

拱顶储罐是指罐顶为球冠状、罐体为圆柱形的一种钢制容器。拱顶储罐制造简单、造价低廉，所以在国内外许多行业应用最为广泛，最常用的容积为 $1000 \sim 10000m^3$，目前国内拱顶储罐的最大容积已经达到 $30000m^3$。

罐底：罐底由钢板拼装而成，罐底中部的钢板为中幅板，周边的钢板为边缘板。边缘板可采用条形板，也可采用弓形板。一般情况下，储罐内径小于 16.5m 时，宜采用条形边缘板，储罐内径不小于 16.5m 时，宜采用弓形边缘板。

罐壁：罐壁由多圈钢板组对焊接而成，分为套筒式和直线式。

套筒式罐壁板环向焊缝采用搭接，纵向焊缝为对接。拱顶储罐多采用该形式，其优点是便于各圈壁板组对，采用倒装法施工比较安全。

直线式罐壁板环向焊缝为对接。优点是罐壁整体自上而下直径相同，特别适用于内浮顶储罐，但组对安装要求较高，难度也较大。

罐顶：罐顶有多块扇形板组对焊接而成球冠状，罐顶内侧采用扁钢制成加强筋，各个扇形板之间采用搭接焊缝，整个罐顶与罐壁板上部的角钢圈（或称锁口）焊接成一体。

B 浮顶储罐的构造

浮顶储罐是由漂浮在介质表面上的浮顶和立式圆柱形罐壁所构成。浮顶随罐内介质储量的增加或减少而升降，浮顶外缘与罐壁之间有环形密封装置，罐内介质始终被内浮顶直接覆盖，减少介质挥发。

罐底：浮顶罐的容积一般都比较大，其底板均采用弓形边缘板。

罐壁：采用直线式罐壁，对接焊缝宜打磨光滑，保证内表面平整。浮顶储罐上部为敞口，为增加壁板刚度，应根据所在地区的风载大小，罐壁顶部需设置抗风圈梁和加强圈。

浮顶：浮顶分为单盘式浮顶、双盘式浮顶和浮子式浮顶等形式。

单盘式浮顶：由若干个独立舱室组成环形浮船，其环形内侧为单盘顶板。单盘顶板底部设有多道环形钢圈加固。其优点是造价低、好维修。

双盘式浮顶：由上盘板、下盘板和船舱边缘板所组成，由径向隔板和环向隔板隔成若干独立的环形舱。其优点是浮力大、排水效果好。

C　内浮顶储罐的构造

内浮顶储罐是在拱顶储罐内部增设浮顶而成，罐内增设浮顶可减少介质的挥发损耗，外部的拱顶又可以防止雨水、积雪及灰尘等进入罐内，保证罐内介质清洁。这种储罐主要用于储存轻质油，例如汽油、航空煤油等。内浮顶储罐采用直线式罐壁，壁板对接焊制，拱顶按拱顶储罐的要求制作。目前国内的内浮顶有两种结构：一种是与浮顶储罐相同的钢制浮顶；另一种是拼装成型的铝合金浮顶。

D　卧式储罐的构造

卧式储罐的容积一般都小于 $100m^3$，通常用于生产环节或加油站。卧式储罐环向焊缝采用搭接，纵向焊缝采用对接。圈板交互排列，取单数，使端盖直径相同。卧式储罐的端盖分为平端盖和碟形端盖，平端盖卧式储罐可承受 40kPa 内压，碟形端盖卧式储罐可承受 0.2MPa 内压。地下卧式储罐必须设置加强环，加强还用角钢煨制而成。

6.1.5.3　油罐附件

油罐附件是油罐自身的重要组成部分。它的设置按其作用可分成四种类型：保证完成油料收发、储存作业，便于生产、经营管理；保证油罐使用安全，防止和消除各类油罐事故；有利油罐清洗和维修；能降低油品蒸发损耗。

油罐除一些通用附件外，盛装不同性质油品，用于不同结构类型的油罐，还应配置具有专门性能的附件，以满足安全与生产的特殊需要。

A　一般附件

油罐的一般附件有扶梯、人孔、透光孔、量油孔、脱水管、消防泡沫室、接地线。

扶梯：扶梯和栏杆扶梯是专供操作人员上罐检尺、测温、取样、巡检而设置的。它有直梯和旋梯两种。一般来说，小型油罐用直梯，大型油罐用旋梯。

人孔：人孔是供清洗和维修油罐时，操作人员进出油罐而设置的。一般立式油罐，人孔都装在罐壁最下层圈板上，且和罐顶上方采光孔相对。人孔直径多为 600mm，孔中心距罐底为 750mm。通常 $3000m^3$ 以下油罐设人孔 1 个，$3000 \sim 5000m^3$ 设 $1 \sim 2$ 个人孔；$5000m^3$ 以上油罐则必须设 2 个人孔。

透光孔：透光孔又称采光孔，是供油罐清洗或维修时采光和通风所设。它通常设置在进出油管上方的罐顶上，直径一般为 500mm，外缘距罐壁 $800 \sim 1000mm$，设置数量与人孔相同。

量油孔：量油孔是为检尺、测温、取样所设，安装在罐顶平台附近。每个油罐只装一个量油孔，它的直径为 150mm，距罐壁距离多在 1m。

脱水管：脱水管也称放水管，它是专门为排除罐内水杂和清除罐底污油残渣而设的。放水管在罐外一侧装有阀门，为防止脱水阀不严或损坏，通常安装两道阀门。冬天还应做好脱水阀门的保温，以防冻凝或阀门冻裂。

消防泡沫室：消防泡沫室又称泡沫发生器，是固定于油罐上的灭火装置。泡沫发生器一端和泡沫管线相连，一端带有法兰焊在罐壁最上一层圈板上。灭火泡沫在流经消防泡沫室空气吸入口处，吸入大量空气形成泡沫，并冲破隔离玻璃进入罐内（玻璃厚度不大于 2mm），从而达到拦火目的。

接地线：接地线是消除油罐静电的装置。

B 轻质油专用附件

轻质油（包括汽油、煤油、柴油等）属黏度小、质量轻、易挥发的油品，盛装这类油品的油罐，都装有符合它们特性并满足生产和安全需要的各种油罐专用附件。主要有油罐呼吸阀、液压安全阀、阻火器、喷淋冷却装置。

油罐呼吸阀：油罐呼吸阀是保证油罐安全使用、减少油品损耗的一种重要设备。

液压安全阀：液压安全阀是为提高油罐更大安全使用性能的又一重要设备，它的工作压力比机械呼吸阀要高出 5% ~ 10%。正常情况下，它是不动的，当机械呼吸阀因阀盘锈蚀或卡住而发生故障或油罐收付作业异常而出现罐内超压或真空度过大时，它将起到油罐安全密封和防止油罐损坏作用。

阻火器：阻火器又称油罐防火器，是油罐的防火安全设施，它装在机械呼吸阀或液压安全阀下面，内部装有许多铜、铝或其他高热容金属制成的丝网或皱纹板。当外来火焰或火星万一通过呼吸阀进入防火器时，金属网或皱纹板能迅速吸收燃烧物质的热量，使火焰或火星熄灭，从而防止油罐着火。

喷淋冷却装置：喷淋冷却装置是为降低罐内油温，减少油罐大小呼吸损失而安装的节能设施。

C 内浮顶油罐专用附件

内浮顶油罐和一般拱顶油罐相比，由于结构不同，并根据其使用性能要求，它装有独特的各种专用附件，主要有通气孔、静电导出装置、防转钢绳、自动通气阀、浮盘支柱、扩散管。

通气孔：内浮顶油罐由于内浮盘盖住了油面，油气空间基本消除，因此蒸发损耗很少，所以罐顶上不设机械呼吸阀和安全阀。但在实用中，浮顶环形间隙或其他附件接合部位，仍然难免有油气泄漏之处，为防止油气积聚达到危险程度，在油罐顶和罐壁上都开有通气孔。

静电导出装置：内浮顶油罐在进出油作业过程中，浮盘上积聚了大量静电荷，由于浮盘和罐壁间多用绝缘物作密封材料，所以浮盘上积聚的静电荷不可能通过罐壁导走。为了导走这部分静电荷，在浮盘和罐顶之间安装了静电导出线。一般为两根软铜裸绞线，上端和采光孔相连，下端压在浮盘的盖板压条上。

防转钢绳：为了防止油罐壁变形，浮盘转动影响平稳升降，在内浮顶罐的罐顶和罐底之间垂直地张紧两条不锈钢缆绳，两根钢绳在浮顶直径两端对称布置。浮顶在钢绳限制下，只能垂直升降，因而防止了浮盘转动。

自动通气阀：自动通气阀设在浮盘中部位置，它是为保护浮盘处于支撑位置时，油罐进出油料时能正常呼吸，防止浮盘以下部分出现抽空或憋压而设。

浮盘支柱：内浮顶油罐使用一段时间后，浮顶需要检修，油罐需清洗，这时浮顶就需降到距罐底一定高度，由浮盘上若干支柱来支撑。

扩散管：扩散管在油罐内与进口管相接，管径为进口管的 2 倍，并在两侧均匀钻有众多直径 2mm 的小孔。它起到油罐收油时降低流速，保护浮盘支柱的作用。

6.2 动设备

动设备是指由驱动机带动的转动设备（亦即有能源消耗的设备），如泵、压缩机、风机等，其能源可以是电动力、气动力、蒸汽动力等。苯加氢主要动设备是泵和压缩机。

6.2.1 泵

泵是受原动机控制，驱使介质运动，是将原动机输出的能量转换为介质压力能的能量转换装置。原动机（电动机、柴油机等）通过泵轴带动叶轮旋转，对液体做功，使其能量（包括位能、压能和动能）增加，从而使液体输送到高处或要求有压力的地方。

泵是国民经济中应用最广泛、最普遍的通用机械，除了水利、电力、农业和矿山等大量采用外，尤以石油化工生产用量最多。而且由于化工生产中原料、半成品和最终产品中很多是具有不同物性的液体，如腐蚀性、固液两相流、高温或低温等，要求有大量的具有一定特点的化工用泵来满足工艺上的要求。这方面的技术发展产品开发一直是十分活跃的。

6.2.1.1　泵的分类

泵的种类繁多，结构各异，分类的方法也很多。

按泵工作原理可分为叶片泵、容积泵和其他泵。

叶片泵是将泵中叶轮高速旋转的机械能转化为液体的动能和压能。由于叶轮中有弯曲且扭曲的叶片，故称叶片泵。根据叶轮结构对液体作用力的不同，叶片泵可分为三种。离心泵是靠叶轮旋转形成的惯性离心力而抽送液体的泵。轴流泵是靠叶轮旋转产生的轴向推力而抽送液体的泵。它属于低扬程、大流量泵型，一般的性能范围：扬程 $1 \sim 12\text{m}$、流量 $0.3 \sim 65\text{m}^3/\text{s}$、比转数 $500 \sim 1600$。混流泵是叶轮旋转既产生惯性离心力又产生轴向推力而抽送液体的泵。

容积泵是利用工作室容积周期性的变化来输送液体。有活塞泵、柱塞泵、隔膜泵、齿轮泵、螺杆泵等。其他类型泵有射流泵、水锤泵、电磁泵等。

离心泵按主轴方位可分为卧式泵（主轴水平放置）、斜式泵（主轴与水平面呈一定角度放置）、立式泵（主轴垂直于水平面放置）。按叶轮的吸入方式可分为单吸泵（液体从一侧流入叶轮，单吸叶轮）、双吸泵（液体从两侧流入叶轮，双吸叶轮）。按叶轮级数可分为单级泵（泵轴只装一个叶轮）、多级泵（同一泵轴上装有两个或两个以上叶轮，液体依次流过每级叶轮）。按泵壳体剖分方式可分为分段式泵（壳体按与主轴垂直的平面剖分）、节段式泵（在分段式多级泵中，每一段泵体都是分开的）、中开式泵（壳体从通过泵轴轴心线的平面上分开）。其中，中开式泵按剖分平面的方位又分为水平中开式泵（剖分面是水平面，为卧式泵）、垂直中开式泵（剖分面与水平面垂直，为立式泵）、斜中开式泵（剖分面与水平面呈一定夹角，为斜式泵）。按泵体的形式可分为蜗壳泵和双蜗壳泵。

特殊结构形式的泵有潜水电泵、液下泵、管道泵、屏蔽泵、磁力泵、自吸泵、高速泵、直联泵、深井泵、水轮泵。

潜水电泵：泵和电动机制成一体，能潜入水中工作，泵体一般为单级或多级立式离心泵和轴流泵。

液下泵：属单级或多级立式离心泵，电动机、泵座位于液面上部，泵体淹没在液体中，电动机通过长传动轴带动叶轮旋转。主要用于食品等行业。

管道泵：直接安装在水平管道中或竖直管道中运行，泵的进口和出口在一条直线上，且多数情况下进口与出口的口径相同，适用于工业系统中途加压、空调循环水输送及城市高层建筑给水。

屏蔽泵：电动机和泵合为一体，采用电动机和泵共轴形式，电动机内外转子之间采用屏蔽套隔离开，泵除进出口外，在结构上完全封闭，保证泵输送液体时绝对不泄漏。

磁力泵：电动机的动力通过磁性联轴器传递给泵，其中磁性联轴器的内转子磁钢带动叶轮，磁性联轴器的内、外磁钢之间采用隔离套，和屏蔽泵一样也是无密封、无泄漏泵型。

自吸泵：首次向泵中灌入少量液体，启动后可自行上水的泵，多为卧式离心泵、旋涡泵等。在喷灌中应用较多。

高速泵：从泵工作原理来分有高速部分流切线泵和高速离心泵两种结构形式。从变速方式分有通过电动机变频直驱式高速泵和增速箱的高速泵。电动机变频直驱式转速在 900r/min 以下，由变速箱使泵主轴增速，转速可以更高，但最高转速也不超过 24000r/min。

直联泵：泵利用动力机轴做主轴，省去泵悬架部分。

深井泵：属多级立式离心泵，用来取地下水的设备，电动机、泵座位于井口上部，泵体淹没在井下水中，电动机通过与输水管同心的长传动轴带动叶轮旋转。供以地下水为水源的城市及农田灌溉之用。

水轮泵：由水轮机和水泵按一定方式组成的提水机械。以水头带动水轮机转动，以此为动力，驱动水泵叶轮旋转，从而达到提水的目的。

轴流泵按泵轴的安放方式可分为立式轴流泵（主轴垂直于水平面放置）、卧式轴流泵（主轴水平放置）、斜式轴流泵（主轴与水平面呈一定角度放置）。按叶轮在轮毂体上的固定方式可分为固定叶片式轴流泵（叶片角度固定不可调，多用于小型轴流泵）、半调式叶片轴流泵（停机时可拆下叶轮调节叶片角度）、全调式轴流泵（通过调节机构，泵在运行中可以自行调节叶片角度）。

混流泵可分为蜗壳式混流泵（外形与结构方式与单级单吸离心泵相似）、导叶式混流泵（外形与结构方式与轴流泵相似）。

容积式泵按工作元件作往复运动或回转运动可分为往复泵和回转泵两类。通过活塞、柱塞工作元件作往复运动的容积式泵称为往复泵。通过齿轮、螺杆、叶轮转子或滑片等工作元件的旋转来产生工作腔的容积变化使液体不断地从吸入侧转移到排出侧的泵称为回转泵。如齿轮泵、螺杆泵、液环泵、挠性叶轮泵、旋转活塞泵、径向或轴向回转柱塞泵等。

6.2.1.2 常用泵的工作原理、结构特点及常见故障分析

A 离心泵的工作原理

离心泵有立式、卧式、单级、多级、单吸、双吸、自吸式等多种形式。其主要的工作原理是离心是物体惯性的表现。比如雨伞上的水滴，当雨伞缓慢转动时，水滴会跟随雨伞转动，这是因为雨伞与水滴的摩擦力作为给水滴的向心力使然。但是如果雨伞转动加快，这个摩擦力不足以使水滴再做圆周运动，那么水滴将脱离雨伞向外缘运动。就像用一根绳子拉着石块做圆周运动，如果速度太快，绳子将会断开，石块将会飞出，这个就是所谓的离心。离心泵就是根据这个原理设计的。高速旋转的叶轮叶片带动水转动，将水甩出，从而达到输送的目的。图 6 - 29 所示为简单的单级卧式离心泵。

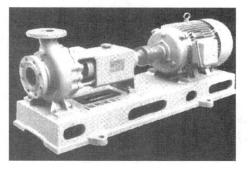

图 6 - 29 离心泵外观图

离心泵的主要工作原理是叶轮被泵轴带动旋转，对位于叶片间的流体做功，流体受离心力的作用，由叶轮中心被抛向外围。当流体到达叶轮外周时，流速非常高。泵壳汇集从各叶片间被抛出的液体，这些液体在壳内顺着蜗壳形通道逐渐扩大的方向流动，使流体的动能转化为静压能，减小能量损失。所以泵壳的作用不仅在于汇集液体，它更是一个能量转换装置。液体吸上是依靠叶轮高速旋转，迫使叶轮中心的液体以很高的速度被抛开，从而在叶轮中心形成低压，低位槽中的液体因此被源源不断地吸上。叶轮外周安装导轮，使泵内液体能量转换效率

高。导轮是位于叶轮外周的固定的带叶片的环。这些叶片的弯曲方向与叶轮叶片的弯曲方向相反，其弯曲角度正好与液体从叶轮流出的方向相适应，引导液体在泵壳通道内平稳地改变方向，使能量损耗最小，动压能转换为静压能的效率高。后盖板上的平衡孔消除轴向推力。离开叶轮周边的液体压力已经较高，有一部分会渗到叶轮后盖板后侧，而叶轮前侧液体入口处为低压，因而产生了将叶轮推向泵入口一侧的轴向推力。这容易引起叶轮与泵壳接触处的磨损，严重时还会产生振动。平衡孔使一部分高压液体泄漏到低压区，减轻叶轮前后的压力差。但由此也会引起泵效率的降低。轴封装置保证离心泵正常、高效运转。离心泵在工作时泵轴旋转而壳不动，其间的环隙如果不加以密封或密封不好，则外界的空气会渗入叶轮中心的低压区，使泵的流量、效率下降。严重时流量为零——气缚。通常，可以采用机械密封或填料密封来实现轴与壳之间的密封。

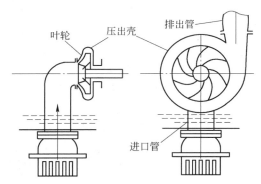

图 6 - 30　离心泵工作原理示意图

离心泵的主要过流部件有吸水室、叶轮和压水室。如图 6 - 30 所示，吸水室位于叶轮的进水口前面，起到把液体引向叶轮的作用；压水室主要有螺旋形压水室（蜗壳式）、导叶和空间导叶三种形式；叶轮是泵的最重要的工作元件，是过流部件的心脏，叶轮由盖板和中间的叶片组成。

离心泵工作前，先将泵内充满液体，然后启动离心泵，叶轮快速转动，叶轮的叶片驱使液体转动，液体转动时依靠惯性向叶轮外缘流去，同时叶轮从吸入室吸进液体，在这一过程中，叶轮中的液体绕流叶片，在绕流运动中液体作用一升力于叶片，反过来叶片以一个与此升力大小相等、方向相反的力作用于液体，这个力对液体做功，使液体得到能量而流出叶轮，这时液体的动能与压能均增大。

离心泵依靠旋转叶轮对液体的作用把原动机的机械能传递给液体。由于离心泵的作用液体从叶轮进口流向出口的过程中，其速度能和压力能都得到增加，被叶轮排出的液体经过压出室，大部分速度能转换成压力能，然后沿排出管路输送出去，这时，叶轮进口处因液体的排出而形成真空或低压，吸水池中的液体在液面压力（大气压）的作用下，被压入叶轮的进口，于是，旋转着的叶轮就连续不断地吸入和排出液体。

如果离心泵在启动前壳内充满的是气体，则启动后叶轮中心气体被抛时不能在该处形成足够大的真空度，这样槽内液体便不能被吸上。这一现象称为气缚。为防止气缚现象的发生，离心泵启动前要用外来的液体将泵壳内空间灌满。这一步操作称为灌泵。为防止灌入泵壳内的液体因重力流入低位槽内，在泵吸入管路的入口处装有止逆阀（底阀）；如果泵的位置低于槽内液面，则启动时无需灌泵。

液体在一定温度下，降低压力至该温度下的汽化压力时，液体便产生气泡，把这种产生气泡的现象称为汽蚀。

泵在运转中，若其过流部分的局部区域（通常是叶轮叶片进口稍后的某处）因为某种原因，抽送液体的绝对压力降低到当时温度下的液体汽化压力时，液体便在该处开始汽化，产生大量蒸气，形成气泡，当含有大量气泡的液体向前经叶轮内的高压区时，气泡周围的高压液体致使气泡急剧地缩小以至破裂。在气泡凝结破裂的同时，液体质点以很高的速度填充空穴，在此瞬间产生很强烈的水击作用，并以很高的冲击频率打击金属表面，冲击应力可达几百至几千个大气压，冲击频率可达每秒几万次，严重时会将壁厚击穿。在水泵中产生气泡和气泡破裂使过流部件遭受到破坏的过程就是水泵中的汽蚀过程。水泵产生汽蚀后除了对过流部件会产生破坏作用以外，还会产生噪声和振动，并导致泵的性能下降，严重时会使泵中液体中断，不能正常工作。

离心泵发生汽蚀是由于液道入口附近某些局部低压区处的压力降低到液体饱和蒸气压，导致部分液体汽化所致。所以，凡能使局部压力降低到液体汽化压力的因素都可能是诱发汽蚀的原因。产生汽蚀的条件应从吸入装置的特性、泵本身的结构以及所输送的液体性质等方面加以考虑。

从结构措施上可采用双吸叶轮，以减小经过叶轮的流速，从而减小泵的汽蚀余量；在大型高扬程泵前装设增压前置泵，以提高进液压力；叶轮特殊设计，以改善叶片入口处的液流状况；在离心叶轮前面增设诱导轮，以提高进入叶轮的液流压力。泵的安装高度越高，泵的入口压力越低，降低泵的安装高度可以提高泵的入口压力。因此，合理的确定泵的安装高度可以避免泵产生汽蚀。在吸液管路中设置的弯头、阀门等管件越多，管路阻力越大，泵的入口压力越低。因此，尽量减少一些不必要的管件或尽可能的增大吸液管直径，减少管路阻力，可以防止泵产生汽蚀。由于液体在泵入口处具有的动能和静压能可以相互转换，其值保持不变。入口液体流速高时，压力低，流速低时，压力高，因此，增大泵入口的通流面积，降低叶轮的入口速度，可以防止泵产生汽蚀。

输送密度越大的液体时泵的吸上高度就越小，当用已安装好的输送密度较小液体的泵改送密度较大的液体时，泵就可能产生汽蚀，但用输送密度较大液体的泵改送密度较小的液体时，泵的入口压力较高，不会产生汽蚀。温度升高时液体的饱和蒸气压升高。在泵的入口压力不变的情况下，输送液体的温度升高时，液体的饱和蒸气压可能升高至等于或高于泵的入口压力，泵就会产生汽蚀。吸液池液面压力较高时，泵的入口压力也随之升高，反之，泵的入口压力则较低，泵就容易产生汽蚀。输送液体的易挥发性在相同的温度下较易挥发的液体其饱和蒸气压较高，因此，输送易挥发液体时的泵容易产生汽蚀。

B 离心泵的结构

离心泵的种类繁多，各种类型离心泵结构都不同，但总体差异不大，主要由转子、蜗壳和导轮、密封环（口环）、轴向密封装置等几个部分组成，如图 6-31 所示，以卧式单级单吸式离心泵为例介绍。

转子是指离心泵的转动部分，它包括叶轮、泵轴、轴套、轴承等零件，如图 6-32 所示。

叶轮：叶轮是离心泵的核心部分，它转速高输出力大，叶轮上的叶片又起到主要作用，叶轮在装配前要通过静平衡实验。叶轮上的内外表面要求光滑，以减少水流的摩擦损失。

叶轮一般由轮毂、叶片和盖板三部分组成。叶轮的盖板有前盖板和后盖板之分，叶轮口侧的盖板称为前盖板，另一侧的盖板称为后盖板。

泵轴：离心泵的泵轴的主要作用是传递动力，支承叶轮保持在工作位置正常运转。它一端通过联轴器与电动机轴相连，另一端支承着叶轮做旋转运动，轴上装有轴承、轴向密封等零部件。

轴套：轴套的作用是保护泵轴，使填料与泵轴的摩擦转变为填料与轴套的摩擦，所以轴套是离心泵的易磨损件。轴套表面一般也可以进行渗碳、渗氮、镀铬、喷涂等处理方法，表面粗糙度要求一般要达到 $3.2 \sim 0.8 \mu m$。可以降低摩擦系数，提高使用寿命。

轴承：轴承起支承转子重量和承受力的作用。离心泵上多使用滚动轴承，其外圈与轴承座孔采用基轴制，内圈与转轴采用基孔制，配合类别国家标准有推荐值，可按具体情况选用。轴

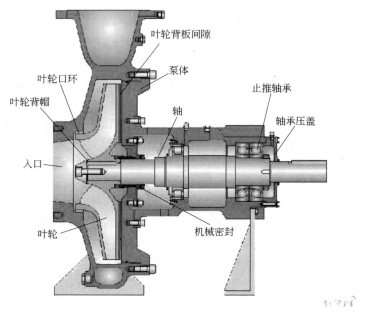

图 6-31　离心泵基本结构示意图

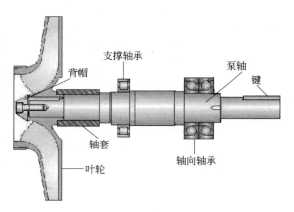

图 6-32　转子结构示意图

承一般用润滑脂和润滑油润滑。

　　蜗壳和导轮：蜗壳与导轮的作用，一是汇集叶轮出口处的液体，引入到下一级叶轮入口或泵的出口；二是将叶轮出口的高速液体的部分动能转变为静压能。一般单级和中开式多级泵常设置蜗壳，分段式多级泵则采用导轮。

　　蜗壳是指叶轮出口到下一级叶轮入口或到泵的出口管之间截面积逐渐增大的螺旋形流道，如图 6-33 所示。其流道逐渐扩大，出口为扩散管状。液体从叶轮流出后，其流速可以平缓地降低，使很大一部分动能转变为静压能。

　　蜗壳的优点是制造方便，高效区宽，车削叶轮后泵的效率变化较小。缺点是蜗壳形状不对称，在使用单蜗壳时作用在转子径向的压力不均匀，易使轴弯曲，所以在多级泵中只是首段和尾段采用蜗壳而在中段采用导轮装置。蜗壳的材质一般为铸铁。防腐泵的蜗壳为不锈钢或其他防腐材料，例如塑料玻璃钢等。多级泵由于压力较大，对材质强度要求较高，其蜗壳一般用铸钢制造。

导轮是一个固定不动的圆盘，正面有包在叶轮外缘的正向导叶，这些导叶构成了一条条扩散形流道，背面有将液体引向下一级叶轮入口的反向导叶，其结构如图 6-34 所示。液体从叶轮甩出后，平缓地进入导轮，沿着正向导叶继续向外流动，速度逐渐降低，动能大部分转变为静压能。液体经导轮背面的反向导叶被引入下一级叶轮导轮上的导叶数一般为 4~8 片，导叶的入口角一般为 8°~16°，叶轮与导叶间的径向单侧间隙约为 1mm。若间隙过大，效率会降低；间隙过小，则会引起振动和噪声。与蜗壳相比，采用导轮的分段式多级离心泵的泵壳容易制造，转能的效率也较高。但安装检修较蜗壳困难。另外，当工况偏离设计工况时，液体流出叶轮时的运动轨迹与导叶形状不一致，使其产生较大的冲击损失。由于导轮的几何形状较为复杂，所以一般用铸铁铸造而成。

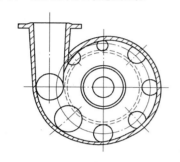

图 6-33　蜗壳结构示意图

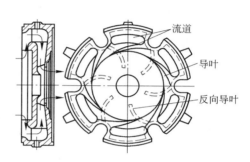

图 6-34　导轮结构示意图

密封环：从叶轮流出的高压液体通过旋转的叶轮与固定的泵壳之间的间隙又回到叶轮的吸入口，称为内泄漏，如图 6-35 所示。为了减少内泄漏，保护泵壳，在与叶轮入口处相对应的壳体上装有可拆换的密封环。

密封环的结构形式有三种，如图 6-36 所示。图 6-36 (a) 所示为平环式，结构简单，制造方便。但密封效果差；图 6-36 (b) 所示为直角式的密封环，液体泄漏时通过一个 90° 的通道，密封效果比平环式好，应用广泛；图 6-36 (c) 所示为迷宫式密封环，密封效果好，但结构复杂，制造困难，一般离心泵中很少采用。密封环内孔与叶轮外圆处的径向间隙一般在 0.1~0.2mm。

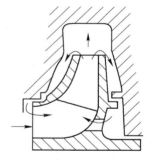

图 6-35　泵内液体的泄漏

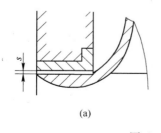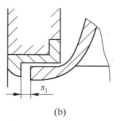

(a)　　　　　　　(b)　　　　　　　(c)

图 6-36　密封环的形式
(a) 平环式；(b) 直角式；(c) 迷宫式

密封环磨损后，使径向间隙增大，泵的排液量减少，效率降低，当密封间隙超过规定值时应及时更换。密封环应采用耐磨材料制造，常用的材料有铸铁、青铜等。

轴向密封装置：从叶轮流出的高压液体，经过叶轮背面，沿着泵轴和泵壳的间隙流向泵外，称为外泄漏。在旋转的泵轴和静止的泵壳之间的密封装置称为轴封装置。它可以防止和减少外泄漏，提高泵的效率，同时还可以防止空气吸入泵内，保证泵的正常运行。特别在输送易燃、易爆和有毒液体时，轴封装置的密封可靠性是保证离心泵安全运行的重要条件。常用的轴封装置有填料密封（盘根密封）和机械密封（端面密封）两种。

　　C　离心泵的常见故障

离心泵的故障现象、原因及排除方法详见表 6-3。

表 6-3　离心泵常见故障、原因及排除方法

故障现象	可能原因	处理方法
泵不出液	1. 叶轮堵塞 2. 进口压力不够 3. 出口阻力太大 4. 旋转方向不对 5. 底阀没打开或淤塞 6. 泵转速不够	1. 清洗叶轮 2. 增大进口液体压力 3. 检查或缩短出口管线 4. 检查电机旋向 5. 检查底阀，清除污物 6. 调节泵，使泵轴的转速达到规定值
泵振动大	1. 泵轴与电机轴不在一条中心线上 2. 泵轴弯曲 3. 泵抽空 4. 泵内有异物 5. 泵基础螺栓松动	1. 检查、找正 2. 更换新轴 3. 根据抽空原因处理 4. 清除异物 5. 紧固基础螺栓
轴承发热	1. 轴承配合过紧 2. 没有油或油不足 3. 冷却水中断或不足 4. 轴承磨损或损坏 5. 泵轴与电机轴不在同一条中心线上	1. 检查重配 2. 注油 3. 恢复冷却水 4. 更换新轴承 5. 检查、找正
流量低于预计流量（泵不上量）	1. 泵淤塞或进、出口堵塞 2. 转速不足 3. 叶轮配合间隙大 4. 密封环磨损过大 5. 泵内气堵	1. 清洗泵及进、出口管线 2. 调节水泵，使水泵轴的转速达到规定值 3. 调整叶轮配合间隙 4. 更换密封环 5. 排出泵内气体
水泵消耗的功率过大	1. 填料压盖太紧 2. 有摩擦	1. 拧紧压盖或重新装填料 2. 检查、修复

　　随着化学工业的发展以及人们对环境、安全意识的提高，对化工用泵的要求也越来越高，在一些场合对某些泵提出了绝对无泄漏要求，这种需求促进了屏蔽泵技术的发展。屏蔽泵由于没有转轴密封，可以做到绝对无泄漏，因而在化工装置中的使用已愈来愈普遍。K.K 法加氢精制工艺中原料、半成品及成品油运输都是使用屏蔽泵完成，基本型屏蔽泵如图 6-37 所示。

　　普通离心泵的驱动是通过联轴器将泵的叶轮轴与电动轴相连接，使叶轮与电动机一起旋转而工作，而屏蔽泵是一种无密封泵，泵和驱动电机都被密封在一个被泵送介质充满的压力容器内，此压力容器只有静密封，并由一个电线组来提供旋转磁场并驱动转子。这种结构取消了传

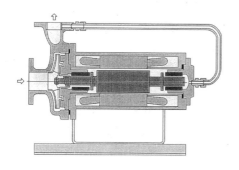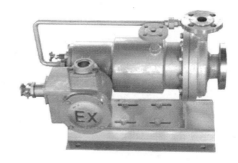

图 6-37　基本型屏蔽泵示意图及外观图

统离心泵具有的旋转轴密封装置，故能做到完全无泄漏。屏蔽泵把泵和电机连在一起，电动机的转子和泵叶轮固定在同一根轴上，利用屏蔽套将电机的转子和定子隔开，转子在被输送的介质中运转，其动力通过定子磁场传给转子。此外，屏蔽泵的制造并不复杂，其液力端可以按照离心泵通常采用的结构型式和有关的标准规范来设计、制造。

6.2.1.3　苯加氢几种常用泵

A　屏蔽泵

屏蔽泵是离心泵的一种，它具有许多优点：一是全封闭。结构上没有动密封，只有在泵的外壳处有静密封，因此可以做到完全无泄漏，特别适合输送易燃、易爆、贵重液体和有毒、腐蚀性及放射性液体。二是安全性高。转子和定子各有一个屏蔽套使电机转子和定子不与物料接触，即使屏蔽套破裂，也不会产生外泄漏的危险。三是结构紧凑占地少。泵与电机系一整体，拆装不需找正中心。对底座和基础要求低，且日常维修工作量少，维修费用低。四是运转平稳，噪声低，不需加润滑油。由于无滚动轴承和电动机风扇，故不需加润滑油，且噪声低。五是使用范围广。对高温、高压、低温、高熔点等各种工况均能满足要求。

屏蔽泵也有一些缺点：一是由于屏蔽泵采用滑动轴承，且用被输送的介质来润滑，故润滑性差的介质不宜采用屏蔽泵输送。一般地适合于屏蔽泵介质的黏度为 $0.1 \sim 20 \text{mPa} \cdot \text{s}$。二是屏蔽泵的效率通常低于单端面机械密封离心泵，而与双端面机械密封离心泵大致相当。三是长时间在小流量情况下运转，屏蔽泵效率较低，会导致发热、使液体蒸发，而造成泵干转，从而损坏滑动轴承。

一般屏蔽泵都有检测装置，屏蔽电泵监测装置（TRG 表）如图 6-38 所示。

在屏蔽泵定子线圈上下（可理解为在一个水平放置的筒的上下）各埋设一线圈，两个线圈相连，但相位相反，转子转动，如"转子的中心线"与"两个线圈的几何中线 = 泵轴承中线"重合，则上下两个线圈分别感应大小相等但相位相反的电压，此时互相抵消，电流为 0，表现为 TRG 表在 0 位，即绿区的最低处，当轴承磨损后转子中线偏移，此时上下线线圈感应电流不再大小相等，通过一定的处理后产生电流，TRG 指针随电流的大小也变化，但如在绿区内，这种轴承磨损造成的转子偏移是可以接受的，转动的转子不会磨损屏蔽套，可继续运行。而当指针在黄区后，说明磨损在加剧，必须检修，更换轴承。指针在红区后，表明转子已经磨损了屏蔽套，此时必须解体检查屏蔽套是否完好，如磨损，需返厂维修。屏蔽泵日常维护中 TRG 表作用很大。由上可见，TRG 表只检测轴承径向磨损，因为径向磨损后，才能造成转子中线偏移，转子的轴向偏移该表无法检测，但如果轴向偏移过大，会导致泵某个地方的磨损

图 6 - 38　TRG 表

（不再详述），造成电流偏高，如有电流保护装置，则跳闸，但不会造成泵的损伤，一般更换推理盘及轴承即可解决。综上所述，TRG 表和电流表是确认屏蔽泵是否良好运转的两扇窗口。

屏蔽泵正反转的判断。泵正转时，首先点动电源，TRG 表指针在绿区轻微摆动后回零；出口压力表能达到正常压力；泵无震动和噪声；泵运行电流正常。泵反转时，点动电源，TRG 表指针摆动到红区；出口压力表能达不到正常压力；泵有异常震动、噪声较大；泵运行电流低于正常值。

屏蔽泵运行时应经常进行检查，主要有 TRG 表：应指示在绿区范围内；出口压力表：指示在泵正常操作压力值，指针稳定且无摆动；泵的震动：泵无异常震动；逆循环管线温度：应比入口温度高 5℃ 以内；冷却水：35℃ 以下，3 ~ 5kgf/cm² 压力，水套各部位冷却均匀；运行电流：在额定电流以下，是额定电流的 80% 左右；电机表面温度：介质温度 + 电机温升（30℃ 左右）。

屏蔽泵使用过程中要求严禁空载运转；彻底清除装置内的铁锈及固体异物，空气全部排除后，方可运转；断流运转不得持续超过 30 秒；不得逆向持续运转；带冷却水套的屏蔽电泵，必须首先按规定的冷却水流量接通冷却水，然后开车运转；在运转中，如发现异常声音或振动等，必须迅速查清原因排除故障；TRG 表指示红色区域，不允许继续运转；在保护装置动作的情况下，在没有查清动作原因并彻底排除之前，不允许继续运行；小于最小流量时，不应运转；冷却水套、热交换器及比循环管路内的流量小于规定值时，不应开车和继续运行；屏蔽电泵应在环境温度 - 20 ~ + 40℃、湿度不大于 85%（25℃ 时）和规定的防爆标志下使用；屏蔽泵正常工作状态，必须是合同要求的性能参数范围，否则影响泵轴向推力。

屏蔽泵常见问题及处理，详见表 6 - 4。

表 6 - 4　屏蔽泵常见故障现象、原因及处理方法

故 障 现 象	故 障 原 因	处 理 方 法
屏蔽泵抽空： 机泵出口压力表读数大幅度变化，电流表读数波动； 泵体及管线内有噼啪作响的声音； 泵出口流量减小许多，大幅度变化	1. 入口管线堵塞或入口阀门开度小 2. 入口压头不够 3. 介质温度高 4. 长时间出口阀开度过小 5. 叶轮堵塞	1. 开大入口阀或疏通管线 2. 提高入口压头 3. 适当降低介质的温度，用冷却水喷淋泵体 4. 开大出口阀 5. 找钳工拆检

故 障 现 象	故 障 原 因	处 理 方 法
屏蔽泵轴承损坏: 轴承监测器的指针出现在红区; 电流读数偏高	1. 轴承损坏或轴承间隙超标 2. 循环管线堵塞 3. 泵干运行	1. 联系钳工维修 2. 循环管线疏通 3. 联系钳工维修
屏蔽泵振动	1. 泵内或吸入管内有空气 2. 吸入管压力小于或接近汽化压力 3. 轴承损坏或轴承间隙大 4. 转子与定子部分发生碰撞或摩擦、叶轮松动、转子动平衡不理想 5. 入口管、叶轮内、泵内有杂物 6. 泵座基础共振	1. 停泵重新灌泵,排净泵内或管线内的气体 2. 提高吸入压力 3. 更换轴承 4. 检查叶轮、重新做动平衡 5. 清除杂物 6. 消除机座共振
屏蔽泵发生汽蚀	1. 泵体内或输送介质内有气体 2. 吸入容器的液位太低 3. 吸入口压力太低 4. 吸入管内有异物堵塞 5. 叶轮损坏,吸入性能下降 6. 出口阀长时间开度过小	1. 冷却水喷淋泵体 2. 提高容器中液面高度 3. 提高吸入口压力 4. 吹扫入口管线 5. 检查更换叶轮 6. 调整出口阀阀位
泵出口压力超指标	1. 出口管线堵 2. 出口阀板脱落（或开度太小） 3. 压力表失灵 4. 泵入口压力过高	1. 处理出口管线 2. 检查更换 3. 更换压力表 4. 查找原因降低入口压力

B 高速泵（加氢进料泵）

以某焦化厂加氢精制车间为例,其使用的加氢进料泵属于美国圣达因（Sundyne）立式高速泵。Sundyne 高速泵是美国 Sundstrand International Corporation 首先开发的一种特殊离心泵。它具有高扬程、低流量、不堵塞和效率较高等工艺特点,因此在石油、化工等行业得到了广泛的应用。国内对它的称谓有圣达因泵、高速泵、圣达因高速泵、部分流泵等。这种泵结构的最大特点是带一个增速箱,叶轮转速最高可达 25000~30000r/min,常见为立式泵。泵的传动路线为:电机轴—联轴节—增速箱输入轴——缓或两缓齿轮增速—增速箱输出轴,即叶轮轴。常见的 Sundyne 泵有 LMV - 311、LMV - 322、LMV - 331 三种型号。某焦化厂加氢精制车间高速泵基本性能如下:

型号	LMV311 - 55 - 141SCT	流量	16.5m³/min
出口压力	3.857MPa	介质	焦炉轻质油
转速	14100r/min	电机	3 - M3JP250SMA2V1 55kW/380V/2960r/min
润滑方式	稀油润滑	变速箱	输入 2960r/min, 输出 14100r/min

高速泵的工作原理与离心泵相同,使用维护和故障处理方面与普通的离心泵类似,它比普通的离心泵多增设有齿轮增速器。主要由泵机组、增速装置、润滑及监控系统、底座及电机等部分组成,由于转速高,所以增速齿轮材料均经过渗碳处理,高速轴上的轴承采用巴氏合金轴

承，它们运转时必须经过良好的润滑，泵启动之前，先启动主油泵给油加压进行强制润滑，然后启动电机，运转时，齿轮箱的润滑油压力应保持规定范围内，油温应保持在规定范围之间，温度可用冷却水量来调节。

该泵具有结构紧凑、占地面积小，能够实现小流量大扬程，维护方便、适用范围广、可靠性好及使用寿命长等优点。缺点是易出故障，维修费用高。

LMV 型立式高速泵为单级单吸部分流式离心泵，由电动机、齿轮增速箱、泵及其附件组成。泵本体采用径向剖分、单级开式叶轮的悬臂结构，轴端装设诱导轮以提高泵抗汽蚀性能。齿轮箱为一级增速。齿轮箱内齿轮及轴承的润滑均采用压力油润滑方式，压力油是由装在低速轴端的油泵产生的，经过滤器、换热器后对各润滑点进行润滑。结构如图 6 - 39 所示。

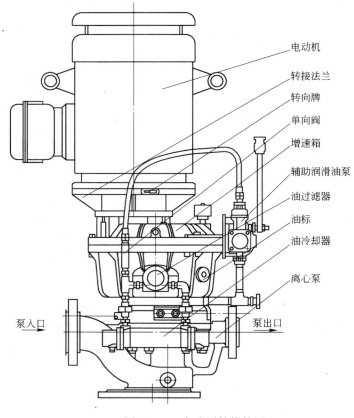

图 6 - 39　高速泵结构简图

高速泵常见故障现象、原因及解决办法见表 6 - 5。

表 6 - 5　高速泵常见故障现象、原因及处理方法

故 障 现 象	故 障 原 因	解 决 方 法
抽不上介质	泵出入口管线上阀门关闭	打开阀门
	吸入压力过低	升高吸入罐罐位或罐压
	液体没有灌满泵腔，泵内有气体	检查泵体和入口管线是否充满液体，重新灌泵排气

故障现象	故障原因	解决方法
抽不上介质	吸入管路仍存在气体	排除吸入管路中的气体，对管路检查
	入口过滤网堵塞	清理过滤网
	转向错误	改变两根外部接线相序
	没接通电源	检查电路
	传动组件失灵（内部连接轴、叶轮键故障或组装时零件漏装）	解体检查
	叶轮流道被杂物堵死	用反冲法冲洗或泵解体清理
	泵体出口喉部堵塞	解体清理
流量太小或扬程不够	灌泵排气不充分	重新灌泵排气
	入口管路阀门未全开	阀门全开
	吸入压力低	升高吸入罐罐位或罐压
	转向错误	改变两根外部接线相序
	入口过滤网堵塞	清理过滤网
	叶轮与泵体密封环间隙过大	更换密封环或叶轮
	叶轮流道有杂物或结垢	用反冲法冲洗或泵解体清理
	电机转速太低	测电机转速
	泵体组件出口喉部局部堵塞，或由于固体颗粒流过使叶轮磨损	解体清掉所有障碍物，使用砂布或机械清洗使表面恢复平滑光洁，无腐蚀斑点。泵体组件喉部边缘一定要保持锐边。更换磨损叶轮
	泵体组件出口喉部、靠近叶轮的泵盖表面磨损或腐蚀（如果泵体组件出口喉部边缘不再保持锐边和光滑，已呈敞口状，将导致流量增加和功率消耗增加，泵盖表面磨损或腐蚀，也将导致功率显著增加，都使扬程下降）	解体检修，更换零件
增速箱油温高	油冷器堵塞或冷却水断流	检查冷却水流量压力、清洗冷却器
	润滑油油位低、过高	调整油位至正常油位或更换润滑油
	润滑油中窜入介质或水，已乳化变质	检查油冷器是否泄漏。检查泵密封是否泄漏过多，并检查轴套组件的 O 形圈是否失效
	润滑油牌号不对	更换润滑油
	轴承磨损	更换轴承
增速箱润滑油油位下降过快	增速箱及油路系统存在泄漏点	检查增速箱及管路系统是否存在漏油点
	输入轴骨架油封泄漏	更换油封
	下箱体油机械密封泄漏	检查泵盖孔口的漏油情况，如泄漏严重更换机封
	从冷却器漏入冷却水	检查油冷器，如漏更换油冷器

续表 6 – 5

故 障 现 象	故 障 原 因	解 决 方 法
噪声或振动大	灌泵排气不充分	重新灌泵排气
	汽蚀抽空	确认工艺系统，提高吸入压力
	泵、电机对中不好	重新找正
	高速轴或低速轴齿轮损坏	更换
	部分叶轮阻塞不平衡	用反冲法冲洗或泵解体清理
	叶轮或轴损坏或弯曲	更换
	叶轮不平衡	重新做动平衡
	地脚螺栓松动	紧固
	轴承、密封环过度磨损，间隙过大	更换轴承、密封环
	泵内部腐蚀	泵内清理
	泵内有异物	
	回油孔未对准	拆下端盖，重新将端盖回油槽对准轴承回油孔
	底座基准面未校准水平	重新校正水平
电机绝缘过低	电机受潮	电机烘干
	电机进液	需要解体检查
	电机损坏	
电机不能正常启动	至少两根接线保险丝中断	更换保险丝，检查接线头的连接
	无电压	
	处于断路状态	检查主要接线
	电机过载	关闭出口阀，再次启动
	轴被卡住或泵内有异物	需要解体检查
	电机损坏	检查三相绕组的绝缘
	电压过高	调整电压
电机过载	流量过大	关小出口阀门
	齿轮箱、泵出了机械故障	检查齿轮箱轴组件和泵叶轮，诱导轮的转动灵活性。检查齿轮箱下箱体内有无磨损颗粒。如果无磨损颗粒轴承不会损坏
	泵盖或泵体组件自身靠近叶轮叶片的表面出现腐蚀凹坑。由于这种原因，可使功率增大	拆开检查，进行处理

注：引起高速泵故障的原因很多，不能单一地归结为某一个原因，要根据故障现象进行综合分析后加以判断。如果还无法判断并排除，及时与厂家联系。

C　真空液环泵

真空液环泵即为液环真空泵，液环真空泵带有叶片的叶轮偏心安装在装液的泵壳中，叶轮在泵壳中旋转形成液环，其作用相当于一个活塞，依靠改变体积抽出空气形成真空的真空泵。

图 6-40 所示为叶轮 3 偏心地安装在泵体之内，启动时向泵内注入一定高度的工作液，因此当叶轮 3 旋转时，工作液受离心力的作用而在泵体内壁形成一旋转液环 1，液环下部内表面与轮毂相切，沿箭头方向旋转，在前半转过程中，液环内表面逐渐与轮毂脱离，因此在叶轮叶片间与液环形成封闭空间，随着叶轮的旋转，该空间逐渐扩大，空间气体压力降低，气体自圆盘吸气口被吸入；在后半转过程中，液环内表面逐渐与轮毂靠近，叶片间的空间逐渐缩小，空间气体压力升高，高于排气口压力时，叶片间的气体自圆盘排气口被排出。如此叶轮每转动一周，叶片间的空间吸排气一次，许多空间不停地工作，泵就连续不断地抽吸或压送气体。

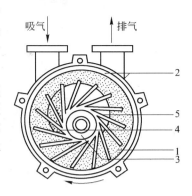

图 6-40 液环真空泵工作原理
1—液环；2—泵盖；3—叶轮；
4—吸气口；5—排气口

由于在工作过程中，做功产生热量，会使工作液环发热，同时一部分工作液和气体一起被排走，因此，在工作过程中，必须不断地给泵供工作液，以冷却和补充泵内消耗的工作液，满足泵的工作要求。

某焦化厂加氢精制车间蒸馏单元汽提塔所用液环真空泵，为佶缔纳士机械有限公司生产的 2BV6 型液环真空泵，如图 6-41 所示。其性能参数如下：

设备型号	2BV6 110-0ZE03-7P 带电机 7.5kW/DIICT3/IP55
轴封形式	单端机械密封/内冲洗
传动方式	直联传动
转速	1440r/min
排气压力	140kPa（标况）
吸气能力	正常工况下 130m³/h
工作点消耗功率	4.8kW-30（标况）
最大轴功率	5.1kW
配套电机功率	7.5kW
工作液概况	溶剂（NFM）50℃ 0.35m³/h

图 6-41 2BV6 真空泵外观图

泵由泵盖、泵体、圆盘，叶轮、机械密封、电动机等零部件组成，结构简图如图 6-42 所示。进气管排气管通过安装在泵盖上的圆盘上的吸气孔和排气孔与泵腔相连，轴偏心地安装在泵体中，叶轮用平键固定在轴上，泵两端面的间隙由泵体和圆盘之间的垫来调整，叶轮与泵盖上的圆盘之间的间隙由圆盘和泵体之间的垫来调整，叶轮两端面与泵盖上圆盘之间间隙决定气体在泵腔内由进气口至排气口流动中损失的大小及其极限压力。

泵的密封采用机械密封，机械密封安装在叶轮和泵体间。由机械密封定出叶轮与泵体之间的间隙。在泵盖上安装有圆盘，圆盘上设有吸、排气孔和柔性排气阀片，柔性阀片的作用是当叶轮叶片间的气体压力达到排气压力时，在排气口以前就将气体排出，减少了因气体压力过大而消耗的功率，从而降低功率消耗。

液环泵应进行经常性的检查维护，检查维护内容包括为避免磨损叶轮、泵体或卡住叶轮，随气体和工作液进入泵腔的灰尘颗粒，可通过泵底部的冲洗口冲洗掉；电动机常工作的轴承比

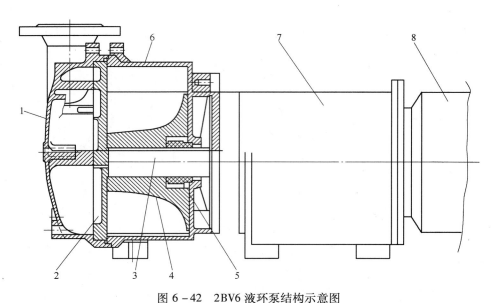

图 6-42　2BV6 液环泵结构示意图

1—泵盖；2—圆盘；3—平键；4—叶轮；5—机械密封；6—泵体；7—托架；8—电机

周围温度高 15～20℃，最高不允许超过 55～60℃，正常工作的轴承每年应装油 1～2 次，每年至少清洗轴承一次，并将润滑油全部更换；采用的机械密封，出现泄漏现象，应检查机械密封的动、静环是否已损坏，或是密封圈已老化，如出现上述情况，均需更换新零件。

2BV6 型液环泵的故障和消除方法，详见表 6-6。

表 6-6　2BV6 型液环泵的故障和消除方法

故障现象	可能原因	排除方法
电机不启动；无声音	两根电源线断裂	检查接线
电机不启动；有嗡嗡声	一根接线断，电机转子堵转；叶轮故障；电机轴承故障	必要时排空清洁泵，修正叶轮间隙；换叶轮；换轴承
电机开动时，电流断路器跳闸	绕组短路；电机过载；排气压力过高；工作液过多	检查电机绕组；降低工作液流量；降低排气压力；减少工作液
消耗功率过高	产生沉淀	清洁、除掉沉淀
泵不产生真空	无工作液；系统泄漏严重；旋转方向错	检查工作液；修复泄漏处；更换两根导线改变旋转方向
真空度太低	泵太小；工作液流量太小；工作液温度过高；磨蚀；系统轻度泄漏；密封泄漏	用大一点的泵；加大工作液流量；冷却工作液，加大流量；更换零件；修复泄漏处；检查密封
尖锐噪声	产生汽蚀 工作液流量过高	连接汽蚀保护件 检查工作液，降低流量
泵泄漏	密封垫坏	检查所有密封面

6.2.2 压缩机

压缩机是输送气体和提高气体压力的一种从动的流体机械。排气压力一般大于 $2kgf/cm^2$。主要性能参数有流量（即排气量，指压缩机单位时间内排出的气体体积）、效率（压缩机理论消耗功率与实际消耗功率之比）以及排气压力等。

压缩机容积式压缩机和速度式压缩机。压缩机容积式靠在气缸内作往复或回转运动的活塞，使气缸内的气体体积减小，压力升高，然后把气体压出。又可分为回转压缩机和往复压缩机等。回转压缩机是靠各种起活塞作用的转子在气缸内作回转运动而使气体体积发生变化来压缩和送气体；往复压缩机是靠活塞或隔膜在气缸内作往复运动使气体体积发生变化来压缩和输送气体。速度式压缩机气体在高速旋转叶轮的作用下，得到巨大的动能，而后在扩压器中急剧降速，从而使气体的动能转变为势能，借以提高气体的压力；又可分为轴流式、离心式和混流式等种类。

6.2.2.1 活塞式压缩机

各种压缩机类型中活塞式压缩机应用最为广泛，一般加氢精制所用压缩机有原料煤气压缩机、补充氢气压缩机及循环氢气压缩机均为活塞式压缩机。

A 活塞式压缩机工作原理

活塞式压缩机由机体、气缸、活塞、曲柄连杆机构及气阀机构（进气阀及排气阀）等组成。

如图 6-43 所示，压缩机曲柄由原动机（电动机）带动旋转，从而驱动活塞在缸体内往复运动。当活塞向右运动时，气缸内容积增大而形成部分真空，外界空气在大气压力下推开吸气阀5而进入气缸中；当活塞反向运动时吸气阀关闭，随着活塞的左移，缸内空气受到压缩而使压力升高，当压力增至足够高（即达到排气管路中的压力）时排气阀6打开，气体被排出，并经排气管输送到储气罐中。曲柄旋转一周，活塞往复行程一次，即完成一个工作循环。但压缩机的实际工作循环是由吸气、压缩、排气和膨胀四个过程所组成，这可从图 6-44 所示的压容图上看出。图中线段 ab 表示吸气过程，其高度 p_1 即为空气被吸入气缸时的起始压力；曲线 bc 表示活塞向左运动时气缸内发生的压缩过程；cd 表示气缸内压缩气体压力达到出口处压力排气阀被打开时的排气过程；当活塞回到 d 时运动终止，排气过程结束，排气阀关闭。这时余隙（活塞与气缸之间余留的空隙）中还留有一些压缩空气将膨胀而达到吸气压力，曲线即表示余隙内空气的膨胀过程。所以气缸重新吸气的过程并不是从 a 点开始，而是从 a' 点开始，显然这将减少压缩机的输气量。图 6-44 中只表示一个缸一个活塞的空气压缩机，大多数空气压缩机是多缸和多活塞的组合。

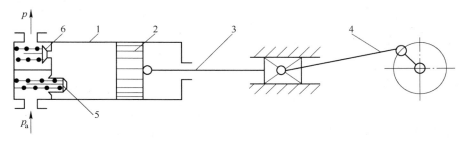

图 6-43 单级活塞式压缩机工作原理简图
1—缸体；2—活塞；3—活塞杆；4—曲柄连杆机构；5—吸气阀；6—排气阀

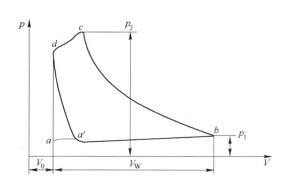

图 6-44 压缩机实际循环 $p-V$ 图

活塞式压缩机结构比较简单，操作容易；压力变化时，风量变化不大。但由于排气量较小，且有脉动流出现，所以一般根据系统的风量要求设一个或几个储气罐。压缩机机组本身尺寸较大，加上储气罐，安装占地面积较大。此外，要注意压缩介质气体由于绝热膨胀而出现冷凝水，因此，应采取适当的除水滤油措施。

活塞式空压机具有很多优点，它的适用压力范围广，不论流量大小，均能达到所需压力；热效率高，单位耗电量少；适应性强，即排气范围较广，且不受压力高低影响，能适应较广阔的压力范围和制冷量要求；可维修性强；对材料要求低，多用普通钢铁材料，加工较容易，造价也较低廉；技术上较为成熟，生产使用上积累了丰富的经验；装置系统比较简单。

但它也有许多缺点，例如：转速不高，机器大而重；结构复杂，易损件多，维修量大；排气不连续，造成气流脉动；运转时有较大的震动。

B 活塞式压缩机常见故障

一是排气量不足。排气量不足的原因有很多，可能是进气滤清器的故障，积垢堵塞，使排气量减少；吸气管太长，管径太小，致使吸气阻力增大影响了气量，要定期清洗滤清器。压缩机转速降低使排气量降低。空气压缩机使用不当，因空气压缩机的排气量是按一定的海拔高度、吸气温度、湿度设计的，当把它使用在超过上述标准的高原上时，吸气压力降低等，排气量必然降低。气缸、活塞、活塞环磨损严重、超差，使有关间隙增大，泄漏量增大，影响到了排气量。属于正常磨损，需及时更换易损件，如活塞环等。属于安装不正确，间隙留得不合适时，应按图纸给予纠正，如无图纸时，可取经验资料。对于活塞与气缸之间沿圆周的间隙，如为铸铁活塞时，间隙值为气缸直径的 0.06/100 ~ 0.09/100；对于铝合金活塞，间隙为气径直径的 0.12/100 ~ 0.18/100；钢活塞可取铝合金活塞的较小值。填料层不严产生漏气使气量降低。其原因首先是填料函本身制造时不合要求；其次可能是由于在安装时，活塞杆与填料函中心对中不好，产生磨损、拉伤等造成漏气；一般在填料函处加注润滑油，它起润滑、密封、冷却作用。压缩机吸、排气阀的故障对排气量的影响。阀座与阀片间掉入金属碎片或其他杂物，关闭不严，形成漏气。这不仅影响排气量，而且还影响间级压力和温度的变化；阀座与阀片接触不严形成漏气而影响了排气量，一是制造质量问题，如阀片翘曲等，第二是由于阀座与阀片磨损严重而形成漏气。气阀弹簧力与气体力匹配得不好。弹力过强则使阀片开启迟缓，弹力太弱则阀片关闭不及时，这些不仅影响了气量，而且会影响到功率的增加，以及气阀阀片、弹簧的寿命。同时，也会影响到气体压力和温度的变化。压紧气阀的压紧力不当。压紧力小，则要漏气，当然太紧也不行，会使阀罩变形、损坏，一般压紧力可用下式计算：$p = K \dfrac{\pi}{4} D^2 p_2$，$D$ 为阀腔直径，p_2 为最大气体压力，K 为大于 1 的值，一般取 1.5 ~ 2.5，低压时 $K = 1.5 ~ 2.0$，高压时 $K = 1.5 ~ 2.5$。这样取 K，实践证明是好的。气阀有了故障，阀盖必然发热，同时压力也不正常。

二是温度不正常。排气温度不正常是指其高于设计值。从理论上讲，影响排气温度增高的因素有：进气温度、压力比以及压缩指数。实际情况影响到吸气温度高的因素如：中间冷却效率低，或者中冷器内水垢结多影响到换热，则后面级的吸气温度必然会高，排气温度也会高。气阀漏气,活塞环漏气,不仅影响到排气温度升高,而且也会使级间压力变化,只要压力比高于正常值就会使排气温度升高。此外,水冷式机器,缺水或水量不足均会使排气温度升高。

三是压力不正常以及排气压力降低。压缩机排出的气量在额定压力下不能满足使用者的流量要求,则排气压力必然要降低,所以排气压力降低是现象,其实质是排气量不能满足使用者的要求。此时,只好另换一台排气压力相同而排气量大的机器。影响级间压力不正常的主要原因是气阀漏气或活塞环磨损后漏气,故应从这些方面去找原因和采取措施。

四是有不正常的响声。压缩机若某些件发生故障时,将会发出异常的响声,一般来讲,操作人员是可以判别出异常的响声的。活塞与缸盖间隙过小,直接撞击;活塞杆与活塞连接螺帽松动或脱扣,活塞端面丝堵桧,活塞向上窜动碰撞气缸盖,气缸中掉入金属碎片以及气缸中积聚水分等均可在气缸内发出敲击声。曲轴箱内曲轴瓦螺栓、螺帽、连杆螺栓、十字头螺栓松动、脱扣、折断等,轴径磨损严重间隙增大,十字头销与衬套配合间隙过大或磨损严重等等均可在曲轴箱内发出撞击声。排气阀片折断,阀弹簧松软或损坏,负荷调节器调得不当等等均可在阀腔内发出敲击声。由此去找故障和采取措施。

五是过热故障。在曲轴和轴承、十字头与滑板、填料与活塞杆等摩擦处,温度超过规定的数值称为过热。过热所带来的后果:一个是加快摩擦辅件的磨损;二是过热的热量不断积聚直致烧毁摩擦面以及烧抱而造成机器重大的事故。造成轴承过热的原因主要有:轴承与轴颈贴合不均匀或接触面积过小;轴承偏斜曲轴弯曲、扭曲;润滑油黏度太小,油路堵塞,油泵有故障造成断油等;安装时没有找平,没有找好间隙,主轴与电机轴没有找正,两轴有倾斜等。

6.2.2.2 原料煤气压缩机

某焦化厂加氢精制车间制氢单元所用原料煤气压缩机主体结构示意图如图6-45所示。

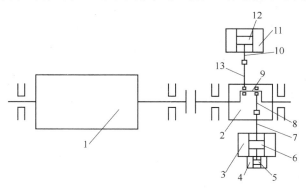

图6-45 原料煤气压缩机结构示意图

(一级活塞杆与二级活塞杆成L型安装)

1—电机;2—曲轴箱;3—二级气缸;4—三级气缸;5—三级活塞;6—二级活塞;7—二级活塞杆;
8—二级连杆;9—曲轴;10—一级连杆;11—一级气缸;12—一级活塞;13—一级连杆

A 设备技术性能

名称	煤气压缩机 LW250/512A	型号	LW-29/14-X
型式	往复活塞式,L型,气缸无油润滑	容积流量	29m³/min
压缩介质	焦炉煤气	进气压力(表压)	0.005MPa

排气压力(表压) 一级0.18~0.22MPa,二级0.71~0.76MPa,三级1.4MPa

吸气温度 一级≤40℃,二级≤40℃,三级≤40℃

排气温度	一级≤145℃，二级≤135℃，三级≤100℃
轴功率	≤230kW
转速	422r/min
行程	240mm
气缸直径	一级520mm，二级430mm，三级250mm
活塞杆直径	ϕ60mm
润滑方式	运动机构压力循环润滑
机身内润滑油工作温度	≤60℃
油泵压力	0.15~0.4MPa
冷却水供水压力	0.15~0.4MPa
冷却水消耗量	规定工况（吸气压力在0.1MPa，吸气温度为20℃，吸气时相对湿度为0，冷却水进水温度为15℃。冷却水温差：气缸部分为5~10℃，冷却器部分为10~15℃）时≤18t/h
压缩机转向	从非驱动端看为逆时针方向
电机型号及参数	YAKK630-14 AC10000 250kW 428r/min
传动方式	直联传动
压缩机主机尺寸及重量	3025mm×1983mm×2562mm-7000kg

B　设备维护

设备维护的好坏关系着设备的运行和寿命，因此必须严格按要求进行维护作业。维护检查前，必须切断电源。保养和维修时，必须使用正规的工具。尽量使用原厂家为本机组配套的备件。维护检查前，必须将排气止回阀后的压缩气体放掉。排气止回阀切勿装反。机组运行时，绝对不能进行维护工作和零件更换。应有严格的工具管理制度。切不可将工具遗忘在机身或管路中。所有保护装置的设定值，定期修理后第一次开机应以确认。每年应对保护装置检查和保养。严格按照本操作说明书规定的各种限制值范围内使用。

6.2.2.3　补充氢气压缩机

设备技术性能：

型号	PW-1.5/(11.5-25.3)-X		
流量	1.5m³/min	供气量	980m³/h（标准状态）
吸气压力	1.15MPa（G）	排气压力	2.53MPa（G）
介质	氢气		
转速	490r/min	行程	140mm
冷却方式	固定水冷		
电机	YB2-315M-12W，45kW	传动方式	直联传动
润滑方式	稀油润滑		

6.2.2.4　循环氢气压缩机

设备技术性能：

型号	TWE12.22/5.5/0		
流量	192m³/min	供气量	11874m³/h（标准状态）
吸气压力	2.49MPa（G）	排气压力	3.5MPa（G）

介质	氢气		
转速	590r/min	行程	150mm
冷却方式	固定水冷		
电机	YB630S1 – 10，315kW	传动方式	直联传动
润滑方式	稀油润滑		

6.3 阀门

阀门是流体输送系统中的控制部件，具有截止、调节、导流、防止逆流、稳压、分流或溢流泄压等功能。用于流体控制系统的阀门，从最简单的截止阀到极为复杂的自控系统中所用的各种阀门，其品种和规格相当繁多。

6.3.1 阀门分类

阀门的种类非常多，分类方式也有很多，几种常见的分类如下：

（1）按作用和用途，阀门分为截断类、止回类、安全类、调节类、分流类和特殊用途类。

截断类：如闸阀、截止阀、旋塞阀、球阀、蝶阀、针型阀、隔膜阀等。截断类阀门又称闭路阀或截止阀，其作用是接通或截断管路中的介质。

止回类：如止回阀，止回阀又称单向阀或逆止阀，止回阀属于一种自动阀门，其作用是防止管路中的介质倒流、防止泵及驱动电机反转，以及容器介质的泄漏。水泵吸水关闭的底阀也属于止回阀类。

安全类：如安全阀、防爆阀、事故阀等。安全阀的作用是防止管路或装置中的介质压力超过规定数值，从而达到安全保护的目的。

调节类：如调节阀、节流阀和减压阀，其作用是调节介质的压力、流量等参数。

分流类：如分配阀、三通阀、疏水阀。其作用是分配、分离或混合管路中的介质。

特殊用途类：如清管阀、放空阀、排污阀、排气阀、过滤器等。排气阀是管道系统中必不可少的辅助元件，广泛应用于锅炉、空调、石油天然气、给排水管道中。往往安装在制高点或弯头等处，排除管道中多余气体、提高管道使用效率及降低能耗。

（2）按公称压力，阀门分为真空阀、低压阀、中压阀、高压阀、超高压阀和过滤器。

真空阀：指工作压力低于标准大气压的阀门。

低压阀：指公称压力 PN≤1.6MPa 的阀门。

中压阀：指公称压力 PN = 2.5MPa、4.0MPa、6.4MPa 的阀门。

高压阀：指公称压力 PN = 10.0 ~ 80.0MPa 的阀门。

超高压阀：指公称压力 PN≥100.0MPa 的阀门。

过滤器：指公称压力 PN = 1.0MPa、1.6MPa 的阀门。

（3）按工作温度，阀门分为超低温阀、低温阀、常温阀、中温阀和高温阀。

超低温阀：用于介质工作温度 t < – 101℃ 的阀门。

低温阀：用于介质工作温度 – 101℃≤t≤ – 29℃ 的阀门。

常温阀：用于介质工作温度 – 29℃ <t < 120℃ 的阀门。

中温阀：用于介质工作温度 120℃≤t≤425℃ 的阀门。

高温阀：用于介质工作温度 t > 425℃ 的阀门。

（4）按驱动方式，阀门分为自动阀、动力驱动阀和手动阀。

自动阀：是指不需要外力驱动，而是依靠介质自身的能量来使阀门动作的阀门。如安全阀、减压阀、疏水阀、止回阀、自动调节阀等。

动力驱动阀：动力驱动阀可以利用各种动力源进行驱动，分为电动阀、气动阀、液动阀等。电动阀：借助电力驱动的阀门。气动阀：借助压缩空气驱动的阀门。液动阀：借助油等液体压力驱动的阀门。此外还有以上几种驱动方式的组合，如气－电动阀等。

手动阀：手动阀借助手轮、手柄、杠杆、链轮，由人力来操纵阀门动作。当阀门启闭力矩较大时，可在手轮和阀杆之间设置齿轮或蜗轮减速器。必要时，也可以利用万向接头及传动轴进行远距离操作。

（5）按公称通径，阀门分为小通径阀门、中通径阀门、大通径阀门和特大通径阀门。

小通径阀门：公称通径 DN≤40mm 的阀门。

中通径阀门：公称通径 DN = 50～300mm 的阀门。

大通径阀门：公称通径 DN = 350～1200mm 的阀门。

特大通径阀门：公称通径 DN≥1400mm 的阀门。

（6）按结构特征，即根据关闭件相对于阀座移动的方向，阀门分为截门形、旋塞形和球形、闸门形、旋启形、蝶形、滑阀形等。阀门的常见结构特征如图 6 - 46 所示。

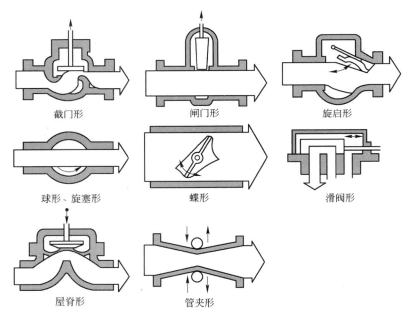

图 6 - 46　阀门结构特征

截门形：关闭件沿着阀座中心移动，如截止阀。

旋塞形和球形：关闭件是柱塞或球，围绕本身的中心线旋转，如旋塞阀、球阀。

闸门形：关闭件沿着垂直阀座中心移动，如闸阀、闸门等。

旋启形：关闭件围绕阀座外的轴旋转，如旋启式止回阀等。

蝶　形：关闭件的圆盘，围绕阀座内的轴旋转，如蝶阀、蝶形止回阀等。

滑阀形：关闭件在垂直于通道的方向滑动，如滑阀。

（7）按连接方法，阀门分为螺纹连接阀门、法兰连接阀门、焊接连接阀门、卡箍连接阀门、卡套连接阀门和对夹连接阀门。

螺纹连接阀门：阀体带有内螺纹或外螺纹，与管道螺纹连接。

法兰连接阀门：阀体带有法兰，与管道法兰连接。

焊接连接阀门：阀体带有焊接坡口，与管道焊接连接。

卡箍连接阀门：阀体带有夹口，与管道夹箍连接。

卡套连接阀门：与管道采用卡套连接。

对夹连接阀门：用螺栓直接将阀门及两头管道穿夹在一起的连接形式。

（8）按阀体材料，阀门分为金属材料阀门、非金属材料阀门和金属阀体衬里阀门。

金属材料阀门：其阀体等零件由金属材料制成。如铸铁阀、铸钢阀、合金钢阀、铜合金阀、铝合金阀、铅合金阀、钛合金阀、蒙乃尔合金阀等。

非金属材料阀门：其阀体等零件由非金属材料制成。如塑料阀、搪瓷阀、陶瓷阀、玻璃钢阀门等。

金属阀体衬里阀门：阀体外形为金属，内部凡与介质接触的主要表面均为衬里，如衬胶阀、衬塑料阀、衬陶阀等。

6.3.2 阀门型号识别

阀门型号通常应表示出阀门类型、驱动方式、连接形式、结构特点、密封面材料、阀体材料和公称压力等要素。阀门型号的标准化对阀门的设计、选用、销售提供了方便。

如图 6-47 所示，举例说明，阀门型号："Z961Y-100I DN150" 这是个完整的闸阀型号，型号编制不包括最后的 "DN150" 这个是阀门口径为 150mm 的意思。前面部分："Z961Y-100I" 根据上面的顺序图对入座："Z" 是 1 单元；"9" 是 2 单元；"6" 是 3 单元；"1" 是 4 单元；"Y" 是 5 单元；"100" 是 6 单元；"I" 是 7 单元。这个阀门型号意义为：闸阀、电动驱动、焊接连接、楔式单闸板、硬质合金密封、10MPa 压力、铬钼钢阀体材质。

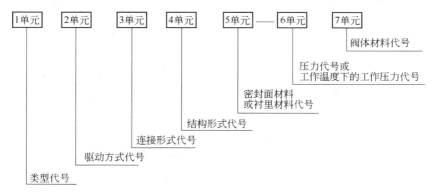

图 6-47 常用阀门型号编制顺序图

各个单元代号的含义见表 6-7 ~ 表 6-10。

表 6-7 1单元：类型代号对照表

类型	安全阀	蝶阀	隔膜阀	止回阀	截止阀	节流阀	排污阀	球阀	疏水阀	柱塞阀	旋塞阀	减压阀	闸阀
代号	A	D	G	H	J	L	P	Q	S	U	X	Y	Z
具有其他作用功能或带有其他特异机构的阀门，在阀门类型代号前再加注一个汉语拼音字母													
类型	保温型	低温型	防火型	缓闭型	排渣型	快速型	（阀杆密封）波纹管型						
代号	B	D	F	H	P	Q	W						

表 6 – 8　2、3 单元代号对照表

2 单元：传动方式										
传动方式	电磁动	电磁—液动	电—液动	涡轮	正齿轮	伞齿轮	气动	液动	气—液动	电动	手动
代号	0	1	2	3	4	5	6	7	8	9	无

3 单元：连接方式							
连接方式	内螺纹	外螺纹	两不同连接	法兰	焊接	对夹	卡箍	卡套
代号	1	2	3	4	6	7	8	9

表 6 – 9　4 单元：结构形式代号对照表

闸阀结构形式代号				
结构形式				代号
阀杆升降式（明杆）	楔式闸板	弹性闸板		0
		刚性闸板	单闸板	1
			双闸板	2
	平行式闸板		单闸板	3
			双闸板	4
阀杆非升降式（暗杆）	楔式闸板		单闸板	5
			双闸板	6
	平行式闸板		单闸板	7
			双闸板	8

截止阀、节流阀和柱塞阀结构形式代号				
结构形式		代号	结构形式		代号
阀瓣非平衡式	直通流道	1	阀瓣平衡式	直通流道	6
	Z 形流道	2		角式流道	7
	三通流道	3			
	角式流道	4			
	直流流道	5			

球阀结构形式代号				
结构形式		代号	结构形式		代号
浮动球	直通流道	1	固定球	直通流道	7
	Y 形三通流道	2		四通流道	6
	L 形三通流道	4		T 形三通流道	8
	T 形三通流道	5		L 形三通流道	9
				半球直通	0

蝶阀结构形式代号				
结构形式		代号	结构形式		代号
密封型	单偏心	0	固定球	单偏心	5
	中心垂直板	1		中心垂直板	6
	双偏心	2		双偏心	7
	三偏心	3		三偏心	8
	连杆机构	4		连杆机构	9

隔膜阀结构形式代号			
结构形式	代号	结构形式	代号
屋脊流道	1	直通流道	6
直流流道	5	Y 形角式流道	8

旋塞阀结构形式代号				
结构形式		代号	结构形式		代号
填料密封	直通流道	3	有密封	直通流道	7
	T 形三通流道	4		T 形三通流道	8
	四通流道	5			

止回阀结构形式代号				
结构形式		代号	结构形式		代号
升降式阀瓣	直通流道	1	旋启式阀瓣	单瓣结构	4
	立式结构	2		多瓣结构	5
	角式流道	3		双瓣结构	6
			蝶形止回阀		7

安全阀结构形式代号				
结构形式		代号	结构形式		代号
弹簧载荷弹簧密封结构	带散热片全启式	0	弹簧载荷弹簧不封闭且带扳手结构	微启式、双联阀	3
	微启式	1		微启式	7
	全启式	2		全启式	8
	带扳手全启式	4			
杠杆式	单杠杆	2	带控制机构全启式		6
	双杠杆	4	脉冲式		9

减压阀结构形式代号			
结构形式	代号	结构形式	代号
薄膜式	1	波纹管式	4
弹簧薄膜式	2	杠杆式	5
活塞式	3		

表 6-10　5、7 单元代号对照表

5 单元：密封面及衬里材料代号							
密封面或衬里材料	巴氏合金	搪瓷	渗氮钢	氟塑料	陶瓷	Cr13 系不锈钢	衬胶	蒙乃尔合金
代号	B	C	D	F	G	H	J	M
密封面或衬里材料	尼龙塑料	渗硼钢	衬铅	奥氏体不锈钢	塑料	铜合金	橡胶	硬质合金
代号	N	P	Q	R	S	T	X	Y

7 单元：阀体材料代号												
阀体材料	钛及钛合金	碳钢	Cr13 系不锈钢	铬钼钢	可锻铸铁	铝合金	18-8 系不锈钢	球墨铸铁	Mo2Ti 系不锈钢	塑料	铜及铜合金	铬钼钒钢	灰铸铁
代号	A	C	H	I	K	L	P	Q	R	S	T	V	Z

6.3.3　阀门的选用、安装、日常维护及故障检修

6.3.3.1　阀门的选用

A　闸阀

闸阀是指关闭件（闸板）沿通道轴线的垂直方向移动的阀门，在管路上主要作为切断介质使用，即全开或全关使用。一般闸阀不可作为调节流量使用，它可以适用低温低压也可以适用于高温高压，但闸阀一般不用于输送泥浆等介质的管路中。

闸阀的优点是流体阻力小，启、闭所需力矩较小，可以使用在介质向两方向流动的环网管路上，也就是说介质的流向不受限制，全开时，密封面受工作介质的冲蚀比截止阀小，形体结构比较简单，制造工艺性较好，结构长度比较短。缺点是外形尺寸和开启高度较大，所需安装的空间也较大，在启闭过程中，密封面相对摩擦，磨损较大，甚至在高温时容易引起擦伤现象，一般闸阀都有两个密封面，给加工、研磨和维修增加了一些困难，启闭时间长。

B　蝶阀

蝶阀是用圆盘式启闭件往复回转 90°左右来开启、关闭和调节流体通道的一种阀门。蝶阀的优点是结构简单，体积小，重量轻，耗材省，适用于大口径阀门中。它启闭迅速，流阻小，可用于带悬浮固体颗粒的介质，依据密封面的强度也可用于粉状和颗粒状介质。它也可适用于通风除尘管路的双向启闭及调节，广泛用于冶金、轻工、电力、石油化工系统的煤气管道及水道等。它的缺点是流量调节范围不大，当开启达 30% 时，流量就将近 95% 以上。由于蝶阀的结构和密封材料的限制，不宜用于高温、高压的管路系统中。一般工作温度在 300℃ 以下，PN40 以下，它的密封性能相对于球阀、截止阀较差，故用于密封要求不是很高的地方。

C　球阀

球阀是由旋塞阀演变而来，它的启闭件是一个球体，利用球体绕阀杆的轴线旋转 90°实现开启和关闭的目的。球阀在管道上主要用于切断、分配和改变介质流动方向，设计成 V 形开口的球阀还具有良好的流量调节功能。

球阀的优点是具有最低的流阻（实际为 0）；因在工作时不会卡住（在无润滑剂时），故

能可靠地应用于腐蚀性介质和低沸点液体中；在较大的压力和温度范围内，能实现完全密封；可实现快速启闭，某些结构的启闭时间仅为 0.05 ~ 0.1s，以保证能用于试验台的自动化系统中；快速启闭阀门时，操作无冲击；球形关闭件能在边界位置上自动定位；工作介质在双面上密封可靠；在全开和全闭时，球体和阀座的密封面与介质隔离，因此高速通过阀门的介质不会引起密封面的侵蚀；结构紧凑、重量轻，可以认为它是用于低温介质系统的最合理的阀门结构；阀体对称，尤其是焊接阀体结构，能很好地承受来自管道的应力；关闭件能承受关闭时的高压差；全焊接阀体的球阀，可以直埋于地下，使阀门内件不受浸蚀，最高使用寿命可达30年，是石油、天然气管线最理想的阀门。

缺点是球阀最主要的阀座密封圈材料是聚四氟乙烯，虽然它对几乎所有的化学物质都是有惰性的，且具有摩擦系数小、性能稳定、不易老化、温度适用范围广和密封性能优良的综合性特点。但聚四氟乙烯的物理特性，包括较高的膨胀系数，对冷流的敏感性和不良的热传导性，要求阀座密封的设计必须围绕这些特性进行。所以，当密封材料变硬时，密封的可靠性就受到破坏。而且，聚四氟乙烯的耐温等级较低，只能在小于180℃情况下使用，超过此温度，密封材料就会老化，而考虑长期使用的情况下，一般只会在120℃以下使用。它的调节性能相对于截止阀要差一些，尤其是气动阀（或电动阀）。

D 截止阀

截止阀是指关闭件（阀瓣）沿阀座中心线移动的阀门。根据阀瓣的这种移动形式，阀座通口的变化是与阀瓣行程成正比例关系。由于该类阀门的阀杆开启或关闭行程相对较短，而且具有非常可靠的切断功能，又由于阀座通口的变化与阀瓣的行程成正比例关系，非常适合于对流量的调节。因此，这种类型的阀门非常适合作为切断或调节以及节流用。

截止阀的优点是在开启和关闭过程中，由于阀瓣与阀体密封面间的摩擦力比闸阀小，因而耐磨；开启高度一般仅为阀座通道的1/4，因此比闸阀小得多；通常在阀体和阀瓣上只有一个密封面，因而制造工艺性比较好，便于维修；由于其填料一般为石棉与石墨的混合物，故耐温等级较高，一般蒸汽阀门都用截止阀。缺点是由于介质通过阀门的流动方向发生了变化，因此截止阀的最小流阻也较高于大多数其他类型的阀门；由于行程较长，开启速度较球阀慢。

E 旋塞阀

旋塞阀是指关闭件成柱塞形的旋转阀，通过90°的旋转使阀塞上的通道口与阀体上的通道口相通或分开，实现开启或关闭的一种阀门。阀塞的形状可成圆柱形或圆锥形。其原理与球阀基本相似，球阀是在旋塞阀的基础上发展起来的，其主要用于油田开采，同时也用于石油化工。

F 隔膜阀

隔膜阀是指在阀体和阀盖内装有一挠性膜或组合隔膜，其关闭件是与隔膜相连接的一种压缩装置。阀座可以堰形，也可以是直通流道的管壁。

隔膜阀的优点是操纵机构与介质通路隔开，不但保证了工作介质的纯净，同时也防止管路中介质冲击操纵机构工作部件的可能性，阀杆处不需要采用任何形式的单独密封，除非在控制有害介质中作为安全设施使用；由于工作介质接触的仅仅是隔膜和阀体，二者均可以采用多种不同的材料，因此该阀能理想控制多种工作介质，尤其适合带有化学腐蚀或悬浮颗粒的介质；结构简单，只由阀体、隔膜和阀盖组合件三个部件构成。该阀易于快速拆卸和维修，更换隔膜可以在现场及短时间内完成。

缺点是由于受阀体衬里工艺和隔膜制造工艺的限制，较大的阀体衬里和较大的隔膜制造工艺都很难，故隔膜不宜用于较大的管径，一般应用在 DN≤200mm 以下的管路上；由于受隔膜材料的限制，隔膜阀适用于低压及温度不高的场合。一般不超过 180℃；调节性能相对较差，只在小范围内调节（一般在关闭至 2/3 开度时，可用于流量调节）。

G　安全阀

安全阀是指在受压容器、设备或管路上，作为超压保护装置。当设备、容器或管路内的压力升高超过允许值时，阀门自动开启，继而全量排放，以防止设备、容器或管路和压力继续升高；当压力降低到规定值时，阀门应自动及时关闭，从而保护设备、容器或管路的安全运行。

H　蒸汽疏水阀

在输送蒸汽、压缩空气等介质中，会有一些冷凝水形成，为了保证装置的工作效率和安全运转，就应及时排放这些无用且有害的介质，以保证装置的消耗和使用。它能迅速排除产生的凝结水，能防止蒸汽泄漏和排除空气及其他不凝性气体。

I　止回阀

止回阀又称逆流阀、逆止阀、背压阀和单向阀。这些阀门是依靠管路中介质本身的流动产生的力自动开启和关闭的，属于一种自动阀门。止回阀用于管路系统，其主要作用是防止介质倒流、防止泵及驱动电动机反转，以及容器介质的泄放。止回阀还可用于给其中的压力可能升至超过系统压的辅助系统提供补给的管路上。主要可分为旋启式（依重心旋转）与升降式（沿轴线移动）。

6.3.3.2　阀门的安装及日常保养

A　阀门的安装

阀门安装之前，应仔细核对所用阀门的型号、规格是否与设计相符；根据阀门的型号和出厂说明书检查对照该阀门可否在要求的条件下应用；阀门吊装时，绳索应绑在阀体与阀盖的法兰连接处，切勿拴在手轮或阀杆上，以免损坏阀杆与手轮；在水平管道上安装阀门时，阀杆应垂直向上，不允许阀杆向下安装；安装阀门时，不得采用生拉硬拽的强行对口连接方式，以免因受力不均，引起损坏；明杆闸阀不宜装在地下潮湿处，以免阀杆锈蚀。

B　阀门的日常维护保养

阀门应存放在干燥通风的室内，通路两端须堵塞。长期存放的阀门应定期检查，清除污物，并在加工面上涂防锈油。安装后，应定期进行检查，主要检查密封面磨损情况、阀杆和阀杆螺母的梯形螺纹磨损情况、填料是否过期失效，如有损坏应及时更换，阀门检修装配后，应进行密封性能试验。

运行中的阀门，各种阀件应齐全、完好。法兰和支架上的螺栓不可缺少，螺纹应完好无损，不允许有松动现象。手轮上的紧固螺母，如发现松动应及时拧紧，以免磨损连接处或丢失手轮和铭牌。手轮如有丢失，不允许用活扳手代替，应及时配齐，填料压盖不允许歪斜或无预紧间隙。对容易受到雨雪、灰尘、风沙等污物沾染的环境中的阀门，其阀杆要安装保护罩。阀门上的标尺应保持完整、准确、清晰。阀门的铅封、盖帽、气动附件等应齐全完好。保温夹套应无凹陷、裂纹。不允许在运行中的阀门上敲打、站人或支承重物；特别是非金属阀门和铸铁阀门，更要禁止。

6.3.3.3　阀门常见故障判断及处理办法

阀门启闭有卡阻、不灵活或者不能正常启闭。一般原因及相应处理方法有：填料压盖偏斜后碰阀杆；处理方法：正确安装。填料安装不正确或压得过紧；处理方法：填料预紧，适当放松填料。阀杆与填料压盖咬住；处理方法：更换或返修。零部件之间咬住或咬伤；处理方法：

适当润滑阀杆。

阀门密封面擦伤、阀杆光柱部分咬擦伤和阀杆螺纹部分咬伤等。一般原因及相应处理方法有：密封面研磨后有磨粒嵌入密封面里，未清除干净，造成密封面擦伤，有的经使用后，磨粒在介质的冲刷下，磨粒排出而粘在密封面上，经阀门开关，造成擦伤；处理方法：合理选用研磨剂，密封面研磨后必须清洗干净。介质中的脏物或者焊渣未清除干净，造成擦伤；处理方法：重新清洗干净。阀杆与填料压套、填料垫碰擦，其次介质中含有硼的介质，泄出后会结晶形成硬的颗粒，在填料与阀杆接触表面，开关时拉伤阀杆表面；处理方法：正确安装、调整零部件配合间隙和提高阀杆表面硬度。梯形螺纹处有沾污脏物，润滑条件差；阀杆和有关零件变形；处理方法：清除脏物，对高温阀门及时涂润滑剂，对变形零件修正。

填料泄漏和阀体与阀盖连接处泄漏。填料密封原理是对填料施加的轴向力，填料产生塑性变形，阀门由于多个填料安装，部位相互交替接触，形成"迷宫效应"，起到阻止压力介质外泄漏的作用。填料泄漏原因，除了在压力和介质不同的渗透力下，填料的接触压力不够外，还有填料本身的老化、阀杆的拉伤等原因。如填料对阀杆产生腐蚀，压力把介质沿着填料与阀杆之间的接触间隙向外泄漏，甚至从填料处泄漏。另外，操作不当，用力过度使阀杆弯曲，填料选用不当、不耐介质腐蚀、不耐高压或真空、高温及低温，填料超过使用期、已老化、失去弹性，填料安装数量不足，也会导致填料泄漏。一般可按工况条件选用填料形式和材料，预紧填料，正确安装和确定填料数量，阀杆弯曲，表面腐蚀机械修理或更换，填料失效必须更换。

法兰泄漏。阀门的法兰密封连接在接触部位之间根据设计要求安放密封垫片，依靠连接螺栓所产生的预紧力达到足够的比压，阻止介质向外泄漏。垫片材料和结构有：橡胶垫片、石棉橡胶垫片、石墨垫片、不锈钢和石墨缠绕式垫片、波纹管形和金属垫片。

常见的法兰泄漏有界面泄漏、渗透泄漏和破坏泄漏。

界面泄漏即密封垫片与法兰端面之间密封不严而发生泄漏。主要原因及相应处理方法有：密封垫片预紧力不够；处理方法：适当增加预紧力。法兰密封面粗糙度不符要求；处理方法：返修。法兰平面不平整或平面横向有划痕；处理方法：返修。冷和热变形以及机械振动等；处理方法：改善环境或材料选择。法兰连接螺栓变形伸长；处理方法：材料和不能超过许用扭矩。密封垫片长期使用发生塑性变形；处理方法：更换垫片。密封垫片老化、龟裂和变质；处理方法：更换垫片。

渗透泄漏即介质在压力的作用下，通过垫片材料隙缝产生泄漏。主要原因及相应处理方法有：与密封垫片材料有关；处理方法：选择其他材料垫片。与介质的压力有关；处理方法：选择其他规格垫片。与介质的温度有关；处理方法：选择其他规格垫片。密封垫片老化、龟裂和变质；处理方法：更换垫片。

破坏泄漏即由于安装质量而产生密封垫片过度压缩或密封比压不足而发生的泄漏。主要原因及相应处理方法有：安装密封垫片偏斜，使局部密封比压不足或预紧力过大，失去回弹能力；处理方法：更换垫片、重新安装。法兰连接螺栓松紧不均匀；处理方法：螺栓全松，重新均匀紧固。两法兰同轴度（中心线偏移）偏斜；处理方法：返修。密封垫片选用不对即没有按工况条件正确选用垫片的材料和型式；处理方法：重新选型。

6.4 仪表

仪表一般是指用来指示数据用的仪器。在化工生产中，用来测量压力、流量、温度、液位、物料成分等工艺参数的仪表，称为化工仪表（后文的仪表指化工仪表）。

6.4.1　仪表的分类及常用仪表简介

仪表分类的方式有很多种，具体的包括：按照检测测量功能的不同，可以分为温度检测仪表、流量检测仪表、液位检测仪表和压力检测仪表等；按仪表所使用的能源分类，可以分为气动仪表、电动仪表和液动仪表（很少见）；按仪表组合形式，可以分为基地式仪表、单元组合仪表和综合控制装置；按仪表安装形式，可以分为现场仪表、盘装仪表和架装仪表；根据仪表是否引入微处理机（器）又可分为智能仪表与非智能仪表。根据仪表信号的形式可分为模拟仪表和数字仪表。

化工生产里常用的仪表包括：温度仪表、流量仪表、压力仪表、液位仪表及物料成分分析仪。

6.4.1.1　温度仪表

温度测量仪表，常用符号"T"表示。按测温方式可分为接触式和非接触式两大类。通常来说接触式测温仪表比较简单、可靠，测量精度较高；但因测温元件与被测介质需要进行充分的热交换，需要一定的时间才能达到热平衡，所以存在测温的延迟现象，同时受耐高温材料的限制，不能应用于很高的温度测量，常见的热电偶、热电阻及双金属温度计就属于接触式温度仪表。非接触式仪表测温是通过热辐射原理来测量温度的，测温元件不需要与被测介质接触，它的测温范围广，不受测温上限的限制，也不会破坏被测物体的温度场，反应速度一般也比较快；但受到物体的发射率、测量距离、烟尘和水气等外界因素的影响，其测量误差较大，化工生产中常用的红外线测温仪就属于非接触式温度测量仪。

化工生产中常见的接触式温度仪表包括三种。

第一种是热电偶（图 6 - 48）。热电偶测温的基本原理是两种不同成分的材质导体组成闭合回路，当两端存在温度梯度时，回路中就会有电流通过，此时两端之间就存在电动势——热电动势，这就是所谓的塞贝克效应（Seebeck Effect）。两种不同成分的均质导体为热电极，温度较高的一端为工作端，温度较低的一端为自由端，自由端通常处于某个恒定的温度下。根据热电动势与温度的函数关系，制成热电偶分度表；分度表是自由端温度在0℃时的条件下得到的，不同的热电偶具有不同的分度表。

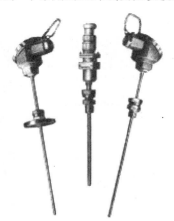

图 6 - 48　热电偶

在热电偶回路中接入第三种金属材料时，只要该材料两个接点的温度相同，热电偶所产生的热电势将保持不变，即不受第三种金属接入回路中的影响。因此，在热电偶测温时，可接入测量仪表，测得热电动势后，即可知道被测介质的温度。热电偶测量温度时要求其冷端（测量端为热端，通过引线与测量电路连接的端称为冷端）的温度保持不变，其热电势大小才与测量温度呈一定的比例关系。

热电偶主要特点是：装配简单，更换方便；压簧式感温元件，抗震性能好；测量精度高；测量范围大（-200~1300℃，特殊情况下-270~2800℃）；热响应时间快；机械强度高，耐压性能好；耐高温最高可达2800℃；使用寿命长。热电偶的结构形式为了保证热电偶可靠、稳定地工作，对它的结构要求是组成热电偶的两个热电极的焊接必须牢固；两个热电极彼此之间应很好地绝缘，以防短路；补偿导线与热电偶自由端的连接要方便可靠；保护套管应能保证热电极与有害介质充分隔离。

第二种是热电阻（图6-49）。热电阻是电阻值随温度变化的温度检测元件，热电阻是中低温区最常用的一种温度检测器。它的主要特点是测量精度高，性能稳定。其中铂热电阻的测量精确度是最高的，它不仅广泛应用于工业测温，而且被制成标准的基准仪。

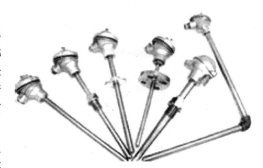

图6-49 热电阻

热电阻的测温原理是基于导体或半导体的电阻值随着温度的变化而变化的特性。热电阻大都由纯金属材料制成，目前应用最多的是铂和铜，现在已开始采用镍、锰和铑等材料制造热电阻。热电阻通常需要把电阻信号通过引线传递到计算机控制装置或者其他二次仪表上。热电阻主要特点是簧式感温元件，抗震性能好；测温精度高；机械强度高，耐高温耐压性能好；进口薄膜电阻元件，性能可靠稳定。

第三种是双金属温度计（图6-50）。双金属温度计是一种测量中低温度的现场检测仪表。可以直接测量各种生产过程中的 -80 ~ +500℃ 范围内液体蒸气和气体介质温度。工业用双金属温度计主要的元件是一个用两种或多种金属片叠压在一起组成的多层金属片，利用两种不同金属在温度改变时膨胀程度不同的原理工作的。它是基于绕制成环形弯曲状的双金属片组成，一端受热膨胀时，带动指针旋转，工作仪表便显示出热电势所对应的温度值。

化工生产中常见的非接触式温度仪表主要是红外线测温仪。

红外测温仪（图6-51）的测温原理是将物体（如钢水）发射的红外线具有的辐射能转变成电信号，红外线辐射能的大小与物体（如钢水）本身的温度相对应，根据转变成电信号的大小，可以确定物体（如钢水）的温度。红外测温仪由光学系统、光电探测器、信号放大器及信号处理、显示输出等部分组成。光学系统汇聚其视场内的目标红外辐射能量，视场的大小由测温仪的光学零件及其位置确定。红外能量聚焦在光电探测器上并转变为相应的电信号。该信号经过放大器和信号处理电路，并按照仪器内部的算法和目标发射率校正后转变为被测目标的温度值。

图6-50 双金属温度计

图6-51 某型号的红外测温仪

红外测温仪的一个重要参数是测温范围，它是测温仪最重要的一个性能指标。每种型号的测温仪都有自己特定的测温范围，因此，被测温度范围一定要考虑准确、周全，既不要过窄，也不要过宽。根据黑体辐射定律，在光谱的短波段由温度引起的辐射能量的变化将超过由发射率误差所引起的辐射能量的变化，因此，测温时应尽量选用短波较好。以某焦化厂加氢精制车间使用红外测温仪为例，其温度范围是 –18～350℃，既能满足区域内使用要求，范围又不大，从而保证了测量准确性。另外一个重要参数是光学分辨率，它由测温仪到目标之间的距离 D 与测量光斑直径 S 之比（D/S）确定。如果测温仪由于环境条件限制必须安装在远离目标之处，而又要测量小的目标，就应选择高光学分辨率的测温仪。光学分辨率越高，即增大 D/S 比值，测温仪的成本也越高。

　　红外测温仪使用时应注意定位热点，要发现热点，仪器瞄准目标，然后在目标上做上下扫描运动，直至确定热点。它不能透过玻璃进行测温，玻璃有很特殊的反射和透过特性，不能精确红外温度读数。红外测温仪最好不用于光亮的或抛光的金属表面的测温（不锈钢、铝等），它只能测量表面温度，不能测量内部温度。测温时需注意环境条件，蒸汽、尘土、烟雾等，会阻挡仪器的光学系统而影响精确测温。如果测温仪突然暴露在环境温差为 20℃ 或更高的情况下，允许仪器在 20min 内调节到新的环境温度。

6.4.1.2　流量仪表

　　流量仪表又称为流量计（英文：flowmeter），工业中最常用的流量仪表有电磁流量计、差压流量计、质量流量计。流量仪表常用符号"G"、"Q"或"M"表示。

　　三种流量计都有各自的优缺点，具体的见表 6–11。

表 6–11　三种流量计的性能比较

仪表类型	电磁流量计	差压流量计	质量流量计
测量原理	基于法拉第电磁感应定律。即当导电液体流过电磁流量计时，导体液体中会产生与平均流速 V（体积流量）成正比的电压，其感应电压信号通过两个与液体接触的电极检测，通过电缆传至放大器，然后转换成统一的输出信号。基于电磁流量计的测量原理，要求流动的液体具有最低限度的电导率	差压流量计中间有节流件，节流件两端各能取一个压力值，然后通过差压变送器测量出来，再利用二次仪表计算出压差值对应的流量值。通常以检测件形式对差压式流量计分类，如孔板流量计、文丘里流量计、均速管流量计等	质量流量计依据牛顿第二定律：力 = 质量×加速度（$F = ma$），当密度为 ρ 的流体在旋转管道中以恒定速度 v 流动时，任何一段长度 Δx 的管道将受到一个切向科里奥利力 ΔF_c $$\Delta F_c = 2\omega v\rho A\Delta x = 2\omega q m\Delta x$$ 式中，A 为管道的流通截面积；ω 为旋转速度；q 为流量。因此，直接或间接测量在旋转管中流动流体的科里奥利力就可以测得质量流量
优点	①变送器结构简单，没有可动部件，也没有节流部件，无压力损失，不会引起诸如磨损、堵塞；②在测量过程中，它不受被测介质的温度、黏度、密度以及电导率的影响；③电磁流量计的量程范围极宽；④电磁流量计无机械惯性，反应灵敏，可以测量瞬时脉动流量，而且线性好，可就地指示，也可远距离传送	①应用最多的是孔板式流计，其结构牢固，性能稳定可靠，使用寿命长；②应用范围广泛，至今尚无任何一类流量计可与之相比拟；③检测件与变送器、显示仪表分别由不同厂家生产，便于规模经济生产；④系列化、通用化及标准化程度很高，种类规格庞杂；⑤既可测量流量参数，也可测量其他参数（如压力、物位、密度等）	①直接质量流量测量与被测介质温度、压力、密度、黏度变化无关；②对各种流体适应性强；③测量管与工艺管道相对位置可以是平行的（大多数产品采用的方式），也可以是垂直的；④量程范围很宽，量程比可（100：1）；⑤测量精度高，一般为（±0.15%～±0.5%）R

仪表类型	电磁流量计	差压流量计	质量流量计
缺点	①电磁流量计不能用于测量气体、蒸汽以及含有大量气体的液体；②电磁流量计目前还不能用来测量电导率很低的液体介质；③目前工业电磁流量计还不能测量高温高压流体；④电磁流量计前后也必须有一定长度的前后直管段；⑤电磁流量计易受外界电磁干扰的影响	①测量精度普遍偏低；②量程范围度窄，一般仅 3∶1～4∶1；③现场安装条件要求高；④压损大（指孔板、喷嘴等）	①机械加工复杂，成本较高；②对外界振动较敏感，但对流体分布不敏感；③压力损失较大；④信号处理技术难度大，零点易漂移，不适合低压、低密度气体测量
应用概况	电磁流量计应用领域广泛，大口径仪表较多应用于给排水工程；中小口径常用于高要求或难测场合；如钢铁工业高炉风口冷却水控制，造纸工业测量纸浆液和黑液，化学工业的强腐蚀液，有色冶金工业的矿浆；小口径、微小口径常用于医药工业、食品工业、生物化学等有卫生要求的场所	压式流量计应用范围特别广泛，在封闭管道的流量测量中各种对象都有应用，如流体方面：单相、混相、洁净、脏污、黏性流等；工作状态方面：常压、高压、真空、常温、高温、低温等；管径方面：从几毫米到几米；流动条件方面：亚声速、声速、脉动流等。它在各工业部门的用量约占流量计全部用量的 1/4～1/3	适用于石油化工、电力、冶金、电子、食品、医药生产等行业中精度要求较高部位，但相应的维护成本较高

6.4.1.3　压力仪表

　　垂直均匀地作用于单位面积上的力称为压力，又称压强。压力测量仪表是用来测量气体或液体压力的工业自动化仪表，又称压力表或压力计，压力仪表常用符号"P"表示。

　　压力表可以指示、记录压力值，并可附加报警或控制装置。仪表所测压力包括绝对压力、大气压力、正压力（习惯上称表压）、负压（习惯上称真空）和差压，工程技术上所测量的多为表压。压力的国际单位为帕，其他单位还有：工程大气压、巴、毫米水柱、毫米汞柱等。压力是工业生产中的重要参数，如高压容器的压力超过额定值时便是不安全的，必须进行测量和控制。在很多工业生产过程中（包括加氢精制工艺），压力还直接影响产品的质量和生产效率。

　　压力测量仪表按工作原理分为液柱式、弹性式、负荷式和电测式等类型。

　　液压式压力测量仪表常称为液柱式压力计，它是以一定高度的液柱所产生的压力与被测压力相平衡的原理测量压力的。大多是一根直的或弯成 U 形的玻璃管，其中充以工作液体。常用的工作液体为蒸馏水、水银和酒精。因玻璃管强度不高，并受读数限制，因此所测压力一般不超过 0.3MPa。它的特点是灵敏度高，因此主要用作实验室中的低压基准仪表，以校验工作用压力测量仪表。由于工作液体的重度在环境温度、重力加速度改变时会发生变化，对测量的结果常需要进行温度和重力加速度等方面的修正。

　　弹性式压力测量仪表是利用各种不同形状的弹性元件，在压力下产生变形的原理制成的压力测量仪表。弹性式压力测量仪表按采用的弹性元件不同，可分为弹簧管压力表、膜片压力表、膜盒压力表和波纹管压力表等；按功能不同分为指示式压力表、电接点压力表和远传压力表等。这类仪表的特点是结构简单，结实耐用，测量范围宽，是压力测量仪表中应用最多的一种。

负荷式压力测量仪表常称为负荷式压力计，它是直接按压力的定义制作的，常见的有活塞式压力计、浮球式压力计和钟罩式压力计。由于活塞和砝码均可精确加工和测量，因此这类压力计的误差很小，主要作为压力基准仪表使用，测量范围从数十帕至 2500MPa。

电测式压力测量仪表是利用金属或半导体的物理特性，直接将压力转换为电压、电流信号或频率信号输出，或是通过电阻应变片等，将弹性体的形变转换为电压、电流信号输出。代表性产品有压电式、压阻式、振频式、电容式和应变式等压力传感器所构成的电测式压力测量仪表。精确度可达 0.02 级，测量范围从数十帕至 700MPa 不等。

6.4.1.4　液位仪表

液位作为工业生产中的最重要的工作参数，其与温度、压力、流量堪称工业四大工作参数。液位仪表常用符号"H"表示。

科技发展到今天，产生了无数种的液位测量方法，从古老的标尺，发展到现代的超声波、雷达测量仪。液位的测量技术也经历了质的飞跃。比较常见的工业液位测量仪表包括磁翻板液位计、磁子伸缩液位计、干簧式液位计、雷达液位计、超声波液位计、压力式液位计、电容式液位计、射频导纳式液位计。

下面主要介绍化工行业使用最多的两种液位计——磁翻板液位计和电容式液位计。

磁翻板液位计：液体具有流动性，地球对这个地球上的液体具有吸引力（重力）和压强的原理，连通器原理应运而生，磁翻板就是根据连通器的原理制作而成。磁翻板液位结构基于旁通管原理，主导管内的液位和容器设备内的液位高度一致。根据阿基米德定理，磁性浮子在液体中产生的浮力和重力平衡浮子浮在液面上，当被测容器中的液位升降时，液位计主导管中的转浮子也随之升降，浮子内的永久磁钢通过磁耦合驱动指示器内的红白翻柱翻 180°。当液位上升时翻柱由白色转为红色，当液位下降时由红色转为白色，白界位处为容器内介质液位的实际高度从而实现液位的指示。磁翻板液位计为化工生产中使用最多的现场液位计。

电容式液位计：射频电容式液位变送器依据电容感应原理，当被测介质浸没测量电极的高度变化时，引起其电容变化。它可将各种物位、液位介质高度的变化转换成标准电流信号，远传至操作控制室供二次仪表或计算机装置进行集中显示、报警或自动控制。其良好的结构及安装方式可适用于高温、高压、强腐蚀、易结晶、防堵塞、防冷冻及固体粉状、粒状物料。电容式液位计是化工生产中使用最多的远传液位计。

6.4.1.5　成分分析仪

对于各种物质成分和含量及其某些物理性质进行测量的仪器称为分析仪器，成分分析仪常用符号"C"表示。由于分析仪器所涉及的物理原理、化学原理广泛而复杂，其分类方法也各不相同。现按使用场合不同，将用于实验室的称为实验室分析仪器；用于生产流程的称为自动成分分析仪器，或称为流程分析仪器、在线分析仪器等。按分析组分多少不同，有单组分和多组分分析器之分。目前用得较广的是按其作用原理分类，可分为：电化学式分析仪器（包括电导式、电量式、电位式）；热学式分析仪器（包括热导式、热化学式、热谱式）；磁分析仪器（如磁氧分析器、磁共振波谱仪）；光学式分析仪器（包括吸收式、发射式等）；射线分析仪器（包括 X 射线、放射性同位素分析仪）；色谱仪（包括气相谱、液相色谱）；电子光学和离子光学式分析仪器（如电子探针、质谱计和离子探针等）；物性测定仪（如 PH 计、水分计、密度计、黏度计、闪点仪）及其他等九类。

几种常用自动成分分析仪器基本原理及主要用途见表 6 – 12。

表 6 – 12　几种常用自动成分分析仪器基本原理及主要用途

分析仪器名称	测量原理	主要用途
热导式气体分析器	气体导热系数不同	混合气体中 H_2、CO、CO_2、NH_3
磁氧分析器	气体磁化率不同	混合气体中 O_2
氧化锆氧分析器	高温下氧离子导电性能	烟道气中含氧量
红外线气体分析器	各种气体对红外线吸收差异	分析气体中 CO、CO_2、CH_4、C_2H_2
工业光电比色计	有色物质对可见光的吸收	有色物质的浓度，Cu^{2+} 浓度
紫外线气体分析器	各种气体对紫外线吸收差异	空气中 Hg、Cl_2、O_3、苯等
工业气相色谱仪	各种气体分配系数的不同	各种气体中多组分
电导式分析器	溶液电导随浓度变化的性质	酸碱盐浓度、水中含盐量、CO_2 等
工业 pH 计	电极电热随 pH 值变化的性质	酸、碱、盐水溶液的 pH 值

自动成分分析仪器虽然种类繁多，结构复杂，但它们都是由一些基本环节组成，如图 6 – 52 所示。

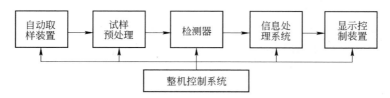

图 6 – 52　自动成分分析仪器组成框图

自动取样装置主要任务是将被测试样自动、快速地取到仪器主机处。试样预处理装置主要任务是对气体或液体试样进行过滤、分离、干燥、稳压等操作，为检测器提供有代表性的、干净的、符合技术要求的样品。检测器又称发送器、传感器，是自动成分分析仪器的核心，其主要任务是根据某种物理或化学原理把被测组分转换成电信号。信息处理系统主要任务是对检测器输出的微弱信号进行放大模数转换，各种数学运算、非线性补偿等等信息处理，然后将结果送显示控制装置。显示控制装置主要任务是用模拟表头、数字显示器或屏幕显示器显示出被测成分量的数值。若被测成分量超过或低于工艺要求的数值时，装置将发生报警或控制信号，以保证该系统的安全和正常运行。整机控制系统主要任务是控制各个部分自动而协调地工作，自身能自动调零、校准，有故障时能显示、报警或自动故障处理。

以上六部分是针对较大型的自动成分分析仪器而言。有些自动成分分析仪器就不一定都包括以上六个部分，如工业酸度计，它的检测器直接放入试样中，不需要自动取样和预处理装置。也有些自动成分分析仪器根据工作原理和使用场合不同，还需要一定的辅助装置如恒温控制器、电源稳定装置以及防震防爆装置等。

苯加氢制氢单元一般有两种物料成分分析仪，分别是微量氧分析仪及微量水分析仪。

微量氧分析仪使用的是采用完全密封的燃料池氧传感器，它是当前国际上最先进的测氧方法之一。燃料池氧传感器是由高活性的氧电极和铅电极构成，浸没在 KOH 的溶液中。在阴极氧被还原成氢氧根离子，而在阳极铅被氧化。溶液与外界有一层高分子薄膜隔开，样气不直接进入传感器，因而溶液与铅电极不需定期清洗或更换。样气中的氧分子通过高分子薄膜扩散到氧电极中进行电化学反应，电化学反应中产生的电流决定于扩散到氧电极的氧分子数，而氧的扩散速率又正比于样气中的氧含量。这样该传感器输出信号大小只与样气中的氧含量相关，而与通过传感器的气体总量无关。通过外部电路的连接，反应中的电荷转移即电流的大小与参加反应的氧成正比例关系。采用此方法进行测氧，可以不受被测气体中还原性气体的影响，免去了许多的样气处理系统。燃料电池法样气不直接进入溶液中，传感器可以非常稳定可靠的工作很长时间。事实上，燃料电池氧传感器是完全免维护的，但是在使用过程中，需要经常校准，确保其测试的准确性。加氢精制原料氢气含氧要求低于 2ppm（1ppm = 10^{-6}），使用的微量氧分析仪量程为 10ppm，标定需在专业实验室完成。

在使用微量氧分析仪器的时候，如果使用方法不当，可能对结果产生一定的影响，有几点要注意的地方。

一是管线材质基本上以铜质或不锈钢管线为好，次选聚四氟乙烯管，禁选乳胶管、白胶管之类管材；首选不锈钢管，且需清洗、脱脂，保持管内壁光滑洁净；对于痕量级（小于1ppm）氧的分析，应选择内壁抛光的不锈钢管；所选择的阀门、接头，体积应尽可能小。

二是分析仪的配套管线应确保密封。微小的泄漏都会使环境空气中的氧扩散进来，从而使测量数值偏高。取样管线应尽可能短些，接头尽可能少，要保证接头及阀门密封良好，管线连接完毕后，应做气密性检查。气密性检查要求在 0.25MPa 测试压力下 30min 内压降不大于 0.01MPa。

三是为防止样品中的水分在管壁上冷凝凝结，造成对微量氧的溶解吸收，应根据情况对取样管线采取绝热保温或伴热保温措施。

四是原则上微量氧分析仪的测量位应尽可能与测量单位接近，以避免过长的管线和过多的不确定因素，影响测量数据的可靠性。

五是样品气中不能含有油类组分或固体颗粒物，以免引起渗透膜阻塞和污染。

六是样品气中不应含有硫化物、磷化物或酸性气体成分。这些组分会对燃料电池，特别是碱性燃料电池造成危害。

微量水分析仪也叫露点仪（露点是在固定气压之下，气体中所含的气态水达到饱和而凝结成液态水所需要降至的温度，透过露点就可以知道出气体中的水汽含量），它是能直接测出露点温度的仪器。如某焦化厂加氢精制工艺制氢站所用露点仪是电解法露点仪，量程是 −100℃，就是将干燥剂吸收的水分经电解池电解成氢气和氧气排出，电解电流的大小与水分含量成正比，通过检测该电流即可测得样气的湿度。电解法露点仪测量量程可达 −80℃ 以下，且精度较好，价格便宜；缺点是电解池气路需要在使用前干燥很长时间，且对气体的腐蚀性及清洁性要求较高。

6.4.2　仪表的误差及常见故障分析

6.4.2.1　仪表误差及其处理方法

测量结果与被测量的实际值之间存在的差值叫误差。根据产生误差的原因，仪表误差分为基本误差和附加误差。仪表在正常的工作条件下（指规定的温度和放置方式，没有外磁场和外电场的干扰等）由于仪表的结构、工艺等方面的不完善而产生的误差叫基本误差。如仪表活动部分的摩擦、标度尺刻度不准、零件装配不当等原因造成的误差，都是仪表的基本误差，它是仪表本身所固有的。仪表偏离了规定的工作条件（如温度、频率、波形的变化超出规定的条件，工作位置不当或存在外电场和外磁场的影响）而产生的误差叫附加误差。它是一种因外界工作改变而造成的额外误差。

仪表误差的识别方法及处理：

要准确识别仪表误差，首先需要清楚仪表误差产生的原因，我们通常采用"人（测量人员）、机（仪表系统）、料（测量物料）、环（测量环境）、法（测量方法）"查找仪表误差，通过其识别出仪表误差，然后采取有效措施消除或减少仪表误差。

从"人"入手，识别人为误差。由于测量人员的操作不当而造成计量误差是人为误差。人为误差主要是对仪表及配套设备的日常维护不到位造成的。从"机"入手，识别仪表系统误差需了解测量仪表的工作原理，了解影响仪表测量的因素。从"料"入手，识别物料实际性质的不确定度因素带来的计量误差，需了解仪表测量物料的主要成分及基本性质等。从"环"入手，识别环境影响带来的计量误差，需了解各种特殊环境对仪表的影响，如大雨、雷电等。从"法"入手，识别测量方法带来的计量误差。

6.4.2.2　仪表故障分析基本方法

首先，在分析现场仪表故障前，要比较透彻地了解相关仪表系统的生产过程、生产工艺情况及条件，了解仪表系统的设计方案、设计意图，仪表系统的结构、特点、性能及参数要求等。在分析检查现场仪表系统故障之前，要向现场操作工人了解生产的负荷及原料的参数变化情况，查看故障仪表的记录曲线，进行综合分析，以确定仪表故障原因所在。如果仪表记录曲线为一条死线（一点变化也没有的线称死线），或记录曲线原来为波动，现在突然变成一条直线，故障很可能在仪表系统。因为目前记录仪表大多是 DCS 计算机系统，灵敏度非常高，参数的变化能非常灵敏的反映出来。此时可人为地改变一下工艺参数，看曲线变化情况。如不变化，基本断定是仪表系统出了问题；如有正常变化，基本断定仪表系统没有大的问题。变化工艺参数时，发现记录曲线发生突变或跳到最大或最小，此时的故障也常在仪表系统。故障出现以前仪表记录曲线一直表现正常，出现波动后记录曲线变得毫无规律或使系统难以控制，甚至连手动操作也不能控制，此时故障可能是工艺操作系统造成的。当发现 DCS 显示仪表不正常时，可以到现场检查同一直观仪表的指示值，如果它们差别很大，则很可能是仪表系统出现故障。

总之，分析现场仪表故障原因时，要特别注意被测控制对象和控制阀的特性变化，这些都可能是造成现场仪表系统故障的原因。所以，我们要从现场仪表系统和工艺操作系统两个方面综合考虑、仔细分析，检查原因所在。

6.4.2.3　仪表控制系统故障分析

分析温度控制仪表系统故障时，首先要注意该系统仪表多采用电动仪表测量、指示、控制，该系统仪表的测量往往滞后较大。温度仪表系统的指示值突然变到最大或最小，一般为仪表系统故障。因为温度仪表系统测量滞后较大，不会发生突然变化，此时的故障原因多是热电偶、热电阻、补偿导线断线或变送器放大器失灵造成。温度控制仪表系统指示出现快速振荡现象，多为控制参数 PID 调整不当造成。温度控制仪表系统指示出现大幅缓慢的波动，很可能是由于工艺操作变化引起的，如当时工艺操作没有变化，则很可能是仪表控制系统本身的故障。温度控制系统本身的故障分析首先要检查调节阀输入信号是否变化，输入信号不变化，调节阀动作，调节阀膜头膜片漏了；检查调节阀定位器输入信号是否变化，输入信号不变化，输出信号变化，定位器有故障；检查定位器输入信号有变化，再查调节器输出有无变化，如果调节器输入不变化，输出变化，此时是调节器本身的故障。

压力控制系统仪表指示出现快速振荡波动时，首先检查工艺操作有无变化，这种变化多半是工艺操作和调节器 PID 参数整定不好造成。压力控制系统仪表指示出现死线，工艺操作变化了压力指示还是不变化，一般故障出现在压力测量系统中。首先检查测量引压导管系统是否有堵的现象，如不堵，检查压力变送器输出系统有无变化，如有变化，则故障出在控制器测量指示系统。

　　流量控制仪表系统指示值达到最小时，首先检查现场检测仪表，如果正常，则故障在显示仪表。当现场检测仪表指示也最小，则检查调节阀开度，若调节阀开度为零，则常为调节阀到调节器之间故障。当现场检测仪表指示最小，调节阀开度正常，故障原因很可能是系统压力不够、系统管路堵塞、泵不上量、介质结晶、操作不当等原因造成。若是仪表方面的故障，原因可能为孔板差压流量计正压引压导管堵；差压变送器正压室漏；机械式流量计齿轮卡死或过滤网堵等。流量控制仪表系统指示值达到最大时，则检测仪表也常常会指示最大，此时可手动遥控调节阀开大或关小，如果流量能降下来则一般为工艺操作原因造成。若流量值降不下来，则是仪表系统的原因造成，检查流量控制仪表系统的调节阀是否动作；检查仪表测量引压系统是否正常；检查仪表信号传送系统是否正常。流量控制仪表系统指示值波动较频繁，可将控制改到手动，如果波动减小，则是仪表方面的原因或是仪表控制参数 PID 不合适，如果波动仍频繁，则是工艺操作方面原因造成。

　　液位控制仪表系统指示值变化到最大或最小时，可以先检查检测仪表是否正常，如指示正常，将液位控制改为手动遥控液位，看液位变化情况。如液位可以稳定在一定的范围，则故障在液位控制系统；如稳不住液位，一般为工艺系统造成的故障，要从工艺方面查找原因。差压式液位控制仪表指示和现场直读式指示仪表指示对不上时，首先检查现场直读式指示仪表是否正常，如指示正常，检查差压式液位仪表的负压导压管封液是否有渗漏；若有渗漏，重新灌封液，调零点；无渗漏，可能是仪表的负迁移量不对了，重新调整迁移量使仪表指示正常。液位控制仪表系统指示值变化波动频繁时，首先要分析液面控制对象的容量大小，来分析故障的原因，容量大一般是仪表故障造成。容量小的首先要分析工艺操作情况是否有变化，如有变化很可能是工艺造成的波动频繁，如没有变化可能是仪表故障造成。

　　以上只是现场四大参数单独控制仪表的现场故障分析，实际现场还有一些复杂的控制回路，如串级控制、分程控制、程序控制、连锁控制等，这些故障的分析就更加复杂，要具体分析。

思 考 题

6－1　仪表是如何分类的？

6－2　热电偶侧温的基本原理是什么？

6－3　差压流量计的优、缺点有哪些？

6－4　阀门有哪些功能？

6－5　固定管板式换热器的优、缺点有哪些？

6－6　塔设备有哪些常用的类型，塔设备的日常维护有哪些？

6－7　填料的作用有哪些？

6－8　固定床反应器的特点有哪些？

6－9　加氢精制加热炉的特点有哪些？

6－10　加热炉炉管漏油着火应如何处理？

6－11　油罐的一般附件有哪些？

6－12　屏蔽泵的工作原理是什么？

6－13　真空泵不产生真空的原因有哪些？

6－14　制氢用煤气压缩机的技术性能有哪些？

7 苯加氢安全及环保

+++

学习目的：

初级工掌握一般消防设施及应急防护设施的基本使用方法，苯加氢事故应急预案，现场主要介质的基本理化性能；对生产过程中的安全风险能够进行识别，对主要设备的核心参数了解；确认设备正常，进行取样操作，送煤气、系统置换等，能进行现场查漏。

中级工掌握紧急停车系统的使用方法，能够对现场状况做出准确判断后紧急停车。熟悉苯加氢安全技术规程，并对安全规程提出修订意见。

高级工掌握苯加氢安全管理要点，掌握现场安全隐患的排查方法，能够对安全隐患提出解决措施。能够分析查找事故主要原因，能够控制危险作业。

+++

苯加氢是易燃易爆、高危险性生产系统，具有危险化学品储量大、重大危险源头多、安全生产风险高等特点，因此全国苯加氢装置都被当地省市政府列为甲类防火防爆装置、重大危险源。为保证安全生产，提升系统运行质量，岗位职工必须具有较其他岗位更强的安全意识和更多的安全技能。本章就苯加氢安全防护设施、安全管理要点、危险作业控制、典型事故分析、事故应急处置、安全管理制度、环境保护等方面进行详细论述。

7.1 苯加氢安全设施

安全防护设施是苯加氢不可缺少的重要组成部分，没有完善的安全防护设施，苯加氢就不具备开工生产条件，安全防护设施的完好性和有效性也是日常安全生产检查、设备维护的重要内容。苯加氢安全防护设施一般有：灭火系统、防雷接地装置、静电导除装置、有毒有害气体报警装置、便携式报警器、空气呼吸器、ESD 及 DCS 系统。

7.1.1 灭火系统

由于苯加氢生产原料及其产品主要为油类物质，特别是苯类产品作为一种易燃易爆易挥发液体，发生火灾时具有燃烧速度快、火势凶猛、辐射热强、沸腾喷溅、扩散蔓延等危害性，甚至会发生爆炸，火灾危险性极大，一旦发生火灾会造成较大经济损失和严重的社会影响。因此，对于灭火速度和效率就提出了更高的要求。为应对可能出现的火灾等危害，苯加氢必须具备完善的灭火系统。

苯加氢灭火系统由如下构成：水成膜泡沫灭火系统、高压消防水系统、移动式灭火器等，本节重点介绍泡沫灭火系统。

7.1.1.1 水成膜泡沫灭火剂

水成膜泡沫灭火剂是目前世界上公认的性能最佳的油类灭火剂，在发达国家油类灭火剂市场所占份额从 20 世纪 70 年代的 7.8% 已上升到现在的 70% 以上。我国该灭火剂的生产还处于起步阶段，所占油类灭火剂的市场份额较低，发展空间巨大。在扑救油类火灾的灭火剂中，水成膜泡沫灭火剂由于其水成膜及泡沫的双重灭火作用，具有极佳的灭火效果。

水成膜泡沫灭火剂的灭火原理基于很低浓度的碳氟表面活性剂水溶液在油面上的铺展。碳氟表面活性剂（碳氢表面活性剂分子碳氢链中的氢原子部分或全部用氟原子取代形成的一类特种表面活性剂）是目前所有表面活性剂中表面活性最高的一类，其最突出的性质之一是它能把水的表面张力降到很低，以致水溶液可在油面上铺展形成一层水膜。这种能够在油面上铺展形成水膜的碳氟表面活性剂水溶液俗称"轻水"。若将"轻水"制成泡沫，即为水成膜泡沫灭火剂（或称"轻水"泡沫灭火剂）。

水成膜泡沫灭火剂的灭火作用是由漂浮于油面上的水膜层和泡沫层共同承担的。当把轻水泡沫喷射到燃油表面时，泡沫迅速在油面上散开，并析出液体冷却油面。析出的液体同时在油面上铺展形成一层水膜，与泡沫层共同抑制燃油挥发。这不仅使油与空气隔绝，而且泡沫受热蒸发产生的水蒸气还可以降低油面上氧的浓度，水溶液的铺展作用又可带动泡沫迅速流向尚未灭火的区域进一步灭火。

7.1.1.2　苯加氢泡沫灭火系统

A　泡沫灭火系统的构成及原理

苯加氢泡沫灭火系统主要由固定泡沫站（包括泡沫储罐、压力平衡罐、消防水加压泵三台、稳压泵两台）、高压泡沫消防栓、高压水炮、管道阀门、空气泡沫发生器和操作控制柜组成，各设备必须保持完好。泡沫灭火系统构成如图 7-1 所示。系统工作时，系统水压会自动将泡沫储罐中的泡沫带入水系统，具体工作原理如图 7-2 所示。

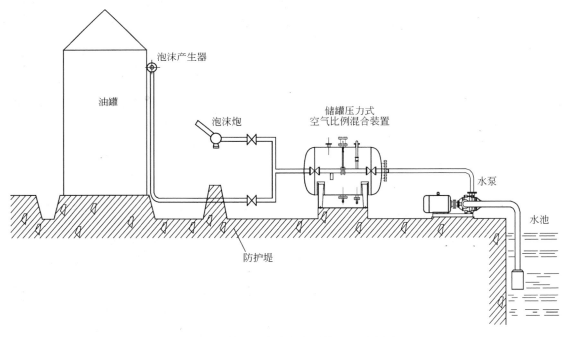

图 7-1　某工厂泡沫灭火系统工程示意图

B　泡沫灭火系统的日常维护

为保障泡沫灭火系统在火灾发生时发挥应有的作用，应做好系统的日常维护工作。

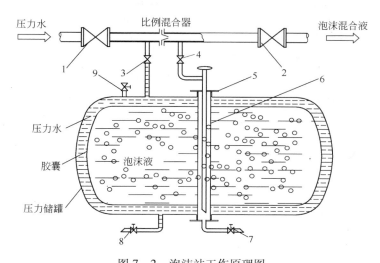

图 7-2 泡沫站工作原理图

1—进口阀；2—出口阀；3—进水阀；4—出液阀；5—注入泡沫液法兰；6—多孔管；
7—排液阀；8—排水管；9—安全阀

一是建立苯加氢泡沫灭火系统点（巡）检卡。操作人员和检修人员必须有专人当班对泡沫站进行点检并签名（停产期间，照常点检并签名），确保各设备处于完好状态。

二是泡沫剂储罐容量为6000L，日常应保持4000L以上的泡沫剂容量，即三分之二的容量。

三是压力平衡罐内压力保持在1.3~1.4MPa。

四是在操作控制柜上稳压泵、消防水增压泵开关要投到自动，此时泡沫灭火系统处于自动状态（在使用消防水时，当系统压力小于1.3MPa时会自动启动稳压泵加压，当系统压力小于1.1MPa时会自动启动第一台加压泵，当系统压力低于1.0MPa时会自动启动第二台加压泵。在一台稳压泵出现故障时会自动启动备用稳压泵，在一台加压泵出现故障时会自动启动备用加压水泵）。

五是各泵的进出口阀门、泡沫液储灌水进口阀门和泡沫剂出口阀门、泡沫站内泡沫液主管上的阀门、消防水管网上的阀门应处于全开的状态。

六是泡沫剂储灌的两个排气阀、底部放空阀、油库防火堤外的泡沫液总阀、各槽罐泡沫进口必须处于关闭状态。

七是必须定期将整个系统开启检查，确保稳压泵、加压泵能自动启动，系统工作正常。

八是维护保养人员必须熟悉产品的性能，并接受过产品使用与维护的培训。

九是一般泡沫剂为低倍数泡沫液，其有效期为两年（从出厂之日算起），不同种类，不同生产厂家，不同出厂日期的泡沫不能混装，在换泡沫药剂时必须将泡沫箱内原药剂放空并用水清洗干净。

十是应定期开展演练，做到所有职工都能够熟练操作系统。

C 灭火操作

当现场发生火险时应立即报警，并按照日常演练迅速启动泡沫灭火系统，进行现场紧急处置。启动泡沫系统后操作人员先打开防火堤外的泡沫液总阀，看清着火的槽罐，全开通往着火槽罐的泡沫液阀门向槽内输送泡沫液灭火。如火势较大，还应向着火槽罐相邻槽罐内输送泡沫液（此时泡沫灭火系统处于自动状态，当系统压力小于 1.3MPa 时会自动启动稳压泵加压，当系统压力小于 1.1MPa 时会自动启动第一台加压泵，当系统压力低于 1.0MPa 时会自动启动第二台加压泵）。同时启动高压水炮向着火槽罐邻近的槽罐顶部喷洒冷却水。当地面部位或塔区着火时，应指定专人负责接消防泡沫液带、枪向着火部位喷洒泡沫，启动高压水炮向邻近塔区罐喷洒冷却水。为保证系统压力，单独使用高压水炮灭火时，同时投入的高压水炮不能超过三支；使用泡沫液和高压水炮一起灭火时，同时投入高压水炮不能超过两支。灭火结束后，关闭泡沫剂储灌水进口阀门和泡沫剂出口阀门，用清水冲洗 3 ~ 5min，关闭防火堤外的泡沫液总阀，将阀后管道放空，再关闭通往着火槽罐的泡沫液阀门。最后向泡沫剂储罐灌装泡沫药剂，然后恢复到备战状态。

　　D　泡沫剂灌装

　　灌装新泡沫剂前，先将在操作控制柜上稳压泵、消防水增压泵开关投到手动。在关闭泡沫罐的水进口阀门和泡沫剂出口阀门后，打开罐顶的两个排气阀排气卸压，灌装过程中两个排气阀保持常开。打开罐底泡沫剂放空阀，将剩余旧泡沫剂放空，从罐顶泡沫入口接水冲洗 3 ~ 5 分钟。打开罐底的水放空阀，将泡沫剂罐夹层中的水排掉一部分，然后关闭水放空阀和泡沫剂放空阀。打开罐顶泡沫灌装入口，将泡沫灌装泵出口软管插入泡沫罐底部，入口插入新的泡沫剂桶内，启动泵开始灌装。灌装过程中，当泡沫接近灌装口时，打开水放空阀，保持进泡沫剂的量和排水量接近。当泡沫剂罐装满后，关闭水放空阀，封闭顶部灌装口，关闭泡沫排气阀门。打开泡沫罐的进水阀门，当水侧排气阀有水流出时关闭排气阀，压力平衡后再打开泡沫剂出口阀门。最后将操作控制柜上稳压泵、消防水增压泵开关投到自动，系统达到备战状态。

7.1.1.3　常用灭火器材

　　根据着火物质特性，苯加氢一般配置有二氧化碳灭火器和干粉灭火器。

　　二氧化碳灭火器是利用其内部所充装的高压液态二氧化碳本身的蒸气压力作为动力喷出灭火。由于二氧化碳灭火剂具有灭火不留痕迹、有一定的绝缘性能等特点，因此适用于扑救 600V 以下的带电电器、贵重设备、图书资料、仪器仪表等场所的初起火灾以及一般的液体火灾，不适用扑救轻金属火灾。灭火时只要将灭火器的喷筒对准火源，打开启闭阀，液态的二氧化碳立即气化，并在高压作用下，迅速喷出。但应该注意二氧化碳是窒息性气体，对人体有害，在空气中二氧化碳含量达到 8.5%，会发生呼吸困难，血压增高；二氧化碳含量达到 20% ~ 30% 时，呼吸衰弱，精神不振，严重的可能因窒息而死亡。因此，在空气不流通的火场使用二氧化碳灭火器后，必须及时通风。在灭火时，要连续喷射，防止余烬复燃，不可颠倒使用。二氧化碳是以液态存放在钢瓶内的，使用时液体迅速气化吸收本身的热量，使自身温度急剧下降到 -78.5℃ 左右，利用它来冷却燃烧物质和降低燃烧区空气中的含氧量以达到灭火的效果。所以在使用中最好戴上手套，灭火时动作要迅速，以防止冻伤，如在室外，则不能逆风使用。

　　干粉灭火器是以高压二氧化碳为动力，喷射筒内的干粉进行灭火，为储气瓶式。它适用于扑救石油及其产品、可燃气体、易燃液体、电器设备初起火灾，广泛用于工厂、船舶、油库等场所。碳酸氢钠干粉灭火器适用于易燃、可燃液体和气以及带电设备的初起火灾；磷酸铵盐干粉灭火器除可用于上述几类火灾外，还可用于扑救固体物质火灾，但两者都不适宜扑救轻金属燃烧的火灾。灭火时，先拔去保险销，一只手握住喷嘴，另一只手提起提环（或提把），按下压柄就可喷射。扑救地面油火时，要采取平射的姿势，左右摆动，由近及远，快速推进。如在使用前，先将筒体上下颠倒几次，使干粉松动，然后再开气喷粉，则效果更佳。

7.1.2　防雷接地装置

苯类物质是易燃易爆品,在大量聚集或运输流动过程中,会产生大量静电,在一定条件下会自燃或爆炸。特别是在雷电条件下,更易引起爆炸。苯加氢按 GB 50516—2002 规范被划为一级防爆保护区,对防雷防静电的要求极高。防雷接地包含两个方面,一是防雷,防止因雷击而造成损害;二是静电接地,防止静电产生危害。

7.1.2.1　防雷接地装置部分概念

雷电接受装置:直接或间接接受雷电的金属杆(接闪器),如避雷针、避雷带(网)、架空地线及避雷器等。

引下线:用于将雷电流从接闪器传导至接地装置的导体。

接地线:电气设备、杆塔的接地端子与接地体或零线连接用的正常情况下不载流的金属导体。

接地体(极):埋入土中并直接与大地接触的金属导体,称为接地体。接地体分为垂直接地体和水平接地体。

接地装置:接地线和接地体的总称。

接地网:由垂直和水平接地体组成的具有泄流和均压作用的网状接地装置。

接地电阻:接地体或自然接地体的对地电阻的总和,成为接地装置的接地电阻,其数值等于接地装置对地电压与通过接地体流入地中电流的比值,同时接地电阻也是衡量接地装置水平的标志。

7.1.2.2　防雷接地装置的维护

接地装置容易发生腐蚀,常见于设备接地引下线及其连接螺丝、各焊接头、电缆沟内的均压带、水平接地体等。因此日常工作中需对系统进行常规检查,并采取相应措施。接地体应采用铜材、铜包钢接地体或热镀锌材料,焊接处刷沥青漆或银粉漆,采用阴极保护。苯加氢防雷接地装置需定期接受国家认可的单位进行检测,每年不少于两次,检测过程中发现的问题,应及时予以整改,保证整个防雷接地系统的完备、可靠。

7.1.3　静电导除装置

静电火花是由于摩擦、撞击等过程中产生静电电荷。在导电不良的情况下将会产生电荷积聚,达到一定电量时就会形成很高的电位。当带电体与不带电或静电电位很低的物体相接近时,就会发生放电,产生火花。在放电时,由于强烈的电压和电流,产生的火花能量足以引起可燃物,特别是可燃气体、可燃液体蒸汽燃烧或爆炸。

长期以来,静电导除一直是防火工作中离不开的话题,静电的火花放电,往往成为引起火灾的火源。人体的体电阻率一般常被我们所忽略,因为它是"视而不见"的,但也就是由于这些隐患给我们带来了极大的损失与伤害。所以人体静电消除器是综合了静电积聚、静电放电、火花放电、电晕放电、放电场致发射放电静电导除原理的一种新型产品。它可防止静电产生、对已产生的静电得到限制,使其达不到危险的程度。其次使产生的电荷尽快泄漏或导除,从而消除电荷的大量积聚。

当人员进入防静电区域时,直接触摸导静电消除球,通过导静电金属线直接把电流导入大地。人体静电消除球可以与仪器连接使用,实现双重消除静电功率,同时具有独立的操作功效。它适合用于室外操作，操作简单方便，能有效防止静电产生所造成的极度危害。触摸式静电消除器的外观是由不锈钢管和不锈球制成，它适用于化工、冶金、军工、油田、电脑机房等。苯加氢就采用了触摸式静电消除器，如图 7-3 所示。

苯加氢区域按国标规定需设置 10 个静电导除触球，进入现场必须保持人体与半导触摸体接触 10~15s，达到人体静电安全释放的目的。

图 7-3　静电导除触摸球

7.1.4　有毒有害气体报警装置

7.1.4.1　装置的安装要求

基于苯加氢易燃易爆的特点，苯加氢必须安装有毒有害气体报警装置，并严格按照要求进行安装。易燃、易爆场所应安装可燃气体检测报警器，可燃气体检测报警器的检测器数量应满足被检测区域的要求，每个检测器的有效检测距离在室内不宜大于 7.5m，在室外不宜大于 15m。在用的可燃气体检测报警器应按规定定期标定，并按使用场所爆炸危险区域的划分选择检测器的防爆类型。可燃气体检测报警器的主要性能指标应满足能够检测空气中的可燃气体，检测范围为 0~100% 可燃气体爆炸下限（LEL），报警设定值为一级报警小于或等于 25% LEL，二级报警小于或等于 50% LEL。检测器安装高度应根据可燃气体的密度而定，当气体密度大于 $0.97kg/m^3$（标准状态下）时，安装高度距地面 0.3~0.6m；当气体密度小于或等于 $0.97kg/m^3$（标准状态下）时，安装高度距屋顶 0.5~1.0m 为宜。检测器的安装位置应综合空气流动的速度和方向、与潜在泄漏源的相对位置、通风条件而确定，并便于维护和标定。在易受电磁干扰的地区，宜使用铠装电缆或电缆加金属护管。检测器应注意防水，在室外和室内易受到水冲刷的地方应装有防水罩，检测器连接电缆高于检测器的应采取防水密封措施。

7.1.4.2　系统的检查与维护

可燃气体检测报警器的管理应由专人负责，责任人应接受过专门培训，负责日常检查和维护。应对可燃气体检测报警器进行定期检查，做好检查记录，必要时进行维护。每周按动报警器自检试验系统按钮一次，检查指示系统运行状况。每两周进行一次外观检查，项目包括：连接部位、可动部件、显示部位和控制旋钮；故障灯；检测器防爆密封件和紧固件；检测器部件是否堵塞；检测器防水罩。每半年用标准气体对可燃气体检测报警器进行检定，观察报警情况和稳定值，不满足要求时应修理，并做好检测记录。已投入使用的可燃气体检测报警器应进行每年不少于一次的定期标定。

7.1.5　便携式报警器

针对现场危险介质，苯加氢现场配备有一氧化碳报警器、硫化氢报警器、氢气报警器、氧气报警器、苯浓度探测仪等便携式检测设备，和现场固定式报警器一起，组成一条监控网络。

7.1.5.1　便携式一氧化碳报警器

便携式一氧化碳报警器一般在焦炉煤气和高炉煤气区域使用。报警器单通道气体检测仪带有警报和显示、高亮度 LED 警报指示以及蜂鸣器的警报声提醒您远离毒气危害。它具有声光报警功能，一般采用电化学传感器。日常使用时，首先打开电源开关，进行自检，自检过程中会提示报警数值，按照目前国家最新标准，当空气中 CO 浓度达到 24ppm（$1ppm = 10^{-6}$）时，警报就会响起，提示现场作业人员可能发生煤气泄漏，注意危险，要及时查找原因并采取相应的防护措施。当进入一个区域，CO 浓度迅速上升时，作业人员应立即撤离现场，并采取可靠的安全防护措施后及时查找泄漏来源。报警器主要参数见表 7-1。

表 7-1 便携式报警器主要参数

检测气体	量 程	最小读数	响应时间
氧气（O_2）	0～30%（vol.）	0.1%（vol.）	≤15s
一氧化碳（CO）	0～1000ppm	1ppm	≤25s
硫化氢（H_2S）	0～100ppm	1ppm	≤30s
氢气（H_2）	0～1000ppm	1ppm	≤60s

7.1.5.2 便携式氢气检测仪

便携式氢气报警器具有极高的灵敏度，发生轻微的氢气泄漏都可以测量出来，一般用来对管道阀门泄漏情况进行检查或用来检查储罐内氢气含量。由于氢气无色无味，发生泄漏不容易发现，因此，在氢气区域，需要定期对管道法兰进行检查，采用便携式设备就是一种方便的办法。当氢气浓度达到 10ppm 时，就会发出警报。

7.1.5.3 便携式氧气检测仪

氧气检测仪是一台由电池供电的便携式氧量检测仪，它基于电化学传感器的测量原理，采用进口高性能的电化学氧量传感器，结合单片机技术开发的氧值计算、显示，可用于空分制氧、建材、化工过程、燃烧系统的烟气氧量的移动检测，也可用于电子电力行业保护气体、材料烧结保护气体中氧含量的非在线检测。其内置的高效、低功耗取样泵，特别适合负压工艺过程中的气体取样检测。苯加氢含氧检测仪主要用于进入各类塔釜槽罐等受限空间作业，作业前先对受限空间进行氧含量检测，大于 18% 方可进入。

7.1.5.4 便携式硫化氢检测仪

由于硫化氢具有很强的毒性且具有刺激性气味，但往往会出现人一旦发现自己吸入硫化氢时已发生中毒，所以在有硫化氢的区域必须携带硫化氢检测仪。一旦发现硫化氢超标报警，作业人员应在第一时间撤离，在采取相应安全防护措施的情况下检查是否发生硫化氢泄漏。

7.1.5.5 苯检测仪

便携式苯检测仪具有结构简单、体积小、便于携带和使用方便的特点。苯检测仪大量用于室内苯浓度的检测，适合室内环境污染检测治理服务，也广泛用于建筑、装修、监理等公司快速室内空气苯浓度检测，也大量用于科研、教学的简易快速苯浓度的测量实验。苯检测仪可以现场对室内空气中苯快速实现半定量、半定性检测用。

固定式苯检测仪一般由气体报警器控制器和可燃/有毒气体探测器两部分构成，两者之间由三芯屏蔽电缆连接。它适用于燃气、石油、石化、油田、油库、化工、消防、冶金、焦化、电力、宾馆、矿井等可燃气体使用和有毒气体存在的场所，它能有效地避免因可燃气体泄漏而引起的火灾、爆炸、中毒等人身伤亡事故和财产损失。

可燃/有毒气体探测器性能稳定、抗中毒、抗干扰能力强，可以长期检测易燃易爆气体，也可以长期工作于有毒有害环境。它可以实现远程通讯功能，确保在第一现场，第一时间发出报警信号，及时消除隐患，还可以接入其他二次仪表或 DCS 系统。

7.1.6　空气呼吸器

空气呼吸器又称储气式防毒面具，有时也称为消防面具。它以压缩气体钢瓶为气源，在钢瓶中盛装气体为压缩空气。利用压缩空气的正压自给开放式呼吸器，工作人员从肺部呼出气体通过全面罩，呼吸阀排入大气中。当工作人员呼气时，有适量的新鲜空气由气体储存气瓶开关，减压器中软导管供给阀，全面罩将气体吸入人体肺部，完成了整个呼吸循环过程。在这个呼吸循环过程中由于在全面罩内设有两个吸气阀门和呼气阀，它们在呼吸过程中是单方向开启，因此，整个气流方向始终是沿一个方向前进，构成整个的呼吸循环过程。

一般空气呼吸器为正压式。正压式空气呼吸器主要用于特殊环境中进行灭火或抢险救援时使用，如有毒，有害气体环境；烟雾，粉尘环境；空气中悬浮有害物质污染物；空气氧气含量较低，人不能正常呼吸；消防员或抢险救护人员在浓烟、毒气、蒸汽或缺氧等各种环境下安全有效地进行灭火，抢险救灾和救护工作；用于消防、化工、船舶、石油、冶炼、仓库、试验室、矿山。

7.1.6.1　正压式空气呼吸器结构

一般正压式空气呼吸器由 12 个部件组成，其结构图如图 7 - 4 所示，外形图如图 7 - 5 所示。

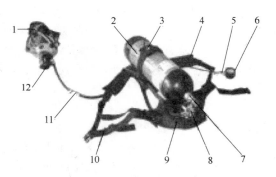

图 7 - 4　空气呼吸器结构图　　　　　　图 7 - 5　空气呼吸器外形图

1—面罩；2—气瓶；3—瓶带组；4—肩带；5—报警哨；
6—压力表；7—气瓶阀；8—减压器；9—背托；
10—腰带组；11—快速接头；12—供给阀

7.1.6.2　使用前准备工作

佩戴前首先打开气瓶开关，随着管路、减压器系统中压力的上升，会听到警报器发出短暂的声响，气瓶完全打开后，检查空气的储存压力，一般在 20 ~ 25MPa。检查储存压力合格后关闭气瓶开关，观察压力表的读数，在 5min 时间内压力下降不大于 2MPa，表明供气管系统高压气密完好。高压系统气密完好后，轻轻按动供给阀膜片，观察压力表值变化，当气瓶压力降至 4 ~ 6MPa 时警报汽笛发出声响，同时也是吹洗一次警报器通气管路。

7.1.6.3 使用方法

呼吸器背在人体身后，根据身材可调节肩带、腰带，并以合身牢靠、舒适为宜；全面罩的镜片应经常保持清洁、明亮，将面罩与供给阀相连并将全面罩上一条长脖带套在脖子上，使用前面罩跨在胸前，以便佩戴使用；使用前首先打开气瓶开关，检查气瓶的压力，使供给转换开关处于关闭状态，然后将快速插头插好；佩戴上全面罩后，进行 2~3 次的深呼吸，感觉舒畅为宜。有关的阀件性能必须可靠，屏气时，供给阀门应停止供气，用手按压检查供给转换开关的开状态或关闭状态。检查正常时，将全面罩系带收紧，使全罩与面部有贴合良好的气密性，系带不必收得过紧，面部应感觉舒适，此时深吸一口气，转换开关自动开启，供给人体适量的气体使用；检查全面罩与面部是否贴合良好并气密，方法是关闭气瓶开关，深呼吸数次，将呼吸内气体吸完，面罩应向人体面部移动，面罩内保持负压，人体感觉呼吸困难，则说明面罩呼吸阀有良好气密性；使用后可将全面辊系带卡子松开，从面部摘下全面罩，同时将供给阀转换开关置于关闭状态。

7.1.6.4 使用注意事项

空气呼吸器使用前，应检查阀口和减压阀门手轮、O 形连接器是否在正确位置上且未受到损坏。检查完好后将背板水平放置，气瓶放入背板上，将扣环紧固，气瓶与背板，需求阀与面罩连接好。背负背板时，瓶底应朝上方，严禁反向背负。打开气瓶手阀，检查各接口是否漏气，观察压力表，满瓶应在 24~30MPa 以上。按压需求阀启动杆，高压气啸叫声应立即消失且不泄漏，若泄漏未消失，不准使用。在使用呼吸器过程中，时常观察压力表读数，当听到报警声或压力表指针低于 5MPa 时，应尽快撤离危险作业区域。空气呼吸器用完后，先将钢瓶手轮关严，再按压需求阀启动杆将管内高压气泄尽，再依次断开相关连接部分。瓶内存有高压空气，严禁直接开手轮试验瓶内气压。存放空气呼吸器时，使钢瓶朝下，让钢瓶支撑背板。各个连接口、呼吸面罩保持清洁，碳纤气瓶套好防护布袋，转动部位保持润滑良好。气瓶按规定定期进行检验。使用过程中要注意报警器发出的报警信号，听到报警信号后应立即撤离现场。

7.1.7 ESD 及 DCS 系统

ESD 是英文 Emergency Shutdown Device 紧急停车装置系统的缩写。这种专用的安全保护系统是 20 世纪 90 年代发展起来的，以它的高可靠性和灵活性而受到一致好评。

有关资料表明，人在危险时刻的判断和操作往往是滞后的、不可靠的，当操作人员面临生命危险时，要在 60s 内做出反应，错误决策的概率高达 99.9%。因此设置独立于控制系统的安全连锁是十分有必要的，这是做好安全生产的重要准则。该动则动，不该动则不动，这是 ESD 系统的一个显著特点。

ESD 紧急停车系统按照安全独立原则要求，独立于 DCS 集散控制系统，其安全级别高于DCS。在正常情况下，ESD 系统是处于静态的，不需要人为干预。作为安全保护系统，凌驾于生产过程控制之上，实时在线监测装置的安全性。只有当生产装置出现紧急情况时，不需要经过 DCS 系统，而直接由 ESD 发出保护连锁信号，对现场设备进行安全保护，避免危险扩散造成巨大损失。

当然一般安全连锁保护功能也可由 DCS 来实现。那么为何要独立设置 ESD 系统呢？较大规模的紧急停车系统应按照安全独立原则与 DCS 分开设置，这样做主要有几方面原因：一是降低控制功能和安全功能同时失效的概率，当 DCS 部分故障时也不会危及安全保护系统；二是对于大型装置或旋转机械设备而言，紧急停车系统响应速度越快越好，这有利于保护设备，避免事故扩大，并有利于分析事故原因。而 DCS 处理大量过程监测信息，因此其响应速度难以很快；三是 DCS 系统是过程控制系统，是动态的，需要人工频繁的干预，这有可能引起人为误动作；而 ESD 是静态的，不需要人为干预，这样设置 ESD 可以避免人为误动作。

ESD 紧急停车装置，在石化行业以及大型钢厂和电厂中都有着广泛的应用。实际上它也是通过高速运算 PLC 来实现控制的，它与 PLC 的本质区别在于它的输入输出卡件上，因为一切为了安全考虑，所以在硬件保护上做得较为完善，而且它要考虑到在事故状态下，现场控制阀位及各个开关的位置。

苯加氢 ESD 系统，应该遵循一些基本原则。在紧急停车系统的设计中，安全度等级是设计的标准。在 ESD 的设计过程中，首先应该确定生产装置的安全度等级，依据此安全度等级，选择合适的安全系统技术和配置方式。紧急停车系统必须是故障安全型，故障安全是指 ESD 系统在故障时使得生产装置按已知预定方式进入安全状态，从而可以避免由于 ESD 自身故障或因停电、停气而使生产装置处于危险状态。紧急停车系统必须是容错系统，容错是指系统在一个或多个元件出现故障时，系统仍能继续运行的能力。一个容错系统，能够检测出发生故障的元件，能够报告操作人员何处发生故障，即使存在故障，系统依然能够持续正常运行，并能够检测出系统是否已被处理恢复常态。

日常生产中，依靠 DCS 系统，对现场生产的数据进行监控，并在参数超出控制范围时发出轻故障和重故障报警信息，及时提醒操作工做出相应的调整，当参数恢复合理范围时，报警消失。ESD 系统是在紧急情况下启用的安全保障系统，一般发生在系统发生泄漏、着火，重要能源介质停供等紧急情况投用。但日常生产中必须保持 ESD 系统的完备可靠，可在停产检修前后进行实验，确保系统可靠运行。

7.2　苯加氢危险作业控制

7.2.1　苯加氢主要危险介质及性能

苯加氢危险介质众多，几乎包含了焦化厂所有的危险介质，主要有：粗苯（轻苯）、苯、甲苯、二甲苯、焦炉煤气、氢气、硫化氢、氮气等。

7.2.1.1　粗苯

粗苯是煤热解生成的粗煤气中的产物之一，经脱氨后的焦炉煤气中含有苯系化合物，其中以苯为主，称之为粗苯。粗苯为淡黄色透明液体，比水轻，不溶于水。储存时由于不饱和化合物氧化和聚合形成树脂物质溶于粗苯中，色泽变暗。粗苯是易流动的液体，比重为 0.871 ～ 0.9，闪点为 -11℃，粗苯极易燃烧，并产生浓黑色的火焰，当粗苯的蒸气在空气中达 1.4% ～ 7.5%（vt）时将形成爆炸性的混合物。粗苯有麻醉性和毒性，吸入高浓度蒸气能产生眩晕、头痛、恶心、神志不清等症状。加工用粗苯应达到沸程180℃前馏出量不少于93%；溶剂用粗苯75℃前馏出量不多于3%，180℃前馏出量不少于91%，粗苯馏程为75～180℃。

7.2.1.2　苯

苯（Benzene，C_6H_6）在常温下为一种无色、有甜味的透明液体，并具有强烈的芳香气味。苯可燃，有毒，也是一种致癌物质。苯是一种碳氢化合物，也是最简单的芳烃，是一种石油化工基本原料，苯的产量和生产的技术水平是一个国家石油化工发展水平的标志之一。苯具有的环系叫苯环，是最简单的芳环。苯分子去掉一个氢以后的结构叫苯基，用 Ph 表示，因此苯也可表示为 PhH。

苯的分子式为 C_6H_6，相对分子质量为 78.11；熔点为 278.65K（5.5℃），沸点为 353.25K（80.1℃），闪点（闭杯）为 -10.11℃，冰点为 5℃，自燃温度为 562.22℃，爆炸上限（vt）为 8%，爆炸下限（vt）为 1.2%，燃烧热为 3264.4kJ/mol，密度为 0.88g/mL。

苯不溶于水，可与乙醇、乙醚、乙酸、汽油、丙酮、四氯化碳和二硫化碳等有机溶剂互溶。苯能与水生成恒沸物，沸点为 80.1℃，含苯 91.2%。因此，在有水生成的反应中常加苯蒸馏，可将水带出。苯一般储存于低温通风处，远离火种、热源，与氧化剂、食用化学品等分储，并且禁止使用易产生火花的工具。苯着火可用泡沫、干粉、二氧化碳、砂土灭火，用水灭火无效。

接触苯过程中易发生中毒，轻度中毒者可有头痛、头晕、流泪、咽干、咳嗽、恶心呕吐、腹痛、腹泻、步态不稳；皮肤、指甲及黏膜紫绀、急性结膜炎、耳鸣、畏光、心悸以及面色苍白等症状。中度和重度中毒者，除上述症状加重、嗜睡、反应迟钝、神志恍惚等外，还可能迅速昏迷、脉搏细速、血压下降、全身皮肤、黏膜紫绀、呼吸增快、抽搐、肌肉震颤，有的患者还可出现躁动、欣快、谵妄及周围神经损害，甚至呼吸困难、休克。

当发生苯中毒时，应迅速将患者移至空气新鲜处，脱去被污染衣服，松开所有的衣服及颈、胸部纽扣，腰带，使其静卧，口鼻如有污垢物，要立即清除，以保证肺通气正常，呼吸通畅，并且要注意身体的保暖。口服中毒者应用 0.005v 的活性炭悬液或 0.02v 碳酸氢钠溶液洗胃催吐，然后服导泻和利尿药物，以加快体内毒物的排泄，减少毒物吸收。皮肤中毒者，应换去被污染的衣服和鞋袜，用肥皂水和清水反复清洗皮肤和头发。有昏迷、抽搐患者，应及早清除口腔异物，保持呼吸道的通畅，由专人护送医院救治。

7.2.1.3　甲苯

甲苯是无色透明液体，有类似苯的芳香气味。甲苯的分子式为 C_7H_8，分子量为 92.14，熔点为 -94.9℃，相对密度（水 = 1）为 0.866，凝固点为 -95℃，沸点为 110.6℃，闪点（闭杯）为 4.4℃，相对蒸汽密度（空气 = 1）为 3.14，爆炸上限（vt）为 7.0%，引燃温度为 535℃，爆炸下限（vt）为 1.2%。甲苯不溶于水，可混溶于苯、醇、醚等多数有机溶剂。

根据《危险化学品安全管理条例》、《易制毒化学品管理条例》，甲苯受公安部门管制。甲苯是一种危险化学品，对皮肤、黏膜有刺激性，对中枢神经系统有麻醉作用。短时间内吸入较高浓度该品可出现眼及上呼吸道明显的刺激症状、眼结膜及咽部充血、头晕、头痛、恶心、呕吐、胸闷、四肢无力、步态蹒跚、意识模糊。重症者会出现躁动、抽搐、昏迷。长期接触可发生神经衰弱综合症、肝肿大、女工月经异常等。甲苯对环境有严重危害，对空气、水环境及水源可造成污染。

当发生甲苯中毒时，应采取合理的急救措施。甲苯与皮肤接触时应脱去污染的衣着，用肥皂水和清水彻底冲洗皮肤。与眼睛接触后要提起眼睑，用流动清水或生理盐水冲洗，就医。吸入甲苯时应迅速脱离现场至空气新鲜处，保持呼吸道通畅，如呼吸困难，给输氧，如呼吸停止，立即进行人工呼吸，就医。食入甲苯时应立即饮足量温水，催吐，就医。

甲苯易燃，其蒸气与空气可形成爆炸性混合物，遇明火、高热能引起燃烧爆炸，与氧化剂能发生强烈反应。流速过快时，容易产生和积聚静电。其蒸气比空气重，能在较低处扩散到相当远的地方，遇火源会着火回燃。甲苯燃烧时会产生一氧化碳等毒害物质，甲苯着火时应立即喷水冷却容器，可能的话将容器从火场移至空旷处。处在火场中的容器若已变色或从安全泄压装置中发出声音，必须马上撤离。甲苯着火可用泡沫、干粉、二氧化碳、砂土扑救，用水灭火无效。

当发生甲苯泄漏时，应迅速撤离泄漏污染区人员至安全区，并进行隔离，严格限制出入，切断火源。建议应急处理人员戴自给正压式呼吸器，穿防毒服。尽可能切断泄漏源，防止流入下水道、排洪沟等限制性空间。发生少量泄漏时可用活性炭或其他惰性材料吸收，也可以用不燃性分散剂制成的乳液刷洗，洗液稀释后放入废水系统。发生大量泄漏时应构筑围堤或挖坑收容，用泡沫覆盖，降低蒸气灾害，并用防爆泵转移至槽车或专用收集器内，回收或运至废物处理场所处置。

进行甲苯相关作业时应注意尽量密闭操作，加强通风，操作人员必须经过专门培训，严格遵守操作规程。建议操作人员佩戴自吸过滤式防毒面具（半面罩），戴化学安全防护眼镜，穿防毒物渗透工作服，戴橡胶耐油手套。储存远离火种、热源，工作场所严禁吸烟。使用防爆型的通风系统和设备。防止蒸汽泄漏到工作场所空气中，避免与氧化剂接触，灌装时应控制流速，且有接地装置，防止静电积聚。搬运时要轻装轻卸，防止包装及容器损坏，并配备相应品种和数量的消防器材及泄漏应急处理设备，倒空的容器可能残留有害物。甲苯应储存于阴凉、通风的库房，远离火种、热源，库温不宜超过30℃，保持容器密封，应与氧化剂分开存放，切忌混储。甲苯区域要采用防爆型照明、通风设施，禁止使用易产生火花的机械设备和工具，储区应备有泄漏应急处理设备和合适的收容材料。

7.2.1.4　二甲苯

二甲苯是无色透明液体，有类似甲苯的气味。二甲苯的分子式为 C_8H_{10}，相对分子质量为106.17，熔点为 -25.5℃，沸点为 $137\sim140$℃，闪点为30℃，爆炸下限（vt）为1.0%，爆炸上限（vt）为7.0%，引燃温度为463℃，最大爆炸压力为0.764MPa，相对密度（水＝1）为0.86，相对密度（空气＝1）为3.66，临界温度为357.2℃，临界压力为3.70MPa。二甲苯不溶于水，可混溶于乙醇、乙醚、氯仿等多数有机溶剂。二甲苯属芳香烃，是第3.3类高闪点易燃液体。

二甲苯对眼及上呼吸道有刺激作用，高浓度时对中枢神经系统有麻醉作用。短期内吸入较高浓度本品可出现眼及上呼吸道明显的刺激症状、眼结膜及咽充血、头晕、头痛、恶心、呕吐、胸闷、四肢无力、意识模糊、步态蹒跚。重者会出现躁动、抽搐或昏迷，有的有癔病样发作。长期接触有神经衰弱综合征，女工有月经异常，工人常发生皮肤干燥、皲裂、皮炎。发生二甲苯与皮肤接触时应立即脱去被污染的衣着，用肥皂水和清水彻底冲洗皮肤。眼睛接触时应提起眼睑，用流动清水或生理盐水冲洗，就医。吸入二甲苯时应迅速脱离现场至空气新鲜处，保持呼吸道通畅，如呼吸停止，立即进行人工呼吸，就医。食入时要饮足量温水，催吐，就医。

二甲苯蒸气与空气可形成爆炸性混合物，遇明火、高热能引起燃烧爆炸，与氧化剂能发生强烈反应。流速过快，容易产生和积聚静电。其蒸气比空气重，能在较低处扩散到相当远的地方，遇明火会引着回燃。着火时可喷水冷却容器，可能的话将容器从火场移至空旷处。可用泡沫、二氧化碳、干粉、砂土灭火。

当二甲苯发生泄漏时，应迅速撤离泄漏污染区人员至安全处，并进行隔离，严格限制出入，切断火源。建议应急处理人员戴自给正压式呼吸器，穿消防防护服，尽可能切断泄漏源，防止进入下水道、排洪沟等限制性空间。少量泄漏可用活性炭或其他惰性材料吸收，也可以用不燃性分散剂制成的乳液刷洗，洗液稀释后放入废水系统。大量泄漏是要构筑围堤或挖坑收容，用泡沫覆盖，抑制蒸发，并用防爆泵转移至槽车或专用收集器内，回收或运至废物处理场所处置。其环境污染行为主要体现在饮用水和大气中，残留和蓄积并不严重，在环境中可被生物降解和化学降解，但这种过程的速度比挥发过程的速度低得多，挥发到大气中的二甲苯也可能被光解。

二甲苯应储存于阴凉、通风仓库内，远离火种、热源，仓内温度不宜超过30℃，防止阳光直射，保持容器密封。应与氧化剂分开存放，储存间内的照明、通风等设施应采用防爆型，开关设在仓外，配备相应品种和数量的消防器材。罐储时要有防火防爆技术措施，露天储罐夏季要有降温措施，禁止使用产生火花的机械设备和工具。灌装时应注意流速（不超过3m/s），且有接地装置，防止静电积聚。搬运时轻装轻卸，防止钢瓶及附件破损，工作现场禁止吸烟、进食和饮水，工作毕，淋浴更衣，保持良好的卫生习惯。

7.2.1.5 氢气

氢气（Hydrogen）是世界上已知的最轻的气体。它的密度非常小，只有空气的1/14，即在标准大气压，0℃下，氢气的密度为0.0899g/L。在高温、高压下，氢气甚至可以穿过很厚的钢板。因为氢气难溶于水，所以可以用排水集气法收集氢气。另外，在101kPa压强下，温度-252.87℃时，氢气可转变成无色的液体，-259.1℃时，变成雪状固体。常温下，氢气的性质很稳定，不容易跟其他物质发生化学反应。但当条件改变时（如点燃、加热、使用催化剂等），情况就不同了。如氢气被钯或铂等金属吸附后具有较强的活性（特别是被钯吸附），金属钯对氢气的吸附作用最强，氢气主要用作还原剂。

氢气的分子式为H_2，沸点（20.38K）为-252.77℃，熔点为-259.2℃，相对分子质量为2.016。氢气的生产方法有电解、裂解、煤制气等。氢气具有高燃烧性、还原剂，液态温度比氮更低。不纯的H_2点燃时会发生爆炸，当空气中所含氢气的体积占混合体积的4.0%～74.2%时，点燃都会产生爆炸，这个体积分数范围叫爆炸极限。

氢气和氟、氯、氧、一氧化碳以及空气混合均有爆炸的危险。其中，氢与氟的混合物在低温和黑暗环境就能发生自发性爆炸，与氯的混合比为1:1时，在光照下也可爆炸。氢由于无色无味，燃烧时火焰是透明的，因此其存在不易被感官发现，在许多情况下向氢气中加入乙硫醇，以便感官察觉，并使火焰有颜色。氢虽无毒，在生理上对人体是惰性的，但若空气中氢含量增高，将引起缺氧性窒息。与所有低温液体一样，直接接触液氢将引起冻伤。液氢外溢并突然大面积蒸发还会造成环境缺氧，并有可能和空气一起形成爆炸混合物，引发燃烧爆炸事故。

氢气着火时应切断气源，若不能立即切断气源，则不允许熄灭正在燃烧的气体。同时喷水冷却容器，可能的话将容器从火场移至空旷处。灭火剂可用雾状水、泡沫、二氧化碳、干粉等。

氢气泄漏时应迅速撤离泄漏污染区人员至上风处，并进行隔离，严格限制出入，切断火源。建议应急处理人员戴自给正压式呼吸器，穿消防防护服，尽可能切断泄漏源，合理通风，加速扩散。如有可能，将漏出气用排风机送至空旷地方或装设适当喷头烧掉。漏气容器要妥善处理，修复、检验后再用。

氢的储运有四种方式可供选择，即气态储运、液态储运、金属氢化物储运和微球储运。目前，实际应用的只有前三种，微球储运方式尚在研究中。氢气要储存于阴凉、通风的仓间内，仓内温度不宜超过30℃，并远离火种、热源，防止阳光直射。应与氧气、压缩空气、卤素（氟、氯、溴）、氧化剂等分开存放，切忌混储混运。储存间内的照明、通风等设施应采用防爆型，开关设在仓外，配备相应品种和数量的消防器材，禁止使用易产生火花的机械设备工具。验收时要注意品名，注意验瓶日期，先进仓的先发用。搬运时轻装轻卸，防止钢瓶及附件破损。

7.2.1.6　硫化氢

硫化氢（H_2S）是硫的氢化物中最简单的一种，又名氢硫酸。其分子的几何形状和水分子相似，为弯曲形，因此它是一个极性分子。硫化氢由于 H—S 键能较弱，所以 300℃ 左右硫化氢分解。常温时硫化氢是一种无色有臭鸡蛋气味的剧毒气体，应在通风处进行使用，且必须采取防护措施。

硫化氢的分子式为 H_2S，相对分子质量为：34.076，常温下为无色气体，有刺激性（臭鸡蛋）气味（注意：在一定浓度下无气味），熔点为 -85.5℃，沸点为 -60.4℃，燃点为 260℃，蒸气压力为 2026.5kPa/25.5℃，闪点小于 -50℃，它溶于水、乙醇。溶于水（溶解比例 1：2.6）称为氢硫酸（硫化氢未跟水反应），相对空气密度为 1.19（空气 = 1）。硫化氢不稳定，加热条件下发生可逆反应 $H_2S \rightleftharpoons H_2 + S$，它属于第 4 类可燃性气体。

当硫化氢发生泄漏时，迅速撤离泄漏污染区人员至上风处，并立即进行隔离，小泄漏时隔离 150m，大泄漏时隔离 300m，严格限制出入，切断火源。建议应急处理人员戴自给正压式呼吸器，穿防毒服，从上风处进入现场，尽可能切断泄漏源，合理通风，加速扩散，喷雾状水稀释、溶解，构筑围堤或挖坑收容产生的大量废水。如有可能，将残余气或漏出气用排风机送至水洗塔或与塔相连的通风橱内。或使其通过三氯化铁水溶液，管路装止回装置以防溶液吸回。漏气容器要妥善处理，修复、检验后再用。空气中浓度超标时，佩戴过渡式防毒面具（半面罩）。紧急事态抢救或撤离时，建议佩戴氧气呼吸器或空气呼吸器。眼睛防护可戴化学安全防护眼镜，身体防护可穿防静电工作服，手防护需戴防化学品手套。工作现场严禁吸烟、进食和饮水，工作毕，淋浴更衣，及时换洗工作服。作业人员应学会自救互救，进入罐、限制性空间或其他高浓度区作业，须有人监护。

皮肤接触时，立即脱去污染的衣着，用流动清水冲洗，就医。眼睛接触时立即提起眼睑，用大量流动清水或生理盐水彻底冲洗至少 15min，就医。吸入时迅速脱离现场至空气新鲜处，保持呼吸道通畅。如呼吸困难，给输氧，如呼吸停止，即进行人工呼吸，就医。

当着火时，消防人员必须穿戴全身防火防毒服，切断气源。若不能立即切断气源，则不允许熄灭正在燃烧的气体。喷水冷却容器，可能的话将容器从火场移至空旷处。可采用雾状水、泡沫、二氧化碳、干粉灭火。

硫化氢中毒是化工企业比较常见的事故类型，当发生中毒事故时，现场抢救极为重要，因空气中含极高硫化氢浓度时常在现场引起多人电击样死亡，如能及时抢救可降低死亡率，减少转院人数减轻病情。应立即使患者脱离现场至空气新鲜处，有条件时立即给予吸氧。现场抢救人员应有自救互救知识，以防抢救者进入现场后自身中毒。对呼吸或心脏骤停者应立即施行心肺脑复苏术。对在事故现场发生呼吸骤停者如能及时施行人工呼吸，则可避免随之而发生心脏骤停。在施行口对口人工呼吸时施行者应防止吸入患者的呼出气或衣服内逸出的硫化氢，以免发生二次中毒。

高压氧治疗对加速昏迷的复苏和防治脑水肿有重要作用，凡昏迷患者，不论是否已复苏，均应尽快给予高压氧治疗，但需配合综合治疗。对中毒症状明显者需早期、足量、短程给予肾上腺糖皮质激素，有利于防治脑水肿、肺水肿和心肌损害；控制抽搐及防治脑水肿和肺水肿。较重患者需进行心电监护及心肌酶谱测定，以便及时发现病情变化，及时处理。对有眼刺激症状者，立即用清水冲洗，对症处理。

硫化氢极毒，人吸入浓度为 $1g/m^3$ 的 H_2S 在数秒钟内即可死亡。此外，硫化氢的化学活动性极大，电化学失重腐蚀、"氢脆"和硫化物应力腐蚀、破裂等对金属管线的腐蚀作用强烈。

硫化氢毒性极大，但硫化氢比空气重（相对密度为1.17），且极易溶于水而形成氢硫酸。故地势低处危险性比高处大；下风向硫化氢浓度大，上风向则浓度低等；在突发事故中用湿毛巾等捂嘴鼻、向高处避毒、向上风向撤离等，均可避免或减轻伤亡。

有人中毒昏迷时，抢救人员必须做到戴好防毒面具或空气呼吸器，穿好防毒衣，有两个以上的人监护，从上风处进入现场，切断泄漏源。进入塔、封闭容器、地窖、下水道等事故现场，还需携带好安全带。有问题应按联络信号立即撤离现场，合理通风，加速扩散，喷雾状水稀释、溶解硫化氢。尽快将伤员转移到上风向空气新鲜处，清除污染衣物，保持呼吸道畅通，立即给氧。观察伤员的呼吸和意识状态，如有心跳呼吸停止，应尽快争取在4min内进行心肺复苏救护（勿用口对口呼吸）。在到达医院开始抢救前，心肺复苏不能中断。

为防止发生硫化氢中毒事故，应尽可能地做好预防措施。产生硫化氢的生产设备应尽量密闭，并设置自动报警装置。对含有硫化氢的废水、废气、废渣，要进行净化处理，达到排放标准后方可排放。进入可能存在硫化氢的密闭容器、坑、窑、地沟等工作场所，应首先测定该场所空气中的硫化氢浓度，采取通风排毒措施，确认安全后方可操作。硫化氢作业环境空气中硫化氢浓度要定期测定。操作时做好个人防护措施，戴好防毒面具，作业工人腰间缚以救护带或绳子。做好互保，要两人以上人员在场，发生异常情况立即救出中毒人员。患有肝炎、肾病、气管炎的人员不得从事接触硫化氢作业。加强对职工有关专业知识的培训，提高自我防护意识。

各种不同的行业，针对硫化氢应采取相应的措施。

采样作业应注意检查采样器是否完好；佩戴适用的防毒面具，站在上风向，并有专人监护；采样过程中手阀应慢慢打开，不要用扳手敲打阀门。

切水作业应注意佩戴适用的防毒面具，有专人监护，站在上风向；脱水阀与脱水口应有一定距离；脱出的酸性气要用氢氧化钙或氢氧化钠溶液中和，并有隔离措施，防止过路行人中毒；脱水过程中人不能离开现场，防止脱出大量的酸性气。

设备内检修作业应注意需进入设备、容器进行检修，一般都经过吹扫、置换、加盲板、采样分析合格、办理进设备容器安全作业票后，才能进入作业。但有些设备容器在检修前，需进人排除残余的油泥、余渣，清理过程中会散发出硫化氢和油气等有毒有害气体，必须做好安全措施。首先应制定施工方案；作业人员经过安全技术培训；佩戴适用的防毒面具，携带好安全带（绳）；进设备容器作业前，必须作好采样分析；作业时间不宜过长，一般不超过30min；必须办理安全作业票；最后施工过程须有专人监护，必要时应有医务人员在场。

进入下水道（井）、地沟作业应严格执行进入有限空间作业安全防护规定；控制各种物料的脱水排凝进入下水道；采用强制通风或自然通风，保证氧含量大于20%；佩戴防毒面具；携带好安全带（绳）；办理安全作业票；进入下水道内作业井下要设专人监护，并与地面保持密切联系。

油池清污作业下油池清理前，必须用泵把污油、污水抽干净，用高压水冲洗置换；采样分析，根据测定结果确定施工方案及安全措施；佩戴适用的防毒面具，有专人监护，必要时要戴好安全带（绳）；办理好有限空间作业票。

堵漏、拆卸或安装作业。设备、容器、管线存有硫化氢物料的堵漏、拆卸或安装作业时，必须做到严格控制带压作业，应把与其设备容器相通的阀门关死，撤掉余压；佩戴适用的防毒面具，有专人监护；拆卸法兰螺丝时，在松动之前，不要把螺丝全部拆开，严防有毒气体大量冲出。

　　检查生产装置应注意平稳操作，严防跑、冒、滴、漏；装置内安装固定式硫化氢报警仪；加强机泵设备的维护管理，减少泄漏；有泄漏的地方加强通风；存有硫化氢物料的容器、管线、阀门等要定期检查更换；发现硫化氢浓度高，要先报告，采取一定的防护措施，才能进入现场检查和处理。

图 7-6　过滤式防毒面具

　　油罐的检查作业。严禁在进、出油及调和过程中进行人工检尺、测温及拆装安全附件等作业；必要的检查、脱水，操作人员应站在上风向，并有专人监护；准备好适合的防毒面具，以便急用。

　　当作业场所空气中氧含量大于等于 20%，且硫化氢浓度小于 $10mg/m^3$ 时，可选用灰色罐的过滤式防毒面具，如图 7-6 所示。

　　使用过滤式防毒面具应注意使用前要进行气密性检查，使用者戴好面具后，用手堵住进气口，同时用力吸气，若感到闭塞不透气时，说明面具是基本气密的。选择合适的规格，使罩体边缘与脸部贴紧。使用前应先将导气管与头罩的螺丝旋紧，另一端与滤毒罐的螺丝连接，保证各部分连接密合，保持气流畅通无阻，使用时必须记住，事先拔去滤毒罐底部进气孔的胶塞，否则易发生窒息事故。使用时滤毒罐底部的通气孔和头罩呼气阀注意防止外来物料的堵塞。如发生意外，一时无法脱离现场时，使用者应即屏住气，迅速取出头罩戴上。当确认头罩边缘与头部密合，接着猛呼出体内余气，再作简易气密性试验后，方可投入使用。当作业场所空气中氧含量小于 20%，或硫化氢浓度大于或等于 $10mg/m^3$ 时，须选用隔离式防毒面具，目前常用的为自给式空气呼吸器。

7.2.1.7　焦炉煤气

　　焦炉煤气，又称焦炉气。是指用几种烟煤配制成炼焦用煤，在炼焦炉中经过高温干馏后，在产出焦炭和焦油产品的同时所产生的一种可燃性气体，是炼焦工业的副产品。焦炉气是混合物，其产率和组成因炼焦用煤质量和焦化过程条件不同而有所差别，一般每吨干煤可生产焦炉气 $300 \sim 350m^3$（标准状态）。其主要成分为氢气（55% ~60%）和甲烷（23% ~27%），另外还含有少量的一氧化碳（5% ~8%）、C_2 以上不饱和烃（2% ~4%）、二氧化碳（1.5% ~3%）、氧气（0.3% ~0.8%）、氮气（3% ~7%）。其中氢气、甲烷、一氧化碳、C_2 以上不饱和烃为可燃组分，二氧化碳、氮气、氧气为不可燃组分。

　　焦炉气属于中热值气，其热值为 $17 \sim 19MJ/m^3$（标态），适合用做高温工业炉的燃料和城市煤气。焦炉气含氢气量高，分离后用于合成氨，其他成分如甲烷和乙烯可用做有机合成原料。

　　焦炉气为有毒和易爆性气体，空气中的爆炸极限为 6% ~30%。

7.2.1.8　氮气

　　氮在常况下是一种无色无味无臭的气体，且通常无毒。氮气占大气总量的 78.12%（vt），在标准情况下的氮气密度为 1.25g/L，氮气在水中溶解度很小，在常温常压下，1 体积水中大约只溶解 0.02 体积的氮气。氮气是难液化的气体。氮气在极低温下会液化成无色液体，进一步降低温度时，更会形成白色晶状固体。在生产中，通常采用黑色钢瓶盛放氮气。

当吸入氮气时，应迅速脱离现场至空气新鲜处，保持呼吸道通畅。如呼吸困难，给输氧。呼吸心跳停止时，立即进行人工呼吸和胸外心脏按压术，就医。氮气若遇高热，容器内压增大，有开裂和爆炸的危险。当氮气泄漏时，要迅速撤离泄漏污染区人员至上风处，并进行隔离，严格限制出入。建议应急处理人员戴自给正压式呼吸器，穿一般作业工作服，尽可能切断泄漏源，合理通风，加速扩散。漏气容器要妥善处理，修复、检验后再用。

操作氮气时应注意密闭操作，尽可能提供良好的自然通风条件。操作人员必须经过专门培训，严格遵守操作规程，防止气体泄漏到工作场所空气中。搬运时轻装轻卸，防止钢瓶及附件破损，配备泄漏应急处理设备。氮气储存于阴凉、通风的库房，远离火种、热源，库温不宜超过30℃，储区应备有泄漏应急处理设备。

常压下氮气中毒表现为单纯性窒息作用。当浓度升高造成空气中氧气浓度下降至19.5%以下时，会形成缺氧的环境，产生窒息作用。可引起单纯性窒息，患者最初感胸闷、气短、疲软无力；继而有烦躁不安、极度兴奋、乱跑、叫喊、神情恍惚、步态不稳，称之为"氮酩酊"，可进入昏睡或昏迷状态。吸入高浓度，患者可迅速昏迷、因呼吸和心跳停止而死亡。人处于氮含量高于94%的环境中，会因严重缺氧而在数分钟内窒息死亡。氮气最大的危害就是窒息死亡！

容易发生氮气窒息事故一般有两个环节：一是在系统置换过程中，二是在进入限制性空间作业。特别是进入限制性空间作业，事故率较高。

因此，氮气作业时应特别注意：系统氮气置换时，排放口高度要高于2m，不得水平排放；系统氮气置换过程中，系统不得有泄漏点；进入容器、设备前确认有效隔离措施，必须使用盲板进行隔离，不得使用阀门进行隔离；进入容器、设备前必须分析氧含量，并有专人监护，监护人不得擅离岗位；进入容器、设备前一定要按规定办理入罐作业证；进入有限空间作业最好佩戴空气呼吸器；在进入敞口的容器、管道、地坑等处也一定要分析氧含量，办理有效作业票证；容易发生氮气窒息事故场所，要保证通风，设置警示牌，进入该区域操作时候一定要佩戴呼吸器；利用氮气置换和压送物料时，禁止将氮气管线与物料管线（设备）固定连接，以防物料返窜入氮气系统；停止压送料及吹扫置换等操作，及时断开氮气接头，防止因氮气无压而使易燃、易爆及有毒、有害物料反窜入氮气管网中。

7.2.2　危险作业控制

结合苯加氢生产特点，苯加氢有如下作业需特别控制：

（1）带煤气作业。苯加氢带煤气作业包括，制氢开停工的停送煤气作业，管式炉的开停以及煤气压缩机的检修作业。带煤气作业需防止煤气中毒、着火和爆炸，针对煤气性质，一般煤气作业应采取相应的安全措施：送煤气前需进行系统置换；对煤气做爆发试验；煤气设施排水，确认畅通；携带便携式煤气报警器；采用铜制工具，并避免敲打和铁器碰撞；煤气泄漏作业时佩戴空气呼吸器作业；煤气作业严禁单人作业。

（2）制氢脱氧干燥单元氢气排水作业。氢气在脱氧干燥单元进行催化脱氧反应后生成一部分水，这部分水在冷却后成为液态，需要及时排出。许多单位在进行排水作业时都发生过起火情况，起火主要原因是因为氢气摩擦导致温度升高或静电未及时导除所致。因此，对于压力较高的易燃气体排放作业一般需要增设排放器，通过排放器切断与压力系统的联系，确保排水作业的安全进行。另外，还可采用全封闭式排水方式，避免与大气接触。

（3）进塔、槽内作业。苯加氢所有塔、槽内均含有有毒有害气体，进塔前需要采取安全措施：首先对塔进行放空，扫汽时间不少于48h，检测塔内有毒有害气体浓度合格，检测塔内氧含量。作业时塔内严禁动火、敲击，塔内使用安全照明，同时切断塔与其他危险介质管道联系，避免窜漏发生，按规定办理危险作业许可证。

（4）系统开停工作业。由于系统开停工时，许多部位的状态和正常生产时不同，极易发生许多意想不到的问题。因此，每次开停工都必须严格按照方案进行，并在开停工过程中及时发现异常情况，采取相应的措施，开停工过程中一般需要做到几点：开停工前制订开停工方案，并明确相应作业的负责人；加强现场点巡检，及时发现现场异常情况和与方案不同的地方；明确开停工作业的具体步骤和要求；严格交接班制度，开停工作业内容透明化；明确开停工作业必须具备的条件，做好相应的准备工作，做好各种应急预案的准备工作。

（5）稳定塔及其尾气系统作业。稳定塔及其尾气系统是苯加氢最危险的区域之一，主要原因一是该塔是硫化氢气体的主要释放通道，具有强烈的毒性和腐蚀性；二是该塔内存在闪蒸现象，由高压分离器过来的高压加氢油到稳定塔后压力大幅度降低，体积有一定的膨胀。稳定塔及尾气系统作业必须高度警惕，并采取相应的安全措施：禁止随意拆卸稳定塔及尾气系统管道、阀门、人孔；系统内严禁负压，杜绝空气吸入；必须进行拆卸作业或进入塔内时，必须先进行不少于48h的扫汽，经严格检测降温合格后方可进行拆卸作业；必须做好防止塔内自燃的措施，进入塔内前彻底清除可燃物，破坏自燃条件；必须做好防中毒措施，绝对不可冒险作业；相应尾气管道拆开后务马上采取保护措施，立即淋水或蒸汽吹扫；系统动火时必须清扫72h以上，并按照最严格的动火作业措施进行作业。

（6）区域内一切动火作业。一般情况下，苯加氢生产区域严禁动火作业，在必须动火作业时，需要采取严密的安全措施：首先要制订动火作业方案，按规定办理动火作业许可证，作业现场做好静电导除，切断一切易燃易爆物联系，并采取可靠的隔断措施，现场配置必要的消防灭火器材，作业现场易燃易爆物清理干净。动火作业需遵守7.6.5节动火作业相关规定。

（7）大型年修定修作业。大型年修定修作业由于作业点多面广，加之苯加氢各系统之间关联度较高，作业风险也较高。因此必须反复讨论，制订可行的作业方案。大型年修作业一定要树立几个观念：一是正确的作业顺序是最重要的安全措施；二是完善的准备工作是作业能否顺利完成的重要保障；三是单个危险作业必须制订作业方案，其他作业之间必须协调好作业时间；四是系统置换和氮化保护是重要的工作；五是必须明确每天的工作内容，未及时完成不能进行下一步作业；六是作业方案的讨论是一个信息充分沟通的过程，必须召集年修相应生产、设备人员充分参与，提前预见可能出现的危险因素和困难，统一协调。

（8）制氢400单元干燥剂、催化剂的更换。由于氢气分子量极小，不易置换完全，因此，在制氢系统检修作业时必须做好着火的各种预想和准备，并采取可靠措施，避免起火或火星，杜绝事故发生。在进行干燥剂和催化剂更换前，需要做好相应措施：首先对系统停产降压，对系统管线进行充分分析，制订可靠的置换方案；其次严格按照置换方案，确保所有管线均置换到位，在准备拆卸作业前继续通入氮气保护，拆卸作业时必须使用铜制工具，严禁敲打；更换装填动作应尽量慢，防止摩擦带电着火，还应注意催化剂干燥剂装填后立即密封。

7.3　苯加氢典型事故

7.3.1　苯中毒

苯中毒与一般麻醉性气体中毒的急救相同，将病员移至空气新鲜场所，保持病员呼吸道通畅，并给予精神安慰。中毒较重者给予吸氧，并注射高渗葡萄糖液。如病员烦躁或出现抽搐，可给副醛、水合氯醛或地西泮（安定）等，严重者应警惕脑水肿。在急性中毒时如无心搏骤停，禁用肾上腺素，以免诱发心室颤动。苯中毒无特效解毒剂，维生素 C 有部分解毒作用。

7.3.1.1 苯中毒案例 1：山东危化品槽罐车中毒死亡事故

2008 年 5 月，山东某运输服务有限公司一辆运输过粗苯的危险化学品槽罐车辆在某村维修部进行清罐处理过程中，二人因中毒死亡。11：50 左右，该槽罐车开至某村维修部，拟对车辆进行残留物清罐处理，驾驶员张某和押运员李某告诉维修部员工孔某该车拉过粗苯，需要清罐，随后张某和李某便去该维修部西边一饭店吃午饭。该维修部员工孔某和张某即上车做罐内机械引风准备工作，12：30 左右，罐体前部人孔盖已打开，后部人孔盖尚未全部打开，引风机尚未安装，孔某便佩戴防毒面具进入罐内进行清洗工作，当场在罐内中毒晕倒。随后，该维修部负责人陈某未穿戴防护用品，即上车进入罐内进行救助，也在罐内中毒晕倒。此后将二人从罐内救出并送往医院抢救，确认二人均已死亡。

据调查分析，维修部员工孔某在未对危险化学品槽罐采取强制通风置换、罐内气体分析检测等安全措施的情况下，佩戴不符合要求的防护用品，进入罐内进行清罐和陈某未穿戴防护用品进罐救助，是事故发生的直接原因。

某村维修部不具备危险化学品槽罐车清罐条件，超范围经营危险化学品槽罐车清罐业务；负责人陈某指使不具备相关安全知识和能力的孔某进入罐内，对危险化学品槽罐车进行清罐；山东某交通运输服务有限公司安全管理制度不健全，对从业人员安全教育培训不够，未建立相应的安全操作规程，对危险化学品槽罐车清罐工作和清罐地点规定不明确；车主王某对驾驶员、押运员管理不到位，致使驾驶员张某和押运员李某将危险化学品槽罐车擅自交由无危化品清罐条件的某村维修部进行清罐，并且未将清罐存在的危险有害因素和安全措施告知清罐人员，未尽到运输全过程的监管职责，是事故发生的间接原因。

针对事故的发生，应采取相应的防范措施：要深入开展作业过程的风险分析工作，加强现场安全管理；要制定完善的安全生产责任制、安全生产管理制度、安全操作规程，并严格落实和执行；要加强员工的安全教育培训，全面提高员工的安全意识和技术水平；要制定事故应急救援预案，并定期培训和演练；作业现场要配备必要的检测仪器和救援防护设备，对有危害的场所要检测，查明真相，正确选择、带好个人防护用具并加强监护。

7.3.1.2 苯中毒事故案例 2

2001 年 7 月 12 日下午 17 时左右，某建筑工地防水工史某（男，29 岁）与班长（男，46 岁）在未佩戴任何防护用品的情况下进入一个 7m×4m×8m 的地下坑内，在坑的东侧底部 2m，面积约为 2m×2m 的小池进行防水作业，另一名工人马某在地面守候。约晚 19 时许，班长晕倒在防水作业池内，史某奋力将班长推到池口后便失去知觉倒在池底。马某见状，迅速报告公司负责人。约晚 20 时，经向坑内吹氧，抢救人员陆续将两名中毒人员救至地面。经急救中心医生现场诊断，史某已死亡，班长经救治脱离危险。

经过对该地下坑防水池底部、中部、池口空气进行监测分析，并对施工现场使用的 L-401 胶粘剂和 JS 复合防水涂料进行了定性定量分析。发现 L-401 胶粘剂桶口饱和气中，苯占 58.5%、甲苯占 8.3%。JS 复合防水涂料中醋酸乙烯酯占 78.1%。事故现场经吹氧后 2h，防水池底部空气中苯浓度范围仍达 17.9~36.8mg/m³，平均 23.9mg/m³，其他部位均可检出一定量的苯，估计事发时现场空气中苯的浓度可能会更高。

针对该事故，相关单位制订了相应的安全防范措施：一是作为企业，在使用含苯（包括甲苯、二甲苯）化学品时，应通过科学方法，消除、减少和控制工作场所化学品产生的危害，如选用无毒或低毒的化学替代品；选用可将危害消除或减少到最低程度的技术；采用能消除或降低危害的工程控制措施（如隔离、密封等）；采用能减少或消除危害的作业制度和作业时间；采取其他的劳动安全卫生措施。二是对接触苯（甲苯、二甲苯）的工作场所应定期进行检测和评估，对检测和评估结果应建立档案。作业人员接触的化学品浓度不得高于国家规定的标准；暂时没有规定的，使用车间应在保证安全作业的情况下使用。三是在工作场所应设有急救设施，并提供应急处理的方法。四是使用单位应将化学品的有关安全卫生资料向职工公开，教育职工识别安全标签、了解安全技术说明书、掌握必要的应急处理方法和自救措施，并经常对职工进行工作场所安全使用化学品的教育和培训。

7.3.2　硫化氢中毒

2011 年 12 月 17 日下午 17 时 06 分，宁夏某能源集团有限公司苯加氢装置区，苯加氢员工丁某在巡检时发现非芳烃地下废液槽抽出泵的轴封有渗漏。丁某在通知现场主操柳某后，对渗漏部位进行检查时，不小心掉入槽外的地坑中昏迷，现场主操柳某在接到丁某报告抽出泵有渗漏后，通知苯加氢项目经理石某，随后石某带领柳某、郭某、郭某某等人，前去现场查看，发现丁某倒在非芳烃地下废液槽外的地坑中，石某与柳某立即进入坑中进行救援，相继晕倒。郭某、郭某某发现情况不对，在戴好防毒面具后下坑救援，将丁某、石某、柳某救出，17 时 25 分送医院抢救。经医院抢救，现确定丁某、石某、柳某三人死亡，郭某、郭某某等九人不同程度中毒。

经初步分析，导致此次事故的原因主要有以下几个方面：领导不重视安全生产工作；未认真落实《自治区安监局关于加强硫化氢中毒事故防范工作意见的通知》；未制订安全可靠的管理制度和操作规程；未对作业员工进行安全教育培训，作业人员安全意识差，自我保护能力低；未给作业人员配备相应的检测仪器和个人防护用具等。

这起硫化氢中毒事故，教训深刻，影响极坏，反映出"三个不落实"和"三个不到位"。即企业安全生产主体责任不落实，安全制度不落实，安全检查不落实；对员工教育培训和宣传不到位，安全投入不到位，隐患排查与整改不到位。当前，要切实吸取教训，举一反三，在全市开展预防硫化氢中毒安全大检查。要严格执行"六个要"的安全措施。一要认真落实企业安全生产的主体责任；二要建立专业化施工队伍，预防硫化氢中毒事故，要专业化管理，专业施工人员和队伍，并具有专业施工资质；三要切实吸取教训，通报事故情况，进一步深化防硫化氢中毒专项整治；四要加大安全投入，落实资金检测设备，人员装备，引进新技术，新设备，减少人员直接进入污水管、网、井、罐等受限空间；五要强化考核，特别是对专业施工队伍的检查和考核，必须达到安全施工标准；六要强化培训，加强对预防硫化氢中毒的宣传，利用各种媒体和渠道，让全员知危险、知防护、知自我保护。

7.3.3　着火

7.3.3.1　氢气着火

处理氢气着火事故的公式化程序，一般可归纳为：切断电源；发出报警；在安全的前提下，尽可能多地关闭阀门，切断氢气供应源；组织救援和帮助灭火战斗；除了那些需要处理紧急事件的人，把所有的人从危险区域撤离；总是从上风向接近火焰，控制火焰，掌握好灭火和断气时机。作为专业人员，在处理意外着火事故时，首先不要紧张，因为氢气燃烧正说明气体是纯的。其具体处理方法是：如果氢气火焰不明显，可用可燃材料如纸、布固定在杆上做试验，确定火焰界限，如果火焰危及电气设备、线路，那首先切断电源；加强房顶通风，防止氢气在屋内积聚；如果起火部位被隔离是安全的话，那么尽可能关闭阀门，切断正在燃烧的氢气供应，如系统终端，气瓶、气罐的燃烧口。

如果是涉及氢气设备起火，那绝对不能关闭进气阀，因为这样做最终会导致设备内部产生负压，倒吸进空气，此时又有火源，高温，从而把燃烧火灾事故演变为爆炸事故。此时可用浸了水的织物覆盖，使其既隔绝空气灭火，又降低温度使火不再复燃。如果气体压力高，火势大，可适当关小进气阀，使其既降低压力又保持正压。当泄漏的氢气连续不断时，氢气火焰不能熄灭，这是因为引起爆炸的危险要比大火本身严重得多，允许氢气在控制下燃烧，并使邻近区域用水冷却，直至氢气流可以被切断。在这种情况下，开始用氮气吹洗，同时渐渐减小氢气流，直至火被熄灭。情况许可，也可采取快速对系统内注水，用水排氢并降温，直至内部全被水灌满而达到灭火目的。氢气排空管道上应接入蒸汽或氮气管道，发生着火后，开大蒸汽或氮气阀门，随着氢气被稀释，火自然会灭了。

7.3.3.2 苯着火

2008年3月21日下午2时许，某大型钢铁集团焦化厂苯塔发生火灾，大火一直燃烧至次日凌晨5时许。当日下午4时许，记者赶到现场时，天空中浓烟滚滚，附近均能闻到刺鼻气味。交警与保安人员将现场警戒，以防百姓受到不必要的伤害。

据了解，火灾系工人们拆除旧焦炉旧化产系统脱苯工序时，引燃了木格填料造成的。木格填料约有150t。由于木格填料上沾满了易燃的洗油和苯，两个尚未完全拆除的苯塔也被引燃。火灾发生后，消防官兵及时赶到现场进行扑救，共有39辆消防车、200多名消防官兵投入战斗。15个小时后大火被彻底扑灭。此次火灾没有人员伤亡。

7.3.4 爆炸

2008年2月19日上午10时，京珠高速耒宜段在因重大交通事故中断交通近15个小时后恢复正常。18日晚，该路段发生重大交通事故，由南往北一辆客车与一辆苯槽车，在行车道发生追尾，引起爆炸起火，并引燃行驶在超车道的一辆大货车。苯槽车罐体破裂后液苯顺着下坡往北流淌，形成流淌火灾，同时引燃前方约20m处因故障停靠在路中的另一辆大客车。经有关部门核实，事故造成17人死亡，25人受伤。

7.4 应急处置

苯类物质有两种主要的事故危害：一是苯类物质在运输过程中槽罐车泄漏着火；二是苯加氢生产区域泄漏着火。针对这两种情况，应该采取不同的应急措施。

7.4.1 苯槽车泄漏着火

苯是一种高毒易燃液体，即使少量吸入，也会极大地危害人身健康，且对环境有较大污染。近年来，各种原因引发的液苯槽车泄漏、着火事故逐年增加，而且，往往因其突发性、大流量的特点，极易造成重大人员伤亡和社会影响。如2004年5月19日凌晨，一辆装载40t苯的槽车在距离广东茂名市某镇1公里左右的广西境内一片水田边翻倒发生泄漏，约10t工业用粗苯流入凌江，几乎造成当地16万群众饮水困难。2007年5月1日，云南昆河公路一辆运苯槽车在三车追尾的事故中被撞伤，导致苯大量泄漏，周围两千多名群众被紧急疏散，交通一度中断。最典型的是前述在京珠高速未宜段发生的苯槽车泄漏着火事故，致使死亡17人，受伤25人。值得一提的是，在苯槽车泄漏着火事故的处置过程中，消防部队由于在救援队伍专业化、操作程序规范化、车辆装备专业化等方面还存在一些不足之处，因处置措施不当而造成不同程度损失的现象仍客观存在。因此，对苯槽车泄漏着火事故处置措施的研究，应当引起消防部门的广泛关注。

7.4.1.1　应急处置

苯槽车泄漏着火后，燃烧速度快，火焰高，火势猛，热辐射强。一旦发生爆炸，就可能造成槽车罐顶掀开飞出，或从罐体底部、中部裂开，导致苯液流淌燃烧，形成大面积火灾，且容易发生复燃复爆或污染中毒。因此，应正确判断和估计火情，科学调配力量，尽快控制火势，防止火势蔓延，并合理运用战术，迅速消除火势的危害。

接警要问清事故发生的时间、地点、液苯数量、是否有人员伤亡及周边地理情况等。根据现场情况迅速调集参战力量。本着"加强第一出动的原则"，第一时间调动抢险救援车、防化洗消车、后勤保障车、泡沫、干粉消防车和大型水罐车。

液苯槽车火灾事故扑救主要考虑选用泡沫灭火剂灭火，也可用二氧化碳、干粉、砂土扑救，其能降低苯蒸气的蒸发和浓度，但不能起稀释作用。消防指挥中心值班首长应该根据报警情况，估算所需灭火剂数量，及时调集所需灭火剂运输到灾害现场。

事故现场处置是关键，一般按以下步骤进行：首先成立现场指挥部。力量到场后，应迅速成立现场指挥部，指挥部应设在上风方向，由现场最高行政首长任总指挥。成立侦检组、疏散组、通讯组、稀释组、灭火组、堵漏组、供水组等行动小组，挑选素质过硬的干部任小组组长。指挥部应充分发挥指挥职能，协调控制各小组的行动。指挥员应坚持靠前指挥的原则，简化指挥程序，提高指挥效能。其次建立警戒区域，消防部队到达现场后，应根据液苯泄漏扩散的情况或火焰热辐射所涉及的范围建立警戒区。对于泄漏时间较长、泄漏量较多的现场，现场警戒半径为500m，对于边泄漏边燃烧的现场，现场警戒半径为300m。对于一般小规模现场，现场警戒区的半径为100～200m。也要根据现场的侦检、风向等情况扩大或调整警戒区，并在通往现场的主要干道上协调交通部门实行交通管制。同时侦检、确定危险区域，消防部队到达现场后应立即展开侦检。侦检主要内容是液苯数量、蒸气浓度、泄漏着火部位、地面流淌火面积、是否有人员被困等情况。

7.4.1.2　灭火

灭火是液苯槽车火灾事故处置的主要工作。在灭火过程中，首先应堵截火势，阻止蔓延。当液苯泄漏着火，形成地面流淌火，应首先组织力量消灭地面流淌火，扫清外围。灭火剂首选泡沫，应立即布置泡沫管枪、炮堵截消灭火势，冷却受火焰烘烤的罐体，防止罐体破裂，导致火势蔓延，或用干粉、砂土等扑救，及时扑灭外围火灾。对泄漏的液苯还未引起燃烧的，应用泡沫进行覆盖，防止火势蔓延，火场面积扩大。其次逐步推进。罐体火势未被控制时，切忌盲目地大队人员压进，防止突发性爆炸。要善于选择有利地形，在着火区域的上风方向设置阵地，侦查火情，推进灭火。在着火区两边侧风向，派遣小分队突前，每个小分队2～3人为宜。一般分第一线组和第二线组，每组相距约15m，保持信号联络，实施纵向扑救、掩护。两边要同时分部分组逐渐推进，切断火势朝下风方向蔓延的通道。同时加强掩护，确保安全。在灭火的整个过程中，必须始终把人身安全放在首位。预先考虑到火场可能出现的各种危险情况，将灭火人员布置到适当的位置，达到既能有效灭火，又处于比较安全的地方，一旦出现危及生命的状况，可及时撤离。最后调集力量，一举歼灭。对火势进行歼灭，应满足三个条件：第一，燃烧已经得到有效控制，不会发生爆炸；第二，灭火剂已经准备充足；第三，有足够的泡沫喷射装置，并且可以有效喷射到指定位置。因为泡沫的抗热时间一般为 6min，如果没有集中足够的灭火力量有效地投入灭火，迅速将燃烧面封闭，隔绝火源，而是零星进行扑救，灭火效果不理想，火焰将继续燃烧。火势熄灭后应用大量泡沫对罐体进行覆盖，进一步进行冷却、窒息，防止复燃。如火势较大，应排除险情，确保稳定燃烧。在液苯槽车火灾事故处置过程中，因槽车罐体严重受损，无法进行堵漏，且地理环境恶劣等原因，无法进行倒罐时，如果盲目将火势扑灭，那么就会形成大量的有毒液苯泄漏扩散，可能造成爆炸事故的发生。针对这种情况，应合理布置力量，排除火场其他险情，加大冷却力度，确保液苯稳定燃烧，防止爆炸。因苯对环境的危害性，当液苯泄漏，特别是流入河流、池塘时，在现场条件允许的情况下，应将其引燃，控制其燃烧，避免因洗消不彻底而造成环境污染。

完成灭火后应及时堵漏、消除危险源。实施堵漏是处置槽车火灾事故的关键环节，是消灭火灾的重要延续性工作。火势消除后应迅速根据泄漏部位、泄漏压力等采取针对性强的有效堵漏措施进行堵漏。下文将就槽车不同位置泄漏采取的堵漏措施进行分析介绍：

当罐体泄漏时，缝隙可使用外封式堵漏袋、电磁式堵漏工具、粘拈式堵漏密封胶（适用于高压）堵漏；孔洞可使用各种木楔、堵漏夹具、粘拈式堵漏密封胶（适用于高压）堵漏；裂口可使用外封式堵漏袋、粘拈式堵漏密封胶（适用于高压）堵漏。当安全阀泄漏时，安全阀由于外力作用失灵，造成泄漏。可利用阀门堵漏工具进行堵漏；也可利用不同型号的夹具，并高压注射密封胶的方法进行堵漏。当法兰泄漏时，紧固螺栓松动引起法兰泄漏时，应使用无火花工具，紧固螺栓，制止泄漏。法兰圈垫老化，导致带压泄漏，可用专用法兰夹具，夹卡法兰，在法兰垫间钻孔，高压注射密封胶堵漏。当卸料口泄漏时，压力较小的槽车卸料口泄漏时，可用木楔、硬质橡胶塞堵漏。当液苯大量泄漏，无法进行堵漏时可采用砂土、水泥等筑堤导流，将液体导入围堤，并喷射泡沫覆盖加以保护。

7.4.1.3 后续处置

后续处置工作一般包括倒罐、起吊运输、现场消洗。

在不能制止泄漏或堵漏后仍有滴漏现象时，必须采取倒罐措施。将液苯槽车里的苯用化学专用泵导入收油的槽车罐里。倒罐时必须按程序进行，严格遵守安全规定，要由有经验的人员操作，倒罐时要用喷雾水进行驱散掩护。

实施堵漏后，确定无泄漏时，对翻倒的槽车进行起吊。起吊前把阀门连接罐体的管线进行拆卸，以防万一。起吊的钢丝绳与罐体之间要垫上胶垫，防止发生静电，并用喷雾水进行冷却保护。起吊后在消防车的监护下，选择人员、车辆较少的公路，运至预定地点。

消洗是根除毒源的重要措施，消防、医疗救护、职业病防治所等单位应迅速对疏散到安全区的染毒人员实施洗消，同时要全面消洗染毒区域，防止留下隐患。消洗的对象主要包括：轻度中毒人员；重度中毒人员在送往医院之前；现场消防等参与处置人员；抢险器具；染毒区域的物品及地面等。消洗可通过化学消毒剂洗消和物理消毒剂消洗。通过用化学消毒剂与毒物直接反应，使毒物改变性质。物理消毒剂主要有溶剂（水、酒精、汽油）、吸附剂（吸附性较强的粉末，如活性炭粉、煤灰等）和简易消毒剂（如含有碱性成分的肥皂水）等三类。采用此洗消方法，必须注意对洗消残留污水的处理。少量残液用砂土、水泥粉、煤灰、液体吸附垫等吸附，收集后再倒至空旷地方掩埋，大量残液用防爆泵抽吸或使用无火花盛器收集，转移处理。极少量可直接用直流水或蒸汽清扫现场，特别是低洼、沟渠等处，确保不留残液。常用的洗消设备有各类洗消帐篷，消防、清洁和洒水车辆，也可用民用的喷雾器。还有军队防化专业队伍装备的供洗消用的喷洒车和供人员全身洗消的洗消车等。

7.4.2　苯加氢事故应急

按国家相关规定，苯加氢系统必须制订相应应急预案，以保证在事故发生时，能够最大限度地采取有效救援措施，减少事故损失。

7.4.2.1　应急救援工作原则

坚持"以人为本、生命第一"原则。将保障员工的安全健康和财产安全，最大程度地预防和减少火灾、爆炸事故造成的人员伤亡、财产损失和环境污染放在第一位。在事故应急过程中，现场指挥部应采取切实有效措施，确保抢险救护人员的安全。非岗位责任人员、非专业救援人员等未经各级应急指挥部的许可或指令，不得擅自参加应急救援行动，严防抢险过程中造成事故扩大、蔓延或衍生其他事故。

7.4.2.2　成立抢险救援指挥部

指挥：分厂厂长，设三个应急救援小组。

事故抢险组：负责组织灭火和生产工艺协调；事故中的工程抢险、设备检修抢修。

组长：分厂生产副厂长；副组长：安全员；组员：当班在岗职工及分厂义务消防队员。

事故救援组：伤员救治；现场警戒、人员疏散、道路管制。

组长：分厂设备主任；副组长：设备专检员；组员：协保机修及分厂义务消防队员。

物资保障组：负责抢险救援物资的供应工作；通讯联络工具和车辆调配工作。

组长：分厂支部书记；组员：相关管理人员及分厂义务消防队员。

7.4.2.3　报警（以某工厂为例）

报警电话：

火警：119 或消防队：8689＊＊＊＊　　　调度室：8689＊＊＊＊

煤气急救电话：115　卫生所：8689＊＊＊＊

报警程序：发现事故后先采取初期控制措施，并立即报警；拨通报警电话后说明事故单位、地点、着火（爆炸）介质、报警人、接车地点、接车人衣貌特征及联系方式；报告完后不要马上挂断电话，等待回答对方的询问，回答完毕后挂断电话；报警后马上派人到指定地点去接消防车。

7.4.2.4　事故现场救援方法

当加氢蒸馏单元着火时，着火介质为氢气、苯类、硫化氢。可采取的扑救措施为：

（1）现场检查发现火情，立即报警；

（2）根据现场着火情况启动应急响应程序；

（3）中控室立即启动该单元紧急停车系统，按工艺技术规程中紧急停工操作进行停车处理；

（4）及时疏散下风侧人员，设置警戒区域；

（5）通过调节降低系统压力，通入氮气或蒸汽灭火；

（6）着火初期，如火势较小，可迅速组织人员佩戴空气呼吸器，用干粉灭火器进行灭火；

（7）启动着火点附近的高压消防水炮，对周围设备进行冷却，防止火势蔓延；

（8）消防车来后可利用泡沫、干粉进行灭火，严禁用水灭火；

（9）其他单元按正常停工进行停产，停产后到紧急集合地点集结待命。

当制氢单元着火时，着火介质为氢气。可采取的扑救措施为：

（1）现场检查发现火情，立即报告中控室；

（2）根据现场着火情况启动应急响应程序；

（3）如法兰处着火，且火势较小，可组织人员佩戴空气呼吸器，接附近氮气吹扫着火点进行保护，然后紧固法兰螺丝，再用干粉灭火器进行扑救；

（4）如着火点附近有电机设备，要用防火石棉布进行隔离；并启动高压水炮对其他设备进行降温；

（5）如着火点不能紧固处理，应逐渐降低压力，通入氮气，火焰完全扑灭后逐渐降低压力，直至完全关闭压缩机，按正常停工进行停产；

（6）如火势较大，立即报警，同时启动该单元紧急停车系统，关闭压缩机出入口阀门及压缩机旁路阀门，向着火设备管道内通入氮气；

（7）佩戴空气呼吸器，启动高压消防水炮，及时进行扑救，防止火势蔓延；

（8）消防车来后可利用泡沫、干粉、水进行灭火。

（9）其他单元按正常停工进行停产，停产后到紧急集合地点集结待命。

当苯库储槽发现火情时，着火介质为苯类物质。可采取的应急救援措施为：

（1）现场检查发现火情，立即报警；

（2）根据现场着火情况启动应急响应程序；

（3）中控室立即启动紧急停车系统；

（4）切断油库储槽与装置区联系的所有阀门；

（5）停止装卸车作业，通知调度室联系将装车线车皮调走；

（6）组织人员启动低倍数泡沫灭火系统向苯库着火苯槽内送泡沫灭火；

（7）如介质外溢在地面着火时，立即将事故槽隔墙地沟用砂袋堵住，同时连接相邻的泡沫消火栓对地面着火介质扑救；

（8）如火势较大，应同时向着火苯槽相邻储槽内输送泡沫封顶，隔绝空气，防止火势蔓延；

（9）消防车来后可利用泡沫、干粉进行灭火，严禁用水灭火；

（10）其他单元按正常停工进行停产，停产后到紧急集合地点集结待命。

当装苯槽车着火时，扑救措施为：

（1）现场检查发现火情，立即停止装车作业并报警；

（2）根据现场着火情况启动应急响应程序；

（3）如正在作业的槽车着火，送油工可利用装车管道向槽车吹扫氮气、蒸汽灭火；

（4）组织人员接最近的地上消火栓对槽车及相邻槽车进行冷却，防止火势扩散；

（5）消防车来后可利用泡沫、干粉进行灭火，严禁用水灭火；

（6）其他单元按正常停工进行停产，停产后到紧急集合地点集结待命。

公司调度室在接到报警后按《焦化公司事故应急预案》启动应急响应，组织进行应急救援。

7.5　苯加氢安全管理要点

7.5.1　设计管理

工程设计是生产技术中的第一道工序，工程设计的质量直接影响建设项目的投资效益，直接关系到生产装置的安全性和可操作性。如果不从安全技术角度来分析、评价生产技术及设备，从工厂设计之初就不把好安全关，安全生产是很难进行的。从工程项目的可行性研究，到生产工艺条件确定、设备选型、施工建设到投入运行，必须严格落实国家对建设工程项目安全的"三同时"要求，在每一个环节上实施安全措施。

做好安全评价是粗苯加氢装置安全设计的前提和基础，也是安全管理和决策科学化的基础。对化工生产装置安全评价，主要是通过对生产过程中使用的原材料、生产出的中间产品、产品及排出的废弃物的化学、物理性质数量来进行危险性评价；通过对工艺生产条件、生产过程与设备的危险性的综合评价，依据发生事故的可能性及其危害程度，划分危险场所类别范围，确定生产区域布置、安全间距与设备选型。

设计把关具体要做好以下工作：

（1）严格按照防火防爆要求设计管道直径、壁厚。

（2）现场配备足够的安全防护设施，不存在安防死角。

（3）设备材质严格按照工艺要求。

（4）选用设备性能满足生产要求，避免生产后经常性的检修作业。

（5）工艺技术先进，避免开工后大规模的技术改造。

7.5.2　设备管理

随着粗苯加氢生产规模的扩大、工艺上不断的改进以及产量的提高，常年运行的设备和仪表会出现运行不正常，异响、振动；新投用的仪表设备由于工作尚未稳定，操作人员对其不熟悉，也有可能导致操作人员误操作，引发各种生产事故，因此必须制定一套科学有效的设备设施安全管理制度。建立完善生产设备设施台账制度，重点加强高压主反应器、副反应器、高速泵、储罐、氢气柜以及控制仪表的管理与维护，专人负责，定期检测维修，对检查中发现的安全隐患立即处理；不能处理的，应当及时报告单位有关负责人，检查及处理情况应当及时记录在案。检修要提前制订完善的检修方案，检修时彻底消除该系统存在的危险因素，要将系统与工艺物料管线断开，并加盲板隔离，防止物料泄漏窜入检修系统发生危险。检修过程中要加强对系统的检查，检修后，要对系统进行 N_2 吹扫、气密合格后系统方可开工。安全附件要按照要求定期检验，保证安全附件设施处于完好备用状态；各类安全装置防电、防雷、防爆设施要加强管理，安全设施不随意拆除。

设备把关要做好以下具体工作：

（1）加强点巡检工作，及时发现设备异常情况，及时进行分析，采取针对性的措施。

（2）对每次设备故障进行分析，查找设备故障过程中存在的危险因素，许多安全事故都是由于泵泄漏等情况导致。

（3）关键设备循环氢、高速泵要选用安全可靠、质量信誉好的单位。

（4）设备防腐是重要的安全工作。

（5）现场跑冒滴漏是危险产生的重要根源。

7.5.3 日常操作

粗苯的加氢反应是一个放热反应，温度控制不好，危险系数会大大增加。因此，严格控制好工艺参数，即控制反应温度、压力、投料的速度等，使之处于安全限度内。粗苯加氢生产过程中的安全操作包括安全开车、安全运行、安全停车。具体工作中必须做到以下几点：（1）必须严格执行工艺技术规程，遵守工艺纪律，做到平稳运行。（2）必须严格执行安全操作规程。（3）控制"跑、冒、滴、漏"。粗苯加氢装置原料、中间品泄漏极易导致火灾爆炸等重大事故，在操作过程中应严格控制"跑、冒、滴、漏"在安全范围内。（4）不得随意拆除安全连锁装置或更改连锁数据，不准随意切断声、光等报警信号。（5）正确穿戴和使用防护用品。（6）严格安全纪律，禁止无关人员进入防爆区域。（7）对所有参数设置报警范围，严格生产操作，控制参数平稳运行。

日常操作把关要做好以下几点：

（1）生产顺行是安全生产的最大有利因素。

（2）开停工是安全事故的重要来源。

（3）对所有参数设置报警点，发现报警要及时采取措施。

7.5.4 检修管理

检修工作是出现安全事故的重灾区，检修管理是一个区域安全管理水平的重要表现。一是要制订完善的检修作业方案，方案需经各级安全生产部门及参与检修作业的单位充分讨论。二是检修作业要进行充分准备，准备工作不到位，安全措施未到位不能开始检修作业。三是检修项目要设置责任人，对检修过程进行全过程监控管理。四是要明确检修作业的具体任务，检修过程中出现异常情况要及时汇报，超出检修方案内容的作业要经过讨论，并制订相应的安全措施。五是检修作业要和生产操作紧密联系起来，避免各自为政。六是必须建立完善的组织机构进行统一安排协调。

7.5.5 气密性管理

在整套装置的各个部分进行过压力测试后，进行垂直安装。另外，在冲洗和水循环模拟运转以后，必须对整套装置进行气密试验。就充液体的系统和加压气体蒸发系统来说，可以在模拟运转过程中进行气密试验，必须做气密试验的系统有加氢精制100单元；加氢系统补充气体和循环气体系统；稳定塔部分；预蒸馏200单元；萃取蒸馏和B/T分离300单元；萃取蒸馏系统；汽提系统；B/T分离系统；NFM再生系统；二甲苯蒸馏400单元；放散系统500单元；制氢系统。

7.5.5.1 气密性实验要点

（1）气密性试验目的不是要取代压力试验，而是仅仅为了验证整套装置所要求的密封性，对在现场连接的、未经过压力试验的接缝要予以特别的注意（如压力试验中连接法兰的位置等）。

（2）可以用空气或氮气来进行气密性试验，在实际真空试验之前，对设备的真空系统也要在很低的正压条件下试验其密封性（取决于设计压力）。

（3）试验压力应大约与工作压力相等，安全阀不应该有反应。

（4）在那些正常情况下充液体的系统，应该在模拟运转后系统内仍注有水的时候马上进行密封试验。

（5）主要对一些法兰的连接或未经试验的焊缝进行重点检查。

（6）要求进行试验的法兰连接和其他接缝连接必须涂以肥皂水或类似的物质，以便进行检漏。

（7）气密试验不需要在模拟运转结束后立即进行。

（8）在整套装置的个别地方的密封试验也可以在冲洗过程中和模拟过程中进行，根据设备完工时和开工准备工作中所作的改进而定。

（9）对公用设施系统的密封试验一般在交工试运转过程中进行。

（10）对那些早已检查过密封性的设备做好记录。

（11）由于加氢系统和稳定塔系统的模拟运转几乎是在额定工作压力下进行的，因此装置的这些部分的密封试验可以作为模拟运转程序的继续来实施，装置的这些部分处于额定工作压力下。

（12）补充气体系统和循环气体的气密试验部分可以与模拟运转同时进行。

总之，对于苯加氢整个系统来说，气密试验必须在不同的压力等级下实施。

7.5.5.2　气密性检查重点部分

A　制氢单元

（1）装填料前制氢单元要做气密性试验。

（2）待系统内吸附剂装填完毕后，系统再作吹扫。

（3）最后随加氢单元一起作最后气密性试验，填装吸附剂时开启的相应人孔、法兰等部位作重点检查。

B　100 加氢单元补充氢和循环氢系统

（1）用氮气，当压力在 600kPa、1200kPa、1600kPa 时进行。

（2）在冷态开工期间用补充 H_2（循环气体）进行气密试验，压力在 600kPa、1200kPa、3000kPa 三个阶段。

（3）在开工期间，加热期间和 COLO 注入期间，对高压部位所进行的气密试验尤其需进行监视。

（4）法兰仅在开工后再保温，从而可以进行热紧固（只能用测力扳手来进行）并寻找可能的泄漏点。由于需打开法兰的连接来安装除雾器、充填触媒等，因此在完成机械工作后，整套装置必须按规定程序进行加压，并进行气密试验。

（5）必须彻底地、有条不紊地进行这些试验。这些试验对那些在该套装置内或装置附近的所有工作人员的安全来说是极其重要的。

具体气密性实验操作为首先加氢单元循环部分按照气密性试验阀门设置图检查阀门和盲板设置情况；其次启动煤气压缩机、补充氢压缩机和循环氢压缩机，加氢部分压力分别升至以上三个档次时，在法兰等部位抹肥皂水检查气密性。同时监控好压缩机的气缸温度，必要时采取外部喷淋冷却水，以保证气缸工作温度正常。最后，装置在进料后，加氢循环部分压力上升到工作压力后也要进行气密性检查。

C　300 真空单元（汽提塔及真空系统）

汽提塔 T-5302 和溶剂再生系统只有在真空条件下才能测试，用真空泵为装置的这些部分产生最大可能的真空度。必须用水把容器和塔加注到额定液位，或在液封不够的地方安装盲板。不得启动加热系统，以便使蒸汽分压尽可能低。当抽真空系统停机 24h 后，压力的增加不超过5%时（已计入大气压和温度的变化），可以把汽提塔 T - 5302 和再生系统看成是密封的。

具体操作为真空系统（汽提塔、真空单元、溶剂再生槽、溶剂再生冷却器）在氮气置换时，利用氮气压力先进行正压作密闭性试验，压力设置在65kPa，关闭相连的管道、设备阀门，抹肥皂水检查气密性；启动真空单元，真空系统压力设置在 −65kPa 后，保持真空系统24小时；检查压力上升情况，若压力上升幅度小于5%，说明气密性合格，否则检查泄漏原因，重新进行气密性检查。

D 其他200单元、300单元、400单元和500单元

预蒸馏塔、二甲苯蒸馏塔、萃取蒸馏塔和 B/T 分离塔等的水循环模拟运转几乎是在额定工作压力下进行的，对装置的这些部分的气密试验应作为模拟运转程序的继续来实施。

具体操作为关闭与外界相连的阀门，有必要时增设相应盲板；接临时蒸汽管线或氮气管线，对系统加压，升至该系统的工作压力时，保持压力；检查系统内的各处法兰或相关连接部位，抹肥皂水检查气密性是否有泄漏情况，及时处理。

7.5.5.3 气密性试验试压时必须注意的问题

试压时必须注意试压时要严格执行试压标准；管线在试压过程中，先开一点终点阀，听其流动声检查是否畅通，设备试压时，应在最高点排气，使水汽充满整个设备；升压时要缓慢，绝不能骤升骤降，升到实验压力后，保持5min然后降至操作压力，进行检查焊口、人孔、法兰、热电偶等有无泄漏、变形、裂缝等；试压时，有安全阀的地方要堵盲板，以防安全阀顶开；试压用的压力表应正确好用；试压完毕后，应排尽水汽；做好试压记录，负责试压人员签字；冬天试压后，要用风将水扫尽以防冻凝。

7.6 安全管理规章制度

7.6.1 氢气作业规程

（1）输入系统的氢气含氧量不得超过0.5%。

（2）氢气系统运行时，不准敲击，不准带压修理和紧固，不得超压，严禁负压。

（3）管道、阀门和水封装置冻结时，只能用热水或蒸汽加热解冻，严禁使用明火烘烤。

（4）设备、管道和阀门等连接点泄漏检查，可采用肥皂水或便携式可燃性气体防爆检测仪，禁止使用明火。

（5）不准在室内排放氢气，吹洗置换，放空降压，必须通过放空管排放。

（6）当氢气发生大量泄漏或积聚时，应立即切断气源，进行通风，不得进行可能产生火花的一切操作。

（7）新安装或大修后的氢气系统必须做耐压试验、清洗和气密试验，符合有关的检验要求，才能投入使用。

（8）氢气系统吹洗置换，一般可采用氮气（或其他惰性气体）置换法或注水排气法。

氮气置换应达到氮气中含氧量不得超过3%；置换必须彻底，防止死角残留余气；置换结束，系统内氧或氢的含量必须连续三次分析合格。

（9）氢气系统动火检修，必须保证系统内部和动火区域氢气的最高含量不超过0.4%。

（10）防止明火和其他激发能源，禁止使用电炉、电钻、火炉、喷灯等一切产生明火、高温的工具与热物体；不得携带火种进入禁火区；选用铜质或铍铜合金工具；穿棉质工作服和防

静电鞋。

（11）操作人员必须按操作手册规定操作，凡新来人员，必须经过安全教育和操作技能学习。实习操作技术，未经安全技术和操作考试合格者，不准进行独立操作。

（12）操作人员在上班时必须穿着整齐，不准携带易燃易爆物品进入现场，严格遵守劳动纪律，严格进行交接班，严格进行巡回检查，严格控制工艺指标，严格执行操作票，严格执行有关安全规定。

（13）该装置界区内随时保持清洁，不应堆有易燃易爆物质，尤其在交通要道上更不得堆放物品，以保证交通要道畅通。

（14）该装置界区内应设有消防器材，操作人员应知道消防器材的放置地点和使用方法，平时严禁乱动，消防器材每年定期检查。

（15）设备在未卸去压力时，绝对禁止任何修理工作及焊接、拧紧螺丝，并禁止使用铁器敲击设备。

（16）设备使用的压力表必须是检验合格并打上铅封的，如压力表指针不回零或误差大于其级数时，不得继续使用。每年必须校验一次压力表，并打上铅封。对于采用压力变送器压力指示仪表在使用前必须校好零点。

（17）严禁在该装置界区内吸烟和动火，凡有爆炸及燃烧气体的容器及管道检修需动火前，即应报请厂安全部门及车间同意，先用氮气置换、吹净，经现场分析合格，并采取了安全措施，领取动火证后方可动火。严禁违章动火，没有批准的动火证，不与生产系统隔绝，不进行清洗置换合格，不把周围易燃易爆物消除，不按时作动火分析，没有消防措施及无人监护，严格禁止动火。

（18）确保设备、管道、阀门的气密性。检修后还应试漏，合格后方能开车，使用过程中随时注意杜绝气体泄漏现象。

（19）定期检查设备接地，防雷设施是否处于完好状况。

（20）仪表系统发生故障时应由仪表人员进行修理。仪表人员应与工艺操作人员密切配合，在停车检修后再启动时，必须注意吸附塔内的压力，以防发生高压逆放现象。

7.6.2　蒸馏系统作业规程

苯、甲苯是重要的基本有机原料。采用甲酰吗啉萃取蒸馏法制苯、甲苯的生产工艺是以BT为原料，甲酰吗啉作溶剂，用萃取和汽提相结合的方法除去其中的非芳烃后，将苯、甲苯萃取出来，以达到分离芳烃的目的。其工艺过程主要由萃取、汽提、白土处理和分离工序组成。

萃取工艺是将含 C_6、C_7 芳烃组分的 BT 从萃取塔下部入塔，与自上而下的甲酰吗啉溶剂在塔内逆流接触，非芳烃在塔顶导出，塔底富溶剂送至汽提塔上部，含有非芳烃和苯的塔顶蒸汽冷凝和冷却后送至汽提塔，除去溶剂中的水分去萃取塔。塔底富溶剂则送至气提塔蒸出 C_6、C_7，再通过白土塔除去其中的微量烯烃，然后经苯塔分离出高纯度的苯和甲苯。

该装置生产中所接触的物料苯、甲苯和非芳烃 C_5 等均为易燃、易爆、有毒物质。

7.6.2.1　蒸馏系统重点部位

（1）汽提塔。汽提塔是用甲酰吗啉作萃取溶剂萃取苯、甲苯的设备，是该装置生产的关键部位。该塔操作比较复杂，工艺参数控制要求严格。操作失误及维护保养不当会造成事故，甲酰吗啉结晶点较低（23℃左右），非常容易冻结管线，特别是仪表管线的堵塞，可造成生产控制紊乱。

（2）BT塔。BT塔是该装置的成品塔。苯和甲苯都极易燃、易爆，且毒性大，苯的结晶点又低（5.4℃），容易冻结堵塞管线，存在危险因素较多，特别是冬季生产更应注意。

7.6.2.2 蒸馏系统安全要点

（1）萃取塔。经常注意对萃取塔温度、溶剂比、塔底溶剂与烃相液面、气提塔压力等重要操作指标进行检查，使之保持在规定范围内，防止上述指标波动造成溶解度与选择性、收率与质量失去平衡，以及系统操作控制紊乱等。注意对管道特别是仪表管线保温（蒸汽伴管）的检查。要防止因控制仪表管线冻结堵塞造成误指示引起误操作。仪表要定期校验和维护保养，保持操作机构灵活完好。停车时要注意检查系统内物料是否排出，防止物料在塔内凝结。降温期间应注意塔压变化，不能造成负压，压力降低时应补氮气充压。

（2）BT塔。注意对塔底和塔顶压力差、温度差及回流比的监视，特别是顶温度和回流比，发现压力和温度差及塔顶温度异常升高、回流比过大，操作人员应及时调节处理，防止发生塔液泛和污染塔顶产品。苯系统的动静密封点甚多，且温度较高，泄漏的机会也多。因此，要注意加强密封点的检查和监测，及时消除跑冒滴漏，防止漏料造成火灾、爆炸及中毒危险。

（3）其他部位。冬季应注意检查输送环丁砜或甲酰吗啉物料的屏蔽泵防冻措施，防止物料冻结导致泵体冻裂。应注意检查萃取塔塔顶、汽提塔接受器等的氮封是否建立。应注意检查溶剂回收塔是否保持负压操作、水封液面是否正常、气密是否良好，防止溶剂热分解。应注意检查蒸馏塔、苯塔、加热炉是否用测厚仪定期测壁厚，并做好记录，以防设备腐蚀穿孔泄漏着火。蒸汽灭火，吹扫装置应可靠、好用。回收塔内有硫化铁生成，拆人孔等作业应注意检查是否进行了冲洗，防止硫化氢暴露空气中自燃着火。

7.6.3 压力容器作业规程

苯加氢制氢系统、加氢系统及蒸馏系统主要设备均为压力容器，特别是加氢系统，不仅压力高，而且操作温度较高，并存在温度失控的可能，因此，严格按规程操作是苯加氢安全生产的重要保障。

压力容器作业规程：

（1）操作人员应熟悉设备及容器技术特性、结构、工艺流程、工艺参数、可能发生的事故和应采取的防范措施、处理方法。

（2）设备运行启动前应巡视，检查设备状况是否异常；安全附件、装置是否符合要求，管道接头、阀门是否泄漏，并查看运行参数要求，操作工艺指标及最高工作压力，最高或最低工作温度的规定，做到心中有数。当符合安全条件时，方可启动设备，使容器投入运行。

（3）容器及设备的开、停车应分段分级缓慢升、降压力，也不得急剧升温或降温。工作中应严格控制工艺条件，观察监测仪表或装置、附件，严防容器超温、超压运行。

（4）对于易燃、易爆，有毒害的介质，应防止泄漏、错装，保持场所通风良好及防火措施有效。

（5）工作中，应定时、定点、定线、定项进行巡回检查。对安全阀、压力表、测温仪表、紧急切断装置及其他安全装置应保持齐全、灵敏、可靠，每班应按有关规定检查，试验。有关巡视、检查、调试的情况应记入设备记录。

（6）发生下列情况之一者，操作人员有权采取紧急措施停止压力容器运行，并立即报告有关领导。容器工作压力，工作温度超过许用值，采取各种措施仍不能使之正常时；容器主要承压元件发生裂纹、鼓包、变形、泄漏，不能延长至下一个检修周期处理时；安全附件或主要附件失效，接管端断裂，紧固件损坏难以保证安全运行时；发生火灾或其他意外事故已直接威胁容器正常运行时。

（7）压力容器紧急停用后，再次开车，须经主管领导及技术负责人批准，不得在原因未查清、措施不力的情况下盲目开车。

（8）压力容器运行或进行耐压试验时，严禁对承压元件进行任何修理或紧固、拆卸、焊接等工作。对于操作规程许可的热紧固、运行调试应严格遵守安全技术规范。容器运行或耐压试验需要调试，检查时，人的头部应避开事故源。检查路线应按确定部位进行。

（9）进入容器内部应做好相应准备工作。切断压力源应用盲板隔断与其连接的设备和管道，并应有明显的隔断标记，禁止仅仅用阀门代替盲板隔断；断开电源后的配电箱、柜应上锁，挂警示牌；盛装易燃、有毒、剧毒或窒息性介质的容器，必须经过置换、中和、消毒、清洗等处理并监测，取样分析合格；将容器人、手孔全部打开，通风放散到要求。

（10）对停用和备用的容器应按有关规定做好维护保养及停车检查工作。必要时，操作者应进行排放，清洗干净和置换等作业。

7.6.4　槽罐作业安全规程

（1）可靠隔离。进入罐内作业的设备必须和其他设备、管道可靠隔离，绝不允许其他系统中的介质进入检修的罐内。

（2）切断电源。有搅拌机械装置的设备，进入罐内作业前应把传动带卸下，启动机械的电机电源断开，如取下保险丝、拉下闸刀等，并上锁使在检修中不能启动机械装置，再在电源处挂上"有人检修，禁止合闸"的警告牌。上述措施实施后应有人检查确认。

（3）空气置换。凡用惰性气体置换过的设备，入罐前必须用空气置换惰性气体，并对罐内空气中的含氧量进行测定。罐内动火作业除了罐内空气中的可燃气体含量符合动火规定外，氧含量应在18%~21%的范围。若罐内介质有毒，还应测量罐内空气中有毒物质的浓度。

（4）罐外监护。罐内作业一般应指派两人以上作罐外监护。监护人应了解介质的理化性能、毒性、中毒症状和火灾、爆炸情况；监护人应位于能经常看见作业罐内全部操作人员的位置，眼光不得离开操作人员；监护人除了向罐内作业人员递送工具、材料外，不得从事其他工作，更不准擅离岗位；发现罐内有异常时，立即召集急救人员，设法将罐内受害人员救出；如果没有代理监护人，即使在非常时候，监护人也不得自己进入罐内；凡进入罐内抢救的人员，必须根据现场的情况配备防毒面具或氧气呼吸器及安全带等防护用具，绝不允许不采取任何个人防护而冒险入罐救人。

（5）用电安全。罐内作业照明使用的电动工具必须使安全电压在干燥的罐内不大于36V，在潮湿环境或密闭性好的金属容器内不大于12V；若有可燃性物质存在时，还应符合防爆要求。悬吊引灯时不能使导线承受张力，必须用附属的吊具来悬吊；引灯的防护装置和电动工具的机架等金属部分应该用三芯软线或导线预先可靠接地。

（6）个人防护。罐内作业前应使罐内及其周围环境符合安全卫生的要求。在不得已的情况下才戴防毒面具入罐作业，这时防毒面具务必事先作严格检查，确保完好，并规定在罐内停留时间，严密监护，轮换作业；罐内空气中含氧量和有毒有害物质浓度均符合安全规定时才能进行作业，还应正确使用劳动保护用品。罐内作业人员必须穿戴好工作帽、工作服、工作鞋；衣袖、裤子不得卷起，作业人员的皮肤不要露在外面；不得穿戴沾附着油脂的工作服；有可能落下工具、材料及其他物体或漏滴液体的场合，要戴安全帽；有可能接触酸、碱、苯酚之类腐蚀性液体的场合，应戴防护眼镜、面罩、毛巾等保护整个面部和颈部；罐内作业一般穿中筒或高筒橡皮靴，为了防止脚部伤害，也可以穿翻毛牛皮靴等工作鞋。

（7）急救措施。根据罐的容积和形状、作业危险性大小和介质性质，作业前做好相应的急救准备工作。对直径较小，通道狭窄，一旦发生事故进入罐内抢救困难的作业，下罐前作业人员就应系好安全带。安全带以备有腰带（胸带）及肩带，用肩胛骨中央的铁环吊起来的构造为好，以便把罐内受害者以站立的姿势拉上来。操作人员在罐内作业时，监护人应握住安全带的一端，随时准备好把操作人员拉上来。罐外至少准备好一组急救防护用具、如隔离式面具、苏生器等，以便在缺氧或有毒的环境中使用。罐内从事清扫作业，有可能接触酸、碱等物质时，罐外预先准备好大量的清水，以供急救用。

（8）升降机具。罐内作业用升降机具必须安全可靠。使用的吊车或卷扬机应严格检查，安全装置齐全、完好，并指定有经验的人员负责操作；在罐内使用梯子时，最好将其上端固定在罐壁上，下端应有防滑措施，根据情况也可采用吊梯。

7.6.5 动火作业规程

苯加氢易燃易爆介质多，因此动火作业风险极大，但只要对动火作业进行认真分析，采取有效的安全措施，严格遵守相关规程，也能得到保障动火作业的安全性。

7.6.5.1 动火作业范围

在禁火区进行焊接与切割作业及在易燃易爆场所使用喷灯、电钻、砂轮等进行可能产生火焰、火花和赤热表面的临时性作业。

7.6.5.2 易燃易爆场所划分

生产和储存物品的场所符合 GB 50016—2006 中火灾危险分类为甲、乙类的区域。

7.6.5.3 动火作业分类

动火作业分为特殊危险动火作业、一级动火作业和二级动火作业三类。

特殊危险动火作业：在生产运行状态下的易燃易爆物品生产装置、输送管道、储罐、容器等部位上及其他特殊危险场所的动火作业。

一级动火作业：在易燃易爆场所进行的动火作业。

二级动火作业：除特殊危险动火作业和一级动火作业以外的动火作业。

凡厂、车间或单独厂房全部停车，装置经清洗置换、取样分析合格并采取安全隔离措施后，可根据其火灾、爆炸危险性大小，经厂安全防火部门批准，动火作业可按二级动火作业管理。遇节日、假日或其他特殊情况时，动火作业应升级管理。

7.6.5.4 动火作业安全防火要求

A 一级和二级动火作业要求

动火作业必须办理动火安全作业证。进入设备内、高处等进行动火作业，还应执行 HG23012、HG23014 的规定。厂区管廊上的动火作业按一级动火作业管理。带压不置换动火作业按特殊危险动火作业管理。凡盛有或盛过化学危险物品的容器、设备、管道等生产、储存装置，必须在动火作业前进行清洗置换，经分析合格后方可动火作业。凡在处于 GB 50016—2006 规定的甲、乙类区域的管道、容器、塔罐等生产设施上动火作业时，必须将其与生产系统彻底隔离，并进行清洗置换，取样分析合格后方可动火作业。高空进行动火作业，其下部地面如有可燃物、空洞、阴井、地沟、水封等，应检查分析，并采取措施，以防火花溅落引起火灾爆炸事故。拆除管线的动火作业，必须先查明其内部介质及其走向，并制定相应的安全防火措施；在地面进行动火作业，周围有可燃物，应采取防火措施。动火点附近如有阴井、地沟、水封等应进行检查、分析，并根据现场的具体情况采取相应的安全防火措施。在生产、使用、储存氧气的设备上进行动火作业，其氧含量不得超过 20%。五级风以上（含五级风）天气，禁止露天动火作业。因生产需要确需动火作业时，动火作业应升级管理，动火作业应有专人监火。动火作业前应清除动火现场及周围的易燃物品，或采取其他有效的安全防火措施，配备足够适用的消防器材。动火作业前，应检查电、气焊工具，保证安全可靠，不准带病使用。使用气焊焊割动火作业时，氧气瓶与乙炔气瓶间距应不小于 10m，二者与动火作业地点均应不小于 10m，并不准在烈日下曝晒。在铁路沿线（25m 以内）的动火作业，如遇装有化学危险物品的火车通过或停留时，必须立即停止作业。凡在有可燃物或难燃物构件的凉水塔、脱气塔、水洗塔等内部进行动火作业时，必须采取防火隔绝措施，以防火花溅落引起火灾。动火作业完毕应清理现场，确认无残留火种后方可离开。

　　B　特殊危险动火作业要求

特殊危险动火作业在符合一级、二级动火作业规定的同时，还应符合一些规定。

在生产不稳定或设备、管道等腐蚀严重情况下不准进行带压不置换动火作业。动火作业必须制定施工安全方案，落实安全防火措施。动火作业时，车间主管领导、动火作业与被动火作业单位的安全员、厂主管安全防火部门人员、主管厂长或总工程师必须到现场，必要时可请专职消防队到现场监护。动火作业前，生产单位要通知工厂生产调度部门及有关单位，使之在异常情况下能及时采取相应的应急措施。动火作业过程中，必须设专人负责监视生产系统内压力变化情况，使系统保持不低于 980.665Pa（100mm 水柱）正压。低于 980.665Pa（100mm 水柱）压力应停止动火作业，查明原因并采取措施后方可继续动火作业，严禁负压动火作业。动火作业现场的通排风要良好，以保证泄漏的气体能顺畅排走。

7.6.5.5　动火分析及合格标准

动火分析应由动火分析人进行。凡是在易燃易爆装置、管道、储罐、阴井等部位及其他认为应进行分析的部位动火时，动火作业前必须进行动火分析。动火分析的取样点，均应由动火所在单位的专（兼）职安全员或当班班长负责提出。动火分析的取样点要有代表性，特殊动火的分析样品应保留到动火结束。取样与动火间隔不得超过 30min，如超过间隔或动火作业中断时间超过 30min 时，必须重新取样分析。如现场分析手段无法实现上述要求者，应由主管厂长或总工程师签字同意，另做具体处理。使用测爆仪或其他类似手段进行分析时，检测设备必须经被测对象的标准气体样品标定合格。如使用测爆仪或其他类似手段时，被测的气体或蒸汽浓度应小于或等于爆炸下限的 20%；使用其他分析手段时，被测的气体或蒸汽的爆炸下限大于等于 4% 时，其被测浓度小于等于 0.5%；当被测的气体或蒸汽的爆炸下限小于 4% 时，其被测浓度小于等于 0.2%，才可认为符合动火作业标准。

7.6.5.6　《动火安全作业证》的管理

　　A　《动火安全作业证》

《动火安全作业证》为两联，特殊危险动火、一级动火、二级动火安全作业证分别以三道、二道、一道斜红杠加以区分。

B 《动火安全作业证》的办理程序和使用要求

《动火安全作业证》由申请动火单位指定动火项目负责人办理。办证人应按《动火安全作业证》的项目逐项填写，不得空项，然后根据动火等级，按规定的审批权限办理审批手续，最后将办理好的《动火安全作业证》交动火项目负责人。动火负责人持办理好的《动火安全作业证》到现场，检查动火作业安全措施落实情况，确认安全措施可靠并向动火人和监火人交代安全注意事项后，将《动火安全作业证》交给动火人。一份《动火安全作业证》只准在一个动火点使用，动火后，由动火人在《动火安全作业证》上签字。如果在同一动火点多人同时动火作业，可使用一份《动火安全作业证》，但参加动火作业的所有动火人应分别在《动火安全作业证》上签字。《动火安全作业证》不准转让、涂改，不准异地使用或扩大使用范围。《动火安全作业证》一式两份，终审批准人和动火人各持一份存查。特殊危险《动火安全作业证》由主管安全防火部门存查。

C 《动火安全作业证》的有效期限

特殊危险动火作业的《动火安全作业证》和一级动火作业的《动火安全作业证》的有效期为24h。二级动火作业的《动火安全作业证》的有效期为120h。动火作业超过有效期限，应重新办理《动火安全作业证》。

D 《动火安全作业证》的审批

特殊危险动火作业的《动火安全作业证》由动火地点所在单位主管领导初审签字，经主管安全防火部门复检签字后，报主管厂长或总工程师终审批准。一级动火作业的《动火安全作业证》由动火地点所在单位主管领导初审签字后，报主管安全防火部门终审批准。二级动火作业的《动火安全作业证》由动火地点所在单位的主管领导终审批准。

7.6.5.7 职责要求

A 动火项目负责人

动火项目负责人对动火作业负全面责任，必须在动火作业前详细了解作业内容和动火部位及周围情况，参与动火安全措施的制定、落实，向作业人员交代作业任务和防火安全注意事项；作业完成后，组织检查现场，确认无遗留火种，方可离开现场。

B 动火人

独立承担动火作业的动火人必须持有特殊工种作业证，并在《动火安全作业证》上签字。若带徒作业时，动火人必须在场监护。动火人接到《动火安全作业证》后，应核对证上各项内容是否落实，审批手续是否完备，若发现不具备条件时，有权拒绝动火，并向单位主管安全防火部门报告。动火人必须随身携带《动火安全作业证》，严禁无证作业及审批手续不完备的动火作业。动火前（包括动火停歇期超过30min再次动火），动火人应主动向动火点所在单位当班班长呈验《动火安全作业证》，经其签字后方可进行动火作业。

C 监火人

监火人应由动火点所在单位指定责任心强、有经验、熟悉现场、掌握消防知识的人员担任，必要时，也可由动火单位和动火点所在单位共同指派。新项目施工动火，由施工单位指派监火人。监火人所在位置应便于观察动火和火花溅落，必要时可增设监火人。

监火人负责动火现场的监护与检查，随时扑灭动火飞溅的火花；发现异常情况应立即通知动火人停止动火作业，及时联系有关人员采取措施。监火人必须坚守岗位，不准脱岗。在动火期间，不准兼作其他工作，在动火作业完成后，要会同有关人员清理现场，清除残火，确认无遗留火种后方可离开现场。

　　D　动火部门负责人

　　被动火单位班组长（值班长、工段长）为动火部位的负责人，应对所属生产系统在动火过程中的安全负责，并参与制定、负责落实动火安全措施，负责生产与动火作业的衔接，检查《动火安全作业证》。对审批手续不完备的《动火安全作业证》有制止动火作业的权力。在动火作业中，生产系统如有紧急或异常情况，应立即通知停止动火作业。

　　E　动火分析人

　　动火分析人应对动火分析手段和分析结果负责，根据动火地点所在单位的要求，亲自到现场取样分析，在《动火安全作业证》上填写取样时间和分析数据并签字。

　　F　安全员

　　执行动火单位和动火点所在单位的安全员应负责检查本标准执行情况和安全措施落实情况，随时纠正违章作业，特殊危险动火、一级动火，安全员必须到现场。

　　G　动火作业的审查批准人

　　各级动火作业的审查批准人审批动火作业时必须亲自到现场，了解动火部位及周围情况，确定是否需作动火分析，审查并明确动火等级，检查、完善防火安全措施，审查《动火安全作业证》的办理是否符合要求。在确认准确无误后，方可签字批准动火作业。

7.7　苯加氢环保

　　随着社会发展对环境要求越来越高，环保问题已经成为企业生产发展中最为重要的问题之一。根据苯加氢生产特点，采取有效的控制措施，完全可以实现苯加氢清洁生产的目标。

　　以 10 万吨/年苯加氢为例，主要污染源、污染物及其控制措施如下。

7.7.1　废气

　　苯加氢在生产过程中，大气污染源主要有：蒸馏装置的真空泵、反应器、排污槽、稳定塔等排放管将排放含 H_2S、苯等污染物的可燃气；苯类油库装置各油槽将排放含苯类气体；反应器加热炉烟囱的燃烧废气主要含 SO_2、NO_x 等污染物。

　　设计采取的主要控制措施见表 7-2。

表 7-2　苯加氢废气污染控制

序号	装置名称	污染源	污染物	污染控制措施
1	苯加氢	真空泵、反应器、排污槽、稳定塔排气管	排气管排出气体，含 H_2S、苯等	集中送煤气净化车间吸煤气管道，不外排
2	苯类油库	苯类储槽的呼吸阀排气口	呼吸阀排气口排出气体，含苯等	采用氮封或内浮顶槽方式，不外排
3	苯加氢	反应器加热炉烟囱	烟囱排放出的废气，含 SO_2、NO_x 等	采用净化后的焦炉煤气做燃料，燃烧废气高空排放

　　经采取上述措施后，该工程反应器加热炉烟囱排放大气污染物浓度及速率均符合《大气污染物综合排放标准》（GB 16297—1996）中的二级标准规定，厂区边界氨浓度小于 1.5mg/m³；硫化氢浓度小于 0.06mg/m³，符合《恶臭污染物排放标准》（GB 14554—93）二级新扩改标准的规定要求。

7.7.2 废水

该工程在生产过程中，排放的污水主要为生产污水和生活污水。

生产废水主要为苯加氢分离水槽排出分离水、稳定塔回流槽排出的污水、地坪冲洗水、泵轴承冷却水等，一般含有较高浓度的 COD、BOD、挥发酚、氰化物、石油类等，其水量约为 $1.0 m^3/h$。采取的措施是先集中至油水分离装置，然后用管道送煤气净化车间机械化氨水澄清槽。对于地坪及地面分离水槽的含油废水将集中在污水井，然后进行污水集中处理。

生活污水主要来自各卫生间。其水中主要含 COD、NH_3-N、SS 等污染物，其污水量约 $6.8 m^3/d$（最大时 $1.4 m^3/h$），设计排至全厂污水处理装置，集中进行处理后外排。

经采取控制措施后，该工程外排水水质符合《污水综合排放标准》（GB 8978—1996）二级标准要求。

7.7.3 固体废弃物

苯加氢在生产中产生的固体废弃物主要为苯加氢闪蒸槽产生的蒸发残油、废催化剂，另有少量生活垃圾。废渣主要特性见表 7－3。

表 7－3 苯加氢废渣主要特性

序号	名　称	性　状	主要特性	其他
1	蒸发残油	主要成分为各种烃类	具有一定的毒性	可燃
2	废催化剂	主要含 Al_2O_3、Ni－Mo、Co－Mo、硫化剂等		
3	生活垃圾	主要成分为废纸类、塑料类等包装材料及极少量的食物残渣等		

为了防止废渣造成污染，对废渣进行综合利用，化废为宝，以减少对环境的污染，采取的处理办法如下：

闪蒸槽蒸发残油约 2190.4t/a，送焦油油库加工处理，不外排造成污染；废催化剂由催化剂原生产厂回收；少量生活垃圾定期由垃圾车运至垃圾场统一处理。

7.7.4 噪声

苯加氢产生的噪声为由于气流的起伏运动或气动力引起的空气动力性噪声，主要噪声源有：氢气压缩机、风机、各种泵类等，该项目各噪声源产生的噪声均不高。

对噪声主要采取控制噪声源与隔断噪声传播途径相结合的办法，以控制噪声对厂界四邻的影响。

在满足工艺设计的前提下，该工程所用的各种泵类均为小型泵，且选用低噪声泵。

泵、真空泵、风机、氢气压缩机均设有减振底座；泵、真空泵、鼓风机、氢气压缩机等设有单独基础；风机等设有消声器。

在厂内总平面设计中，充分考虑地形、声源方向性及车间噪声强弱，利用建（构）筑物、绿化植物等对噪声的屏蔽、吸纳作用，进行合理布局，以起到降低噪声影响的作用。

经采取上述措施后，该工程环境噪声强度将大为降低，各噪声设备产生的噪声得到控制，厂区边界昼夜噪声预计可分别低于 60dB（A）和 50dB（A），符合《工业企业厂界噪声标准》（GB 12348—90）中的 II 类标准限值。

思　考　题

7－1　苯加氢的安全防护设施有哪些?

7－2　空气呼吸器的工作原理是什么?

7－3　苯加氢的危险介质有哪些?

7－4　在区域内必须动火作业时，需要采取哪些安全措施?

7－5　苯类物质的主要事故危害有哪些?

7－6　苯加氢日常操作把关应做好哪几点?

8 苯加氢专业化管理

学习目的:

初级工了解苯加氢前后基本工艺,掌握苯加氢产品质量标准,苯加氢工艺技术的发展。

中级工掌握影响苯加氢生产的关键因素,生产管理控制要点,主要经济技术参数,基本管理制度。

高级工能够分析苯加氢生产及质量异常的原因,能够提出解决措施,能够分析苯加氢各种工艺技术优缺点。

技师了解苯加氢主要产品的用途;掌握苯加氢前后工序工艺特点,苯加氢日常生产管理要点,苯类产品质量管理相关知识;掌握苯加氢关键参数控制标准,能对操作过程的质量进行分析与控制;能辨识前后工序异常情况,及时调整生产操作,采取相应措施;能进行苯加氢生产计划、组织安排及人员的管理;能对工艺生产情况进行技术质量分析及生产总结;能根据各塔主要监测参数,分析质量问题产生的原因,并提出改善措施;能分析产品纯度低和硫氮超标产生的原因,并提出改善质量的建议;能系统分析设备故障,提出整改意见。

高级技师了解国内外粗苯精制的主要原理及方法,掌握苯加氢日常生产主要控制指标,能制定操作过程的质量控制措施;能判断和处理质量事故;能对苯类产品的各类质量问题进行分析,提出解决方案;能提出好的苯加氢工艺优化方案;能制定苯加氢生产计划;能编写、修改生产管理制度;能组织新工艺、新技术、新产品的开发和试制工作;能处理和解决生产中的技术、工艺问题;能掌握本职业的前沿新技术;能在技术攻关和工艺革新方面有创新能力。

苯加氢生产是否顺行不仅与单元自身相关,还受许多外界因素的制约,掌握原料来源及质量控制,对苯加氢生产管理具有一定意义。同时对苯类产品的应用进行了解,能够更好地把握产品质量的重要性,发挥苯加氢最大的效益。

8.1 苯加氢前后工序衔接

8.1.1 粗苯蒸馏

苯加氢的原料粗苯由焦炉煤气净化系统获得,粗苯回收是煤气净化系统的一个重要单元,下文详细介绍如何从焦炉煤气中回收粗苯。

焦炉煤气回收粗苯通常采用洗油吸收粗苯法。洗油吸收粗苯工艺包括洗油吸苯和富油脱苯两道工序。洗油吸苯是用洗油洗涤煤气吸收苯族烃,吸收了苯族烃的洗油称为富油。富油脱苯是用蒸汽蒸馏出溶解在富油中的苯族烃,富油脱苯后的洗油称为贫油。

8.1.1.1 洗油吸苯

洗油吸苯的工艺流程如图 8-1 所示。从焦炉煤气终冷塔来的温度为 25～27℃的煤气,依次通过串联的洗苯塔,与塔顶喷洒的煤焦油洗油逆流接触,脱除粗苯后,从塔顶排出。塔底排出含粗苯约 2.5% 的富油,送富油脱苯工序蒸馏脱苯,脱苯后的贫油又送回吸苯工序循环

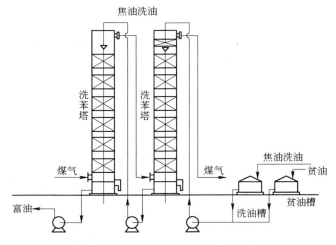

图 8 - 1　洗油吸苯工艺流程图

使用。

　　洗油吸苯的主要设备是洗苯塔。洗苯塔的形式有填料塔、板式塔和空喷塔，常用的是填料塔，如图 8 - 2 所示。填料塔内设有喷淋装置、填料装置、液体分配锥、气液再分布板和捕雾装置等。填料装置有钢板网、木格栅和花形填料等三种形式，洗油通过塔顶的喷淋装置均匀分布于填料表面并与从塔底进入的煤气逆流接触。吸收了煤气中粗苯的富油从塔底排出，脱除粗苯后的煤气经捕雾装置从塔顶排出。

8.1.1.2　富油脱苯

　　富油脱苯有预热器加热法和管式炉加热法两种。

　　A　预热器加热法

　　从洗油吸苯工序来的富油经分缩器、换热器和富油预热器后温度上升到 135 ~ 145℃ 进入脱苯塔。蒸馏用的直接水蒸气从洗油再生器供入，由器顶排出，进入脱苯塔下部。从脱苯塔顶部逸出的粗苯、轻质洗油蒸汽和水蒸气进入分缩器，分缩器顶部出口温度控制在 88 ~ 92℃。分缩器冷凝的轻分缩油和重分缩油经各自的分离器与水分离后兑入富油中。

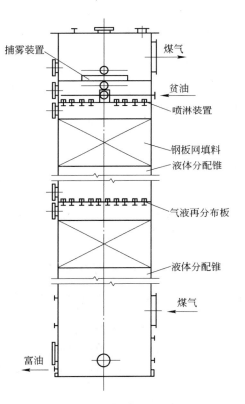

图 8 - 2　填料式洗苯塔

分缩器顶部出口的粗苯蒸气和水蒸气进入两苯塔，塔顶逸出的 73 ~ 78℃ 轻苯蒸气经轻苯冷凝器流入轻苯分离器，分离出的水流入回流槽，部分轻苯用泵送入两苯塔顶部作回流，其余作为产品。两苯塔底部引出的重苯，经重苯冷却器冷却后作为产品。从两苯塔塔板上引出的液体，在油水分离器内分离出水后返回引出塔板的下层。脱苯塔底部排出的热贫油用泵送换热器降温、再经冷却器冷却至 25～30℃后，送往洗油吸苯工序循环使用。从富油预热器引出 1%～1.5%的富油进入再生器加热再生。大部分洗油在再生器中被水蒸气直接蒸吹出来。洗油进入脱苯塔下部，剩余残渣则从再生器底部排放。预热器加热法也可以只生产粗苯一种产品，分缩器后的气体不进两苯塔，直接进入冷凝器即可获得粗苯。

预热器加热法的主要设备有富油预热器、脱苯塔、分缩器、两苯塔和洗油再生器等。

B　管式炉加热法

管式炉加热法的工艺流程如图 8-3 所示。从洗油吸苯工序来的富油经油气换热器、油油换热器入脱水塔，塔顶逸出的油气和水蒸气混合物经冷凝器进入油水分离器。脱水塔底排出的富油用泵送入管式炉加热到 180～190℃进入脱苯塔。1%～1.5%富油进入洗油再生器，用管式炉加热的过热蒸气直接蒸吹，带油的蒸汽由器顶排出进入脱苯塔下部，残渣从再生器底部排放。脱苯塔顶逸出的粗苯蒸气经油气换热器降温、冷凝器冷凝和油水分离后流入粗苯中间槽。部分粗苯送到脱苯塔顶作回流，其余粗苯作两苯塔的原料。脱苯塔底排出的热贫油，经油油换热器入塔身下部的热贫油槽，再用泵送贫油冷却器冷却后，去洗油吸苯工序循环使用。粗苯经两苯塔分馏，塔顶逸出的轻苯蒸气经冷凝器和油水分离器进入回流槽。部分轻苯送到两苯塔顶作回流，其余为产品。塔侧线引出精重苯，塔底排出萘溶剂油。管式炉加热法在富油脱苯的同时还能脱萘。脱苯塔顶油气出口保持在 103～105℃，富油脱苯时萘也被蒸出溶于粗苯中，并以萘溶剂油的形态从两苯塔底排出。贫油含萘小于 2%，从而使出洗苯塔的煤气含萘大幅度降低。

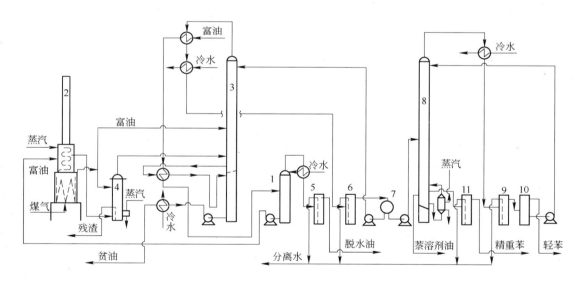

图 8-3　管式炉加热法的工艺流程
1—脱水塔；2—管式炉；3—脱苯塔；4—洗油再生器；5—脱水塔油水分离器；
6—粗苯油水分离器；7—粗苯中间槽；8—两苯塔；9—轻苯油水
分离器；10—轻苯回流槽；11—精重苯油水分离器

管式炉加热法的主要设备为管式加热炉。管式加热炉的炉型有几十种，按其结构型式分为箱式炉、立式炉和圆筒炉，按燃料燃烧的方式分为有焰炉和无焰炉，一般采用圆筒炉。

我国焦化厂脱苯蒸馏用的管式加热炉均为有焰燃烧的圆筒炉。其结构如图 8-4 所示。

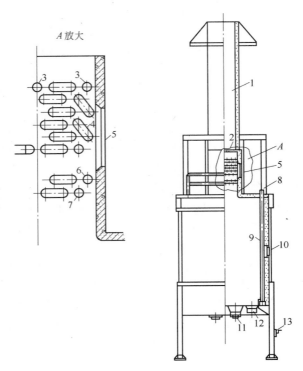

图 8-4　圆筒炉

1—烟囱；2—对流室顶盖；3—对流室富油入口；4—对流室炉管；5—清扫门；6—饱和
蒸汽入口；7—过热蒸汽出口；8—辐射段富油出口；9—辐射段炉管；
10—看火门；11—火嘴；12—人孔；13—调节闸板的手摇鼓轮

　　圆筒炉由圆筒体的辐射室、长方体的对流室和烟囱三大部分组成。外壳由钢板制成，内衬耐火砖。辐射管沿圆筒体的炉墙内壁周围排列（立管）。火嘴设在炉底中央，火焰向上喷射，与炉管平行，且与沿圆周排列的各炉管等距离，因此沿圆周方向各炉管的热强度是均匀的。沿炉管的长度方向，热强度的分布是不均匀的。在辐射室上部设有一个由高铬镍合金钢做成的辐射锥，它的再辐射作用，可使炉管上部的热强度得到提高，从而使炉管沿长度方向的受热也比较均匀。对流室置于辐射室之上，对流管水平排放。其中紧靠辐射段的两排横管为过热蒸汽管，用于将脱苯用的直接蒸汽过热至 400℃ 以上，其余各排管用于富油的初步加热。炉底设有4 个煤气燃烧器，每个燃烧器有 16 个喷嘴，煤气从喷嘴喷入，同时吸入所需的空气。温度为130℃ 左右的富油分两程先进入对流段，然后再进入辐射段，加热到 180 ~ 200℃ 后去脱苯塔。

8.1.1.3　影响粗苯吸收的因素

　　粗苯吸收过程与吸收温度、洗油性质及循环量、贫油含量以及吸收面积有关，这些影响因素分述如下：

　　（1）吸收温度。吸收温度决定于煤气和洗油温度，也受大气温度的影响。吸收温度高时，洗油液面上粗苯蒸气压随之增大，吸收推动力减小，因而使粗苯回收率降低；但吸收温度也不宜过低，当温度低于 10 ~ 15℃，洗油黏度显著增加，吸收效果不好。适宜的温度为 25℃ 左右，实际操作温度波动于 20 ~ 30℃。洗油的温度比煤气温度高，以防煤气中的水汽被冷凝下来进入洗油。在夏季洗油温度比煤气高 1 ~ 2℃；冬季比煤气高 5 ~ 10℃。为了保证适宜温度，煤气在终冷器冷却至 20 ~ 25℃，贫油应冷却至 30℃。

（2）洗油的相对分子质量及循环量。当其他条件一定时，洗油的相对分子质量变小，则苯在洗油中的物质的量浓度变小，吸收效果就变好。吸收剂的吸收能力与其他相对分子质量成反比，吸收剂与溶质的相对分子质量越接近，则吸收得越完全。但洗油的相对分子质量也不宜过小，否则在脱苯蒸馏时洗油与粗苯不宜分离。

$$Q_m(w_2 - w_1) = Q_v[(a_1 - a_2)/1000]$$

式中　Q_m——洗油循环量，kg/h；

　　　w_1，w_2——贫油、富油中粗苯的质量分数，%；

　　　Q_v——标准状态下煤气量，m^3/h；

　　　a_1，a_2——煤气入口与出口粗苯含量，g/m^3。

从式中可以看出，增加洗油循环量，可降低洗油中粗苯含量，因而可提高粗苯回收率。但循环量也不宜过大，以免在脱苯蒸馏时过多地增加蒸汽和冷却水的耗量。循环洗油量随吸收温度的升高而增加，一般夏季循环量比冬季多。

由于石油洗油的相对分子质量（平均为 230 ~ 240）比焦油洗油相对分子质量（平均为 170 ~ 180）大，为达到同样的粗苯回收率，石油洗油用量比焦油洗油多，石油洗油吸收粗苯能力比焦油洗油低，石油洗油用量为焦油洗油的 130%。

（3）贫油含苯量。贫油含苯量越高，则塔后粗苯损失越大，因为粗苯吸收推动力低，吸收效率不好。贫油含苯为 0.2% ~ 0.4%。

（4）吸收面积。增大吸收塔内洗液两相的接触表面积，有利于粗苯吸收。根据木格填料塔的生产数据，处理 1m^3/h 煤气时，有 1.1 ~ 1.3m^2 吸收表面积，可使塔后煤气中粗苯含量降至 2g/m^3 以下，对于塑料花环填料则为 0.3g/m^3 左右。

8.1.2　苯类产品的主要应用

苯、甲苯、二甲苯（简称 BTX）等同属于芳香烃，是重要的基本有机化工原料，由芳烃衍生的下游产品，广泛用于三大合成材料（合成塑料、合成纤维和合成橡胶）和有机原料及各种中间体的制造。

8.1.2.1　苯

早在 1920 年代，苯就已是工业上一种常用的溶剂，主要用于金属脱脂。由于苯有毒，人体能直接接触溶剂的生产过程现已不用苯作溶剂，苯有减轻爆震的作用而能作为汽油添加剂。在 1950 年代四乙基铅开始使用以前，所有的抗爆剂都是苯。然而现在随着含铅汽油的淡出，苯又被重新起用。由于苯对人体有不利影响，对地下水质也有污染，欧美国家限定汽油中苯的含量不得超过 1%。

苯在工业上最重要的用途是做化工原料。苯可以合成一系列苯的衍生物：苯与乙烯生成乙苯，后者可以用来生产制塑料的苯乙烯；苯与丙烯生成异丙苯，后者可以经异丙苯法来生产丙酮与制树脂和黏合剂的苯酚；制尼龙的环己烷；合成顺丁烯二酸酐；用于制作苯胺的硝基苯；多用于农药的各种氯苯；合成用于生产洗涤剂和添加剂的各种烷基苯；合成氢醌，蒽醌等化工产品。

苯参加的化学反应大致有三种：一种是其他基团和苯环上的氢原子之间发生的取代反应；

一种是发生在 C＝C 双键上的加成反应；一种是苯环的断裂。

（1）取代反应。苯环上的氢原子在一定条件下可以被卤素、硝基、磺酸基、烃基等取代，生成相应的衍生物。由于取代基的不同以及氢原子位置的不同、数量不同，可以生成不同数量和结构的同分异构体。苯环的电子云密度较大，所以发生在苯环上的取代反应大都是亲电取代反应，亲电取代反应是芳环有代表性的反应。苯的取代物在进行亲电取代时，第二个取代基的位置与原先取代基的种类有关。

（2）卤代反应。苯的卤代反应的通式可以写成：$PhH + X_2 \rightarrow PhX + HX$ 反应过程中，卤素分子在苯和催化剂的共同作用下异裂，$X+$ 进攻苯环，$X-$ 与催化剂结合。以溴为例，将液溴与苯混合，溴溶于苯中，形成红褐色液体，不发生反应。当加入铁屑后，在生成的三溴化铁的催化作用下，溴与苯发生反应，混合物呈微沸状，反应放热有红棕色的溴蒸气产生，冷凝后的气体遇空气出现白雾（HBr）。催化历程：$FeBr_3 + Br \rightarrow FeBr_4$，$PhH + Br + FeBr_4 \rightarrow PhBr + FeBr_3 + HBr$，反应后的混合物倒入冷水中，有红褐色油状液团（溶有溴）沉于水底，用稀碱液洗涤后得无色液体溴苯。在工业上，卤代苯中以氯和溴的取代物最为重要。

（3）硝化反应。苯和硝酸在浓硫酸作催化剂的条件下可生成硝基苯 $PhH + HO—NO_2 \xrightarrow{H_2SO_4（浓）} PhNO_2 + H_2O$，硝化反应是一个强烈的放热反应，很容易生成一取代物，但是进一步反应速度较慢。其中，浓硫酸做催化剂，加热至 50～60℃时反应，若加热至 70～80℃时苯将与硫酸发生磺化反应。

（4）磺化反应。用浓硫酸或者发烟硫酸在较高（70～80℃）温度下可以将苯磺化成苯磺酸。$PhH + HO—SO_3H \rightarrow PhSO_3H + H_2O$，苯环上引入一个磺酸基后反应能力下降，不易进一步磺化，需要更高的温度才能引入第二、第三个磺酸基。这说明硝基、磺酸基都是钝化基团，即妨碍再次亲电取代进行的基团。

（5）傅-克反应。在 $AlCl_3$ 催化下，苯也可以和醇、烯烃和卤代烃反应，苯环上的氢原子被烷基取代生成烷基苯。这种反应称为烷基化反应，又称为傅-克烷基化反应。例如与乙烯烷基化生成乙苯 $PhH + CH_2＝CH_2—AlCl_3 \rightarrow Ph – CH_2CH_3$，在反应过程中，R 基可能会发生重排：如 1-氯丙烷与苯反应生成异丙苯，这是由于自由基总是趋向稳定的构型。在强路易斯酸催化下，苯与酰氯或者羧酸酐反应，苯环上的氢原子被酰基取代生成酰基苯。反应条件类似烷基化反应。

（6）加成反应。苯环虽然很稳定，但是在一定条件下也能够发生双键的加成反应。通常经过催化加氢，镍作催化剂，苯可以生成环己烷，但反应极难。$C_6H_6 + 3H_2 \rightarrow C_6H_{12}$，此外由苯生成六氯环己烷的反应可以在紫外线照射的条件下，由苯和氯气加成而得。

（7）氧化反应。苯和其他的烃一样，都能燃烧。当氧气充足时，产物为二氧化碳和水。但在空气中燃烧时，火焰明亮并有浓黑烟，这是由于苯中碳的质量分数较大。$2C_6H_6 + 15O_2 \xrightarrow{点燃} 12CO_2 + 6H_2O$。

苯在特定情况下也可被臭氧氧化，产物是乙二醛。这个反应可以看作是苯的离域电子定域后生成的环状多烯烃发生的臭氧化反应。在一般条件下，苯不能被强氧化剂所氧化。但是在氧化钼等催化剂存在下，与空气中的氧反应，苯可以选择性的氧化成顺丁烯二酸酐。这是屈指可数的几种能破坏苯的六元碳环系的反应之一（马来酸酐是五元杂环）。这是一个强烈的放热反应。

（8）其他反应。苯在高温下，用铁、铜、镍做催化剂，可以发生缩合反应生成联苯。它和甲醛及次氯酸在氯化锌存在下可生成氯甲基苯，和乙基钠等烷基金属化物反应可生成苯基金属化物。在四氢呋喃、氯苯或溴苯中和镁反应可生成苯基格氏试剂。苯不会与高锰酸钾反应褪色，与溴水混合只会发生萃取，而苯及其衍生物中，只有在苯环侧链上的取代基中与苯环相连的碳原子与氢相连的情况下才可以使高锰酸钾褪色（本质是氧化反应），这一条同样适用于芳香烃（取代基上如果有不饱和键则一定可以与高锰酸钾反应使之褪色）。这里要注意的是仅当取代基上与苯环相连的是碳原子和这个碳原子要与氢原子相连（成键）才可发生反应。至于溴水，苯及苯的衍生物以及饱和芳香烃只能发生萃取（条件是取代基上没有不饱和键，不然依然会发生加成反应）。

8.1.2.2 甲苯

甲苯大量用作溶剂和高辛烷值汽油添加剂，也是有机化工的重要原料，但与从煤和石油得到的苯和二甲苯相比，目前的产量相对过剩，因此相当数量的甲苯用于脱烷基制苯或歧化制二甲苯。甲苯衍生的一系列中间体，广泛用于染料、医药、农药、火炸药、助剂、香料等精细化学品的生产，也用于合成材料工业。甲苯进行侧链氯化得到的一氯苄、二氯苄和三氯苄，包括它们的衍生物苯甲醇、苯甲醛和苯甲酰氯（一般也从苯甲酸光气化得到），在医药、农药、染料，特别是香料合成中应用广泛。甲苯的环氯化产物是农药、医药、染料的中间体。甲苯氧化得到苯甲酸，是重要的食品防腐剂（主要使用其钠盐），也用作有机合成的中间体。甲苯及苯衍生物经磺化制得的中间体，包括对甲苯磺酸及其钠盐、CLT 酸、甲苯 - 2, 4 - 二磺酸、苯甲醛 - 2, 4 - 二磺酸、甲苯磺酰氯等，用于洗涤剂添加剂、化肥防结块添加剂、有机颜料、医药、染料的生产。甲苯硝化制得大量的中间体，可衍生得到很多最终产品，其中在聚氨酯制品、染料和有机颜料、橡胶助剂、医药、炸药等方面最为重要。

甲苯容易发生氯化，生成苯—氯甲烷或苯三氯甲烷，它们都是工业上很好的溶剂；它还容易硝化，生成对硝基甲苯或邻硝基甲苯，它们都是染料的原料；它还容易磺化，生成邻甲苯磺酸或对甲苯磺酸，它们是做染料或制糖精的原料。

8.1.2.3 二甲苯

二甲苯广泛用于涂料、树脂、染料、油墨等行业做溶剂；用于医药、炸药、农药等行业做合成单体或溶剂；也可作为高辛烷值汽油组分，是有机化工的重要原料。二甲苯具有中等毒性，经皮肤吸收后，对健康的影响远比苯小。若不慎口服了二甲苯或含有二甲苯溶剂时，即强烈刺激食道和胃，并引起呕吐，还可能引起血性肺炎，应立即饮入液体石蜡，送医诊治。二甲苯蒸气对小鼠的 LC 为 6000×10^{-6}，大鼠经口最低致死量 4000mg/kg。二甲苯对眼及上呼吸道有刺激作用，高浓度时，对中枢系统有麻醉作用。急性中毒时短期内吸入较高浓度本品可出现眼及上呼吸道明显刺激症状、眼结膜及咽充血、头晕、头痛、恶心、胸闷、四肢无力、意识模糊、步态蹒跚。重者可有躁动、抽搐或昏迷。有的有癔病样发作。长期接触有神经衰弱综合症，女人有可能导致月经异常。皮肤接触常发生皮肤干燥、皲裂、皮炎。

三种苯主要应用情况如图 8 - 5 所示。

8.2 苯加氢生产组织管理

8.2.1 日常生产控制

良好的日常生产管理对于苯加氢安全稳定生产，确保产品质量起着重要的作用。在生产过程中根据各单元特点，应对关键指标进行常态化跟踪，发现问题，及时处理，使苯加氢生产走

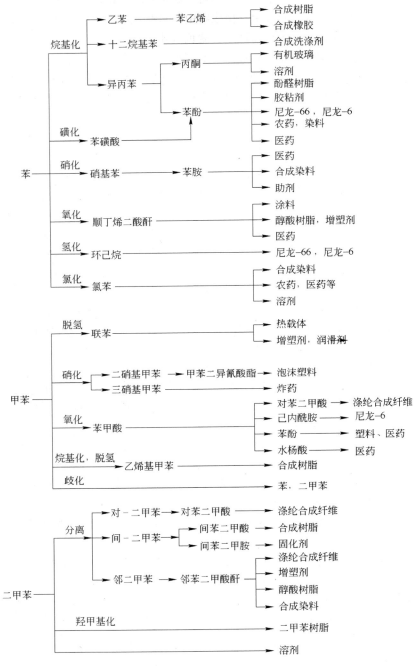

图 8-5　三种苯主要用途

上良性循环的轨道。

8.2.1.1　制氢单元

（1）送往制氢系统的煤气质量是重要的控制指标，必须保证煤气含萘小于 $50mg/m^3$，尽可能不含油、粉尘、水等。

（2）应定期对各吸附塔进行观察分析，判断吸附效果，确定是否进行填料的再生和更换。

（3）氢气纯度一般比较稳定，发现波动时要及时查找原因，采取措施进行处理。一般来说，系统压力、解析气量以及管道是否通畅是影响氢气纯度的主要因素。

（4）氢气露点和含水量是日常工作中控制的重点，当露点和含水量发生变化时，要及时检查催化剂是否失效，干燥塔、再生塔工作是否正常。

（5）400单元应定期排水，如长时间无水则不正常。

8.2.1.2 加氢单元

（1）原料缓冲槽最好有温度调节装置，特别在冬天气温较低时适当提高温度。

（2）循环氢压缩机连锁是系统安全的重要保证，不可非正常解除。

（3）循环氢压缩机是重要的核心设备，应尽量避免停机，其预热水源要有可靠的保障。

（4）多段重沸器 E-102AB 管程内严禁汽化，防止温度过高引起结焦聚合。

（5）应定期记录分析预蒸发器各塔管、壳程温度并进行分析，及时发现是否存在结垢、堵塞情况。

（6）预蒸发器 E-101A-E 在运行中管程压降高主要是底部封头积液和管壁结焦；处理：1）适当升高预蒸发器 E 塔 E-101E 壳程进口温度；2）适当减小轻苯进料量；3）底部封头向多段蒸发器 T-101 排液；4）如果需要停车清洗管壁及底部封头。

（7）预蒸发器 E-101 中沉积盐主要是硫氢化铵和氯化铵。硫氢化铵的结盐温度为120℃，主要在预蒸发器 C 塔 E-101C 以后沉积；氯化铵结盐温度高，一般选择从 CBA 三个点注水，如果效果不明显可以适当延长注水时间或改从 E 点注水。

（8）塔顶除雾器压差高，预反应器 R-101 底部积液严重，主要是多段蒸发器 T-101 塔气相负荷过大引起。处理：1）保证预反应器 R-101 液位正常；2）J-103 喷嘴放空；3）减小循环气量，系统减量。

（9）开车时多段蒸发器 E-102AB 壳程旁通应根据塔釜液位，及时投进去，以预蒸发器 E-101E 壳程进口温度不出现大波动为准。因为开车时投用过早会将塔釜蒸干，投用过晚，影响开车进度，塔釜积液。

（10）预反应器 R-10 的催化剂为镍钼，主要完成二烯烃和苯乙烯加氢饱和。进出口温差 $\Delta t = 5℃$，出口温度小于230℃，避免温度过高聚合结焦加剧；当 $\Delta t < 5℃$，出口温度大于230℃时，催化剂再生。

（11）主反应器 R-102 催化剂为钴钼，主要完成脱硫、脱氮、脱氧和剩余烯烃饱和。$\Delta t < 30℃$，出口温度大于370℃时，催化剂再生。

（12）两个反应器在使用过程中催化剂会结焦聚合使其活性下降，由于催化剂体积不变，出口温度不能调节，H_2 分压不变，只能调节进口温度来平衡催化剂由于活性下降而引起的反应不充分。

（13）硫化剂为 DMDS，即二甲基二硫化合物，约220℃时分解。$DMDS + H_2 \rightarrow CH_4 + H_2S$。硫化剂载体纯 BT。硫化过程是分段进行，先主反应器 R-102 后预反应器 R-101。

（14）再生时间取决于催化剂结焦程度和轻苯质量；再生床层温度由空气流量来控制。（开车过程中主反应器进口温度升温应缓慢，避免升温过快引起催化剂失活和设备应力）

（15）循环气量。轻苯进料量为 800~840Nm³RG/t 轻苯。1）比值低于最小值，就会在预蒸发器 E-101 中出现滞留现象；2）比值增大有利于提高产品质量，有利于减少催化剂结焦。

（16）循环气系统压降不超过 1.0MPa（C - 102 压缩机进出口压差），压降升高原因：1）催化剂结焦；2）预蒸发器 E - 101A - E 温度较低一侧重沸点组分积累；3）预蒸发器 E - 101A - E 温度较高一侧结焦；4）产品冷却器 E - 106、预蒸发器 E - 101A - E 盐沉积。

（17）管式炉连锁保护。管式炉有四个连锁保护，即煤气压力低连锁停炉、风压低连锁停炉、阀门泄漏停炉、紧急停炉连锁。

（18）加氢单元不仅要考虑加氢的效果，还要保证三苯（纯苯、甲苯、二甲苯）的收率。在实际生产中加氢部分操作的核心不是反应器，而是多段蒸发器，粗苯在蒸发器内完全被蒸发，粗苯和循环气混合汽化效果越好，反应效果就越好，剩余的少量高沸点残液从底部排出。实践生产证明，排出量越大对加氢反应越有好处，但排出量越大，三苯损失量越多，开工阶段残液的三苯含量经常大于 40%（设计值为 18%），经过对生产操作进行摸索，逐渐提高蒸发器底部温度，降低苯损失。但随着温度的提高，蒸发器和重沸器表面结焦速度有所增加。

（19）在实际生产过程中，多段蒸发器的底温是随着原料组成的变化而变化的，因此在加工过程中，加氢单元的原料（即粗苯预处理工序后的中间产品）组成应该作为质量控制点，纳入质量控制规程，根据原料组成的变化随时调节多段蒸发器的底温。如果原料组成三苯含量较高，重组分较少，此时较高的底温会导致粗苯在再沸器内部汽化，而不是在喷嘴处和循环气混合后再发生汽化，这种情况是严令禁止的。在再沸器内部汽化会导致再沸器内部结焦，同时也会使原料中夹带的固体颗粒或者不溶物在再沸器内部沉积，从而导致再沸器的堵塞。

8.2.1.3 蒸馏单元

（1）在萃取塔 T - 301 塔上部加入的溶剂 NFM 不是回流物，因为它本身几乎不蒸发，它的作用是溶解上升蒸气中的芳香烃。

（2）萃取塔 T - 301 塔中的上升蒸气流是由热平衡决定的，轻微的温度变化将导致蒸气流量大的变化，当失去平衡的蒸气流速度变化明显时，ED 塔的热平衡也会很敏感的变化。

（3）在底部温度保持不变的情况下，贫溶剂或者原料进料温度高，会导致较高温度的蒸气流量，对应的 B 层温度会上升。

（4）NFM 溶剂温度过高，非芳烃在 NFM 中的溶解度会升高，而且由于溶剂温度升高，上升蒸汽温度上升，则气相中芳香烃含量会增加；溶剂温度过低，则很多非芳烃将可能和富溶剂一起进入气提塔 T - 302 塔，影响纯 BT 的质量。

（5）为保持 ED 塔非芳烃中芳香烃的含量控制在理想状态，控制汽提塔 T - 302 塔出来的贫溶剂尽量少的芳烃（适当升高汽提塔 T - 302 塔底温，一般不超过 190℃，因为系统含水防止高温溶剂分解）。因为当贫溶剂进入 ED 塔时，含有的芳香烃会挥发，会使非芳烃中芳烃含量升高。

（6）萃取精馏塔的萃取剂进料温度对溶剂回收段和萃取精馏段的热平衡影响较大，该塔灵敏板应设置在萃取剂进料板附近；而且当萃取剂进料温度波动时，为了维持塔的热平衡，需要对该塔加热蒸汽量提前进行调节。汽提塔塔底温度控制关系到贫液质量和操作能耗，但是该温度受诸如压力、组成等因素的综合影响，实际操作中应该根据这些条件的变化来调节。

（7）萃取塔 T - 301、汽提塔 T - 302 系统新溶剂加入点有四个：1）萃取塔 T - 301 塔开工线；2）萃取塔 T - 301 塔 BT 进料线；3）汽提塔 T - 302 塔开工线；4）E - 311 溶剂填充线。

（8）溶剂填充点的选择及影响：1）初次开工时两塔为空塔时从萃取塔 T - 301 塔开工线注溶剂。2）从 E - 311 注溶剂建立真空度。3）正常运行时，如果是贫溶剂应从汽提塔 T - 302 塔开工线注，注之前提前升高低温 1 ~ 2℃，先 1 ~ 2m³/h，观察温度稳定可以适当增大，防止突然过大调整不及时影响生产；如果是停车后的富溶剂，选择萃取塔 T-301 塔 BT 进料线上注入，因为停车时富溶剂里含有非芳烃，从进料线小量注入，在萃取塔 T-301 塔重新萃取，保证纯 BT 合格。

（9）萃取塔 T-301 塔温度分布特点：1）35 层板往下温度基本不变，说明 35 层板各板溶剂的恒定浓度相等。当然随着塔的升高，系统压力有所下降，温度也要随之下降一点。2）由于在填料层溶剂的溶解萃取作用，AB 层温度明显比塔下部温度高，但是 AB 层温度变化很小，也是一个溶剂的恒定浓度区。3）塔顶、塔釜温度变化明显，塔顶温度发生突变，显然是由于 C 层溶剂回收段溶剂量突然减小有关；塔釜温度由物料平衡所决定。由于塔板是溶剂的恒定浓度区，塔釜的溶剂浓度很高，所以邻近塔釜的几块板上浓度会变化明显，同时也反映出塔釜温度变化明显。

8.2.2 主要生产指标

8.2.2.1 回收率

回收率是反映苯加氢整体生产状况的核心指标，回收率一般用以下公式进行计算：

$$回收率 = 系统采出的产品总量/进入系统的粗苯$$

影响回收率的因素很多，一般说来有以下因素：高压分离器及其他排水位置排入废水处理系统的油；原料槽排水后分离废油是否回收；稳定塔尾气夹带；各塔压力波动或调节过程中夹带；现场跑冒滴漏；检修过程中未充分回收废油。

8.2.2.2 三种苯产率

三种苯是苯加氢的主要产品，是苯加氢效益的重要体现。一般计算如下：

$$三种苯产率 = (苯 + 甲苯 + 二甲苯)的质量/进入系统的粗苯原料质量$$

一般影响回收率的因素都影响三种苯产率，除此之外，三种苯产率还与整个生产操作控制密切相关：残渣含苯量；非芳烃含苯量；重烃油采出量。

8.2.2.3 能源介质消耗

苯加氢主要消耗的能源介质有：水（循环水、低温水、减温水，软水）；电；风（仪表风、动力风、氮气）；气（中压蒸汽、中低压蒸汽、低压蒸汽）；制氢吸附剂、干燥剂；溶剂；阻聚剂；脱氧催化剂、加氢催化剂；白土。

系统可回收能源有：蒸汽冷凝水；低压蒸汽。

为降低成本，实现苯加氢效益最大化，应每月对能源介质消耗进行统计分析，查找能耗升高和降低的原因，并在生产实际中不断总结经验，降低能耗。稳定的生产是确保低水平能耗的重要因素，因此要把控制生产的均衡稳定当成降低能耗成本的首要措施，杜绝非计划性停产和质量事故，确保能源有效利用。目前苯加氢在加氢系统和萃取蒸馏系统设计上采用了大量热能循环利用，宝钢等企业对蒸汽冷凝水回收利用等做出了有益的尝试，起到了良好的降成本效果。另外，在生产操作中，在保证质量的同时尽可能降低塔、泵的负荷，也被证明能够一定幅度地降低能耗。

8.2.3 管理制度

完善的生产管理制度是苯加氢实现安全生产，体现经济环保效益的重要保障。为此，需做好以下工作：

（1）建立持续不断的学习培训制度。利用日常生产中出现的问题，加以总结提炼，形成案例学习卡片，使生产经验上升为管理制度。

（2）建立完善的问题发现、分析、处理的良好机制。针对苯加氢系统高度连贯性的特点，加强现场点巡检管理，发现任何异常现象后应加以认真分析。当设备故障、质量问题或异常指标出现时，能根据异常现象进行分析判断，及时发现系统存在的问题，避免问题的进一步扩大影响整个生产秩序。

（3）建立完善的设备档案。设备的完好是苯加氢生产顺行的重要保障，同时也是降低生产成本的主要措施，建立完善的设备档案对合理安排检修、降低备件消耗有着重要意义。

（4）建立完善的成本管控体系。每月或每周对系统成本进行分析，每班跟踪能源消耗，出现异常变化需进行分析，所有成本指标落实到班组。

（5）检修管理的不断提升。在日常生产中，每天应针对出现的问题进行总结归纳。每次大型年修或定修完成后应进行总结，分析检修过程中存在的问题，使检修方案和检修安排不断完善，严密，确保检修安全和有效。同时，检修安排需要同时考虑生产的连贯性、产品的销售状况等情况。

（6）现场跑冒滴漏的治理应提升到产品质量同等高度。跑冒滴漏治理不好，现场安全隐患极大，也会大幅度提高生产成本，特别是对危险介质的管理，要做到隐患未消除不能生产。

（7）建立奖惩制度，促进苯加氢整体规范有序运行。

（8）定期进行安全风险评估，分析系统存在的问题，采取有针对性的措施。

（9）形成研究技术的氛围，将苯加氢任何的异常进行分析，采用技术手段解决生产中出现的问题。

8.3　苯类产品质量管理

8.3.1　产品质量标准及化检验

目前，苯加氢产品质量主要依照国标执行，主要指标采用气相色谱法进行检测。依据各企业生产实际情况采取不同的检测频率。

苯加氢主要产品执行的产品标准见表 8 - 1 ~ 表 8 - 4。

表 8 - 1　焦化苯标准（GB/T 2283—2008）

指 标 名 称		指　标		
		优等品	一等品	合格品
外　观		透明液体，无可见杂质		
颜色(铂 - 钴)，不深于		20 号		
密度(20℃)/g·cm⁻³		0.878 ~ 0.881	0.876 ~ 0.881	
苯的含量(wt)/%	不小于	99.90	99.60	—
甲苯的含量(wt) /%	不大于	0.05	—	—
非芳烃的含量(wt) /%	不大于	0.1	—	—
馏程(大气压 101325Pa（包括 80.1℃）)/℃	不大于	—	—	0.9
结晶点/℃	不小于	5.45	5.20	5.00
酸洗比色（按标准比色液）	不深于	0.05	0.10	0.20

指 标 名 称		指　标		
		优等品	一等品	合格品
溴价/g·(100mL)$^{-1}$	不大于	0.03	0.06	0.15
二硫化碳/g·(100mL)$^{-1}$	不大于	—	0.005	0.006
噻吩/g·(100mL)$^{-1}$	不大于	—	0.04	0.06
总硫/mg·kg^{-1}	不大于	1	—	—
中性试验		中性		
水分		室温（18～25℃）下目测无可见不溶解的水		

表 8-2　焦化甲苯（GB/T 2284—2009）

指 标 名 称		指　标		
		优等品	一等品	合格品
外观		透明液体，无沉淀物及悬浮物		
颜色(铂-钴)	不大于	20 号		
密度(20℃)/g·cm^{-3}		0.864～0.868		0.861～0.870
馏程(大气压101325Pa（包括110.6℃))/℃	不大于	—	1.0	2.0
酸洗比色(按标准比色液)	不深于	0.15	0.20	0.2
苯(wt)/%	不大于	0.10	—	—
非芳烃(wt)/%	不大于	1.2	—	—
C$_8$芳烃(wt)/%	不大于	0.10	—	—
总硫/mg·kg^{-1}	不大于	2	150	
溴价/g·(100 mL)$^{-1}$	不大于	—	—	0.2
水分		室温（18～25℃）下目测无可见不溶解的水		

表 8-3　焦化二甲苯标准（GB/T 2285—1993）

指标名称		3℃二甲苯	5℃二甲苯	10℃二甲苯
外观		室温（18～25℃）下透明液体，不深于每1000mL水中含有0.003g重铬酸钾的溶液的颜色	室温（18～25℃）下透明液体，不深于每1000mL水中含有0.03g重铬酸钾的溶液的颜色	
密度(20℃)/g·cm^{-3}		0.857～0.0866	0.856～0.866	0.840～0.870
馏程(大气压101325Pa)　初馏点/℃	不大于	137.5	136.5	135
酸洗比色	不深于	0.6	2.0	4.0
终点/℃		140.5	141.5	145
中性实验		中性		
水分		室温（18～25℃）下目测无可见不溶解的水		
铜片腐蚀实验	不深于	2 号	—	—

表 8 - 4　主要中间品及产品质量控制规定

序号	取样点编号	取样介质	指标名称	单　位	控制值	目标值
1	闪蒸槽出口	苯残油	二甲苯含量	(wt)%	≤1.5	
2	SC - 1014	BTXS 加氢油	噻吩含量	ppm	≤2	
			总硫含量	ppm	≤1	
			溴指数	mg/100mL	≤150	
			总氮	ppm	≤1	
3	SC - 2001	XS 馏分	甲苯含量	(wt)%	≤1.5	
4	SC - 2003	BT 馏分	C_8 含量	(wt)%	≤5	
			溴指数	mg/100mL	≤200	
	SC - 3001	贫溶剂	苯含量	%	≤0.05	
			聚合物含量	%	≤2	
5	SC - 3003	非芳烃	NFM 含量	ppm	≤0.5	
			纯苯含量	(wt)%	≤30	≤15
6	SC - 3004	BT 芳香烃	NFM 含量	ppm	≤1	
			C_8	ppm	≤10	
7	SC - 3006	纯苯	苯含量	(wt)%	≥99.90	≥99.95
			甲苯含量	(wt)%	≤0.05	≤0.01
			非芳烃含量	(wt)%	≤0.1	≤0.04
			结晶点	℃	≥5.45	≥5.50
8	SC - 3011	甲苯	甲苯含量	(wt)%	≥99	≥99.90
			苯含量	(wt)%	≤0.1	≤0.03
			C_8 含量	(wt)%	≤0.1	≤0.08
			非芳烃	(wt)%	≤1.2	≤0.2
			总硫	ppm	≤2	≤1
			残余溶剂	ppm		≤1
9	SC - 4002	二甲苯	二甲苯(含乙苯)含量	(wt)%	≥90	≥96
			馏程	℃	≤5	≤3
10	SC - 4001	溶剂油（C_9 +馏分）	二甲苯含量	(wt)%	≤60	

8.3.2　影响产品质量的主要因素

苯加氢是一个工艺连贯性很强的生产单元，前面任何一个工序的问题都将导致后面所有工序的故障，再加上苯加氢的加氢苯纯度必须达到 99.9% 以上，操作上的微小波动或失误都将导致产品不合格，因此，必须建立完善的生产操作控制体系，确保苯加氢生产稳定顺行。

8.3.2.1　加氢单元的控制

加氢 100 单元主要作用是去除苯类物质中含有的硫氮等杂质，并进行烃类物质的加氢饱和反应。对照产品质量标准，加氢单元的杂质脱除效果直接影响产品质量。为保证加氢单元杂质脱除效果，需要对表8-5中加氢单元关键技术指标进行控制。

表8-5 某装置加氢单元关键控制参数指标

序号	项 目	指 标	序号	项 目	指 标
1	分段蒸发器底温度	197℃	7	主反应器压力	2.8MPa
2	分段蒸发器底压力	3.0MPa	8	加热炉进口温度	低于285℃
3	分段蒸发器顶温度	低于178℃	9	加热炉出口温度	低于330℃
4	预反应器温度	低于220℃	10	稳定塔底温度	156℃
5	预反应器压力	3.0MPa	11	稳定塔底压力	0.5MPa
6	主反应器温度	低于330℃	12	稳定塔顶温度	90℃

8.3.2.2 蒸馏单元的控制

蒸馏是实现产品分离的重要过程，苯加氢蒸馏分离过程又分为三步分离：一是二甲苯和BTXS的分离，二是非芳烃和纯BT的分离，三是纯苯和甲苯的分离。为实现产品的良好分离，需要对表8-6中关键参数指标进行控制。

表8-6 某装置蒸馏单元关键控制参数指标

序号	项 目	指 标	序号	项 目	指 标
1	预蒸馏塔顶温度	102℃	13	BT分离塔底温度	140℃
2	预蒸馏塔底温度	185℃	14	BT分离塔底压力	0.12MPa
3	预蒸馏塔底压力	0.1MPa	15	BT分离塔顶温度	96℃
4	萃取蒸馏塔底温度	172℃	16	BT分离塔顶压力	0.06MPa
5	萃取蒸馏塔底压力	0.14MPa	17	甲苯塔底温度	150℃
6	萃取蒸馏塔顶温度	92℃	18	甲苯塔底压力	0.12MPa
7	萃取蒸馏塔顶压力	0.1MPa	19	甲苯塔顶温度	125℃
8	汽提塔底温度	210℃	20	甲苯塔顶压力	0.06MPa
9	汽提塔底压力	−0.05MPa	21	二甲苯蒸馏塔底温度	216℃
10	汽提塔顶温度	55℃	22	二甲苯蒸馏塔底压力	0.12MPa
11	汽提塔顶压力	−0.064MPa	23	二甲苯蒸馏塔顶温度	152℃
12	溶剂再生槽温度	200℃	24	二甲苯蒸馏塔顶压力	0.06MPa

8.4 苯加氢技术的发展

8.4.1 制氢技术的发展

氢是自然界里最轻的元素，其相对分子质量为2.016。在一个大气压和20℃下的密度为83.764g/m³，其液化温度大约为−253℃。由于这种特性，如按它的能量密度算，氢是难于以适当的形式来储存的，而且有时还要消耗很多的能量。

氢气是清洁能源，也是重要的化工原料。氢气的制取都是从一次性能源转化而来，目前制取氢气的方法主要有：煤、焦炭气化制氢，天然气或石油产品转化制氢，各种工业生产的尾气回收或焦化厂、氯碱厂副产氢以及水电解制氢等。作为化工原料的含氢气体基本采用化石燃料制取，而作为工业氢气、石化行业加氢用的氢气，基本采用前面提及的含氢气体或工业生产的含氢尾气利用变压吸附法（PSA）或膜法分离或水电解法制取，这些制取方法国内外均有一定的成熟经验。

焦炉煤气中氢的回收利用，我国目前年产焦炭超过 4 亿吨以上，大部分均为钢铁工业企业内生产。生产焦炭的同时可得到含氢气量为 50% ~ 60% 的焦炉煤气，生产一吨焦炭可获得 340m³（标态）的焦炉煤气，年产焦炉煤气可达 160 亿立方米；若以变压吸附法从焦炉煤气中提纯氢气将可得到 130 亿立方米，这种提纯氢气的装置在宝钢、武钢等钢铁企业已经运行多年。

从炼厂富氢中回收氢气，在石油加工过程中有多种副产富氢气体产生，如：催化重整过程中，烃类会发生转移反应，副产大量的富氢气体（ > 80% H_2 ）；在加氢精制、加气裂化反应、渣油催化裂化等过程中均有排放气（驰放气）、副产富氢气体产生。对石油炼制过程中含氢气体的回收利用，早已得到国内外科技人员的关注、重视，现已有许多膜法分离装置、PSA 提氢装置在国内外的石油加工过程应用，我国自 20 世纪 80 年代以来引进或自行设计、制造的此类装置正在各厂实际运行中，如浙江镇海炼油厂在 1995 年一套处理能力为 50000Nm³/h 的国产 PSA 提氢装置投入运行。石油炼制工厂含氢气体资源虽然十分丰富，但石油炼制工厂也是用氢大户，据了解，加工一吨原油需耗氢 50Nm³，所以石油炼制行业的氢气仍是供不应求。

按氢能应用推广的进程，目前采用的氢气制取方法主要有：

含氢尾气（驰放气）、副产氢气的回收利用。如前所述，合成氨厂驰放气回收氢、焦化厂副产焦炉煤气提纯氢、氯碱工厂副产氢提纯等回收的氢气作为氢能应用，只要回收方法合理，将会获得较好的实效。经过综合规划，采用合适的方式将这类氢气进行汇集、储运，应用于燃料电池汽车或天然气汽车掺混燃烧。采取这种氢能的实际应用，既可降低 CO_2、NO_x 等污染物的排放量，为改善城市大气环境状况作贡献；还可以逐步提高人们对氢能作为清洁能源的认识，为大规模推广应用氢能创造条件。

利用化石燃料多联产制氢。我国煤和煤层气资源丰富，国家的能源政策鼓励利用煤和煤层气资源，尤其是我国长江以北地区。根据国内外煤化工技术的发展和改善人类生存环境的要求，煤制氢或天然气制氢采取综合利用的途径，即将煤层气或天然气制氢与化学品（甲醇、醋酸等）生产相结合。如在煤矿或煤层气矿邻近建立水煤浆气化装置或煤层气转化装置获得 H_2、CO、CO_2 混合气，经 PSA 装置、膜分离装置提纯氢气，同时也生产甲醇、醋酸、气肥等化学品。

利用可再生能源（水力发电、风力发电等）生产的电能电解水制氢。近年来，中国非化石能源快速发展。2011 年，中国水电装机容量达到 2.3 亿千瓦，在建核电装机容量 2924 万千瓦，风电并网装机容量 4700 万千瓦，均居世界第一。可见，利用水电站弃水电量制氢将是一个十分巨大的氢源，何况通过电力系统的合理调配，还可能利用更多的谷段水电电量用来制氢。应积极开发研究生物制氢、太阳能制氢、热化学法制氢，尽早实现更多的无污染、低成本的氢气生产方法。

在苯加氢生产中一般采用变压吸附方式制氢，其中也包含甲醇驰放气法和焦炉煤气变压吸附法应用最为广泛。焦炉煤气变压吸附法见第 1 章。甲醇驰放气法变压吸附部分和焦炉煤气法一致，前工序差别较大。甲醇驰放气主要原理是甲醇与水蒸气混合物在转化炉中加压催化完成转化反应，反应生成氢气和二氧化碳，其反应式如下：

主反应：$CH_3OH + H_2O \Longrightarrow CO_2 + 3H_2$　　　　+49.5kJ/mol

副反应：$CH_3OH \Longrightarrow CO + 2H_2$　　　　+90.7kJ/mol

$$2CH_3OH \Longrightarrow CH_3OCH_3 + H_2O \qquad -24.9kJ/mol$$

$$CO + 3H_2 \Longrightarrow CH_4 + H_2O \qquad -206.3kJ/mol$$

主反应为吸热反应，采用导热油外部加热。转化气经冷却、冷凝后进入水洗塔，塔釜收集未转化完的甲醇和水供循环使用，塔顶转化气经缓冲罐送变压吸附提氢装置分离。

具体工艺是来自界外的脱盐水经阀进入脱盐水中间罐，经脱盐水进料泵计量后送入水洗塔，吸收未冷凝的甲醇，吸收液从塔底流入循环液储槽，微量溶解在混合液中的二氧化塔和二甲醚由循环液储槽放空排出。来自甲醇储罐的甲醇用泵输送进入甲醇中间罐，靠位差从流出的原料甲醇用阀调节并经计量后与来自循环液储槽的循环液混合，用原料进料泵将混合液加压送出，进入换热器与高温转化气换热而被预热，然后进入汽化塔汽化并经过热器过热到接近反应温度后进入转化炉，在转化炉中发生催化转化反应，出口高温转化气在换热器中被原料液换热冷却，在经冷却器被冷却冷凝后进入水洗塔，冷凝液和吸收液一起经液位调节阀减压后排入循环液储槽循环使用，转化气经流量计计量后经阀稳压调节后进入缓冲罐后送至变压吸附系统提纯。催化剂使用前要进行还原。还原过程氢气为还原气，氮气作稀释载气，过程氮气在系统循环。还原气经罗茨风机进入换热器与转化炉出来的热还原气换热，经过热器过热到还原温度后进入转化炉进行催化剂还原反应，热还原气经换热器换热，再经冷却器冷却、冷凝后还原气回罗茨风机在系统循环，冷凝水靠位差进水洗塔由排污阀排放。

8.4.2　加氢技术的发展历程

8.4.2.1　粗苯加氢精制的应用历史与现状

粗苯精制技术的发展先后经历了间歇式硫酸洗涤、精制酸洗法和苯加氢法三个阶段。新中国成立初期，我国只有鞍钢等几家企业采用间歇蒸馏釜和间歇式硫酸洗涤工艺加工粗苯，按照产品沸点切取苯、甲苯、二甲苯等产品。进入 20 世纪 50 年代，我国从前苏联引进连续式蒸馏和酸洗等粗苯精制生产工艺，间歇式酸洗法粗苯精制工艺得到彻底淘汰，各大焦化厂陆续建设连续式酸洗法粗苯精制生产工艺项目。粗苯精制酸洗法生产工艺流程为，先将粗苯蒸馏切取重苯、初馏分、混合分。然后将混合分用硫酸洗涤，混合分中戊烯、苯乙烯、噻吩等不饱和烃碳氢化合物与硫酸发生反应，产生叠合物分离出去。20 世纪 60 ~ 70 年代，我国钢铁企业焦化厂和化工企业先后建设了近 30 套酸洗法粗苯精制生产工艺设备。不过，酸洗法粗苯精制技术存在以下几方面问题：一是酸洗法的生产工艺落后，规模小，布点多，能耗高，污染较重。二是在粗苯精制过程中需多次蒸馏、多次冷凝，故耗能高，蒸馏过程产生的含苯分离水比较多，易污染环境。由于苯类的沸点低，容易挥发到空气中，造成了环境污染。三是用硫酸洗涤混合分时，所产生的酸焦油和再生酸很难处理。一些技术比较先进的企业，将酸焦油蒸馏后产生的酸焦油渣送到煤场配煤炼焦，废水送废水处理装置处理。而大多数厂则将酸焦油按燃料油出售。再生酸送硫铵工段生产硫铵，不仅影响硫铵质量，而且危害农田和污染环境。有的将再生酸出售给小化工厂，去充当硫酸使用。由于再生酸中含苯，既影响产品质量，又污染环境。特别是间歇洗涤法的污染更为严重，还危害操作人员的健康。四是酸洗法粗苯精制的产品质量低，如纯苯结晶点为 5.4℃，实际仅达 5℃ 多一点，与石油苯相比，差距较大。目前，酸洗法粗苯精制技术已被纳入国家明令禁止的生产工艺。

对轻苯进行加氢精制工艺早在 20 世纪 50 年代就在国外得到了工业应用。目前工业发达国家，如美、英、法、德、日等均已广泛采用这个先进的加氢精制工艺。而在国内，直到 20 世纪 70 年代，北京某化工公司从联邦德国引进第一套 "Pyrotol 制苯" 装置，利用裂解汽油为原料，经加氢以获得高纯度石油苯；接着，80 年代初，宝钢的一、二期工程从日本引进了一套"高温 Litol"加氢装置，对焦化轻苯进行加氢精制；尔后，河南某厂也引进了一套"高温 Litol"装置。近年来，多家企业引进了德国的"K.K 技术"，即"中温 Litol"装置。另外，山西太原等多地也建设了数套轻苯加氢装置。可见，粗苯加氢精制是国内今后的发展方向。

我国粗苯加氢精制研究工作早在 1959 年就开始了。1960 年，大连石油研究所在大连油脂厂和首钢焦化厂进行了中间试验；1967～1969 年，上海某厂也进行了用焦炉煤气进行粗苯加氢的中间试验。1975 年，中国自行设计了 2.5 万吨/年的粗苯"中温加氢"装置。该装置以未洗混合分为原料，采用两段加氢工艺，预加氢段的温度为 220～280℃，操作压力为 5.0MPa，采用钴钼系催化剂；主反应器内温度为 550～590℃，采用铬系催化剂；1992 年 10 月开工后，因故仅进行了短期生产。

2006 年 4 月，由国内多家单位合作，在消化吸收国外同类装置基础上开发的国产化粗苯气相加氢装置顺利投产。

2007 年 2 月，拥有我国自主知识产权的 2.5 万吨/年的低温低压加氢脱硫和萃取蒸馏相结合的粗苯加氢工业示范装置成功投运。

2008 年后，国内在充分吸收其他苯加氢工艺后，国产化苯加氢工艺得到迅速发展。目前，中国粗苯精制已经进入苯加氢时代。

针对目前苯加氢发展现状，建议粗苯精制生产依据企业生产实际，采取合理的生产经营方式。

第一，在目前仍在进行粗苯精制酸洗法生产的 11 家企业中，三大钢铁企业焦化厂粗苯产量大，应该建设苯加氢装置。这一方面可减少粗苯运输隐患和危险性，另一方面可以提高经济效益。通过苯加氢工艺处理粗苯，一般企业加工一吨粗苯可获利润 500～800 元。同时，苯加氢工艺科技含量高，可以有效置换淘汰落后设备，治理环境污染，有关部门应积极给予支持。

对于粗苯加工量比较小，特别是粗苯加工量不到 2 万吨的企业，不值得建设苯加氢生产设备，可与就近省企联合建厂或者同就近苯加氢厂签订有利出售粗苯协议。

据统计，上述 11 家粗苯精制酸洗法企业 2010 年粗苯加工量达 30 万吨，约占总量的 12%。目前我国苯加氢能力达到 359 万吨，按开工率 80% 计算，将粗苯产量 250 万吨全部处理后，仍富余产能 40 万吨。不过，目前山西、山东等地苯加氢生产能力相对过剩，而东北、西南地区则能力欠缺。因此，这两个地区粗苯产量大的企业建设 2～3 套苯加氢装置，将明显提高我国苯加氢产能布局的合理性。在"十二五"期间，落实科学发展观，调整产业结构，淘汰落后设备，治理环境污染的形势将更加严峻，淘汰酸洗法粗苯精制工艺设备势在必行。

第二，建设苯加氢设备，布局要合理，要缩短粗苯运输的距离，粗苯就近加工可减少运输量，降低危险性。建设苯加氢装置要考虑经济效益，一般能力应在 8 万～10 万吨范围，个别地区最小的规模也不能低于 5 万吨。

第三，2010 年全国回收粗（轻）苯 250 万吨左右，根据炼焦行业发展情况，粗（轻）苯产量不会有大幅增加。目前粗苯精制加氢法生产企业已有 35 家企业，加工能力达 359 万吨。从加工能力来看，不宜再大量建设苯加氢装置。如果独立焦化企业要建设苯加氢装置，须做好可行性研究，要考虑粗（轻）苯原料来源的可靠性，避免使企业出现"无米之炊"。

总之，国民经济发展进入"十二五"规划期，在落实科学发展观，调整产业结构，淘汰落后设备，治理环境污染的形势下，焦化行业要不断推进粗苯精制苯加氢生产新工艺，同时，要加快彻底淘汰污染环境严重的酸洗法生产工艺。

8.4.2.2 加氢精制方法及原理

粗苯加氢精制工艺按反应温度分为高温法（600~630℃）和低温法（320~380℃）两种。高温法主要以 Litol 技术为代表，低温法主要以美国低温气液两相加氢技术和德国低温气相加氢技术为代表。

A Litol 法加氢工艺

莱托法是上海宝钢在 20 世纪 80 年代由日本引进的第一套高温粗苯加氢工艺，也是目前国内唯一的焦化粗苯高温加氢工艺。Litol 法高温高压气相加氢技术是由美国开发、日本改进的粗苯催化加氢精制工艺。其工艺流程如图 8-6 所示。

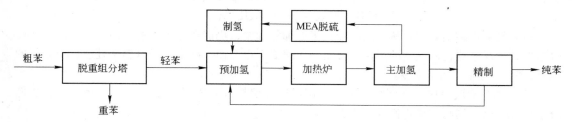

图 8-6 Litol 法粗苯精制工艺流程简图

粗苯经预分馏塔分离为轻苯和重苯。轻苯经高压泵进入蒸发器，与循环氢气混合后，芳烃蒸汽和氢气混合物从塔顶出来进入预反应器，在约 6.0MPa、250℃、Co-Mo 催化剂作用下，把高温状态下易聚合的苯乙烯等同系物进行加氢反应，防止其在主反应器内聚合使催化剂活性降低。预反应产物经加热炉加热到 610℃左右后进入"Litol"主反应器，在约 6.0MPa、620℃、Cr_2O_3 催化剂作用下进行脱硫、脱氮、脱氧和加氢脱烷基等反应。反应后的油气（630℃）经废热锅炉和一系列换热器以回收余热，再进入高压分离器进行气体与液体的分离。气体去单乙醇胺（MEA）脱硫系统处理，脱除了硫化氢的气体再经压缩机升压后作循环氢气使用，并补入制氢系统来的新鲜氢气。新鲜氢气的纯度为 99.9%，脱硫后的气体取出一部分作为制氢的原料，液体经分离出水后进入稳定塔，蒸出一些溶解于苯液中的少量 H_2S、CH_4、C_2H_6 等低沸点物质，再进入白土塔，吸附脱除剩余的烯烃类物质，然后去苯精馏塔进行苯的精馏。从精馏塔底分离出未反应的甲苯和生成的联苯，其中一部分送往甲苯洗净系统以作为洗净气体之用，另一部分则根据液面返送回预蒸馏系统，而苯精馏塔的塔顶馏出的苯经碱液处理后即为产品纯苯。具体来说，包括以下六类反应：

（1）脱硫反应。所谓"脱硫"反应是指轻苯中的含硫化合物，通过加氢将其中的"硫"转化成 H_2S 与相应的烷烃。比较典型的反应有：

$$C_4H_4S(噻吩) + 4H_2 \longrightarrow CH_3(CH_2)_2CH_3 + H_2S \uparrow$$

$$CS_2 + 4H_2 \longrightarrow CH_4 + 2H_2S \uparrow$$

原料油中含有的其他许多微量有机硫化物也发生与上述类似的加氢反应。

（2）不饱和烃的脱除反应。由于在轻苯中所含的不饱和化合物有多种形式，如有不饱和芳香烃、烯烃、环烯烃。在"Litol"工艺过程中，分三个阶段来脱除它们。首先是预反应加氢，原料油先在预反应器内，于 220~250℃下、有 Co-Mo 催化剂的存在下，进行选择性加氢反应，目的是使在高温条件下易于聚合结焦的物质先转化脱除（主要是苯乙烯）。典型的反应为：

$$C_6H_6 - CH =\!\!= CH_2(苯乙烯) + H_2 \longrightarrow C_6H_6 - C_2H_5(乙苯)$$

$$环戊二烯 + 2H_2 \longrightarrow 环戊烯$$

经过预加氢处理后，在后续的操作温度较高的工序中，就不会在管道中或在催化剂上产生很多的沉积物，从而可以延长催化剂的使用寿命。像上述反应中转化所生成的乙苯，可以在今后的加氢过程中进一步转化为苯。

其次是主加氢反应与脱氢。经预加氢处理的原料油，进入主反应器中，在 630℃ 左右、Cr_2O_3 催化剂作用下，就进行环烯烃的加氢与脱氢，而生成饱和芳烃，这两个反应总是同时发生的，如：

$$C_9H_8(茚) + H_2 \longrightarrow C_9H_{10}(茚满)$$

$$C_6H_{10}(环己烯) \longrightarrow C_6H_6(苯) + 2H_2$$

最后是活性黏土处理。从主反应器出来的加氢油中，仍然存在微量的不饱和烃，因此在通过活性黏土反应器，使其中的不饱和烃在黏土表面上聚合而被除去。经过黏土处理后所获得的纯苯，其"溴价"几乎为零。

（3）加氢裂解反应。在原料油中含有烷烃和环烷烃等非芳烃，故通过加氢裂解转化成低分子烷烃，以气体状态将它们分离出去，如：

$$C_6H_{12}(环己烷) + 3H_2 \longrightarrow 3C_2H_6(乙烷)$$

$$C_7H_{16}(庚烷) + 2H_2 \longrightarrow 2C_2H_6(乙烷) + C_3H_8(丙烷)$$

与此同时，催化剂存在的条件下还对一部分环烷烃能够起到脱氢的作用，既增加了苯的产率，又可以补充氢气源。其反应式如下：

$$C_6H_{12}(环己烷) \longrightarrow C_6H_6(苯) + 3H_2$$

（4）苯烃加氢脱烷基反应。当加氢油进入主反应器时，苯的同系物就发生某些加氢脱烷基反应，如：

$$C_6H_6 - CH_3 + H_2 \longrightarrow C_6H_6 + CH_4 \qquad 甲苯转化为苯的转化率为70\%$$

$$C_6H_6 - (CH_3)_2 + H_2 \longrightarrow C_6H_6 - CH_3 + CH_4 \qquad 甲苯再转化为苯$$

$$C_6H_6 - C_2H_5 + H_2 \longrightarrow C_6H_6 + C_2H_6 \qquad 95\% 的乙苯转化为苯$$

分子量更大些的苯的同系物，均可按 $C_9 \rightarrow C_8 \rightarrow C_7 \rightarrow C_6$ 的反应步骤，最终产物是苯、甲烷、乙烷等低分子烷烃。

加氢脱烷基反应的程度，可以通过改变反应温度与反应时间来加以控制。

以上四种反应是"Litol 法"催化加氢的主要反应。

（5）加氢脱氮反应。如：

$$C_5H_5N(吡啶) + 5H_2 \longrightarrow CH_3(CH_2)_3CH_3(正戊烷) + NH_3$$

（6）加氢脱氧反应：

$$C_6H_5 - OH(苯酚) + H_2 \longrightarrow C_6H_6(苯) + H_2O$$

除上述六种反应外，还可能有少量的芳香烃发生加氢转化成环烷烃，并继续进一步加氢裂解生成低分子烷烃，造成苯烃的损失。

　B　德国低温气相加氢工艺（K. K 法）

该粗苯加氢精制工艺由德国公司开发改进，其工艺流程如图 8 - 7 所示。

粗苯经高速泵提压后，与循环氢混合进入连续蒸发器，抑制了高沸物在换热器及重沸器表面的聚合结焦。苯蒸气与循环氢混合物进入蒸发塔再次蒸发后，进入预反应器，易聚合的物质如双烯烃、苯乙烯、CS_2 等在 Ni - Mo 催化剂作用下，在 190 ~ 240℃ 进行加氢反应变为单烯烃。

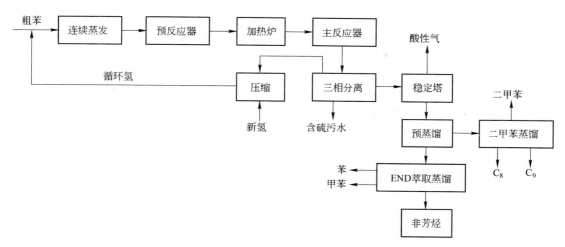

图 8 - 7 K. K 法粗苯加氢精制工艺流程简图

预反应器产物经加热炉加热后进入主反应器，在340～370℃、2.4～3.0MPa、Co－Mo 催化剂作用下发生脱硫、脱氮、脱氧、烯烃饱和等反应，同时抑制芳烃的转化。预反应器和主反应器内物料状态均为气相，从主反应器出来的反应产物经分离后，液相组分经稳定塔脱除 H_2S、NH_3 等气体。稳定塔出来的 BTXS 混合馏分进入预蒸馏塔，在此分离成 BT（苯、甲苯）馏分和 XS（二甲苯）馏分，XS 馏分进入二甲苯塔，塔顶采出少量 C_8 和乙苯，侧线采出二甲苯，塔底采出二甲残油即 C_9 馏分；BT 馏分经 END（N－甲酰吗啉）萃取蒸馏，除去烷烃、环烷烃等非芳烃后，经解析塔分离出 N－甲酰吗啉溶剂，再进入精馏塔分离出苯和甲苯。

C 美国 Axens 低温气液两相加氢工艺（Axens 法）

该工艺为美国公司自行开发的两段加氢技术，工艺流程如图 8－8 所示。

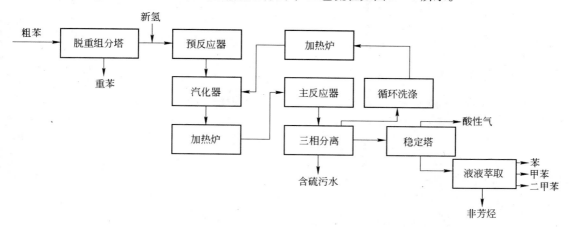

图 8 - 8 Axens 法粗苯精制工艺流程简图

粗苯经脱重组分后，由高速泵提压进入预反应器，进行加氢反应，在此容易聚合的物质如双烯烃、苯乙烯、CS_2 等在 Ni－Mo 催化剂作用下，进行加氢反应变为单烯烃。由于加氢反应是液相反应，可以有效控制双烯烃的聚合。预反应器产物经高温循环氢汽化后，再经加热炉加热后进入主反应器，在340～370℃、2.4～3.0MPa、Co－Mo 催化剂作用下发生脱硫、脱氮、脱氧、烯烃饱和等反应，同时抑制芳烃的转化。反应产物经一系列换热后进行分离，气相作为循环气经循环洗涤和循环氢加热炉加热后进入汽化器循环使用，液相加氢油组分经稳定塔，脱除 H_2S、NH_3 等气体后，进入液液萃取系统脱出非芳烃，再精馏分离出苯、甲苯、二甲苯。

D　国产化的低温加氢工艺

该工艺是在消化吸收国外同类装置的基础上开发出的国产化低温气相加氢技术，工艺流程如图 8-9 所示。

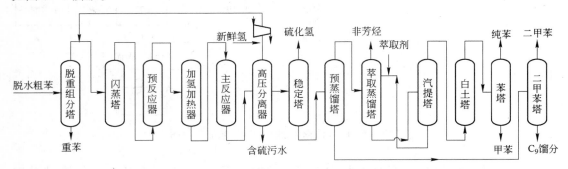

图 8-9　国产化粗苯低温加氢工艺流程简图

粗苯原料经脱重组分塔，脱除重组分后与循环氢混合，经连续蒸发进入预反应器，进行加氢反应，在此容易聚合的物质如双烯烃、苯乙烯、CS_2 等在 Ni-Mo 催化剂作用下，进行加氢反应变为单烯烃。预反应器产物经加热炉加热后进入主反应器，在 260℃、2.8～3.5MPa，Co-Mo 催化剂作用下发生脱硫、脱氮、脱氧、烯烃饱和等反应，同时抑制芳烃的转化。反应产物经一系列换热后进行分离，气相作为循环气循环使用，液相加氢油组分经稳定塔，脱除 H_2S、NH_3 等气体。稳定塔出来的 BTXS 混合馏分进入预蒸馏塔，在此分离成 BT（苯、甲苯）馏分和 XS（二甲苯）馏分。XS 馏分进入二甲苯塔，塔顶采出少量 C_8 非芳烃和乙苯，侧线采出二甲苯，塔底采出二甲残油即 C_9 馏分。BT 馏分经 SED（环丁砜）萃取蒸馏，除去烷烃、环烷烃等非芳烃后，经汽提塔分离出环丁砜溶剂，经白土塔进入精馏塔分离出苯和甲苯。

8.4.2.3　芳烃分离技术

芳烃分离的工艺路线按工艺原理可分为两大类，即液液萃取和萃取蒸馏。目前建成投产的芳烃分离装置，主要的技术有：UOP 公司的甘醇类工艺；UOP、GTC 公司、IFP 公司的环丁砜工艺及中国石化的环丁砜工艺；KRUPPUHDE 公司的 N-甲酰吗啉工艺；LURGI 公司的 N-甲基吡咯烷酮工艺。其区别是：甘醇类工艺的抽提塔是属于液液萃取过程；而环丁砜、N-甲酰吗啉、N-甲基吡咯烷酮工艺的抽提塔是属于萃取蒸馏过程。至今世界上已建成投产的 300 多套芳烃分离装置中，采用环丁砜工艺的装置已达到 200 多套，而甘醇类技术，在新建的工业化装置中已很少被采用。芳烃分离的原料主要来源于催化重整汽油、加氢裂解汽油以及煤焦油。其最大的区别是环烷烃和直链烷烃的含量不同，最大可相差 10 倍以上，芳烃含量也不同。典型的三种原料组成见表 8-7。

表 8-7　芳烃原料组成　　　　　　　　　　　　　　（％）

族组成	煤焦油	加氢裂解汽油	重整汽油
直链烷烃	3	8	39

族组成	煤焦油	加氢裂解汽油	重整汽油
环烷烃	7	12	1
芳烃	90	80	60

不同的原料适用于不同的工艺,液液萃取主要用于脱除比二甲苯更重的非芳烃,而萃取蒸馏更适用于脱除比二甲苯轻的非芳烃。一般来说原料中的芳烃含量高,宜采用萃取蒸馏的工艺;而原料中的芳烃含量低,宜采用液液萃取工艺。芳烃分离部分的核心在于萃取蒸馏工艺。

A 国外萃取蒸馏技术简介

KRUPP UHDE 公司开发的 Morphylane 工艺是以 N-甲酰吗啉(NFM)为溶剂,采用萃取蒸馏方法回收高纯度芳烃。从 1967 年至今,KRUPP UHDE 公司采用该项专利技术在世界范围内已建成 40 多套芳烃分离装置,其中 30 多套是 20 世纪 90 年代后建成的。其溶剂特性与水1:1混合时呈弱碱性,对碳钢设备无腐蚀,凝固点是 23℃,要考虑防凝防冻问题。

LURGI 公司的 Distapex 工艺是以 N-甲基吡咯烷酮(NMP)为溶剂,抽提塔操作采用萃取蒸馏工艺进行芳烃分离。从 20 世纪 60 年代起,LURGI 公司用 Distapex 工艺共建成 30 多套芳烃分离装置,主要分布在欧洲,产品主要是苯。溶剂凝固点低(-24℃),基本不需要采取防冻措施。

IFP/HRI 的芳烃分离工艺。HRI 是法国石油研究院(IFP)的子公司,开发的芳烃分离工艺采用环丁砜溶剂,其抽提塔的操作属于液液萃取。溶剂凝固点为 28℃,需要采取防冻措施。

美国 UOP 公司的 Sulfolane 工艺。以环丁砜为溶剂,抽提塔采用液液工艺,该工艺允许宽馏程的原料。

B 国内萃取蒸馏技术简介

从 20 世纪 60 年代国内石化企业引进芳烃联合装置起,国内就开始了对环丁砜萃取技术的基础研究和国产化工作。从 1989 年至今,采用国内环丁砜工艺已建成 11 套芳烃液液萃取装置。在此基础上又开发了以 N-甲酰吗啉为溶剂的萃取蒸馏工艺。萃取蒸馏分离芳烃工艺目前已有 34 套工业装置建成投产。若按照所采用的溶剂系统区分,其中 1 套采用 NFM 溶剂(燕山石化制苯装置),其余均采用环丁砜溶剂。两种溶剂法就其选择性上区别不大,但产品质量有所不同,环丁砜溶剂萃取蒸馏产品的全氮指标在 0.5ppm(1ppm = 10^{-6})以下,中性试验为中性,而 N-甲酰吗啉溶剂萃取蒸馏产品的全氮指标在 1ppm,中性试验为碱性。

8.4.2.4 苯加氢工艺选择

目前,粗苯加氢精制有多种成熟的工艺组合。在做工艺选择时,通常遵循以下原则:(1)工艺技术先进、成熟、可靠;(2)选择先进的设备与材料;(3)提高工艺控制自动化水平;(4)确保生产操作的稳定与准确,提高劳动生产率;(5)确保产品质量,提高产品产率;(6)采用先进有效的环保措施,减少对环境的污染;(7)充分利用工艺自身的尾气和余热,降低工艺能耗,节约能源等。几种常用加氢工艺比较见表 8-8。

8.4.2.5 苯加氢工艺改善

虽然国内有多种苯加氢工艺并存,但随着苯加氢技术日趋成熟,国内多家设计院能够进行国产化设计以及近五年来苯加氢产能的大幅提升,低温气相萃取蒸馏工艺得到广泛的推广应

表 8-8　几种常用加氢工艺比较

项　目	低温加氢技术		
	国产低温气相加氢法	Axens 法低温气液两相加氢	KK 法低温气相加氢
加氢方法	气相加氢	预反应液相 主反应气相	气相加氢
加氢油精制法	环丁砜萃取蒸馏	环丁砜液液萃取	N-甲酰吗啉萃取蒸馏
催化剂	BASF 催化剂	Axens 催化剂	BASF 催化剂
预反应器催化剂	Ni-Mo	Ni-Mo	Ni-Mo
主反应器催化剂	Co-Mo	Co-Mo	Co-Mo
预反应器温度/℃	190~210	200	190~210
主反应器温度/℃	280~350	320~380	280~350
预反应器压力/MPa	2.9	3.4	2.9
主反应器压力/MPa	2.7	3.0	2.7
触媒结焦性	不易结焦	不易结焦	容易结焦
循环氢温度	较低	较高	较低
加热炉	1 台	2 台（其中 1 台为循环氢加热炉）	1 台
氢气加入点	连续蒸发器	预反应器、闪蒸罐、主反应器	连续蒸发器
萃取剂	环丁砜	环丁砜	N-甲酰吗啉
氢源	PSA 法制氢	PSA 法制氢	PSA 法制氢
氢压机	较小	较大	较小
产品品种	苯、甲苯、二甲苯、非芳烃		
蒸发器	少，相对简单	少，简单	多，复杂
工艺流程	相对简单	较复杂	相对简单
纯苯质量纯度/%	≥99.95		
全硫/ppm[①]	≤0.5		
水分/ppm[①]	≤400	≤300	≤400
总氮/ppm[①]	≤0.5	≤0.5	≤1
碱性氮/ppm[①]	≤0.3	≤0.3	≤0.5

①$1\,ppm = 10^{-6}$。

用。但鉴于各厂家资源条件的差异不同，需根据自身条件，充分考虑经济性、安全性和可靠性选择适合自身的工艺。特别是对于预处理工艺的选择，很大程度上决定了以后生产能否正常进行。根据目前了解，苯加氢还存在以下有待改善的地方：

（1）粗苯原料供应不足，目前国内近百套苯加氢装置，近一半存在原料不足问题。

（2）氢源不稳定，严重影响苯加氢正常生产。

（3）关键设备循环氢压机、高速泵国产化难度大，还需要依靠进口。

（4）蒸发器易堵塞，连续生产周期短。

（5）系统能源利用效率还有待进一步降低。

（6）生产过程中对能源保障条件比较敏感。

（7）部分污染物的处理须进一步加强。

（8）安全管理还需进一步细化加强。

（9）自动化程度需进一步提高。

没有一种工艺是十全十美的，企业应根据自身实际情况，针对存在的主要问题和相应产业链资源情况，选取适合自身的工艺，以求取得最大的经济效益和社会效益。

思 考 题

8-1　如何从焦炉煤气中提取粗苯？

8-2　三种苯主要用途有哪些？

8-3　加氢单元盐分沉积的主要原因，如何处理？

8-4　苯加氢主要生产控制指标有哪些？

8-5　三种苯的质量指标有哪些要求？

8-6　制取氢气一般有哪些方法？

8-7　加氢精制法较酸洗法有哪些优势？

参 考 文 献

[1] 崔建明，郭俊玲，胡婉英．柴油加氢精制装备的技术制造 [J]．炼油设计，1999，29：25~26.

[2] 李同军．粗苯加氢精制工艺的比较 [J]．燃料与化工，2009 (6)．

[3] 李健，耿瑞增，侯丽伟．焦化粗苯加氢反应条件的分析 [J]．燃料与化工，2009 (6)．

[4] 杨劲松，叶煌．粗苯加氢与加氢油萃取蒸馏工艺剖析 [J]．燃料与化工，2009 (1)．

[5] 张丕祥，张国庆，杨明富．粗苯加氢装置萃取蒸馏单元的优化 [J]．燃料与化工，2010 (3)．

[6] 薛璋．焦化粗苯加氢萃取精制技术的探讨 [J]．燃料与化工，2010 (2)．

[7] 薛璋．低温苯加氢装置要点探讨 [J]．燃料与化工，2008 (5)．

[8] 杨小伟，翁继，刘景辰．苯加氢工艺预处理的对比 [J]．燃料与化工，2010 (6)．

[9] 王鹏．苯加氢系统发生事故的原因分析及防范对策 [J]．化工安全与环境，2006 (21)．

[10] 昌瑞华．煤化学产品工艺学 [M]．北京：冶金工业出版社，2003.

[11] 库咸熙．炼焦化学产品回收与加工 [M]．北京：冶金工业出版社，1984.

[12] 薛璋．宝钢 Litol 法与 KK 法粗苯加氢的对比 [J]．燃料与化工，2006，37 (3)：32~36.

[13] 吕国志，叶煌．国内焦化粗苯加氢发展趋势 [J]．燃料与化工，2006，37 (1)：35~38.

[14] 马春旭，刘利辉，宏琦，等．焦化粗苯加氢精制工艺及催化剂研究进展 [J]．应用化学，2008，37 (11)：1368~1371.

[15] 任培兵，秦连科，王力．粗苯加氢工艺催化剂的再生 [J]．燃料与化工，2007，38 (5)：36~37.

[16] 赵学庄．化学反应动力学原理 [M]．北京：高等教育出版社，1984：277~300.

[17] 李立权．加氢裂化装置操作指南 [M]．北京：中国石化出版社，2005：178.

[18] 赵明，马希博．粗苯加氢精制技术比较 [J]．燃料与化工，2008，39 (1)：29~34.

[19] 杨雪松，朱传平．BASF 加氢催化剂的硫化 [J]．燃料与化工，2009，40 (3)：41~43.